Corporate Volunteering

Theo Wehner • Gian-Claudio Gentile (Hrsg.)

Corporate Volunteering

Unternehmen im Spannungsfeld von
Effizienz und Ethik

Herausgeber
Prof. Dr. Theo Wehner
ETH Zürich, Schweiz

Dr. Gian-Claudio Gentile
Hochschule Luzern, Schweiz

Mitglieder der SGO (Schweizerische Gesellschaft für Organisation und Management) erhalten auf diesen Titel einen Nachlass in Höhe von 10% auf den Ladenpreis.

ISBN 978-3-8349-1813-0
DOI 10.1007/978-3-8349-6908-8

ISBN 978-3-8349-6908-8 (eBook)

Die Deutsche Nationalbibliothek verzeichnet diese Publikation in der Deutschen Nationalbibliografie; detaillierte bibliografische Daten sind im Internet über http://dnb.d-nb.de abrufbar.

Springer Gabler
© Gabler Verlag | Springer Fachmedien Wiesbaden 2012

Lektorat: Ulrike Lörcher | Katharina Harsdorf
Einbandentwurf: KünkelLopka GmbH, Heidelberg

Gedruckt auf säurefreiem und chlorfrei gebleichtem Papier

Springer Gabler ist eine Marke von Springer DE. Springer DE ist Teil der Fachverlagsgruppe Springer Science+Business Media.
www.springer-gabler.de

Geleitwort

Der Frage nach dem Sinn der Arbeit aus der Sicht des Individuums und nach dem Sinn der Leistungserbringung aus der Sicht von Institutionen und der Gesellschaft kommt in der heutigen Zeit eine stark zunehmende Bedeutung zu. Die fortschreitende globale Vernetzung des Wirtschaftslebens in Kombination mit den umfassenden, neuen technischen Möglichkeiten der Kommunikation hat immense Räume des Wissens und der Interaktion eröffnet. Dies verlangt von Individuen und Unternehmen sowie Institutionen Reflexion, angepasste Positionierung und Veränderung. In diesem Kontext hat die Freiwilligkeit im Sinne von unbezahltem und nicht einklagbarem Engagement einen neuen, umfassenderen Stellenwert erlangt. Wie allgemein bekannt, sind Effektivität und Effizienz in der Freiwilligenarbeit sehr oft höher als in der klassischen Lohnarbeit. Weiter zeigt der Engagement Index Deutschland, dass nach wie vor über 80 % der Mitarbeitenden keine oder eine geringe emotionale Bindung an ihre Aufgabe respektive an den Arbeitgeber haben. Der Schluss liegt nahe, dass hier Chancen vorhanden sind und dass Handlungsbedarf gegeben ist.

Theo Wehner und Gian-Claudio Gentile vom Zentrum für Organisations- und Arbeitswissenschaften an der ETH Zürich haben dies vor einigen Jahren klar erkannt. In enger Zusammenarbeit zwischen Wissenschaft und Praxis haben sie ein Projekt aufgesetzt, das die beiden erwähnten Fragestellungen, Sinn der Arbeit und Stellenwert der Freiwilligkeit, vertieft untersuchen sollte. Die Ergebnisse dieser Forschungsarbeiten sind im vorliegenden Werk dargestellt. Es ist den Autoren des Werkes gelungen, diesen breiten Themenbereich von verschiedenen Seiten her zu beleuchten, neue wissenschaftliche Erkenntnisse zu präsentieren und die Relevanz für die Praxis anschaulich darzustellen. Der Leserin und dem Leser eröffnen sich Orientierung in dieser anspruchsvollen Fragestellung, Inspirationen für weitergehende Gedanken und Ideen sowie Anregungen für eigene Anwendungen als Individuen oder als Führungsverantwortliche in Unternehmen und Institutionen. Die Lektüre löst mit zunehmender Vertiefung einen Wake-up-Call im Sinne der Verantwortung jedes Einzelnen innerhalb dieser Thematik aus.

Das Projekt wurde von der Kommission für Technologie und Innovation KTI mitfinanziert. Die Stiftung der Schweizerischen Gesellschaft für Organisation und Management (SGO) hat dieses Projekt mit Geld und Zeit unterstützt. Dabei kommt ihr primär die Aufgabe der Distribution des neu erarbeiteten Wissens zu. Neben der Publikation des vorliegenden Werkes in der Schriftenreihe „uniscope", sind verschiedene Beiträge in Fachjournalen erschienen und Vorträge bei Veranstaltungen gehalten worden. Nur mit dieser gezielten Verbreitung der gewonnenen Erkenntnisse können sich konkrete Umsetzungen in der Praxis ergeben. Den Autoren gebührt für die geleistete Arbeit und die erzielten, wertvollen Ergebnisse verbindlicher Dank.

Ich bin persönlich überzeugt, dass die aufgeworfenen Fragestellungen in zahlreichen Dimensionen der Gesellschaft, der Wissenschaft und der Institutionen eine große Bedeutung erlangen werden. Dem vorliegenden Werke wünsche ich eine große Leserschaft, die die vorgestellten Gedanken und Lösungsansätze aufnimmt und in gelebter Eigenverantwortung entsprechende Initiativen ergreift. Die Autoren und die SGO Stiftung laden zu weiter gehenden Dialogen sehr herzlich ein.

Zürich, im Mai 2012   Dr. Markus Sulzberger
                            Präsident der Stiftung der Schweizerischen Gesellschaft
                               für Organisation und Management (SGO Stiftung)

Vorwort

Arbeitsforschung jenseits der klassischen Themen

Die Analyse, Bewertung und Gestaltung von Arbeitsaufgaben und Organisationsprozessen wird für die Arbeitsforschung und -gestaltung zunehmend dort *interessant* und *herausfordernd*, wo wir uns jenseits der *Job description* befinden, wo Organisationen über den gesetzlich geforderten Rahmen hinaus tätig werden, wo in Absprache mit gesellschaftlichen Akteursgruppen, auch jenseits der Gewerkschaften oder Arbeitgeberverbände, nach Formen der besseren Vereinbarkeit zwischen Beruf und anderen Domänen des Lebens gesucht wird, oder – und diesem Thema widmet sich das vorliegende Buch – wo unternehmerisches Engagement sichtbar wird, welches nicht ohne Weiteres zu erwarten oder gar von der Gesellschaft eingeklagt werden könnte.

Kürzer formuliert: Für unsere Forschungsgruppe an der ETH Zürich war es interessant und *herausfordernd*, sich mit unternehmerischem Engagement in Form des *Corporate Volunteering* zu beschäftigen und die verschiedenen Theorien, Konzepte und Praxiserfahrungen dergestalt zu erforschen, dass Chancen, Barrieren, Risiken und Erfolge in Zukunft besser eingeschätzt werden können.

Für die nahe Zukunft nämlich ist zu erwarten, dass Konsumenten von den Produkte, Güter und Dienstleistungen anbietenden Unternehmen nicht nur Kundenbedürfnisse befriedigt wissen wollen, sondern auch wesentlich weitergehende Ansprüche bewusster vertreten oder zu formulieren versuchen; Ansprüche, die den eigenen Status als Bürger zum Ausdruck bringen und damit auch an die Bürgerpflichten eines Unternehmens appellieren. Dies gilt sicher nicht nur für Finanzdienstleistungen, sondern auch für umweltfreundliche Automobile, energieeffiziente Geräte, ressourcensparende Verpackungen.

Während im Einleitungskapitel („*Was thematisiert das Buch und wie ist es aufgebaut?*") Struktur und Inhalt vorgestellt werden, soll im Vorwort kurz darauf eingegangen werden, was *interessant* und *herausfordernd* ist, wenn sich Arbeitsforschung auf Gebiete wagt, die sich jenseits der klassischen Themen (Führung, Anreizsysteme, Restrukturierung, Veränderungsprozesse) befinden und freigemeinnütziges Engagement von Mitarbeitenden und Unternehmensverantwortlichen untersucht.

Interessant und *herausfordernd* ist in erster Linie der motivationale Unterschied zwischen freiwilligem (und dies heißt hier immer auch unbezahltem, nicht einklagbarem) Engagement und üblicher Leistungserbringung gegen Lohn oder Honorar (zu weiteren Unterschieden s. vor allem Neufeind, Jiranek & Wehner, 2012).

Aus der Motivationsforschung wissen wir (und in Interviews mit Freiwilligen haben wir es immer wieder gehört), dass die intrinsische Motivation – sich besonderen Aufgaben und persönlichen Anliegen mit Energie, Engagement und Verantwortungsbewusstsein zu widmen – durch extrinsische Anreize oder Verstärker zusammenbrechen oder sich verflüchtigen kann.

Daher ist es unserer Forschungsgruppe seit über 10 Jahren ein Anliegen, das *Tätig-Werden* und *Tätig-Sein* jenseits der Erwerbsarbeitslogik zu erforschen. Mehreres an den Befunden der empirischen Forschung ist dabei interessant: (a) Freiwilligenarbeit und freigemeinnütziges Engagement heben sich von der Erwerbsarbeit und gewinnorientierten unternehmerischen Aktivitäten dadurch ab, dass sie einen stärkeren Bezug zu persönlichen Wertvorstellungen haben; (b) Freigemeinnütziges Engagement ist weder durch reine Selbstlosigkeit (Altruismus) noch durch versteckt egoistische Ziele gekennzeichnet; freigemeinnützige Tätigkeit ist multifaktoriell, wobei sich die verschiedenen Beweggründe (Lernen und/oder Spaß haben, sozialer Austausch, am sozialen Leben teilnehmen und helfen wollen etc.) über die Zeit verschieben können und keineswegs konstant sind.

Das 21. Jahrhundert ist sinngenerierend für alle Lebensbereiche oder ist es nicht!

So man – um der Zuspitzung willen – auf die Differenziertheit der Befunde zur Freiwilligkeit verzichtet, ist auf die *Sinngenerierung* des jeweiligen Engagements hinzuweisen: Individuelle Freiwilligenarbeit ist der Versuch, *Sinn* zu erleben, mit freigemeinnützigem Engagement von Unternehmen wird Sinnprägnanz zum Ausdruck gebracht.

Wenn „*landauf-landab*" von Sinn gesprochen wird, ist meist eine Verkürzung dessen wahrnehmbar, was sich hinter dem Begriff verbirgt. Im Französischen wird Sinn (sens) in einem doppelten Wortsinn gebraucht: einerseits *strukturvermittelnd, richtunggebend, nützlich* sowie gleichzeitig *herausfordernd* und *Spaß bereitend*.

Vor allem jene, die in unserer sogenannten Arbeitsgesellschaft prekär beschäftigt oder gar arbeitslos sind, erleben diesen Verlust auf beiden der genannten Sinndimensionen: Ihr Leben verliert an *Struktur* und *Richtung*, sie erleben sich nicht mehr als *nützlich* für die Gesellschaft und ihr Lebensumfeld, und gleichzeitig fehlen ihnen die *Herausforderungen* durch den Arbeitskontext und das, was *in* und *an* der Arbeit (auch) *Spaß* macht.

Für jene, die allerdings in „Lohn und Brot" stehen und beispielsweise innerbetrieblichem Mobbing ausgesetzt sind oder Burnout erleben, gilt ebenfalls, dass sie in ihrer Arbeit keinen *Nutzen* mehr erkennen, keiner *Herausforderung* mehr gerecht werden können und ohnehin keinerlei *Spaß* erleben.

Natürlich gibt es auch die dritte Gruppe: Jene, die ein festes Arbeitsverhältnis haben, weder psychopathologischen Bedingungen ausgesetzt sind noch Überforderungen verspüren und ein gewisses Maß an Arbeitszufriedenheit erleben. Diese berichten nun jedoch zunehmend und auffallend oft, dass ihnen die Sinngenerierung *in* und *durch* ihre Arbeit nur relativ schwer gelingt und sie zwar die *strukturgebenden* Aspekte der Arbeit als positiv erachten, aber die *Nutzenaspekte* mitunter hinter den Belastungen und Beanspruchungen und damit dem Stress nicht mehr hervorscheinen – vom wirklichen Spaß an der Arbeit, der Arbeitsfreude also, ganz zu schweigen.

Studien zur Sozial- und Arbeitsforschung zeigen, dass es der modernen Gesellschaft und im Besonderen der Arbeitswelt immer schwerer gelingt, für ihre Mitglieder sinnstiftende oder sinngenerierende Anforderungsbereiche zur Verfügung zu stellen.

Wozu dies führt, zeigten bereits früh die weltweit geachteten Forschungsarbeiten und Therapieberichte von Victor Frankl, der mit seiner *Logotherapie* ins Zentrum des hier diskutierten Begriffs stößt: *Logos* meint bei Frankl *Sinn* und er geht in seiner Theorie davon aus, dass der Mensch von seinem Wesen her durchdrungen ist von einem Streben nach Sinn. Ist der Wille zur Erfüllung von Sinn frustriert, entsteht ein *existenzielles Vakuum* mit Apathie und dem Gefühl von Leere. Umgekehrt formuliert hängt existenzielle Erfüllung vom Gelingen der Sinnfindung bzw. Sinngenerierung ab. Dabei ist Sinn – und dies wird in vielen Diskussionen und Abhandlungen zum Thema stark vernachlässigt – nicht nur durch das eigene Erleben zu erhalten, durch Kontemplation also, sondern durch das Tätig-Sein des Individuums. Bei Frankl ist Sinngenerierung sogar auch im *„Wie des Leidens"* möglich und damit nicht nur auf der Ebene von Wohlgefühl oder Wohlstand.

Will man nun Sinngenerierung durch verarbeitete Erfahrung erreichen, so sind zwei humane Haltungen bzw. Sozialkompetenzen von zentraler Bedeutung: die *Selbsttranszendenz* und die *Selbstdistanzierung*. Ersteres gelingt nur, indem wir uns auf andere und auf anderes einlassen können. *Selbstdistanzierung* gelingt dann, wenn wir zu uns selbst und zu unseren hemmenden oder auch bestimmenden Gefühlen auf Distanz gehen und dadurch mit uns selbst lernen umzugehen.

Genau diese Kompetenzen sind in der Schule oder Universität, am Arbeitsplatz oder in sonstigen sozialen Beziehungen von großer Bedeutung, und doch stellen wir fest, dass sie nicht wirklich platzgreifend und raumfüllend in unserer Gesellschaft vorhanden sind: Wir kritisieren das Andere häufiger, als dass wir *Selbsttranszendenz* üben. Wir wenden uns häufiger von Anderen ab, als dass wir uns durch *Selbstdistanzierung* nähern.

Vieles könnte noch zum *„Sinn des Lebens"* angefügt werden, so zum Beispiel, dass die Moderne nur allzu selbstverständlich davon ausgeht, die Sinnsuche wäre eine individualistische Aufgabe und nicht ein Projekt, das auf Gemeinsamkeit und Gegenseitigkeit beruht. Auch könnte darüber nachgedacht werden, ob der Sinn des Lebens eine Lösung für Probleme darstellt oder nicht vielmehr eine spezifische Art zu leben zum Ausdruck bringt. Auch können wir, bei der subjektiven oder kollektiven Suche nach Sinn, nicht davon ausgehen, dass wir hierbei am Anfang, quasi bei einem Nullpunkt beginnen, sondern müssen grundsätzlich die historische Gewordenheit unserer Zivilisation berücksichtigen.

Wie immer die weiteren Ausführungen ausfallen würden, sie könnten eines nur zeigen: Die Auseinandersetzung mit der Sinnkategorie ist für unsere Zeit essenziell!

Ichbezogenheit und Selbstrelativierung

Diese Hervorhebung ist uns an dieser Stelle deshalb wichtig, weil es in dem vorliegenden Buch um das Verhältnis von Individuum, Mitarbeiter, Unternehmer und der Gesellschaft geht. Wenn davon gesprochen wird, das Unternehmen als *„guten Bürger"* zu sehen, dann sind selbstverständlich die Menschen im Unternehmen gemeint und es muss dargelegt werden, ob und warum diese Menschen aus individuellen Nutzenüberlegungen heraus handeln, oder ob im individuellen Handeln immer auch der Bezug zum Sozialen, zur Gesellschaft mitgedacht ist.

Schlüssig wird diese Gleichzeitigkeit (von individuellem und gesellschaftlichem Handeln) in der praktischen Philosophie von Ernst Tugendhat (1995) dargelegt. Auch wenn *Ichorientierung* bzw. *Ichbezogenheit* für das Individuum unausweichlich sind, ist ihm gleichzeitig die Fähigkeit der *Selbstrelativierung* bzw. *Perspektivenübernahme* und *-verschränkung* möglich. So gesehen hat jedes Individuum ein Motiv, sich auf soziale Rücksichten gegenüber anderen einzulassen und gerade dadurch das eigene Wohlergehen und die Selbstachtung zu stärken: Verantwortungsbewusstes Handeln gründet immer auch im Eigeninteresse, weist aber immer auch über dieses persönliche Eigeninteresse hinaus.

Wie in den folgenden Beiträgen in diesem Buch ersichtlich wird, hängt die Verwirklichung dieser Gleichzeitigkeit von den individuellen und organisationalen Handlungsspielräumen im jeweiligen Kontext ab. Citizenship Behavior – als Ausdruck der besprochenen Gleichzeitigkeit – gilt dann nicht nur für die Mitarbeitenden als Orientierungsmetapher, sondern sollte auch für die Betriebe das Maß einer integrativen Geschäftsethik sein, welche dem Primat des Eigennutzens den der Lebensdienlichkeit (Ulrich, 2001; 2002) vorzieht, ohne darin die Vernachlässigung des Eigennutzens zu sehen.

Vor diesem Hintergrund wünschen wir der Leserin, dem Leser des Buches, dass sie oder er sich ein Bild davon machen kann, ob es bei der Umsetzung von Corporate Volunteering um unternehmerische Ichbezogenheit oder (ansatzweise) auch um Selbstrelativierung geht und ob in der Umsetzung das Unternehmen als *„guter Bürger"* wahrzunehmen ist.

Dank

Gewidmet ist das Buch unserem Durchhaltevermögen gegenüber einem Thema, das weder in unserem Fach, der Arbeits- und Organisationspsychologie, noch in den Unternehmen, Institutionen oder Fachverbänden bereits einen „festen Platz" gefunden hat und folglich anhaltenden und erhöhten Erklärungsbedarf forderte (von Ablehnungen einmal ganz abgesehen). Von daher gilt unser Dank auch in erster Linie den Mitstreitern bei der Initiierung, Begleitung und Durchführung des dem Buch zugrunde liegenden mehrjährigen Forschungsprojekts: dem Projektteam (und damit den Autorinnen und Autoren der Buchteile I und II) sowie den Kolleginnen und Kollegen in der ETH-Forschungsgruppe zur freigemeinnützigen Tätigkeit, den Kooperationsfirmen aus dem Profit- und Non-Profit-Bereich (NPO: Biotopverbund Großes Moos, Blindenheim Mühlehalde, Caritas Schweiz-Bergeinsatz, Kirchlicher Sozialdienst der Stadt Zürich-Freiwilligenagentur, Neeracherried

Naturschutzzentrum, Schweizerisches Rotes Kreuz-Kt. Zürich, Schweizerisches Rotes Kreuz-Katastrophenhilfe CH, Terre des hommes, Young Enterprise Switzerland; Profit: ABB Schweiz AG, Citibank, GE (GE Money Bank AG, Schweiz; Teil von GE Capital, General Electric Company), IBM Schweiz, Migros Genossenschaftsbund, Philias, Swisscom, UBS, dem Projektbeirat (Netzwerk Sozialverantwortliches Wirtschaften-NSW, Migros Kulturprozent, Caritas Schweiz), den Geldgebern (Förderagentur des Bundes für Innovation, Bern (KTI) sowie der Schweizer Gesellschaft der Organisation (SGO)) sowie den Autorinnen und Autoren von Teil III.

Wie bei jedem Buch gilt unser Dank der Unterstützung durch den Verlag, der Zusammenarbeit mit Mirjam Baur und Justina Veseli, die nicht nur der Formatvorlage zum Leben verholfen, sondern auch für Einheitlichkeit der Texte gesorgt haben. Für fehlende oder überzählige Satzzeichen oder Orthografiefehler sind die Autorenteams verantwortlich, für inhaltliche Unzulänglichkeiten die Herausgeber. Schließlich sei den Leserinnen und Lesern im Voraus gedankt, da sie es sind, die dem Thema nun zu einem festen Platz in der betrieblichen und gesellschaftlichen Diskussion verhelfen können; Argumente für den geforderten Erklärungsbedarf sollte das Buch bieten!

Theo Wehner und Gian-Claudio Gentile, im März 2012

Inhaltsverzeichnis

Was thematisiert das Buch und wie ist es aufgebaut?

1 Inhalt und Aufbau des Buches

Als Besitzer oder Manager eines Unternehmens, als leitende Persönlichkeit in einer gemeinnützigen Einrichtung, als Berater oder ganz einfach als interessierter Zeitgenosse mögen Sie vor folgender Frage bzw. Entscheidung stehen: Soll bzw. kann ich die notwendigen Ressourcen wie Arbeits- oder Freizeit, Aufmerksamkeit und Neugierde für ein Buch aufbringen, welches Unternehmen als „Bürger" bezeichnet und sich mit deren gemeinnützigem Engagement unter Einbeziehung der Mitarbeitenden (Corporate Volunteering) beschäftigt? Auf den ersten Blick mag Ihnen eine Bejahung der Frage als Luxus oder „Nice-to-have" erscheinen. Themen wie bürgerschaftliches Engagement von Unternehmen oder Philanthropie zielen doch weit an dem vorbei, was Ihre tägliche Realität im Betrieb von Ihnen abverlangt bzw. was Sie von anderen abverlangen müssen. Es sind Themen wie der stetige Wandel, die Suche nach Innovation oder der Umgang mit Konflikten, welche nebst der Geschäftsagenda nach einer Lösung oder zumindest nach Orientierungshilfen rufen. Warum sich also mit diesem Buch beschäftigen?

Unternehmen als „Bürger", d.h. als Teil einer (Werte-)Gemeinschaft zu verstehen, findet zunehmend Zuspruch und wird im Rahmen von Debatten um die gesellschaftliche Legitimation unternehmerischer Zweckerfüllung gerne als Orientierungsmetapher eingebracht. Die gesellschaftliche Verantwortung der Unternehmen wird nicht mehr nur in der ökonomischen Leistungserbringung gesehen, sondern um ökologische und soziale Aspekte erweitert. Die Diskussionen um die Rolle der Wirtschaft, d.h. der Unternehmen in der Gesellschaft, sind Teil einer eigentlichen Neuausrichtung des institutionellen Gefüges zwischen Staat, Wirtschaft und Zivilgesellschaft. Sie sind in einer globalisierten Welt, welche durch Individualisierung und Wertepluralismus gekennzeichnet ist, von zentraler Bedeutung für eine nachhaltige und gerechte Wohlstandsgenerierung.

Die Auswirkungen dieser Veränderungen und Entwicklungen zeigen sich bekanntlich nicht nur in einer abstrakten politischen oder akademischen Auseinandersetzung. Themen wie Nachhaltigkeit, working poor, Arbeitslosigkeit, Flexibilisierung der Arbeitswelt, der demographische Wandel oder die Sicherung sozialstaatlicher Leistungen sind längst zu den drängenden Fragen für die künftige Entwicklung postindustrieller Gesellschaften geworden. Es steht die Frage nach neuen Gesellschaftsmodellen bzw. -verträgen im Raum, welche das für lange Zeit als sicher geglaubte Versprechen auf Vollbeschäftigung und die gesellschaftliche Integration über Wohlstandsgenerierung retten oder erneuern können. Werden wir auch künftig noch von der Arbeitsgesellschaft sprechen, oder beschreiben die Begriffe der „Tätigkeitsgesellschaft" und eine damit verbundene „Bürgerarbeit" (Beck, 1999; Liebermann, 2009) die heute sich abzeichnenden gesellschaftlichen Veränderungen besser? Die Beantwortung dieser grundlegenden Fragen kann nicht im Rahmen dieses Buches geleistet werden, jedoch sind dessen Motivation und die darin besprochenen Forschungserkenntnisse im Kontext dieser Entwicklungen zu verstehen. Ziel ist es, der Leserschaft eine verstärkte Sensibilität hinsichtlich der sich verändernden Rolle von Unternehmen in der Gesellschaft zu geben, um so in der eigenen Praxis eine qualifizierte Meinung bzw. Haltung zu den genannten Entwicklungen zu vertreten. Zum einen wird dies durch einen fundierten wissenschaftlichen Beitrag an eine laufende und teilweise ideologisch geführte Debatte um die Rolle der Unternehmen in der Gesellschaft geleistet. Zum anderen gilt es, eine passende Sprache zu finden, welche die veränderten Anforderungen und Rollenverständnisse begrifflich klarer bestimmt und kommunizierbar macht.

Exemplarisch fokussieren wir hierfür auf ein sich stark verbreitendes Phänomen, welches als Reaktion auf die genannte Verschiebung in der „gesellschaftlichen Tektonik" zu verstehen ist. Corporate Volunteering (CV), d.h. gemeinnütziges Engagement von Unternehmen unter Einbezug der Mitarbeitenden, wird hier, um in der metaphorischen Sprache zu bleiben, als „Seismograph" verstanden, über welchen sich die stattfindende Veränderung in der Gesellschaft, d.h. zwischen den Institutionen und deren Akteuren abzeichnet. Als soziale Innovation erlaubt CV Einsichten in ein sich neu formierendes gesellschaftliches Feld, in welchem die klassischen Rollenzuteilungen zwischen Staat, Wirtschaft und Zivilgesellschaft aufgebrochen und in neue Kooperations- und Aktivitätsfelder überführt werden. CV greift unterschiedliche gesellschaftliche Interessen auf, um Lösungen für einen Teil der genannten Brennpunkte anzugehen. Sei dies im Rahmen eines Natureinsatzes im Moor, einem Betreuungstag im Kinderheim oder bei der Entwicklung eines Businessplans für eine Altersresidenz. Immer steht das Engagement der Unternehmen mit ihren Mitarbeitenden im Fokus, über welches der unternehmerischen Verantwortung ein spezifischer Ausdruck verliehen wird. Dieser soll auf freiwilliger Basis, über die gesetzlich festgelegten (z.B. keine Kinderarbeit) und gesellschaftlich bzw. ethisch erwarteten Leistungen (z.B. faire Gehälter und Sozialleistungen) hinaus einen Beitrag zum Wohl der jeweiligen Gemeinschaft leisten.

Durch die Verknüpfung unterschiedlicher Interessen, wie derjenigen der zivilgesellschaftlichen Akteure (z.B. Ressourcengewinnung oder Aufbau von Sozialkapital), des Unternehmens (z.B. gesellschaftliche Legitimation oder Reputation) und der Mitarbeitenden (z.B. Hilfeleisten oder Kompetenz- und Persönlichkeitsentwicklung), entstehen Nutzenpotenziale, welche über eine systematische Anwendung zu nachhaltigen Effekten in den jeweiligen gesellschaftlichen Bereichen beitragen sollen. Als Teil und Ausdruck der sozialen Verantwortung des Unternehmens wird mit CV mehr als nur eine philanthropische Haltung der Unternehmen zum Ausdruck gebracht. Zunehmend wird damit auch eine strategische Relevanz verbunden, welche im Zusammenhang mit der Legitimation unternehmerischen Handelns nicht nur von den Unternehmen in Eigeninteresse gezeigt wird. Sie wird vermehrt auch von unterschiedlichen Akteuren eingefordert, durch zivilgesellschaftliche Akteure aufgrund von Ressourcenknappheit (z.B. die Rekrutierung von Freiwilligen oder das Beschaffen finanzieller Mittel), aufgrund einer verstärkten Sensibilisierung potenzieller Mitarbeitenden bzw. sog. „Arbeitskraftunternehmer" (Voss & Pongratz, 1998), bei der Auswahl eines geeigneten Arbeitgebers, durch kritische Konsumenten oder im Rahmen einer politischen Agenda. So wurden z.B. im Rahmen des Freiwilligenjahres 2011 der Europäischen Gemeinschaft explizit auch die Unternehmen zu aktiver Unterstützung und Wertschätzung freigemeinnütziger Arbeit ihrer Mitarbeitenden aufgerufen.

Wir laden Sie deshalb im Rahmen dieses Buches dazu ein, sich über die breit geführte Diskussion zur gesellschaftlichen Legitimation der Unternehmen mit konkreten Bedürfnissen, Hindernissen und Problemlösungen im Rahmen des innovativen Phänomens CV zu beschäftigen. Verstanden als das „hohe C der Corporate Social Responsibility (CSR)", bietet sich hier die Gelegenheit, sich mit einer neuartigen Form des Stakeholder-Dialogs auseinanderzusetzen, welche sowohl für die Leitung der Unternehmen, deren Mitglieder, als auch für zivilgesellschaftliche Akteure von Interesse sein sollte.

Mit der Perspektive der Unternehmen, der Non-Profit-Organisationen (NPO) und sogenannten Mittlerorganisationen wird das CV-Feld auf der institutionellen Ebene aufgearbeitet und hinsichtlich dessen Entwicklungsstandes dargestellt. Auf der Ebene einzelner Unternehmen rücken als interne Stakeholder der Firmen vor allem die Mitarbeitenden als potenzielle Freiwillige in den Fokus der Aufmerksamkeit. Wir bieten so einen umfassenden Blick auf unterschiedliche Perspektiven und Realität(en) von CV sowie der damit verbundenen Nutzenpotenziale. Im Unterschied zu einem weiten Teil der bestehenden CV-Literatur belegen bzw. hinterfragen wir diese Potenziale mit Erkenntnissen aus einem Forschungsprojekt sowie weiteren Beiträgen aus der betrieblichen Praxis. Hierbei verzichten wir auch auf vorschnelle Erklärungsversuche für das Auftreten und die Verfestigung des Phänomens, wie dies teilweise entlang der Argumentation der neoinstitionalistischen Theorie versucht wird (Schäfer, 2009).

Diesem Bestreben folgend ist das Buch in drei Teile aufgeteilt, welche im Anschluss vertiefter dargestellt werden:

■ Der erste Teil des Buches widmet sich den aktuellen theoretischen Ansätzen zur gesellschaftlichen Legitimation bzw. Verantwortung von Unternehmen. Hier geht es vor allem um ein differenziertes Verständnis der Ausgestaltung verantwortlichen Handelns durch Unternehmen, welches sich von einem rein instrumentellen Verständnis von CV abgrenzt und eine integrative Perspektive auf gesellschaftliche Fragen fordert. Im Sinne einer Demokratisierung des Unternehmens sind hier Themen wir Partizipation, Selbstbestimmung und Freiwilligkeit zentrale Merkmale der Inklusion unterschiedlicher Interessengruppen in sogenannten Stakeholder-Dialogen.

■ Im zweiten Teil des Buches werden Ergebnisse aus dem knapp dreijährigen Forschungsprojekt CorVo.ch präsentiert. Dem Leitsatz: „Kein Corporate Volunteering ohne Volunteering" folgend, wird auf die Spezifik freiwilligen Engagements, d.h. dessen Motive und organisationale Gestaltungsmerkmale, eingegangen. Dies ist gerade hinsichtlich der Einbindung der Mitarbeitenden als Freiwillige zentral, werden für diese doch unterschiedliche Nutzenpotenziale (z.B. Personalentwicklung, Arbeitszufriedenheit, Sinnstiftung etc.) genannt, welche es differenziert zu betrachten gilt.

■ Im dritten Teil des Buches werden die Erkenntnisse mit konkreten Fällen aus der Praxis bereichert und kontrastiert. In diesen Beiträgen wird ein Eindruck der aktuellen Praxis von der Umsetzung und Entwicklung sozial verantwortlichen Handelns, von CV und CV-nahen Aktivitäten, vermittelt. Dass dieser Prozess noch nicht abgeschlossen ist, wird mit der Titelwahl „Praxis auf der Suche nach einer (besten) Praxis" pointiert auf den Punkt gebracht.

1.1   Teil I: Das Unternehmen in der Gesellschaft

Wenn in diesem Buch von einem integrativen Verständnis wirtschaftlichen Handelns (in Anlehnung an Ulrich, 2001) die Rede ist, so möchten wir dies nicht als eine utopische oder wirtschaftsferne Haltung verstanden wissen. Dieses Verständnis schließt an dem an, was gängig unter einer integren oder ganzheitlichen Unternehmensführung im Innen- und Außenverhältnis unternehmerischen Handelns verstanden wird und in vielzähligen Betrieben gelebte Praxis ist. Es ist das Bestreben des ersten Teils, den im Zuge einer globalisierten (Finanz-)Wirtschaft teilweise neu entfachten Diskurs über die gesellschaftliche Verantwortung der Unternehmen von einer verkürzten ökonomischen Betrachtung zu lösen, bei welcher die Corporate Responsibility noch zu oft den Stellenwert eines Add-on einnimmt oder für rein instrumentelle Zwecke entfremdet wird (Ulrich, 2009). Entsprechend legen wir den Fokus nicht auf zu erreichende Ziele verantwortlichen Handelns wie z.B. die Genderrate, die Ökobilanz oder geleistete Freiwilligenstunden, sondern fragen primär nach deren Erreichbarkeit in der alltäglichen Umsetzung im Betrieb und im Austausch mit externen Stakeholdern. Dies geschieht in Übereinstimmung mit den Zielen dieses Buches: Zum einen soll eine sprachlich differenzierte Beschreibung aktueller Veränderungen hinsichtlich der Rolle des Unternehmens in der Gesellschaft geleistet werden. Zum anderen soll dies die kritische Betrachtung der Forschungsergebnisse aus dem zweiten Teil ermöglichen.

Abbildung 1.1   Orte der Moral des Wirtschaftens

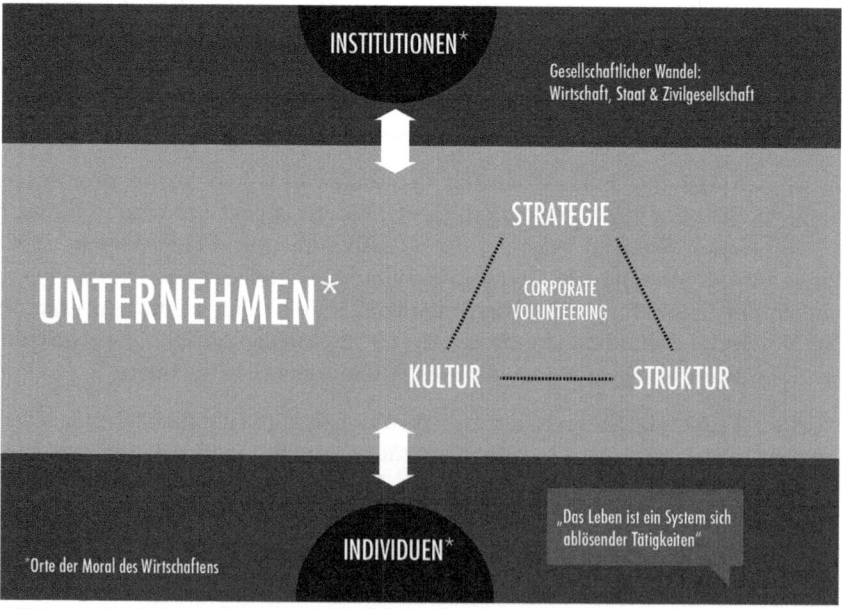

Den Zielen und den empirischen Beiträgen dieses Buches folgend, schlagen wir drei Ebenen bzw. Orte der moralischen Betrachtung vor (**Abbildung 1.1** in Anlehnung an Ulrich, 2009):

■ Die Ebene des Unternehmens wird entgegen eines verkürzten „Bourgeois"-Begriffs, welcher primär auf Eigennutzenoptimierung zielt, metaphorisch als „Corporate Citizen" verstanden (Moon, Crane & Matten, 2005; Stokes, 2002). Als „Citoyen" konzipiert, ist das Unternehmen Teil einer (Werte-)Gemeinschaft, in der und durch welche es die Legitimation zur Nutzengenerierung erst erhält. Schließlich wird auf dieser Ebene auf das Integritätsmanagement fokussiert, welches auf der strategischen, strukturellen und kulturellen Ebene verankert ist (Scherer & Picot, 2008; Ulrich, 2001).

■ Als zweites Beobachtungsfeld betrachten wir den Menschen als Unternehmensmitglied und Bürger, was ihn im doppelten Sinne zu einem zentralen Stakeholder des Unternehmens macht. Aus einer tätigkeitspsychologischen Perspektive (Leontjew, 1982; Rubinstein, 1984) argumentierend erweitern wir das Begriffsfeld von (Erwerbs-)Arbeit und deren Gestaltungsspielraum im Rahmen unternehmerischer Arbeitsgestaltung. Nebst Erwerbsarbeit kommt so auch freiwillige Tätigkeit ins Blickfeld (Güntert, Gentile & Wehner, 2007). Deren Motive, Förderung und Gestaltung sind die zentralen Bezugspunkte, welche es im unternehmerischen Kontext, d.h. konkret in Rahmen von CV neu zu betrachten gilt.

■ Als dritte Perspektive wird das unternehmerische Umfeld mit einbezogen. Hier erweitern wir mit dem Verständnis von CV als integratives Konzept zwischen Wirtschaft, Staat und Zivilgesellschaft unsere Perspektive auf die Grenzen des Unternehmens, was für unser konkretes Anliegen die Interaktion mit NPO bei CV-Projekten meint. Dies stimmt auch mit dem Fokus des Projektes CorVo.ch überein, welches mit seinen Zielen, Akteuren und einem kurzen Abriss seiner für das CV-Feld typischen Entstehungsgeschichte dargestellt wird.

Corporate Volunteering ist als Phänomen noch relativ neu und ist durch unterschiedlichste Eingrenzungsversuche gekennzeichnet. Um hier der Leserschaft eine systematische Orientierungshilfe zu geben, wird im Anschluss an die drei Betrachtungsebenen ein Informations- und Definitionskapitel zu CV eingeschoben. Dieses beinhaltet nebst einer Übersicht zu Eingrenzungsversuchen, Inhaltsbeschreibungen und Best-Practice-Beispielen auch das diesem Buch zugrunde liegende CV-Verständnis.

1.2 Teil II: Wie freiwillig ist Freiwilligkeit?

Zentrales Merkmal freigemeinnütziger Arbeit ist deren Freiwilligkeit. Auch wenn die Gemeinnützigkeit einen wesentlichen Teil dieser Arbeitsform definiert, so stellt der freiwillige Entscheid, sich gemeinnützig zu engagieren, das zentrale Qualitätsmerkmal dieser Form der Tätigkeit dar. Als Ausdruck individueller Werthaltungen soll diese nicht vorgeschrieben oder instrumentalisiert werden (s. van Schie, Wehner & Güntert, in diesem Buch).

Als Teil einer (europäischen) Freiwilligenkultur ist dieses Verständnis von Freiwilligkeit weit verbreitet und findet hohe Akzeptanz bei unterschiedlichen Akteuren aus der Zivilgesellschaft, der Politik, der Wirtschaft wie auch beim normalen Bürger. Betrachtet man den gängigen Diskurs über freigemeinnützige Arbeit oder CV in Fachbeiträgen, in der medialen Öffentlichkeit oder im Kontext von Praxisbeiträgen, so wird das genannte Verständnis freigemeinnütziger Arbeit oft implizit vorausgesetzt oder als definitorische Grundannahme explizit festgelegt. Nur, was geschieht, wenn die Entscheidungsfreiheit und das damit zusammenhängende Bedürfnis nach individueller Sinnerfüllung organisiert, d.h. auf einen bestimmten Zweck bzw. ein bestimmtes Ziel gerichtet wird – wie freiwillig ist Freiwilligkeit dann noch?

Diese Frage prägt nicht nur den Diskurs zur klassischen freigemeinnützigen Arbeit, welcher z.B. um Forderungen nach einer gezielteren Einbindung der Freiwilligenarbeit in Form von Bürgerarbeit oder als Re-Integrationsmöglichkeit in den Arbeitsmarkt geführt wird. Diese Frage stellt sich in zugespitzter Form auch in Bezug auf CV. Mit der Verknüpfung unternehmerischer, privater und zivilgesellschaftlicher Interessen ist die Antwort auf die gestellte Frage in diesem Zusammenhang nicht trivial, auch wenn dies mit dem Verweis auf das Begriffskonstrukt „Corporate" und „Volunteering" vielleicht so suggeriert wird. Vielmehr, so die hier vertretene Meinung, wird die Beantwortung der gestellten Frage nur ungenügend reflektiert und in ihren Dimensionen für die Realisierung von CV-Vorhaben sogar unterschätzt (Gentile, Lorenz & Wehner, 2011).

Es war und ist deshalb eines der Ziele dieses Buches sowie zuvor des Projektes CorVo.ch, diesem Umstand mehr Gewicht zu verleihen und die individuelle Freiwilligkeit sowie deren Gestaltung in das Zentrum des (Forschungs-)Interesses zu rücken. Der dreigliedrigen Ebeneneinteilung aus dem ersten Teil des Buches folgend, kommt dies im Kontext vom zweiten Teil in der folgenden Form zum Ausdruck:

■ Wir geben auf der institutionellen Ebene Antworten auf die Frage nach den Beweggründen, den Engagementformen sowie der strategischen Einbettung gemeinnützigen Engagements von mehr als 2000 Unternehmen (s. Gentile & Lorenz, in diesem Buch). In ähnlicher Form beantworten wir Fragen zu der Relevanz und Verbreitung des CV-Phänomens aus der Perspektive von über 400 NPO (s. Samuel, Schilling & Wehner sowie Lorenz & Spescha, in diesem Buch).

■ Aus einer stärker akteursbezogenen Perspektive bieten wir Erkenntnisse bzgl. der Wahrnehmung und des Umgangs mit CV durch Unternehmensmitglieder. Im Sinne eines Integritätsmanagements werden Fragen nach den strategischen, strukturellen und kulturellen Voraussetzungen einer erfolgreichen Anwendung und Umsetzung von CV in den Unternehmen beantwortet. Als Arbeitskräfte und potenzielle Freiwillige stehen hier die Motive und das Rollenverständnis der Mitarbeitenden bzw. der Führungskräfte im Zentrum des Interesses (s. Lorenz, Gentile & Wehner sowie Gentile, Lorenz & Wehner, in diesem Buch).

■ Schließlich beschäftigt sich dieses Buch auch mit der oft geforderten und selten geleisteten Evaluation von Engagements. Im Rahmen einer Pilotstudie zur Evaluation einer bestehenden CV-Kooperation werden sowohl Ergebnisse als auch methodisches Know-how bzgl. der Evaluationsmöglichkeiten von CV-Engagements geboten (s. Samuel, Gentile, Lorenz & Pries, in diesem Buch).

Dank gebührt an dieser Stelle den Fallbringern, d.h. denjenigen Unternehmen, welche sich im Rahmen des Projektes CorVo.ch bereit erklärt haben, Einblick in ihre interne CV-Praxis zu gewähren: UBS, Swisscom, GE und Citi Group.

Die genannten Betriebe stellten sich zusammen mit den Hochschulpartnern die Frage nach der nachhaltigen Weiterentwicklung ihrer CV-Praxis. Zum einen stand die Frage nach der individuellen Motivation der Mitarbeitenden zur Teilnahme an CV im Fokus, zum anderen interessierte die organisationale Einbettung von CV im betrieblichen Alltag. Die in diesen Kapiteln (Lorenz, Gentile & Wehner sowie Gentile, Lorenz & Wehner, in diesem Buch) dargestellten Daten sind in ihrer Offenheit, Tiefe sowie in Bezug auf den Reflexionsgehalt gegenüber CV und dessen betrieblicher Einbettung höchst erkenntnisreich und bieten so vielfältige Anschlussmöglichkeiten für die Gestaltung in anderen Betrieben.

Dort, wo dieser Einblick im Sinne des Erkenntnisgewinns eher kritisch ausfällt, darf jedoch nicht vergessen werden, dass die Betriebe im CV-Entwicklungsprozess bereits auf beachtliche Erfolge zurückblicken können: Als Vertreter der zum Projektstart noch relativ kleinen CV-Community (in der Schweiz) verzeichneten sie mindestens vier Jahre Erfahrung im Umgang mit CV und gehörten somit zu den Innovationsführern in diesem Bereich. In dieser Zeit konnten die CV-Beteiligungsraten entweder konstant gehalten oder sogar gesteigert werden. Teil dieser Entwicklung ist auch der zunehmend strategische Umgang mit einem Phänomen, welches bislang unter dem Signet der Philanthropie figurierte. Dieser Schritt zu mehr Systematik im gemeinnützigen Engagement der Betriebe wird auch von den Partnerinstitutionen begrüßt. Nach Angaben der Betriebe bilanzieren deren NPO-Partner die CV-Aktivitäten grundsätzlich positiv, auch wenn noch das eine oder andere Entwicklungspotenzial in der Zusammenarbeit zu nutzen ist oder die Partnerwahl systematischer angegangen werden kann. Im Sinne der Weiterentwicklung des eingeschlagenen Weges wurden die Erkenntnisse der Studien für die Gestaltung der eigenen Praxis genutzt, welche sich auch in wirtschaftlich turbulenten Zeiten weiterhin bewährt.

Es mag deshalb Ausdruck dieser (CV-)Reife der Betriebe sein, dass diese zum einen die Zustimmung zur Teilnahme am Projekt gegeben haben und zum anderen im Rahmen dieses Buches einen ungeschminkten Einblick in den Entwicklungsstand ihrer CV-Praxis gewähren. Nicht zuletzt ist es erst dank eines solchen Einblicks möglich, die Ausgestaltung von CV unter dem Aspekt der Integrität besser zu verstehen. Dies versetzt uns in die Lage, gezielt Handlungsfelder für die künftige Gestaltung von CV in der betrieblichen Praxis zu benennen und so schließlich auch Antworten auf die Frage nach der Freiwilligkeit von Freiwilligkeit im Rahmen von CV-Initiativen zu geben.

1.3   Teil III: Praxis auf der Suche nach einer Praxis

Praxis zeichnet sich dadurch aus, dass sie unter bestimmten gesellschaftlichen Rahmenbedingungen mit spezifischen Mitteln angebbare Ziele erreicht und diese hinsichtlich des Erreichungsgrades überprüfen kann (Kraemer, 1995). Wenn sie dies auf eine Art und Weise praktizieren kann, welche als die sinnvollste von bestehenden Alternativen angesehen wird, spricht man auch von der sogenannten Best-Practice.

Der dritte Teil dieses Buches widmet sich genau diesem Sachverhalt und möchte einen Einblick in die bestehende Praxis verantwortlichen Handelns unterschiedlicher gesellschaftlicher Akteure gewähren. Wie aus den Beiträgen in diesem Teil ersichtlich wird, ist es unter dem Einfluss des derzeitigen gesellschaftlichen Wandels nicht immer klar, welche Ziele mit welchen Mitteln durch welchen Akteur angestrebt werden sollen. Best-Practice, wie diese vielleicht im Bereich der Finanzbuchhaltung, der Einhaltung von Ökostandards oder dem Aufsetzen eines Kooperationsvertrages beschrieben werden kann, ist (noch) sehr schwach ausgeprägt bzw. oft nicht vorhanden.

Entsprechend zeichnen die Beiträge in diesem Buchteil ein Bild eines gesellschaftlichen Feldes, welches sich in Bewegung befindet und in welchem nebst den Unternehmen auch zivilgesellschaftliche Akteure nach einem neuen Rollenprofil suchen. Eine Verfestigung im Sinne einer Institutionalisierung, welche auf gegenseitiger Erwartbarkeit von Handlungs- und Verhaltensweisen der Akteure aufbaut, scheint weiter entfernt, als dies im Rahmen aktueller theoretischer Ansätze (z.B. dem Neoinstitutionalismus) beschrieben bzw. vorausgesagt wird (Schäfer, 2009).

Es gilt deshalb genau hinzuhören, wie Praxis sich selber beschreibt, welche offenen Fragen sie hat, welche Unsicherheiten bei der Entwicklung einer (besten) Praxis noch bestehen und wo schließlich eine handhabbare Zukunft gesehen wird. Diesen, ähnlichen und weiterführenden Fragen folgen die Texte im dritten Teil dieses Buches und ermöglichen so einen spezifischen Einblick in den derzeitigen gesellschaftlichen, d.h. institutionellen Wandel. Folgende Auswahl an Perspektiven wurde getroffen:

- Die Perspektive von KMU (s. Christen Jakob, in diesem Buch) wird bisweilen wenig bis gar nicht einbezogen, wenn die Rede von gesellschaftlicher Verantwortung von Unternehmen ist. Der vorliegende Beitrag möchte diesem Versäumnis entgegenwirken und arbeitet die spezifischen Stärken und Chancen von KMU im Bereich der CSR heraus. Unterstrichen wird dies mit einem Fallbeispiel des mittelständischen Betriebes Müller & Knecht, bei welchem sich die CSR als Ergebnis einer sich historisch gewandelten Praxis verantwortlichen Handelns darstellt.

- Da der institutionelle Wandel nicht an der Unternehmensgrenze haltmacht, sind weitere Akteure zu berücksichtigen. Gerade für Organisationen im zivilgesellschaftlichen Bereich gilt es nach veränderten Rahmenbedingungen, neuen Chancen und antizipierten Gefahren zu fragen. Dies wird zum einen am Fallbeispiel des Diakoniewerkes Neumünster (s. Jiranek, Wehner & Güntert, in diesem Buch) im Großraum Zürich veranschaulicht, welches mit der systematischen Einbindung von Freiwilligen neue Wege beschreitet. Nebst einem erweiterten Handlungsspielraum eröffnen sich hier auch neue Herausforderungen bei der Integration von professionellen und freiwilligen „Arbeitskräften". Zum anderen blicken wir hinter die Kulissen des etablierten SeitenWechsels (s. Ettlin, in diesem Buch), welcher als Lernfeld und Kompetenzentwicklung für Führungskräfte große Bekanntheit erlangt hat. Vor dem Hintergrund einer 16-jährigen Praxis wird ein Blick zurück nach vorne gewagt, welcher ein kritisches Resümee als Grundlage für die Weiterentwicklung der bestehenden Praxis nimmt.

■ Als Zeichen von Wandel und sich verändernden institutionellen Rahmenbedingungen kann auch das Auftreten sogenannter Mittler(-organisationen) gesehen werden. Als Intermediäre zwischen Wirtschaft und Zivilgesellschaft helfen sie eine Praxis aufzubauen, wo diese noch nicht existiert oder Unterstützung braucht. Im Rahmen von CV-Projekten erhalten die Mittlerorganisationen (s. Placke, in diesem Buch) dann eine tragende Rolle, wenn es darum geht, die beteiligten Akteure (Betriebe und NPO) bei der Zieldefinition (z.B. einen Aktionstag im Kinderheim durchführen), der Methodenwahl (z.B. Aufbau eines Kinderspielplatzes) sowie bei der Evaluation der CV-Aktion zu begleiten. Die mit dieser Aufgabe verbundenen Anforderungen zur flexiblen Rollenausübung, zur „Mehrsprachigkeit" sowie zur Sicherung des eigenen Business Case stellen hierbei besondere Herausforderungen dar.

■ Der Business Case, an dem sich jede neue CSR-Praxis ebenfalls messen lassen muss, steht auch bei den beiden letzten Beiträgen des Buches im Zentrum der Überlegungen. Zum einen wird entlang der Fallbeispiele der Unternehmensgruppe J.J. Darboven und der Privatrösterei Vollmerkaffee das Fairtrade-Konzept als Ausdruck der CSR dargestellt (s. Straßburger, in diesem Buch). Dank der internen und externen Perspektive auf die Fallbeispiele wird das Spannungsfeld zwischen einer reinen Geschäftssicherung durch CSR und dem Anspruch auf eine integere CSR sichtbar gemacht. Zum anderen blicken wir mit dem letzten Fallbeispiel der Novartis (s. Stolz, Fürst & Mundle, in diesem Buch) in die nahe Zukunft der Ausgestaltung von CSR-Praxis. Im Rahmen des Entrepreneurial Leadership Program (ELP) beschreitet der Konzern neue Wege bei der Vereinigung philanthropischer Aktivitäten (Freiwilligenarbeit im Rahmen von Entwicklungsprojekten) mit strategischen Interessen (Entwicklung von Führungskompetenzen und Geschäftsfeldentwicklung). Nebst den Darstellungen der inhaltlichen Ausgestaltung des Programmes liefern vor allem die manageriellen Herausforderungen der Umsetzung sowie der nachhaltigen Implementierung Zeugnis darüber, welche Anforderungen das Leitmotiv „doing well by doing good" der heutigen wie auch der künftigen Praxis abverlangt bzw. abverlangen wird.

Wieso nun also dieses Buch lesen?! Die Antwort mag kurz, aber prägnant ausfallen: aus Neugierde, aus dem Interesse an einer kritischen Reflexion aktueller gesellschaftlicher Veränderungen und deren Auswirkung auf die Unternehmenswelt. Nicht zuletzt auch aus einem erweiterten Geschäftssinn heraus, welcher in dieser Entwicklung ein innovatives Feld unternehmerischen Handelns sieht und dieses besser verstehen möchte. Wir wünschen Ihnen vielfältige Ein- und Aussichten sowie zahlreiche Anregungen für die eigene Praxis!

Teil I:
Das Unternehmen in der Gesellschaft

2 Das Unternehmen im Spannungsfeld von Profit und Ethik

Gian-Claudio Gentile, Theo Wehner

2.1 Einleitung

Auf der Suche nach einer Antwort auf die Frage nach dem Sinn und Zweck eines Unternehmens (Handy, 2002) findet man eine Vielzahl konkurrierender Begriffe, Konzepte, Theorien und Meinungen. Um trotzdem Orientierung zu ermöglichen, beschränken wir uns hier auf zwei der wichtigsten Ansätze im Bereich der derzeitigen Debatte um die Einbindung von Unternehmen in die Gesellschaft: zum einen Ansätze, welche dem klassisch ökonomischen Verständnis unternehmerischen Handelns verhaftet bleiben. Zum anderen Ansätze, welche den Gemeinschaftsbezug und die gesellschafts-politische Verflechtung des Unternehmens betonen (**Abbildung 2.1**).

Abbildung 2.1   Zentrale Konzepte unternehmerischer Verantwortung

---

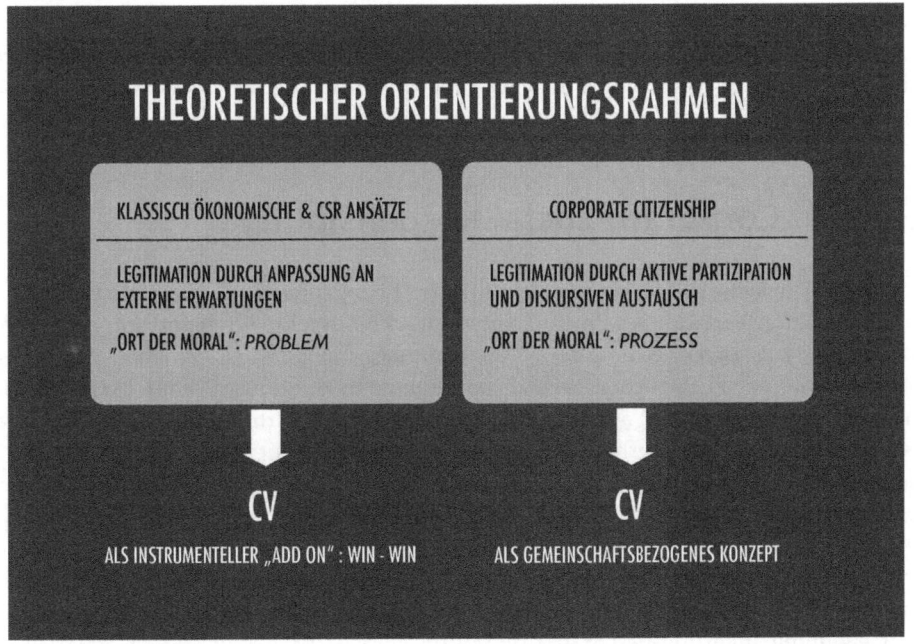

Im ersten Bereich, der weitgehend mit dem Begriff Corporate Social Responsibility (CSR) umschrieben werden kann, bleiben der instrumentelle Aspekt der ökonomischen Nutzenlogik und deren Fokus auf die Gewinnmaximierung weitestgehend erhalten. Die Berücksichtigung gesellschaftlicher Anliegen wird vorzüglich im Sinne einer Anpassung an externe Erwartungen umgesetzt, um so die Legitimation unternehmerischen Handelns zu sichern. Der Fokus dieser Ansätze liegt auf dem Output, welcher z.B. die zu verbessernden Arbeitsbedingungen im Betrieb, die Senkung der Umweltverschmutzung oder die Einhaltung der Frauenquote beinhalten kann. Dem zweiten Bereich, hier als Corporate Citizenship (CC) bezeichnet, liegt ein stärker integratives Konzept zugrunde. Als Citoyen folgt das Unternehmen weiterhin dem Motiv (nicht Imperativ!) der Gewinnerzeugung, relativiert dies jedoch im Hinblick auf die moralisch begründete Berücksichtigung anderer Interessen. Entsprechend wird unternehmerische Legitimation über aktive Partizipation und diskursiven Austausch mit Anspruchsgruppen erreicht bzw. erhalten. Der Fokus moralischer Auseinandersetzung liegt auf dem Input, welcher z.B. die Bearbeitung ethischer Fragen in internen Ethikkomitees oder im Rahmen von extern ausgerichteten Stakeholder-Dialogen meint. Damit verbunden sind Prozessqualitäten wie die Möglichkeit zur Partizipation sowie die Integration unterschiedlicher Interessen bei der Entscheidungsfindung. Während CV hier als gemeinschaftsbezogenes Konzept legitimiert ist, wird es im CSR-Bereich meist als Add-on zur ökonomischen Ausrichtung oder als Ausdruck einer strategischen Philanthropie toleriert.

Nach einer kurzen Übersicht zur CSR-Debatte erläutern wir das hier zugrunde gelegte integrative Verständnis gesellschaftlicher Einbindung von Unternehmen. Dieses erlaubt hinsichtlich der Herausforderungen einer pluralisierten Gesellschaft (Beck, 1999) differenziertere Antworten, als sie der klassisch ökonomische Reflex auf die Gewinnmaximierung oder der metaphysische Glaube an eine „unsichtbare Hand des Marktes" (Smith, 1776) geben kann.

2.2   Corporate Social Responsibility

Verantwortungsübernahme und gemeinnütziges Engagement (z.B. CV), welches über den engen Funktionsbereich der Profitmaximierung hinausgeht, erscheint vor dem Hintergrund eines klassisch ökonomischen Verständnisses nur dann als denkbar, wenn es den freien Handel vor zusätzlichen gesetzlichen Rahmenbedingungen schützt oder im Sinne einer Risikoabwägung auf allfällige „Kollateralschäden" wirtschaftlichen Handelns ausgleichend wirkt. Wenn überhaupt, dann sollten entsprechende Aktivitäten in letzter Konsequenz zur Sicherung des Eigennutzens der Eigner dienen oder wenn möglich diesen sogar noch steigern (Porter & Kramer, 2002; Jensen, 2002).

Kritik und Widerstand an der hier pointiert wiedergegebenen Position regt sich vor allem im Hinblick auf das verkürzte Verständnis unternehmerischen Handelns, welches sich auf die Gewinnmaximierung beschränkt (s. kritisch Ulrich, 2009 sowie Vogel, 2005). Die Berücksichtigung externer Effekte (z.B. Umweltverschmutzung, Burnout oder Arbeitsschutz) wird hierbei entweder auf den Staat abgewälzt oder im Rahmen des metaphysischen Glaubens an die „unsichtbare Hand des Marktes" als sich selbst regelnder Prozess ausgeblendet. Prominent findet diese Kritik im Rahmen der sogenannten Debatte um die Corporate Social Responsibility (CSR) ihren Ausdruck. Unternehmen werden aufgefordert, jenseits der gesetzlichen Rahmenbedingungen Verantwortung für die Auswirkungen des eigenen Handelns zu übernehmen und die Verflechtung mit dem gesellschaftlichen Umfeld anzuerkennen (Wood, 1991; Preston & Post, 1975). Davis (1973) brachte dies früh mit dem „Iron Law of Responsibility" auf den Punkt, wonach Unternehmen als soziale Institutionen ihre Legitimität und ihre Macht zu handeln von der Gesellschaft zugesprochen erhalten. Legitimität meint dabei: „(...) a generalized perception or assumption that the actions of an entity are desirable, proper or appropriate within some socially constructed system of norms, values, beliefs, and definitions" (Suchman, 1995, S. 574). Verhalten sich Unternehmen bzgl. ihrer Handlungsmacht nicht verantwortungsvoll, verlieren sie ihre „license to operate" (Kakabadse, Rozuel & Lee-Davies, 2005).

Abbildung 2.2   Verantwortungsbereiche der Unternehmen (nach Carroll, 1991)

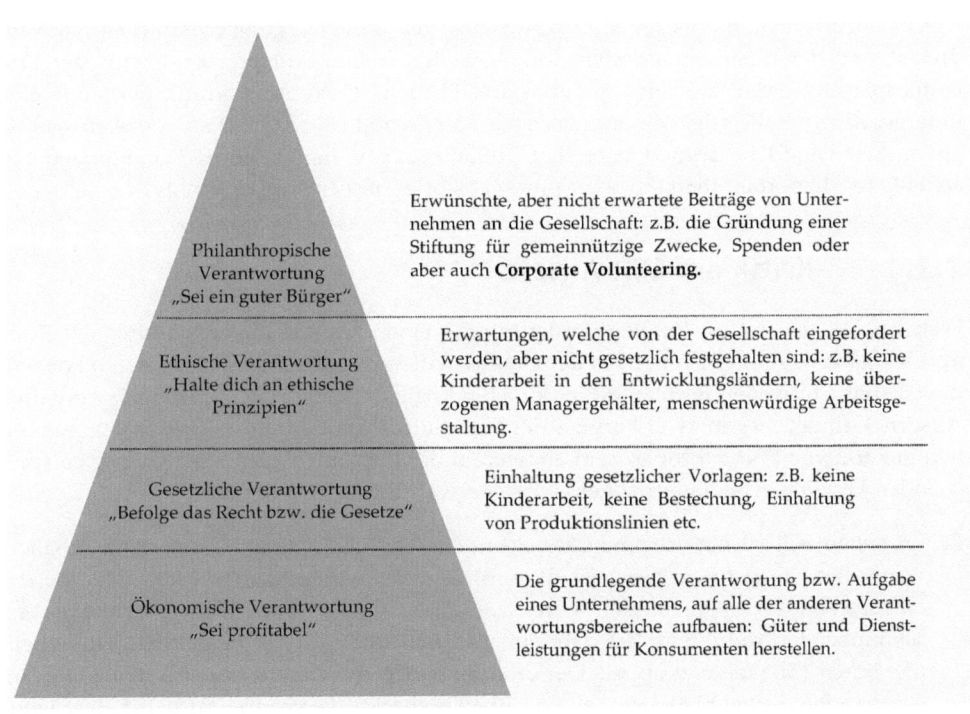

Doch von welchen Verantwortungsbereichen ist die Rede, und wie können diese in einen sinnvollen Zusammenhang gebracht werden? Als einer der meistzitierten und heute noch gebrauchten Orientierungsrahmen ist die „Pyramid of Corporate Social Responsibility" (**Abbildung 2.2**) von Carroll (1991) zu nennen. Carroll unterteilt CSR in vier Verantwortungsfelder: ein ökonomisches, legales, ethisches und ein philanthropisches Feld. Grundlegend hat ein Unternehmen profitabel zu sein und sollte den legalen Rahmenbedingungen in der jeweiligen Gesellschaft folgen. Zusätzlich sollten auch ethische Grundsätze befolgt werden. Diese letzteren sind zwar freiwillig einzuhalten, allerdings sind sie mit einer Erwartungshaltung aus der Gesellschaft verbunden. Ebenfalls erwünscht, aber weniger erwartbar ist die vierte und letzte Stufe, welche gemeinnütziges Engagement in sozialen, kulturellen oder anderen gemeinnützigen Bereichen fordert.

CV, als das „hohe ‚C' der CSR" (Wehner, Lorenz & Gentile, 2008), ist auf dieser letzten Stufe eingeordnet und wird als philanthropischer Beitrag an die Gesellschaft geleistet. Es folgt damit dem Prinzip des „giving back" (Kakabadse et al., 2005), d.h. der Rückgabe eines Teils der Wertschöpfung an die Gesellschaft, welche dank entsprechender Rahmenbedingungen (z.B. Infrastruktur, politisches System, Bildungssysteme etc.) die Erzeugung des Mehrwertes ermöglichte. Dem Prinzip liegen keine Strategie oder eine darauf abgestimmte Konzeption sozialer Verantwortung zugrunde. CV liegt hier im Ermessensspielraum der Verantwortlichen des jeweiligen Unternehmens bzw. der potenten Besitzer, welche entsprechende Entscheide in Abwägung der aktuellen gesellschaftlichen Notwendigkeit und der unternehmerischen Möglichkeiten treffen. Entsprechend wird der Philanthropie im Vergleich zu den anderen drei Ebenen der Verantwortungspyramide eine untergeordnete Rolle zugewiesen, was auch von Carroll (1999, S. 42) so vertreten wurde: „In fact, it would be argued here that philanthropy is highly desired and prized but actually less important than the other three categories of social responsibility."

2.2.1   Kritik am CSR-Ansatz

Während die genannten Ansätze vordergründig einen Wandel im Verständnis der Rolle und Aufgabe des Unternehmens in der Gesellschaft vermuten lassen, bleibt deren konzeptionelle Basis bisweilen noch zu oft in der alten Logik der klassischen Ökonomie verhaftet. Ausdruck findet dies in zwei Formen der Handlungsorientierung (Ulrich, 2002): zum einen in Form von Philanthropie, zum anderen in der instrumentellen Ausrichtung entsprechender Aktivitäten an (langfristigen) Nutzenerwartungen.

▪ Im ersten Fall ist eine sogenannte „Spendenethik" (Ulrich, 2002) nur dann möglich, wenn diese auch finanzierbar ist. Wie es zu dieser Möglichkeit kommt, d.h. wie der entsprechende Gewinn erzielt wird (z.B. über Kinderarbeit oder eine umweltverschmutzende Produktion), ist dabei unbestimmt und von der eigentlichen unternehmerischen Tätigkeit entkoppelt. Der oft geäußerte Verdacht, dass es sich hierbei um ein sogenanntes Feigenblatt bzw. einen „Blankoscheck" (Ortmann, 2010) für die eigene Nutzensteigerung handelt, ist dann nachvollziehbar.

▪ Im zweiten Fall wird eine Koppelung ethisch-moralischer Überlegungen mit dem Gewinnideal vorgeschlagen. In Begriffen wie „strategic philanthropy" (Porter & Kramer, 2002) oder im Sinne einer ethischen Gewinnerzielung wird das oft zitierte *Win-Win* impliziert, welches erfolgreiches Wirtschaften und moralische Einsicht in Übereinstimmung bringt. Was aber passiert, wenn diese ideale Situation nicht erreicht wird, wenn sich Moral nicht rechnet? In diesem Fall hat sie keinen eigenen Wert, sondern bekommt diesen nur, wenn sie auch entsprechende Nutzenerwartungen erfüllt (auch wenn diese vielleicht erst in ferner Zukunft erwartet werden).

Die Abkehr vom klassisch ökonomischen Modell und dessen Prämissen ist in den genannten Alternativen nur partiell gelungen (Scherer & Palazzo, 2007; Margolis & Walsh, 2003). Noch immer sind entscheidende Grundannahmen bzgl. der Funktion und Legitimation des Unternehmens in der Gesellschaft an Prinzipien wie der Autonomie und dem Gewinnprinzip der Unternehmen orientiert, was einer Trennung von Ethik und Ökonomik gleichkommt. Moralisch reflektiertes Handeln wird dann zu einem Add-on der eigentlichen Kernaufgaben und ist (nur) unter instrumentellen Gesichtspunkten als sogenanntes *Win-Win* legitimierbar (Gentile, 2009). Dass dies in der praktischen Umsetzung an Grenzen stößt bringt Vogel folgendermaßen auf den Punkt: „While criticizing Friedman's[1] article remains de rigueur in virtually every book and article on corporate responsibility, many contemporary advocates of CSR have implicitly accepted Friedman's position that the primary responsibility of companies is to create wealth for their shareholders. But they have added a twist: in order for companies to do so, they must now act virtuously" (Vogel, 2005, S. 27). Dies kann zu dilemmatischen Situationen führen, in welchen Entscheidungsträger sowie die Mitarbeitenden nach entsprechenden Lösungen und Handlungsmaximen ringen: „Yet, the issue was never whether to choose instrumental or moral criteria but, rather, how to arrive at some workable balance" (Gioia, 1999, S. 231).

Im nächsten Abschnitt wird deshalb entlang der „Citizenship"-Metapher (Moon et al., 2005) versucht, aus einer prozeduralen Perspektive heraus aufzuzeigen, wie mit unterschiedlichen Interessen im Sinne eines integrativen Managements umgegangen werden kann.

2.3 Corporate Citizenship als Demokratisierung des Unternehmens

Das Institutionengefüge zwischen Staat, Zivilgesellschaft und Wirtschaft, welches lange Zeit unter dem Label der „sozialen Marktwirtschaft" gut funktioniert hat, kommt durch einen beschleunigten (informations-)technologischen Wandel, die Liberalisierung des Handels auf den Finanzmärkten sowie die globale Verteilung von Produktions- und Fertigungsprozessen zusehends unter Druck. Zusätzlich gefördert wird dies durch die sogenannte Pluralisierung, welche in den Prozessen der Individualisierung (d.h. verkürzt: Werte, Ziele sowie Lebensstile der Menschen werden heterogener) sowie der Globalisierung (d.h. verkürzt: Schwächung der nationalstaatlichen Steuerungsstrukturen) ihren Ausdruck findet (Scherer & Palazzo, 2007; Beck, 1999). Im Zuge dieser Entwicklung stellt sich teilweise auch die Frage nach der gesellschaftlichen Einbindung des Unternehmens neu. Die Festlegung unternehmerischen Handelns mit Hinweis auf einen (impliziten) Wertekonsens fällt unter dem genannten Wertepluralismus und damit zusammenhängen-

---

[1]   Friedmans Ausspruch: „The only responsibility of business is business"(1970).

den heterogenen Ansprüchen an die Unternehmen immer schwerer. Auch einer Funktionsbeschränkung im Sinne der reinen Nutzengenerierung fehlt zunehmend der Zuspruch. Entsprechend fällt die Beantwortung der Frage nach den Handlungsfeldern des Unternehmens in der Gesellschaft häufiger mit dem Verweis darauf aus, dass es keine eindeutige Antwort geben kann (Moon et al., 2005; Palazzo & Scherer, 2006). Im Sinne eines normativen Stakeholder-Managements (Freeman & Liedtka, 1991) liegt der Fokus des Citizenship-Ansatzes deshalb auf dem diskursiven, d.h. partizipativen Aushandeln konkreter Aktivitätsfelder von Unternehmen im Austausch mit den Anspruchsgruppen.

2.3.1   Corporate Citizenship: Vom Inhalt zum Prozess

Als einflussreiche ökonomische und soziale Akteure werden Unternehmen verstärkt dazu aufgerufen, in sogenannte Stakeholder-Dialoge einzutreten und an der gesellschaftlichen Willensbildung zu partizipieren. Das Unternehmen soll sich als „guter Bürger" explizit in die Legitimationsdebatte einbringen, um seine Rolle in der Gesellschaft diskursiv auszuhandeln: „(…) the aim is to (re)establish a political order where economic rationality is circumscribed by democratic institutions and procedures" (Scherer & Palazzo, 2007, S. 1097). Als normativer Ansatz zu verstehen, gilt es unternehmerisches, d.h. ökonomisches Handeln und dessen Gestaltungsmacht im demokratisch angeleiteten Prozess und unter Abwägung unterschiedlicher Argumente (z.B. von NPO, NGO oder Gewerkschaften) zu legitimieren, ohne es dabei in seiner Systemlogik grundlegend zu hinterfragen (Scherer & Palazzo, 2007). Hiermit verschiebt sich der Ort der Moral in der Debatte um die Verantwortung des Unternehmens von spezifischen Verantwortungsebenen und deren Inhalten hin zu prozeduralen Merkmalen, welche ökonomisches Handeln leiten und qualifizieren.

In Anlehnung an die diskursive Ethik des herrschaftsfreien Diskurses nach Habermans (1996) gründet diese Perspektive auf einem sogenannten Gerechtigkeitsethos (Eigenstetter & Trimpop, 2009, S. 64): „Eigene Handlungen sollen mit den Handlungen anderer Betroffener koordiniert und in einem rationalen, verständigungsorientierten Diskurs legitimiert werden. Dabei werden die verschiedenen subjektiven Perspektiven gleichberechtigt und zwanglos ausgetauscht. So kann jede mögliche Norm diskursethisch legitimiert werden, wenn sie die zwanglose und hinsichtlich Nebenfolgen verantwortungsbewusste Zustimmung aller Betroffenen findet."

Im Sinne eines Problemlösungsprozesses ermöglicht es der prozedurale Ansatz durch die diskursive Öffnung des Unternehmens, im Innen- und Außenverhältnis die Einbindung einer Vielzahl von Anspruchsgruppen und deren Anliegen zu berücksichtigen: „(deliberative democracy) serves to revive and reactivate, (…), the term ‚corporate citizenship' in relation to emergent and fast-moving debates – on work-life balance or on climate change, for example" (Edward & Willmott, 2008, S. 416f.) oder CV im vorliegenden Fall. Mit der Forderung nach diskursiver Einbindung von Anspruchsgruppen, wie z.B. der Mitarbeitenden, gewinnen auch Ansätze der Organisationalen Demokratie wieder an Aktualität (Weber & Höge, 2009). So wird die Legitimation zur Berücksichtigung humanitärer bzw. demokratischer Werte geschaffen, was mit der Ermöglichung von Selbstbestimmung oder Mitgestaltung im betrieblichen Entscheidungsprozess gut zum Ausdruck kommt.

Legitimes Handeln bzw. Entscheiden hängt hier von diskursiven Qualitäten wie Partizipation, Egalität, Wertschätzung sowie Offenheit ab (z.B. Edward & Willmott, 2008). Wie aus der Forschung zur Organisationalen Demokratie bekannt, wird das notwendige Vertrauen für die Wahrnehmung entsprechender Partizipationsgelegenheiten durch Stakeholder wie z.B. die Mitarbeitenden dann gegeben, wenn die Einhaltung der Prozessteilhabe als gesichert gilt (Weber & Höge, 2009; Eigenstetter & Trimpop, 2009). Wie weiter unten gezeigt wird, spielt in diesem Zusammenhang die Implementierung eines integren Managements in der betrieblichen Praxis eine wichtige Rolle. Über dieses werden der geforderte Diskurs und damit die Partizipation legitimiert, was die Umsetzung für die jeweilige Anspruchsgruppe erleichtert.

Als zentraler Aspekt einer Ethik in der Organisation ist in diesem Zusammenhang schließlich auch die Organisationskultur, d.h. spezifisch das Organisationsklima, zu nennen. Das dank seiner Messbarkeit als praktikabel angesehene Konstrukt des Organisationsklimas umfasst das wahrnehmbare und explizierbare Werte- und Normensystem, anhand dessen das Verhalten von Organisationsmitgliedern positiv oder negativ sanktioniert wird (Denison, 1996). Das ethische Klima stellt dabei den Referenzrahmen bei dilemmatischen Entscheidungssituationen dar, womit es als Interventionspunkt bei der aktiven Gestaltung eines integren Managements an Aufmerksamkeit bzw. „Attraktivität" gewinnt.

Gut veranschaulichen lässt sich der hier vollzogene konzeptionelle Perspektivenwechsel anhand der weiter oben dargestellten „Pyramid of Corporate Social Responsibility" nach Carroll (1991). In der Pyramide wird der Verantwortungsbereich hinsichtlich spezifischer Ebenen, deren Inhalte und eine damit verbundene Priorität unterschieden. Im Kontrast zu dieser inhaltsbezogenen Perspektive fokussiert die prozedurale Perspektive auf die qualitative Umsetzung entsprechender Handlungen und Anforderungen, ohne diese einer inhaltlichen Priorisierung zu unterziehen oder hinsichtlich eines wünschenswerten Ergebnisses festzulegen. Während dies bei der Umsetzung von ethischen oder philanthropischen Anliegen aufgrund deren gesetzlicher Unbestimmtheit bzw. Freiwilligkeit naheliegender erscheint, mag dies in Bezug auf die ökonomischen und die gesetzlichen Handlungsfelder Zweifel hervorrufen. Für den Fall einer Bewertung ökonomischer Nutzengenerierung entlang diskursiver Prämissen ist zu sagen, dass dies der eigentliche Kern einer integrativen Unternehmensethik darstellt, welche einer (grundsätzlich) egalitären Berücksichtigung unterschiedlicher Werte und Normen Rechnung trägt. In Hinblick auf das diskursive Aushandeln gesetzlicher Rahmenbedingungen ist darauf hinzuweisen, dass hiermit nicht der eigentliche Gesetzestext gemeint ist. Es geht stärker um die Umsetzung gesetzlicher Vorlagen in konkreten Fällen, welche hinsichtlich der Auslegung diskursiv zu begründende Entscheidungsspielräume offen lassen (z.B. die Einhaltung von ILO-Standards, auch wenn diese nicht vollumfänglich Teil einer nationalen Gesetzgebung in einem produzierenden Drittweltland sind).

2.3.2 Corporate Citizenship als Aufforderung zur Mehrsprachigkeit

In kritischer Abgrenzung zu instrumentellen und sogenannten philanthropischen CSR-Ansätzen widerspricht diese Perspektive dem Primat der Gewinnmaximierungslogik sowie der damit zusammenhängenden Annahme: „(...) that social relations should (naturally) be thought of as exclusively instrumental – that is, in terms of maximizing output from a given input" (Alvesson, Bridgman & Willmott, 2009, S. 11). Dem hier vertretenen integrativen Verständnis Folge leistend, sollen Unternehmen auch andere Sprachen als den durch Effizienz und Effektivität geprägten Dialekt neoklassischer Gewinnrhetorik sprechen oder zumindest verstehen. Wie bei den beiden weiteren Beobachtungsebenen unseres leitenden Orientierungsrahmens (Mitarbeitende als Freiwillige bzw. NPO-Partnerschaft) gezeigt wird, fordern die aktuellen gesellschaftlichen Veränderungen ein differenziertes Sprachrepertoire. Durch eine sich wandelnde Arbeitsgesellschaft und die zunehmend geforderten intersektoralen Partnerschaften eröffnen sich neue Tätigkeitsfelder. Das Unternehmen bzw. dessen Leitung sollte ein Konzept davon haben, wie mit unterschiedlichen Interessen und Anforderungen jenseits reinen Nutzendenkens umzugehen ist.

■ So gilt es zum einen eine Sensibilität für den Umgang mit der Ressource der Freiwilligkeit zu entwickeln, welche im Rahmen der Herausforderungen künftiger Arbeitsgestaltung und im Kontext gesellschaftlichen Engagements zunehmend gefordert wird (Beck, 1999; Europäische Kommission, 2009).

■ Zum anderen gilt es die Fähigkeit zur Perspektivenübernahme zu schärfen, welche bei intersektoralen Partnerschaften als Voraussetzung für nachhaltige Kooperationen zu sehen ist (Austin, 2000).

Wie mit dieser (An-)Forderung konkret umzugehen ist, wird im Anschluss an die Kritik dieser Form des CC-Verständnisses ausgeführt.

2.3.3 Kritik an der prozeduralen Perspektive

Im Gegensatz zu den CSR-Ansätzen ist das CC-Konzept relativ neu im akademischen Diskurs (für eine Übersicht und Abgrenzung zu anderen Konzepten s. Scherer & Palazzo, 2007). Entsprechend gibt es auch hier Kritik und offene Fragen, welche von der künftigen Forschung und Theorieentwicklung berücksichtigt werden müssen. Hier eine Auswahl:

■ *Konsistenz im Auftreten*: Zwischen internem und externem Auftreten des Unternehmens sollte eine Konsistenz erkennbar sein (Edward & Willmott, 2008; Scherer & Palazzo, 2007). Gerade in Hinblick auf die Rolle der Mitarbeitenden bei CV scheint deren Zuspruch und Akzeptanz wichtig. Inkonsistenzen zwischen externem Auftreten und dem internen Umgang mit den Mitarbeitenden sind dann störend.

■ *Ermöglichung des Diskurses*: Um die angestrebten Dialoge zwischen den beteiligten Interessengruppen zu ermöglichen, bedarf es diskursiver Kompetenz (Unvoreingenommenheit, Sachverständigkeit und Zwanglosigkeit) und entsprechender Rahmenbedingungen, welche vor potenziellem (Macht-)Missbrauch schützen (Moon et al., 2005, Stokes, 2002). Inwiefern diese Kompetenzen und Rahmenbedingungen innerhalb des Unternehmens als hierarchischem, d.h. institutionalisiertem Machtgefüge realisiert werden können, ist gerade im Hinblick auf das freiwillige Engagement der Mitarbeitenden eine zentrale Herausforderung.

▪ *Spannungsfeld zwischen Innovation und Routine:* Hier stellt sich die Frage, inwiefern die angestrebte Öffnung des Unternehmens (d.h. Innovation) im Rahmen dominanter ökonomischer Systemlogiken (d.h. Routine) institutionalisiert werden kann oder von diesen unterdrückt wird (Edward & Willmott, 2008; Osterloh & Tiemann, 1995). Dies scheint gerade bei CV ein besonders relevanter Aspekt zu sein, da hier die (institutionalisierte) Kontroll- und Steuerungsmöglichkeit des Unternehmens in Bezug auf die Freiwilligkeit der Mitarbeitenden nicht mehr greifen kann und soll.

Wie an den Kritikpunkten zu sehen, stellen sich wichtige Fragen hinsichtlich der Umsetzbarkeit sowie der Gestaltung entsprechender Rahmenbedingungen, wenn das diskursive CC-Verständnis im betrieblichen Alltag zur Anwendung kommen soll. Wir werden deshalb im nächsten Abschnitt einen Orientierungsrahmen für ein integres Management vorschlagen, welcher sich aus den organisationalen Gestaltungsfeldern der Strategie, Struktur und Kultur zusammensetzt und somit auf die Implementierung ethischer Grundwerte im Unternehmen fokussiert.

2.4   Integres Management

Wenn unternehmerische Verantwortung im Sinne eines diskursiven Verständnisses im betrieblichen Alltag umgesetzt werden soll, dann gilt es, ein konsistentes System von Rahmenbedingungen aufzubauen, welches die notwendigen Handlungsspielräume und Diskurse im Betrieb ermöglichen, fördern und vor Missbräuchen schützen kann. Dies ist vor allem deshalb notwendig, da die Organisation als funktional-differenziertes und hierarchisches System an der Erzielung ökonomischen Erfolgs ausgerichtet ist. Um dilemmatischen Situationen mit den „normalen Geschäftszielen" vorzubeugen, hängt die Umsetzung davon ab, wie die internen Rahmenbedingungen hierfür ausgestaltet werden. Leisinger bringt dies am Beispiel der Novartis wie folgt auf den Punkt: „Sollte das neue Corporate-Citizen-Denken erfolgreich umgesetzt werden, mussten die neuen Richtlinien integraler Bestandteil der Unternehmenskultur, der Organisationsstruktur und der Betriebsphilosophie werden" (Leisinger, 2004, S. 180). Nebst konkreten Zielen, der Budgetierung finanzieller Ressourcen sowie der Mitarbeiterausbildung beinhaltet dies auch die Berücksichtigung und Förderung durch entsprechende Beurteilungs- und Bonussysteme.

In dieser breiten Abstützung der Initiative spiegelt sich das, was man begrifflich auch mit Compliance- und Integritymanagement bezeichnen kann (Paine, 1994; Thielemann, 2005). Compliance, verstanden als extrinsisch „geforderte Ethik", beinhaltet nebst Kontroll- und Sanktionierungsinstrument auch Anreizstrukturen für die Befolgung von gesetzlich verankerten Regeln. Diese werden über formal-administrative Steuerungssysteme implemen-

tiert, welche die Handlungsspielräume der Organisationsmitglieder in Bezug auf uner-
wünschtes und illegales Tun einschränken bzw. kontrollieren sollen. Vermittelt wird dieses System über detaillierte Verhaltensregeln im Rahmen von Schulungen (Steinmann &
Olbrich, 1998). Integrity, verstanden als „gelebte Ethik", fokussiert auf eine ethische Sensibilisierung und Eigenverantwortung der Organisationsmitglieder, welche Regelbefolgung
als Teil des Selbstverständnisses versteht. Zu lesen als Ermöglichung für verantwortliches
Handeln, gründet dieses Verständnis auf Teilhabe, Diskurs sowie auf individuelle Handlungsspielräume mit Verantwortungsübernahme (Eigenstetter & Trimpop, 2009). Nebst
gesetzlichen Rahmenbedingungen werden hier auch selbst gesetzte Standards gewählt
und über Führungskräfte wie auch über die Mitarbeitenden umgesetzt. **Tabelle 2.1** führt
die beiden Ansätze hinsichtlich zentraler Merkmale auf.

Tabelle 2.1   **Compliance und Integrity (in Anlehnung an Paine, 1994)**

	Compliance-Ansatz	**Integrity-Ansatz**
Ethos	Konformität mit extern auf-erlegten Standards	Selbst gewählte Standards und gesetzlicher Rahmen
Ziel	Verhinderung kriminellen Verhaltens	Ermöglichung verantwortlichen Handelns
Federführung	Anwälte, spezialisierte Compliance-Abteilungen	Manager, Anwälte, Personal-abteilung, Mitarbeitende u.a.
Methode	Ausbildung, beschränkte Hand-lungsspielräume, Kontrolle und Strafe	Ausbildung, Führerschaft, Ver-antwortlichkeit, Kontrolle und Strafe
Verhaltens-annahmen	Mensch als autonomes Wesen, getrieben von materiellem Eigeninteresse	Mensch als soziales Wesen, getrieben von materiellem Eigen-interesse, Werten, Idealen, Vor-bildern und Kollegen

Hinsichtlich der Implementierung entsprechender Systeme werden in der praxisnahen
Forschung folgende Werte und Tugenden für eine erfolgreiche Einbettung genannt (Paine,
1994; Kaptein & van Dalen, 2000):

1. *Klarheit (input)*: Ausmaß, in dem unternehmerische Erwartungen, das moralische Verhalten der Mitarbeiter betreffend, akkurat, konkret und vollständig formuliert sind. In
   der Konsequenz wissen die Mitarbeitenden, was von ihnen erwartet wird.

2. *Konsistenz*: Ausmaß, in dem die Erwartungen kohärent und eindeutig sind und z.B.
   von den Vorgesetzten, als wichtige Referenzgruppe, vorgelebt werden (sollten).

3. *Sanktionierbarkeit*: Ausmaß, in dem positive und negative Sanktionen genutzt werden
   können, um verantwortungsvolles oder -loses Handeln zu belohnen bzw. zu bestrafen.

4. *Machbarkeit*: Ausmaß, in dem Verantwortlichkeiten ausgeführt und erfüllt werden können. So bedarf es entsprechender Ressourcen, Fähigkeiten und Handlungsfreiheiten, um die gesetzten Ziele auch erreichen zu können.

5. *Unterstützung*: Commitment, im Sinne einer intrinsischen Motivation der Mitarbeitenden gegenüber den gelebten Werten und Normen, z.B. bei der Interaktion mit Arbeitskollegen oder externen Stakeholdern.

6. *Sichtbarkeit (output)*: Ausmaß, in dem (un-)ethisches Verhalten in der vertikalen sowie der horizontalen Arbeitsbeziehung beobachtbar ist.

7. *Diskutierbarkeit*: Ausmaß, in dem das Erfüllen von Verantwortlichkeiten diskutiert werden kann. Im Sinne des hier vertretenen diskursiven Ansatzes ist hiermit (entgegen der dominierenden Literatur, welche auf top-down-Ansätze setzt) auch die partizipative Teilhabe von unten („bottom-up") einzubeziehen.

Abbildung 2.3   Integres Management zwischen Strategie, Struktur und Kultur

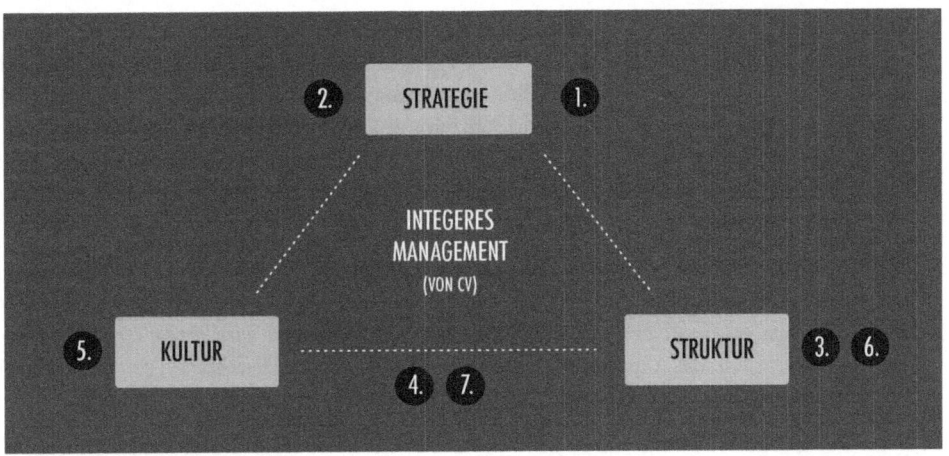

Wie in **Abbildung 2.3** zu sehen ist, lassen sich die sieben Merkmale in Hinblick auf die organisationalen Gestaltungsfelder der Strategie (Orientierung), der Struktur (Koordination) und der Kultur (Sinngenerierung) einordnen (Rüegg-Stürm, 2003 oder Osterloh & Frost, 2000). Da die Abgrenzung zwischen Struktur und Kultur nicht immer trennscharf ausfallen muss, werden gewisse Merkmale doppelt vergeben:

■ *Strategie (1./2.)*: Die Organisationsziele und die strategischen Handlungspläne sind ein zentrales Definitionskriterium der Organisation, welche als zielgerichtetes und zweckbezogenes Gebilde konzipiert wird. Die Ziele und Handlungspläne erfüllen mehrere Funktionen: z.B. als Motivationsfunktion, d.h.: Was wollen wir mit CV erreichen? Als Hintergrund für die Erfolgskontrolle, d.h.: Was wurde mit CV erreicht? Als Präferenzordnung bei Entscheidungen, d.h.: Welche CV-Formen wollen wir durchführen?

Klarheit und Konsistenz tragen zur Umsetzung der intendierten Ausrichtung der Handlungs-pläne bei. Sie unterstützen die Orientierungsfunktion, indem z.b. Führungskräfte klare Hand-lungsanweisungen bzgl. der Umsetzung entsprechender Vorgaben, auch in Bezug zu sich wi-dersprechenden Anforderungen, haben.

■ *Struktur (3./4./6./7.):* Die Organisationsstruktur umfasst die formale Struktur, welche beispielsweise die Arbeitsteilung, Koordination oder Formalisierung umfasst. Diese Struktur stellt die Gesamtheit der intendierten Vorgaben dar, wie die Organisation sein soll, was auch mit dem Begriff der „normativen Struktur" umschrieben wird. Mit Blick auf CV fallen hierunter formal gewährte freie Tage für das gemeinschaftliche Engage-ment, die Einbindung entsprechender Tätigkeiten in der jährlichen Zielvereinbarung oder CV als fixer Teil der Kaderausbildung, wie z.B. beim SeitenWechsel.

Sichtbar (un-)ethisches Verhalten soll über bestehende Sanktionsmöglichkeiten, wie z.B. Bonus-/ Malussysteme oder gesetzliche Rahmenbedingungen, eingefordert bzw. gefördert werden. Wei-ter kann diesbezüglich in Gremien wie z.b. einer Ethikkommission, einem internen Qualitäts-zirkel oder im Rahmen von Zielgesprächen über konkrete Fälle diskutiert werden.

■ *Kultur (4./5./7.):* Kultur, hier verstanden als informelle Struktur, umfasst die faktisch gegebenen Verhaltensstrukturen in der Organisation, welche Handlungsweisen, All-tagspraktiken, Haltungen oder Routinen umfassen, die von der formalen Struktur ab-weichen können, aber nicht müssen (Schreyögg, 2008). In Hinblick auf CV kann sich dies folgendermaßen darstellen: Der formalen Gewährung von drei bezahlten freien Tagen im Jahr für CV-Einsätze der Mitarbeitenden steht die implizite Regel entgegen, dass man diese aufgrund von Arbeitsdruck nicht einlösen kann oder darf.

Die Einhaltung ethischer Vorgaben ist Teil einer gelebten Alltagsroutine. Diese drückt sich bspw. in Form eines ethisch durchdrungenen Klimas aus, welches im Sinne einer soziomorali-schen Atmosphäre (Weber & Höge, 2009) zum Ausdruck gebracht wird. Entsprechend ist auch die Machbarkeit, d.h. die Anwendung entsprechender Sanktionsmöglichkeiten sowie die Thema-tisierung im Austausch mit Arbeitskollegen und Vorgesetzten erwünscht und möglich.

Im Sinne des integren Managements sind die gesetzten Ziele im Rahmen eines diskursiven CC-Ansatzes erst im ausgewogenen Zusammenspiel dieser drei Aufgabenbereiche der Organisation zu erreichen. Die Bereiche bieten einen Verständigungsrahmen, um Un-gleichgewichte zu orten und mögliche Verbesserungsvorschläge gezielt zu benennen.

Dass diesen Tugenden und Werten erhöhte Aufmerksamkeit geschenkt werden sollte, zeigen nicht zuletzt auch Daten des Compliance and Ethics Leadership Council (CELC): In seiner Studie „The current state of corporate integrety" (2009) wird die zentrale Rolle der organisationalen Gerechtigkeit als Teil einer integren Organisationskultur herausgestri-chen. Über die Einhaltung und Durchsetzung entsprechender Wertvorstellungen durch die Führungskräfte bzw. das Management soll die Leistung der Mitarbeitenden um bis zu 12% gesteigert werden.

3 Das Unternehmen im Stakeholder-Dialog

Gian-Claudio Gentile, Theo Wehner

3.1 Arbeit als Ressource und Verpflichtung unternehmerischen Handelns

Im Folgenden werden wir auf die Rolle und die Gestaltung von Arbeit als zentraler Aspekt einer sinnvollen Lebensgestaltung eingehen. Hierbei spielten und spielen Überlegungen der partizipativen Einbindung von Mitarbeiterinteressen schon immer eine zentrale Rolle. Wie zu zeigen sein wird, gilt dies auch für die Herausforderungen der Arbeitsgestaltung im 21. Jahrhundert. Freiwilligkeit als unternehmerische und gesellschaftliche Ressource spielt hier zunehmend eine wichtige Rolle, was nicht zuletzt im Phänomen CV zum Ausdruck kommt. Dies schafft für Unternehmen neue Gestaltungs- und Verantwortungsbereiche, welche über die engen Grenzen des Unternehmens hinaus immer weiter in zivilgesellschaftliche und private Sphären reichen.

3.1.1 Vom tätigen Menschen in der Gesellschaft

Als Individuum strebt der Mensch nach der Erfüllung persönlichen Sinns, d.h. persönlicher Motive, wie auch immer diese aussehen mögen. Deren Verwirklichung ist jedoch als Ausdruck eines gelungenen Lebens bzw. der Vita activa (Arendt, 2001) nur im Austausch und der Auseinandersetzung mit der Gesellschaft (den sogenannten objektiven Bedeutungen), z.B. im Rahmen politischer Strukturen, spezifischer Arbeitsverhältnisse, dem familiären Umfeld oder in der freiwilligen Tätigkeit in einem Verein oder Spital etc., zu verwirklichen. Eine einseitige Fokussierung auf psychologische Eigenschaften, spezifische Bedürfnisse oder (ökonomische) Präferenzen, wie dies z.B. beim Homo Oeconomicus der Fall ist, greift aus dieser Perspektive zu kurz. Entwicklung und Verwirklichung dessen, was wir unter Persönlichkeit mit dem Mensch-Sein in Verbindung bringen, ist stark von der Auseinandersetzung mit dem gesellschaftlichen Umfeld geprägt. Dieser Setzung folgend ist die Analyseeinheit unserer Perspektive bestimmt (**Abbildung 3.1**). Es ist dies die Verknüpfung bzw. Wechselwirkung zwischen dem tätigen Menschen und seiner Umwelt, welche das hier vertretene integrative Menschenbild von anderen Ansätzen unterscheidet. Im Rahmen dieses Menschenbildes ist Arbeit, d.h.: „(...) der Prozess, der den Menschen mit der Natur verbindet und in dem der Mensch auf die Natur einwirkt" (Leontjew, 1977), eine der Grundformen menschlicher Tätigkeit (Arendt, 2001). Auch wenn der Bezug zur Arbeit vor dem Hintergrund fordistischer Arbeitszerlegung oder einer zunehmend virtuellen Wissensgesellschaft das Bild des physisch tätigen Menschen stark verändert und dessen Arbeitsinhalte teilweise sogar entfremdet hat, so ist eine deren Funktionen nach wie vor an der Existenzsicherung ausgerichtet. Noch immer gestaltet das Individuum bzw. das gesellschaftliche Kollektiv durch die gesellschaftliche Organisation der Arbeit, d.h. deren (Ver-) Teilung und Ausrichtung (z.B. im Rahmen des industriellen Zeitalters) und durch spezifische Arbeitsformen (d.h. vom Handwerksberuf über den Marketing- bzw. Kommunikationsexperten bis hin zum wissenschaftlichen Theoretiker), seine Umwelt und wird rückwirkend von dieser geprägt.

Abbildung 3.1   Die Mensch-Umwelt-Beziehung vermittelt durch die sinnlich-praktische Tätigkeit nach Leontjew (1977)

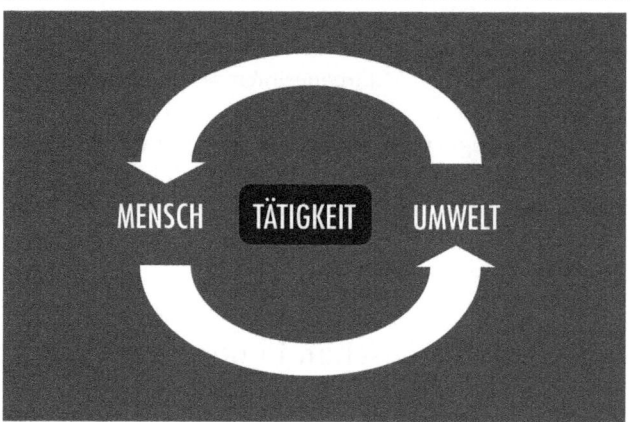

Spätestens seit Lewin (1920) wissen wir jedoch auch, dass es neben der reinen Zweckerfüllung (z.B. Erwerbseinkommen erzielen bzw. Lebenssicherung gewährleisten) und den damit erlebten Erschwernissen der Arbeitstätigkeit auch ein „zweites Gesicht der Arbeit" zu betrachten gilt. Dieses Gesicht umschreibt die Tätigkeit der Arbeit als Zweck an sich und verbindet damit positive Erfahrungen und Emotionen (Schallberger, 2006). Es ist diese Janusköpfigkeit der Arbeitstätigkeit bzw. deren Charaktereigenschaften, welche es im Folgenden vor dem Hintergrund einer zunehmend entgrenzten Arbeitswelt und in Hinblick auf eine neue Sensibilität für den Begriff der Arbeit jenseits der Erwerbsarbeit zu erinnern gilt (Mösken, Dick & Wehner, 2010).

3.1.2   Arbeit(en) im postindustriellen Zeitalter

„Sie können jede Farbe haben, solange es Schwarz ist". Diesen Ausspruch von Henry Ford, welchen er mit Bezug auf die Farbpalette seiner Ford T-Modelle machte, gibt auf prägnante Art zum Ausdruck, worauf das tayloristisch-fordistisch geprägte Produktions- bzw. Gesellschaftsmodell aufbaute: Standardisierung und Planungssicherheit in klar abgegrenzten Lebens- und Sinnprovenienzen (Mutz, 2002) wie der Erwerbsarbeit, dem Familienleben oder bei der Rollenteilung der Geschlechter. Seit dieser Zeit hat sich vieles geändert, und das Bild der Arbeit bzw. von dem, was man allgemein unter dem Modell einer Industriegesellschaft zu verstehen pflegte, ist im Wandel begriffen (Sennet, 2000; Beck & Beck-Gernsheim, 1994). Anstelle des tayloristisch-fordistischen Ideals einer möglichst detaillierten und standardisierten Strukturierung des Arbeitsverhältnisses tritt die Idee einer auf Selbstverantwortung und Selbstbestimmtheit aufbauenden flexiblen Arbeitsbeziehung.

Als sogenannte Arbeitskraftunternehmer (Voß & Pongratz, 1998) tragen Arbeitnehmer unter diesen veränderten Rahmenbedingungen unternehmerisches Risiko und Eigenverantwortung für ihre Employability. Mutz (2002) umschreibt dies für den einzelnen Menschen mit der Aufgabe zur individualisierten Sinnbildung in unterschiedlichen Tätigkeitsfeldern wie der Erwerbsarbeit, Hausarbeit, Freiwilligentätigkeit oder Freizeit. Dieser Prozess der persönlichen Sinnbildung bzw. der Subjektivierung von Arbeitstätigkeit und die damit zusammenhängenden Chancen und Risiken eröffnen ein neues Handlungsfeld im Rahmen der Arbeitsbeziehung. Im Sinne eines informellen Kontraktes oder wie es aus psychologischer Perspektive heißt, eines neuen psychologischen Vertrages (Raeder & Grote, 2005), tragen Unternehmen als (potenzielle) Arbeitgeber eine Mitgestaltungspflicht im Hinblick auf Themen wie: Eigenverantwortung für Beschäftigung und Arbeitsmarktfähigkeit, Ziel- und Leistungsorientierung oder Flexibilität im Hinblick auf eine zunehmende Unsicherheit in der Lebenslaufgestaltung. Arbeit als Ressource verlangt unter den Bedingungen von Unsicherheit und Risiko eine aktive Mitgestaltung der Unternehmen, welche nebst dem konkreten Arbeitsfeld auch dessen Umfeld integriert. Dass dies nicht nur akademische Gedankenspiele, sondern konkrete Herausforderungen und Anliegen der praktischen Arbeitsgestaltung in Betrieben sind, mag das folgende Zitat des ehemaligen KPMG Head of Human Resources (Schweiz) Armin Haas verdeutlichen: *„Bei KMPG haben wir vor drei Jahren begonnen, uns ernsthaft Gedanken zu machen, wie wir mit dem Thema Vereinbarkeit von Beruf, Familie und Privatleben konstruktiv umgehen können. Resultate aus der Mitarbeiter-Umfrage zeigten deutlich, dass wir einen Handlungsbedarf haben bezüglich Arbeitsbelastung und des Spannungsfeldes zwischen Beruf und Privatleben. Eine auf die Dauer zu hohe, fremdbestimmte Arbeitsbelastung gehört zu den Gründen, warum Mitarbeitende KPMG verlassen. Wir wollten künftig deutlich weniger hervorragende Mitarbeitende verlieren, die davon ausgehen, andernorts Beruf, Familie und Freizeit besser miteinander in Einklang bringen zu können. Um Höchstleistungen zu erbringen, braucht es Zeit für Erholung und außerberufliche Interessen. Einfacher gesagt, schwieriger umzusetzen"* (Haas, 2010, S. 21).

Wie im Anschluss ausgeführt, genügt die gegenseitige Erfüllung entsprechender Erwartungen jedoch nicht. Freiwilliges, über den eigentlichen Kontrakt hinausgehendes Arbeitsengagement im Rahmen einer inner- und außerbetrieblichen Gemeinschaft gewinnt an Bedeutung, um die genannten Höchstleistungen zu erreichen.

3.1.3 Freiwilligkeit als unternehmerische und gesellschaftliche Ressource

„Wir sind Opel" prangte es vor nicht allzu langer Zeit von gelben T-Shirts der Opel-Mitarbeitenden vor dem Hintergrund der drohenden Auflösung der Produktionsstandorte in Deutschland. Der hier nach außen sichtbar gemachte Bezug der Arbeitnehmer zu ihrem

Betrieb und den damit verbundenen Arbeitsplätzen kann nebst dem Ausdruck von Existenzangst auch als Zeichen von Identifikation verstanden werden.

In der professionellen Auseinandersetzung, d.h. in der Tätigkeit von Arbeitswissenschaftlern, wird dieses Phänomen entlang der Konzepte Commitment und Involvement diskutiert (Güntert, 2007). Im Aspekt der Identifikation, sei dies in Bezug auf das Unternehmen (Commitment) oder die Arbeitstätigkeit (Involvement), widerspiegelt sich in einer Zeit zunehmender Flüchtigkeit von Arbeitsbeziehungen die Notwendigkeit von Bindung als wichtige Konstante menschlichen Sinnstrebens im Rahmen organisierter (Erwerbs-)Arbeit (z.B. Sennet, 2000; Leontjew, 1982). In ihr kann ein wichtiger Teil der Antwort auf die Frage gesehen werden, wieso Mitarbeitende trotz erhöhtem Eigenrisiko und Verunsicherung gewillt und fähig sind, Leistungen für den Arbeitgeber zu erbringen.

Zugespitzt wird diese Funktion der (Selbst-)Bindung der Mitarbeitenden in der Hoffnung bzw. Erwartung der Unternehmen, dass das Arbeitsengagement über den formellen und informellen Kontrakt hinaus für die betriebliche Gemeinschaft eingesetzt wird. Bekannt geworden unter Begriffen wie Organizational Citizenship Behaviour (OCB) (Podsakoff, MacKenzie, Paine & Bachrach, 2000; Organ, 1988) oder Intrapreneurship wird freiwilliges Arbeitsengagement, welches ohne eigentlichen Gegenwert geleistet wird und formell nicht einklagbar ist, in den einschlägigen Fachjournalen als eine der erfolgsrelevanten Variablen gepriesen (Wesche & Muck, 2010). Es werden Eigenschaften wie Hilfsbereitschaft, Gewissenhaftigkeit oder Eigeninitiative (Frese, Fay, Hilburger, Leng & Tag, 1997) gewünscht, welche die Mitarbeitenden als Unternehmensbürger in Bezug auf den übergeordneten Zweck, d.h. das Wohl des Unternehmens, einbringen sollen. Dass diese positiv konnotierten Eigenschaften nicht zuletzt auch im Sinne eines verinnerlichten Selbst-Controllings der Mitarbeitenden zu verstehen sind, wurde bereits bei Sennet (2000) in der Beschreibung des flexiblen Menschen eindrücklich gezeigt. Um hier weiterhin von Chancen und weniger von Risiken sprechen zu können, gilt es, dieses Spannungsfeld von bürgerlicher Freiheit und potenzieller „Selbstausbeutung" auch im Hinblick auf die unternehmerische Gestaltungsverantwortung zu berücksichtigen.

Im Zuge der Entgrenzung von Arbeit gewinnt Freiwilligkeit als Ressource auch außerhalb der Erwerbsarbeit immer mehr Aufmerksamkeit. Dies ist vor allem dann der Fall, wenn die Erwerbsarbeit auszugehen droht (Senghass-Knobloch, 1999) und andere Tätigkeitsfelder wie Hausarbeit, Ehrenamt oder ein freiwilliges Sozialjahr an Bedeutung gewinnen. In diesem Zusammenhang wird freigemeinnütziges Engagement als tragende Säule gemeinschaftsbezogener Leistungen gesehen, welche im Zuge staatlicher Kürzungen nicht mehr erbracht werden könnten. Der Appell an und die Nutzung eines Bürgerbewusstseins jenseits des an Eigennutz orientierten Bürgertums wird entlang von Schlagworten wie Bürgerarbeit (Beck, 1999) oder bedingungsloses Grundeinkommen (Liebermann, 2009) kontrovers diskutiert. Nebst der Neuverteilung von Arbeit geht es auch um die Neubewertung bzw. Wertschätzung von Tätigkeiten außerhalb der Lohnarbeit und damit um die gesellschaftliche Inklusion von nicht erwerbstätigen Menschen. Dem Vorschlag der Kommission der Europäischen Gemeinschaft (2009) folgend, sollen Unternehmen hier künftig eine stärkere Rolle einnehmen. Nebst einer größeren Wertschätzung wird auch eine aktive Förderung freigemeinnützigen Engagements der Mitarbeitenden in Betracht gezogen. Dank entsprechenden Engagements soll z.b. neben dem erwarteten Arbeitsausgleich, dem Kompetenzerwerb der Mitarbeitenden und dem Erhalt der Arbeitsmarktfähigkeit bei Arbeitslosigkeit auch ein Beitrag an die zivilgesellschaftliche Solidarität geleistet werden.

3.1.4   Freiwilligkeit in der unternehmerischen Gestaltung

In beiden Bereichen, d.h. der internen (z.b. OCB) wie auch bei der externen (z.b. zivilgesellschaftliches Engagement) freiwilligen Tätigkeit ist ein verändertes unternehmerisches Handlungsfeld zu skizzieren. Dieses sollte auf Fragen der Integration unterschiedlichster Bedürfnisse von tätigen Menschen und deren Qualifizierung (Lehrlinge, behinderte Menschen, ältere Arbeitskräfte, Freiwillige etc.) eine den aktuellen Herausforderungen (weniger Arbeit, demographischer Wandel, Jugendarbeitslosigkeit, Work-Life-Integration, Frühpensionierung etc.) gerechte Antwort geben können. Im Sinne einer lebensdienlichen Wirtschaft gilt es, an der Schnittstelle postindustrieller Arbeitsgestaltung und künftiger Herausforderungen der Verteilung und Bewertung von Arbeit und der freiwilligen Tätigkeit ein besonderes Augenmerk zu schenken.

Wie aus der klassischen Freiwilligenforschung längst bekannt (van Schie, Wehner & Güntert, in diesem Buch), sind Selbstbestimmung und persönliche Sinnerfüllung die zentralen Werte, welche bei der aktiven Gestaltung und Nutzung der Freiwilligkeit zu berücksichtigen sind (Güntert, 2007; Bierhoff & Schülken, 2001; Clary & Snyder, 2002). Für Unternehmen bzw. deren Vertreter (Leitungsebene, Management und Teamleader) als Nachfrager und Anbieter dieser Ressource stellt sich demnach die Frage, wie diese im Rahmen formeller und an ökonomischen Leistungsindikatoren orientierten Arbeitsverhältnisse gestaltet bzw. gefördert werden können. Im Sinne eines integren Managements gilt es, eine Sensibilität für veränderte Aspekte von Arbeit zu entwickeln, welche einer neuen Gewichtung deren Charaktereigenschaften (Lewin, 1920) Rechnung trägt. Wichtig ist dabei das Bewusstsein, dass Arbeit nicht mehr nur auf Erwerbsarbeit und deren extrinsischem Anreizsystem beschränkt bleibt. In Form von freiwillig geleisteter Arbeit sowohl im Betrieb als auch außerhalb des Betriebes tritt ein komplexes Gefüge von Motivfacetten in den Vordergrund, welches nicht mehr in die genuine Zweiteilung von intrinsischen und extrinsischen oder altruistischen und egoistischen Motiven passt. Unter diesen Voraussetzungen spielt die partizipative und egalitäre Einbindung der Mitarbeitenden in den Entscheidungsprozess bzw. die Gestaltung entsprechender Rahmenbedingungen eine wichtige Rolle. Eine vorschnelle Fokussierung auf unternehmerische Nutzenaspekte widerspricht aus dieser Perspektive dem Freiwilligkeitsimperativ, welches persönlicher Sinnerfüllung und Selbstbestimmung der Mitarbeitenden oberste Priorität einräumt (Gentile et al., 2011).

CV kann in diesem Rahmen als integratives Konzept der unterschiedlichen Anforderungen inner- und außerbetrieblicher Gestaltungsarbeit betrachtet werden. Es bietet sich als ideales Lernfeld an, in dessen Rahmen mehr über die Spezifik der Ressource der Freiwilligkeit und deren Gestaltung im unternehmerischen Umfeld gelernt werden kann. Nicht zuletzt kann mit einer erhöhten Wertschätzung von Freiwilligenarbeit auch die Hoffnung verbunden werden, dass erlebte Kontingenz im Lebenslauf (Bude, 2001) künftig als Inklusionschance und nicht zunehmend als Exklusionsrisiko gesehen wird.

3.2 Das Unternehmen im intersektoralen Stakeholder-Dialog

Auf der dritten und letzten Beobachtungsebene fokussieren wir auf intersektorale (CV-) Partnerschaften. In diesen kommt die aktive Teilnahme der Unternehmen an gesellschaftlichen Problemstellungen sowie die Notwendigkeit zur gegenseitigen Perspektivenübernahme im Sinne des Citizen-Gedankens gut zum Ausdruck. Als illustrative Abrundung dient eine kurze Darstellung des diesem Buch zugrunde liegenden Forschungsprojektes „Corporate Volunteering in der Schweiz" (ETH Zürich, www.corvo-schweiz.ch). Dieses hat in seinem Zustandekommen und in der Zusammensetzung Symbolcharakter für das CV-Feld und weist auf zentrale Herausforderungen aktueller und künftiger Stakeholder-Dialoge.

3.2.1 Verantwortung (mit-)gestalten: Unternehmerisches Engagement im Wandel

Die Forderung nach einer neuen „Verfassung des Kapitalismus" (Mastronardi & von Cranach, 2010) oder der Aufruf aus der Gesellschaft an die Unternehmen, die „Corporate Social Responsibility" wahrzunehmen, wird zunehmend deutlicher hörbar und kann selbst in den Chefetagen von Unternehmen nicht länger ignoriert werden (Leisinger, 2004 für die Novartis Foundation oder Fischges, 2008 für die Münchener Rückversicherung). Dies äußert sich konkret in der Entwicklung bzw. freiwilligen Einhaltung sozialer Standards wie den ILO-Standards, den OECD-Leitsätzen für multinationale Unternehmen, dem UN-Global Compact oder künftig dem ISO 26000 Standard, entlang welchem Unternehmen heute und morgen ihr Handeln verpflichten. In einer Vielzahl von Sozial-, Umwelt- und Nachhaltigkeitsberichten (z.B. in der weitverbreiteten Global Reporting Initiative (GRI)) wird über die jeweiligen Aktivitäten und Leistungen informiert. Unterschiedlichste Interessengruppen wie Konsumentenorganisationen, Investoren, Nichtregierungsorganisationen, die mediale Öffentlichkeit sowie Lobbyorganisationen beurteilen, inwieweit die Unternehmen ihre gesellschaftliche Verantwortung wahrnehmen. Bei Verstößen ahnden sie diese durch Maßnahmen wie Konsumentenboykotts, öffentliche Anprangerungen oder auch rechtliche Schritte. Das unternehmerische Aktivitätsfeld wandelt sich unter diesen Voraussetzungen zusehends vom passiv-reaktiven Einhalten gesetzlicher Rahmenbedingungen und ethisch-moralischer Erwartungen hin zum aktiven (Mit-)Gestalten des Verantwortungsdiskurses, wie dies bei Novartis gezeigt werden kann: *„Durch die Teilnahme am Dialog können wir aus der Perspektive des Privatsektors legitime Interessen einbringen. Viele Unternehmen bilden sich hierzu keine eigene Meinung und laufen dann Gefahr, von NGO's* *so lange bedrängt zu werden, bis sie etwas übernehmen, mit dem sie nachher nichts anfangen können. Aktive Teilnahme am Dialog ermöglicht einem Unternehmen, viel stärker aus dem wohlverstandenen Eigeninteresse des Unternehmens und der Gesellschaft zu argumentieren und so den ‚Moral-Commonsense' zwischen diesen Bereichen aktiv mitzubestimmen"* (Leisinger & Fürst, 2006).

Neben dem internen Dialog mit den Mitarbeitenden sind es vor allem die im Zitat genannten Auseinandersetzungen mit externen Anspruchsgruppen, in welche Unternehmen zunehmend verwickelt werden: sei dies im Rahmen von Umweltthemen, im Bereich der Katastrophenhilfe oder bei der Übernahme ehemals staatlicher Funktionen, wie z.B. die Ermöglichung von Bildung für Kinder aus der Dritten Welt. In Bezug auf CV werden in diesem Zusammenhang die NPO als wichtige Kooperationspartner für die Durchführung genannt. Während bei solchen Partnerschaften meist nur über die zu erwartenden Nutzenaspekte geschrieben wird, schweigt man sich über die Herausforderungen intersektoraler Zusammenarbeit meist aus. Wo und warum gilt es aufmerksam zu sein?

3.2.2   Wenn Profit auf Non-Profit stößt

Die gesellschaftliche Arbeitsteilung in Funktionsbereiche wie Wirtschaft, Staat und Zivilgesellschaft brachte und bringt viele Vorteile für die Bewältigung sozialer, ökologischer sowie ökonomischer Herausforderungen (Ortmann, 2010). Durch die Spezialisierung auf bestimmte Kompetenzbereiche bzw. Handlungslogiken wird dies auf die Spitze getrieben. So ist das Wirtschaftssystem bekannt für dessen Fokus auf Effizienz und Effektivität in der Handlungsausrichtung, welche der Erwirtschaftung (meist) ökonomischen Nutzens dient. Zivilgesellschaftliche Akteure wie die hier interessierenden NPO werden mit Attributen wie Gemeinnützigkeit, Solidarität, Gleichberechtigung, Partizipation und Integration in Verbindung gebracht. Kooperationen oder Partnerschaften im jeweiligen Sektor profitieren von dieser klaren Zuordnung, unterstützt sie doch eine Verständigung auf ein gemeinsames Ziel. Anders sieht es da aus, wo die vertrauten Funktionsbereiche verlassen werden und sich sogenannte intersektorale Partnerschaften bilden.

In intersektoralen Partnerschaften wird eine mögliche Lösungsstrategie für die weiter oben skizzierten gesellschaftlichen Herausforderungen gesehen. Mit Fokus auf diese Potenziale wird dabei meist, aufgrund der großen Notwendigkeit vielleicht auch zu Recht, auf die vielfältigen Nutzenpotenziale verwiesen, welche im bekannten Mantra des Win-Win ihren Ausdruck finden. Umso erstaunlicher ist es jedoch, dass es trotz der Zentralität solcher Partnerschaften deutlich weniger Beiträge zu den Kooperationsvoraussetzungen und damit verbundenen Konfliktpotenzialen gibt (Klein & Siegmund, 2010; Pries, 2009). Im Einklang mit der hier vertretenen integrativen Perspektive auf unternehmerisches Handeln gilt es Konfliktpotenziale als Struktur- und Prozessqualität (Vollmer, 2005) von (CV-)Partnerschaften ernst zu nehmen. Bei Fisher, Ury und Patton (1991, S. 81) heißt es dazu: „However well you understand the interests of the other side, (…) you will almost always face the harsh reality of interests that conflict. No talk of ‚win-win' strategies can conceal that fact."

Die Schärfung dieser Aufmerksamkeitsebene ist deshalb zentral, weil mit den genannten Partnerschaften eine sich durch Nachhaltigkeit auszeichnende Beziehung gemeint ist (Lang, 2010; Austin, 2000), welche auf der Sensibilität für die Perspektive des Gegenübers aufbaut. Dies steht in Abgrenzung zu klassisch philanthropischem Engagement, welches einem finanziellen Einwegtransfer folgt und weniger einer reziproken Erfüllung von Leistungen (z.B. Zeit- und Sachmitteleinsatz, Know-how-Transfer etc.) und entsprechender Nutzenerwartungen (Klein & Siegmund, 2010). Wie eine europäische Studie bei insgesamt 36 intersektoralen Kooperationsprojekten in Ungarn, Deutschland, Österreich, Italien, Malta, Polen, Slowenien und Großbritannien zeigte, sind neben der mangelnden Bekanntheit der gegenseitigen Ziele auch Defizite hinsichtlich der Kenntnis der Einschätzungen und Meinungen des Kooperationspartners auszumachen (ACN/Fondaca, 2006). Kurz gesagt, es fehlt an der Fähigkeit zur Perspektivenübernahme (Pries, 2009; Wehner & Gentile, 2007; Geulen, 1982). Entsprechend fehlt es auch an deren Umsetzung in der Kooperation, d.h. die Anerkennung der Interessen und Werthaltungen des Partners (Vollmer, 2005). Dies stellt jedoch eine zentrale Herausforderung für die erfolgreiche Zusammenarbeit in intersektoralen Partnerschaften dar und drückt sich noch zu oft in Form von Kompromissen als im angestrebten Win-Win aus (z.B. Pries, 2009; Ackermann & Nadai, 2002).

In diesem Sinne gilt es sich auch zu fragen, wer unter welchen Voraussetzungen mit welchem Win rechnen kann bzw. wer eigentlich verliert, wenn die Perspektivenübernahme nicht gelingt. Die Frage nach dem Social Case (bedarfsgerechtes Engagement, Intensität oder Verlässlichkeit des Engagements) bzw. Civic Case (Beitrag an zivilgesellschaftlichem Austausch oder gesellschaftliche Integration durch CV-Maßnahmen) stellt sich hierbei als mindestens so wichtig dar wie diejenige nach dem Business Case (Marktdifferenzierung, Verkaufsförderung, Markterschließung, Reputation oder Personalentwicklung) (Lang, 2010; Austin, 2000). Dies deckt sich nicht zuletzt mit dem Verständnis eines diskursiven Citizenship-Gedankens und einer damit zusammenhängenden Öffnung gegenüber alternativen Werten. Schließlich sind Antworten auf die „Win"-Frage künftig anhand von Evaluationsmethoden und -instrumenten zu geben, welche für den jeweiligen Case die entsprechenden Anhaltspunkte oder Kennwerte liefern können. Dass hierfür Bedarf besteht, skizziert der kurze Erfahrungsbericht aus dem Forschungsprojekt CorVo.ch.

3.2.3   Das Projekt „CorVo.ch" — gelebte CV-Praxis

Der Novität des Themas CV entsprechend betrat das Projekt „CorVo.ch" in seiner thematischen Ausrichtung und der Projektgestaltung Neuland. Bereits die Anbahnung sowie die konkrete Ausgestaltung sind kennzeichnend für das Auftreten und die Etablierung von CV in der schweizerischen Unternehmenslandschaft, wenn nicht sogar im deutschsprachigen Raum. Im Folgenden werden die aus dem Akquiseprozess gemachten Erfahrungen kurz wiedergegeben, wobei zum einen die Verankerung des Themas in der Schweiz, zum anderen die Projektstruktur sowie die daran beteiligten Akteure erläutert werden.

Die Verankerung von CV in der schweizerischen Unternehmenslandschaft war im Rahmen der Projektakquise relativ wenig vorangeschritten. Systematisches Wissen über das Phänomen CV und dessen Anwendung in der Praxis ist in vielen Fällen nicht vorhanden oder basiert auf ersten Erfahrungen. Entsprechend ist der Aufwand der beteiligten Akteure (d.h. Unternehmen, NPO oder Mittlerorganisationen), im Verhältnis zum geschätzten Nutzen, (noch) nicht oder nur sehr schwierig zu bemessen. Im Gegensatz zu den angelsächsischen Ländern scheint CV noch kein strategisches Thema zu sein, jedoch wird es im Zusammenhang mit der gesellschaftlichen Verantwortung des Unternehmens gerade von der Leitungsebene der Unternehmen als innovatives Konzept gesehen und deshalb oft auch initiiert.

Die skizzierte Ausgangslage war für den Aufbau einer Projektstruktur herausfordernd und spannend zugleich (**Abbildung 3.2**). Herausfordernd vor allem deshalb, weil es sich als äußerst anspruchsvoll herausstellte, selbst etablierte Akteure für ein CV-Projekt zu gewinnen. Beispielhaft kann hier ein Basler Großkonzern mit einer 12-jährigen CV-Praxis genannt werden. Wir standen während eines Jahres in relativ engem Kontakt mit den Verantwortlichen des Unternehmens, mussten jedoch akzeptieren, dass trotz des Interesses am Projektvorhaben nicht genügend finanzielle und zeitliche Ressourcen sowie keine personelle Zuständigkeit gefunden werden konnten. Da sich dieses Szenario auch bei anderen Firmen wiederholte, galt es, das Projekt neben den Partnerfirmen auch für assoziierte Partner zu öffnen, womit der spannende Teil der Projektarbeit beginnen konnte. Diese Erweiterung des Projektes für Unternehmen, welche keine Forschung zu CV betreiben wollten, kam dem Bedürfnis aller Beteiligten entgegen. Im Sinne einer Praxis-Wissenschafts-Partnerschaft näherte man sich dem Phänomen CV vor dem Hintergrund eigener (Forschungs-)Fragen der Projektpartner, um anschließend die unterschiedlichen Praxiserfahrungen und Forschungsergebnisse im Anwendungsbezug diskutieren zu können.

Abbildung 3.2   Das Projekt CorVo.ch

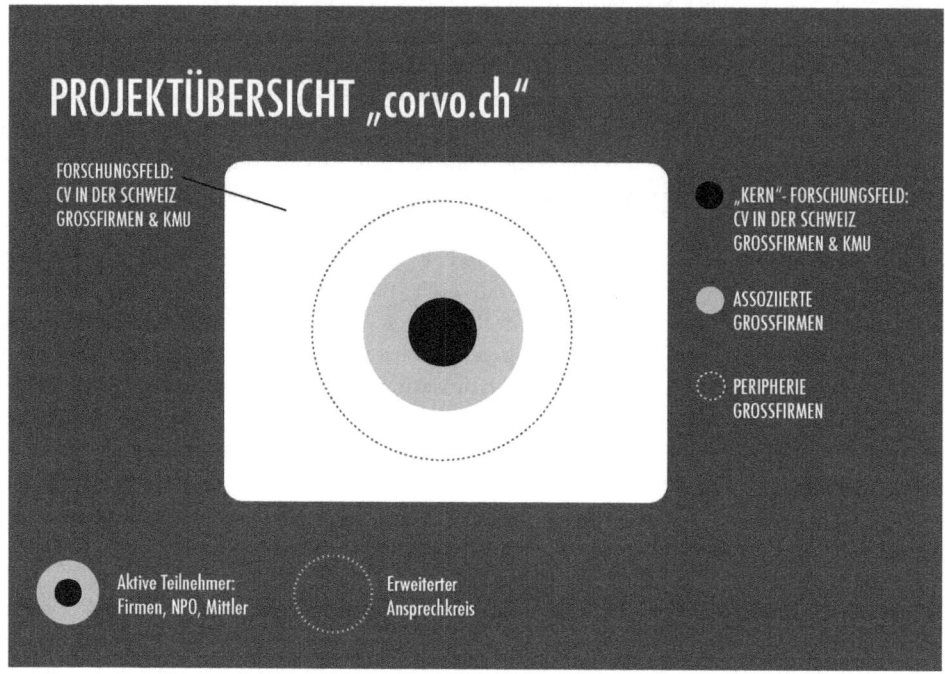

Ebenso wichtig wie wertvoll waren die NPO und die zivilgesellschaftlichen Vertreter für diese Diskussionen. Als direkte CV-Partner der Unternehmen, etablierte NPO in der Schweiz, internationale Organisationen (z.B. Großes Moos, Schweizerisches Rotes Kreuz oder Terres des Hommes) oder als Interessenverbund (z.B. Netzwerk Sozialverantwortliche Wirtschaft (NSW)) beteiligten sich die Institutionen mit kritischem und wachem Blick für das Projektanliegen und gaben wichtige Einwände, Anregungen und Entwicklungsvorschläge. Wenig überraschend standen deshalb auch nicht primär die möglichen Nutzenaspekte im Vordergrund, sondern Themen wie: „auf gleicher Augenhöhe sein" oder die „Rollenklärung", d.h.: „Wer macht was beim CV-Einsatz?"

In diesem Sinne mag das Projekt, dessen Anbahnung sowie dessen Durchführung prototypisch für den Entwicklungsstand von CV (in der Schweiz) sein. Wie die Studienergebnisse aus dem Projekt zeigen, verfestigt sich dieser Eindruck, wenngleich weitere Facetten und Schattierungen dazukommen. Dies eröffnet den Blick auf unterschiedliche Gestaltungsmöglichkeiten bzw. -notwendigkeiten, welche im Fazit zusammengeführt werden.

4 Corporate Volunteering und seine Facetten

Gian-Claudio Gentile

4.1 Einleitung

CV stammt aus dem angelsächsischen Sprachraum, wo es seit den 80er Jahren des vergangenen Jahrhunderts als Ausdruck gesellschaftlicher Verantwortung von Unternehmen vermehrt diskutiert und umgesetzt wird (Burke, Logsdon, Mitchell, Reiner & Vogel, 1986, Quirk, 1998 sowie Peterson, 2004b). Auch im kontinentaleuropäischen Kontext erhält CV immer stärkere Aufmerksamkeit und wird als Chance für die Verwirklichung vielfältiger Interessen diskutiert (Wichelhaus, 2007; Schöffmann, 2001 für den Vergleich zwischen Deutschland und den USA; Schubert, Littmann-Wernli & Tingler, 2002 für die Schweiz).

Inhaltlich bestimmt und in seinen Formen ausgestaltet wird CV vor allem durch die Unternehmen, welche es im Kontext ihres gesellschaftlichen Engagements anwenden und für unterschiedliche Zwecke nutzbar machen. Eine Rückbindung oder Ableitung von CV aus theoretischen oder konzeptionellen Überlegungen ist nur wenig vorhanden. Entsprechend sind in der Literatur zahlreiche Definitionen zu finden, welche unterschiedliche Aspekte von CV in der Praxis betonen oder andere Begriffe für die gleichen Inhalte verwenden.

In der Folge werden die unterschiedlichen Begriffsverständnisse von CV erläutert, was mit der Darstellung des Begriffsverständnisses im Rahmen dieses Buches schließt. Danach werden die Inhalte der meist verwendeten CV-Formen skizziert. Schließlich gibt es einen Überblick zu den in der Literatur genannten Potenzialen von CV und den damit verbundenen Umsetzungserfordernissen in der Praxis.

4.2 Corporate Volunteering – Ein schillernder Begriff

Vergleicht man die gebräuchlichsten Definitionen (**Tabelle 4.1**), welche in der Literatur genannt werden, dann sind die folgenden Merkmale von CV im Kern zu nennen: die *freiwillige Unterstützung bzw. Initiative des Unternehmens* (Corporate), welche als Ziel einen *gemeinnützigen Beitrag* hat, die *formale Ausgestaltung von CV* (Wichelhaus, 2007; Lukka, 2000; Wild, 1993; Burke et al., 1986) im Unternehmen sowie die *Freiwilligkeit der Mitarbeitenden* zur Teilnahme an einem Einsatz (Volunteering). Zusätzlich ist das Merkmal der *Unentgeltlichkeit* (Wichelhaus, 2007; Schubert et al., 2002) zu erwähnen, was aufgrund der Freiwilligkeit per Definition gegeben sein sollte.

Tabelle 4.1   Definitionen von CV und alternative Begriffsverwendungen

Autor	Definition
Corporate Volunteering Wild, 1993, zit. in Peterson, 2004b	A CV program is defined as any formal organized company support for employees and retirees who wish to volunteer their time and skills in service to the community.
Corporate Volunteering Quirk, 1999	CV is businesses supporting and encouraging staff involvement in the community.
Corporate Volunteering Schöffmann, 2001, zit. in Herzig, 2006	CV is defined here as company measures which grant leave to employees from regular work in order to let them participate in welfare work and similar tasks.
Corporate Volunteering Schubert et al., 2002	Von CV wird gesprochen, wenn ein Unternehmen ein gemeinnütziges Engagement eingeht oder unterstützt, an dem sich Mitarbeitende des Unternehmens freiwillig beteiligen, und gegebenenfalls zusätzlich sachliche und monetäre Ressourcen investiert werden.
Corporate Volunteering Points of Light Foundation, 2002	A CV program is a planned managed effort that seeks to motivate and enable employees to engage in effective volunteerism under the official sponsorship and leadership of the company. It is one strategy among many that a company can use to address issues that affect its ability (or license) to operate.
Corporate Volunteering Wichelhaus, 2007	CV bezeichnet ein formales Unternehmensprogramm, das vom Unternehmen unterstütztes gemeinnütziges Engagement meint und durch die freiwillige, unentgeltliche Teilnahme der Mitarbeitenden realisiert wird.
Employee Volunteering Burke et al., 1986	(…) a form of community involvement, encouraging employees to volunteer their time to non-profit, is an increasingly way in which firms are responding to community needs. (…) the formation of employee teams to identify community needs and to create programs to meet these needs.
Employee Volunteering Lukka, 2000, zit. in Muthuri et al., 2009	EV consists of ongoing and coordinated business support for and encouragement of staff involvement in the local community. EV programmes are either employer-initiated or employee-led.
Employee Community Involvement Halley, 1999	Beim Employee Community Involvement geht es darum, dass Unternehmen die Zeit und die Fähigkeiten ihrer Angestellten/Beschäftigten in das Gemeinwesen einbringen.
Corporate Volunteerism **Employee** Volunteerism Steel, 1995	Corporate Volunteerism: tends to involve activities that are done under the name of the company, such as sponsorships, "dollars for doers," or employee granting programs. It may also refer to things that only the company can give, such as release time, gifts-in-kind, and loaned expertise. Employee volunteerism: tends to refer to the genesis of a volunteer movement by the employees in a company.

Allerdings wird dies in der Unternehmenspraxis nicht immer eingehalten, weshalb CV-Einsätze auch während der Arbeitszeit verbreitet sind. Freiwilligkeit ist dann als nicht forcierte Teilnahme (durch die Unternehmensleitung oder den direkten Vorgesetzten) der Mitarbeitenden während ihrer regulären Arbeitszeit bzw. während hierfür gewährten Freiwilligentagen zu verstehen.

Außer diesen Kernmerkmalen von CV sind weitere wichtige Kriterien aus den einzelnen Definitionen zu entnehmen. So werden neben der lokalen Gemeinschaft die *ehemaligen Mitarbeitenden* (Wild, 1993), welche sich im Ruhestand befinden, sowie *Non-Profit-Organisationen* mit ihren Bedürfnissen (Burke et al., 1986) als zusätzliche Akteure bzw. Anspruchsgruppen von CV-Aktivitäten genannt. Weiter wird darauf hingewiesen, dass es die *Fähigkeiten der Mitarbeitenden, die zeitlichen sowie allfällige andere sachliche und monetäre Ressourcen* sind, welche als Leistung in die Aktivitäten eingebracht werden (Halley, 1999, Steel, 1995 und Wild, 1993). Schließlich wird mit dem Unternehmen und den Mitarbeitenden auch zwischen den *Initiatoren von CV* (Lukka, 2000) unterschieden, was sich bei Steel (1995) bereits in der Begriffswahl „corporate vs. employee volunteerism" zeigt. Auch wenn diese Kriterien nur vereinzelt in den Definitionen auftreten, so sind sie gerade für die konkrete Ausgestaltung von CV-Aktivitäten und deren Unterscheidung zentral.

Weiter fallen die unterschiedlichen Begriffsverwendungen auf. Neben CV kann das *Employee Volunteering* als eines der meistverwendeten Synonyme gesehen werden. Wie in **Tabelle 4.1** ersichtlich, gibt es inhaltlich keinen systematischen Unterschied zwischen diesen beiden Begriffsvarianten. Weitere „Begriffskreationen" sind in diesem Zusammenhang: *Corporate/Employee Volunteerism* oder *Employee Community Involvement*. Auch wenn diese Begriffe teilweise „(...) weitere bzw. differenziertere Nuancen des gemeinnützigen Engagements von Unternehmen bezeichnen" (Wichelhaus, 2007, S. 16) und eine spezifische Re-Fokussierung auf bestimmte Aspekte nahelegen, muss festgehalten werden, dass es keine systematische Unterscheidung zu den unter CV genannten Definitionen gibt.

Die inhaltliche Festlegung der Begriffe ist stark durch die Autonomie der Autoren bestimmt. Die Begriffe stützen sich nicht auf eine gemeinsam geteilte Definition einer wissenschaftlichen Gemeinschaft, eines Verbandes, einer staatlichen Institution oder eines anderen Interessenvertreters. Diese Form der Definitionsfreiheit mag z.B. gerade für Unternehmen interessant sein, da so das eigene Interesse sowie das jeweilige Verständnis von CV in den Vordergrund gerückt werden kann. Für eine Begriffsklärung bringt dies aber keinen Verständigungsgewinn, weshalb an dieser Stelle auf eine differenziertere Darstellung der genannten Begriffe verzichtet und weiterhin mit dem Begriff CV gearbeitet wird.

Den vorgestellten Begriffsverständnissen teilweise folgend bzw. sich davon abgrenzend, wird hier folgende Definition von CV verwendet:

> Corporate Volunteering bezeichnet ein freiwilliges Engagement im Rahmen gesellschaftlich verantwortungsvollen Handelns von Unternehmen. Durch Corporate Volunteering werden Mitarbeitende des Unternehmens ein- oder mehrmals freiwillig mit einem zeitlichen Aufwand für – von der Unternehmensleitung selbst angestoßene oder

geförderte – gemeinnützige Zwecke tätig. Die Ziele sowie die konkrete Ausgestaltung des Engagements werden ggf. durch die Partizipation der Mitarbeitenden sowie anderer Anspruchsgruppen festgelegt und sind nicht primär als Teil der Ausbildung oder von Teamentwicklungsprozessen zu verstehen. Weiter kann CV durch monetäre, sachliche und/oder zeitliche Leistungen des Unternehmens unterstützt werden. Die Tätigkeit der Mitarbeitenden sollte prinzipiell von anderen Personen ausgeführt und potenziell bezahlt werden können.

Einige der Definitionskriterien werden im Folgenden erläutert: Mit dem Kriterium der *Freiwilligkeit* werden zwei Aspekte von CV angesprochen, welche die Ausgestaltung in der Praxis sowie die inhaltliche Definition prägen. Zum einen die Freiwilligkeit des Unternehmens und zum anderen diejenige der Mitarbeitenden. In Bezug auf das *Unternehmen* bezeichnet das Kriterium den Umstand, dass das Unternehmen bzw. dessen Vertreter die Entscheidung für das Engagement aus freiem Willen fällen. Dies schließt den Fall der Einklagbarkeit des Engagements durch Dritte aus. Nicht auszuschließen ist, dass mit dem Engagement der Unternehmen ethisch-moralischen Erwartungen der Gesellschaft bzw. wichtiger Anspruchsgruppen entsprochen wird, welche den freien Willen beeinflussen können. In Bezug auf die *Mitarbeitenden* muss die Teilnahme als unabhängige Entscheidung fallen. Dies schließt Programme mit verpflichtendem Charakter, wie z.B. die Verknüpfung von gemeinnützigen Einsätzen mit formal festgelegten Kaderentwicklungsschritten oder Teamentwicklungsprozessen, aus (womit positive Effekte auf das Team als nicht intendierter Zusatznutzen nicht ausgeschlossen sind). Auch die Unterstützung der Schweizer Miliztätigkeiten (Schöffentätigkeit, Ehrenamt im Gemeinderat, die sogenannte Schul- bzw. Kirchenpflege) ist nicht unter CV zu fassen, da die Amtspflicht die Freiwilligkeit einschränkt (Wehner & Gentile, 2007).

Mit den Aspekten *anstoßen* und *fördern* wird die Unterscheidung bzgl. der Initianten eines Engagements aufgegriffen. Dies können zum einen die Unternehmensleitung oder aber auch andere Interessengruppen wie z.B. die Mitarbeitenden oder NPO (*das Unternehmen fördert das Engagement*) sein.

Das Engagement des Unternehmens bzw. die Tätigkeit der Mitarbeitenden muss *gemeinnützigen Zwecken* dienen. Dies schließt freiwilliges, innerbetriebliches Engagement (Wesche & Muck, 2010) aus, wenn nicht zusätzlich ein direkter Nutzen für unabhängige Dritte geschaffen wird.

Die Kriterien *zeitlicher Aufwand, Austauschbarkeit der Personen und potenzielle Bezahlbarkeit* legen den Fokus auf die Rahmenbedingungen freigemeinnütziger Arbeit (Wehner, Mieg & Güntert, 2006). Mit dem Verweis auf den *zeitlichen Aufwand* werden Mitarbeiterbeiträge, wie Spenden oder die Unterzeichnung einer Initiative, von CV abgegrenzt, da die zeitliche Beanspruchung als Leistungserbringung, im Sinne von „Arbeit", zu gering ist. Das *Dritt-Person-Kriterium* sowie die *potenzielle Bezahlbarkeit* der geleisteten Arbeit schließen die Förderung von personengebundenem Engagement aus (z.B. Freundschaftspflege) und berücksichtigen, dass die erbrachte Leistung auch auf dem „Markt" und gegen Bezahlung bezogen werden könnte.

4.3   CV-Formen und deren Inhalte

Wie bei den Begriffsdefinitionen bereits angedeutet, werden mit CV unterschiedliche Formen des freigemeinnützigen Engagements von Unternehmen in Verbindung gebracht. Diese unterscheiden sich in ihrer inhaltlichen Ausgestaltung im zeitlichen Engagement sowie in der Zahl der teilnehmenden Mitarbeitenden. Schließlich spielen die beteiligten Akteure eine wichtige Rolle und haben unterschiedlichen Einfluss auf die Gestaltung der jeweiligen Form und deren Umsetzung in der Praxis.

In der Literatur zu CV finden sich unterschiedliche Zusammenstellungen zu den verschiedenen CV-Formen (Wichelhaus, 2007; Schubert et al., 2002 oder Schöffmann, 2001). Die folgende Auflistung stellt eine Auswahl der meistgenannten Formen dar, wobei sich diese in der Häufigkeit der Anwendung durchaus unterscheiden können:

- Secondment, Secondment for Transition
- Mentorenprogramme
- Unterstützung/Anerkennung des gemeinnützigen Engagements der Mitarbeitenden
- Aktionstage

Auf eine ausführliche Darstellung der jeweiligen Formen wird hier verzichtet. **Tabelle 4.2** ermöglicht einen schnellen Überblick zu den genannten Formen, weiteren Merkmalen derselben und gibt dem interessierten Leser so die nötigen Informationen, welche eine weiterführende Auseinandersetzung mit einer bestimmten CV-Form und deren Ausprägung erlauben (s. auch die Praxisbeiträge, in diesem Buch).

Hinsichtlich der weiter unten folgenden Darstellung der unterschiedlichen CV-Akteure bieten die Ausprägungsvarianten von CV zusätzliche Information. Sie differenzieren zwischen den unterschiedlichen Initianten des Engagements, was gerade im unternehmerischen Kontext von Interesse sein dürfte (Schöffmann, 2001, S. 50f.):

- *CV im engeren Sinne:* Das Unternehmen bestimmt die Dynamik und das Engagement; die Mitarbeitenden werden eingeladen teilzunehmen.
- *Arbeitnehmerengagement (A):* Initiative und Zielvorgabe durch das Unternehmen; die tatsächliche Entwicklung geschieht durch die Mitarbeitenden.
- *Arbeitnehmerengagement (B):* Initiative und Zielvorgabe durch die Mitarbeitenden (tragen auch eigene Kosten); das Unternehmen stellt Infrastruktur zur Verfügung.
- *Partnerschaften:* langfristige Kooperation zwischen Unternehmen und gemeinnützigen Organisationen.

Hinsichtlich des empirischen Auftretens der unterschiedlichen Formen gibt es keine Informationen. In Rahmen des Beitrages von Gentile und Lorenz in diesem Buch werden jedoch Resultate für die Schweiz gezeigt, welche die Initiative sowie die Gestaltung des Engagements durch das Unternehmen oder die Mitarbeitenden erfragten und somit einen Eindruck bzgl. des Auftretens der Typen gibt.

Tabelle 4.2 Übersicht CV-Formen und spezifische Merkmale

CV-Form	Einsatz-dauer und Anzahl Mitarbeitende	Antizi-pierter Nutzen für Beteiligte*	Antizipierter Nutzen für das Unternehmen	Fallbeispiele
Secondments (for Transition) Mitarbeitende (MA) werden bei voller Bezahlung für die Durchführung konkreter Projekte in gemeinnützigen Institutionen für mehrere Monate freigestellt oder in eine neue Anstellung oder den Ruhestand überführt (Stichwort: Übergangsmanagement).	Mehrere Wochen bis Monate Einzelne ausgewählte Mitarbeitende	Entwicklung von Best-Practices für den Aufbau und Betrieb von Tafeln	Motivation der Mitarbeitenden Empathiefähigkeiten schulen	McKinsey & Deutsche Tafeln e.V.: Pro-Bono Strategie- und Organisations-beratung für NPO (Schöffmann, 2001)
		Know-how; Koordination verschiedener Hilfsprojekte	Sozialkompetenzen der Mitarbeitenden fördern Werteentwicklung Reputationspflege	Gebrit AG – Hilfsprojekt Kambodscha: Aufbau eines Frauenwohnheims von der Planung bis zur Eröffnung (2007-2008), (Högger, 2008)
Mentorprogramme – Einzelne MA beraten und begleiten einige Stunden pro Monat einzelne Personen z.B. in Schulen oder gemeinnützigen Institutionen.	Einzelne Tage, über längeren Zeitraum Einzelne interessierte und qualifizierte Mitarbeitende	Patenschaft Einblicke in die Berufe der Mentoren	Sozialkompetenzen der Mitarbeitenden fördern Kommunikationsfähigkeiten Kreativität und Improvisationsgeschick	BOV AG – „TeleMentoring": Virtuelle Beratung von arbeitslosen Jugendlichen zur individuellen Berufsorientierung (Pinter, 2006)
Unterstützung und Anerkennung gemeinnützigen Engagements der Mitarbeitenden durch das Unternehmen – Von informeller Erleichterung über Gewährung flexibler Arbeitszeiten bis hin zu aktiver Zusam-	Einzelne Tage über das ganze Jahr verteilt Einzelne Mitarbeitende bzw. je nach Anfragen	Finanzmittel zeitliche Freistellungen der Mitarbeitenden	Steigerung von Selbstvertrauen und Kreativität der Mitarbeitenden Gemeinschaftsgefühl, Stolz, Vertrauen bei den Mitarbeitenden Reputationspflege	Henkel AG – „Miteinander im Team" – Freistellungen, infrastrukturelle und finanzielle Unterstützung für gemeinnützige Anliegen der Mitarbeiter (Schöffmann, 2001)

menarbeit mit Vermittlungsagenturen gibt es unterschiedlichste Unterstützungs- und Anerkennungsformen durch die Unternehmen.		Entsprechung der Bedürfnisse der Mitarbeitenden spezifisch im Projekt Vitamin B: Qualifikation ehrenamtlicher Mitarbeitender	Sozialkompetenzen der Mitarbeitenden fördern Reputationspflege Vorteile bei der Rekrutierung neuer Mitarbeitender	Migros – Unterstützung individueller Freiwilligenarbeit gemäß dem Wunsch der Mitarbeitenden (Schubert et al., 2002)
Aktionstage – Reparatur-, Reinigungs- oder Bauunterstützung bei gemeinnützigen Einrichtungen wie Gemeinschaftsräume, Spielplätze oder aber **auch** Einsätze in der Natur (z.B. Flussufer säubern).	Einmal jährlich, meistens ein Tag Einzelpersonen, Teams oder ganze Belegschaften	Kontakt zwischen Betreuenden und Betreuten wird sehr geschätzt	Netzwerke entwickeln Sozialkompetenzen der Mitarbeitenden fördern Erweiterung bzw. Abwechslung bzgl. der Arbeitsfertigkeiten	Novartis – „Community Partnership Day": Weltweiter Aktionstag, an dem Mitarbeitende in verschiedenen Projekten Betreuungsaufgaben oder Unterhaltsarbeiten übernehmen können (Schubert et al., 2002)

* Die aufgeführten Nutzenaspekte stammen aus den jeweiligen Quellen der Fallbeispiele.

4.4   CV-Akteure

Für die Gestaltung der CV-Formen in der Praxis spielen die *Akteure*, welche in den jeweiligen Einsätzen beteiligt sind, eine wichtige Rolle. Nebst dem Unternehmen und dessen Belegschaft sind die NPO und zunehmend auch sogenannte Mittlerorganisationen zu nennen:

▪ Wie bereits bei den Merkmalen von CV angemerkt, lassen sich die jeweiligen Aktivitäten daran unterscheiden, ob stärker das *Unternehmen* oder die *Mitarbeitenden* die Initiative und die Gestaltung des Engagements anführen (Schöffmann, 2001). Dies ist insofern wichtig festzuhalten, weil damit möglicherweise unterschiedliche Gestaltungsschwerpunkte bzw. Ziele verfolgt werden, was wiederum Einfluss auf die Kommunikation und Umsetzung des Vorhabens haben kann.

▪ *NPO* sind gerade in Bezug auf CV wichtige Anspruchsgruppen, da sie als Partner im konkreten Projekt den Zugang und die Durchführung von CV-Aktivitäten oft erst ermöglichen. Zusätzlich zur Verwirklichung eigener Interessen (z.B. Know-how-Gewinn,

Netzwerken, Akquise neuer Freiwilliger etc.) spielen hier aber auch die Anbahnung, Durchführung und Evaluation der Kooperationen mit den Unternehmen eine wichtige Rolle (Gentile, Böhm & Hoffmann, 2007 bzgl. anleitender Handbücher). Wie im Beitrag von Samuel, Gentile, Lorenz und Pries in diesem Buch gezeigt wird, ist die Abwicklung dieser Kooperationsbeziehung zentral bei der Evaluation des Engagements sowie für deren längerfristige Etablierung.

■ In diesem Zusammenhang sind auch die *Mittlerorganisationen* zu nennen, welche im Beitrag von Placke in diesem Buch ausführlicher hinsichtlich deren Auftreten und der Entwicklung dargestellt werden. Als Anbieter von Beratungskompetenz bei intersektoralen Partnerschaften begleiten die Mittler die beiden Parteien im Prozess; beispielsweise bei der Partnersuche, Bedürfnisklärung, Eventorganisation bis hin zur Evaluation. Eine derzeit prominente Form der Vermittlung bildet die von der Bertelsmann-Stiftung lancierte Marktplatzmethode, welche ursprünglich aus den Niederlanden stammt. Auch wenn bereits von einer notwendigen Professionalisierung hinsichtlich des Beratungsangebotes bzw. entsprechender Mittlerstellen innerhalb wie auch außerhalb des Unternehmens gesprochen wird (Schäfer, 2009), befindet sich die konkrete Ausgestaltung der Rolle der Mittlerorganisationen noch in der Rollenfindung (Jakob & Janning, 2007).

4.5   Nutzen und Umsetzungserfordernisse

Mit CV werden Potenziale in Verbindung gebracht, welche neben dem Aspekt der Gemeinnützigkeit weitere Nutzenaspekte abdecken sollen. Die folgende Auflistung von antizipierten Nutzenaspekten und Umsetzungserfordernissen soll die gebräuchlichsten bzw. meistgenannten Aspekte und Erfordernisse aus der Literatur nennen (Schubert et al., 2002; Schöffmann, 2001, Quirk, 1998):

■ Potenziale: Eines der am häufigsten verwendeten Argumente für CV ist dessen Potenzial, eine sogenannte Win-Win-Situation für alle Beteiligten und Betroffenen zu schaffen. Die meistgenannten Gewinner sind die Unternehmen, deren Mitarbeitende, die NPO sowie die Nutznießer des Engagements.

Unternehmen sollen neben dem gemeinnützigen Zweck zusätzlich Ziele wie die Personal- und Unternehmensentwicklung, die Schaffung von Mitarbeiterloyalität sowie die Steigerung der Reputation in der Gesellschaft erreichen. So sollen z.B. die individuelle Kompetenzerweiterung der Mitarbeitenden im Rahmen von Mentor- oder Secondmentprogrammen und die Entwicklung einzelner Teams im Rahmen von Aktionstagen anstelle von teuren Outdoortrainings ermöglicht werden. Die Mitarbeitenden erhalten die Möglichkeit, die eigene Sozialkompetenz zu steigern und neues Erfahrungswissen für die eigene Alltagspraxis in bislang unbekannten Arbeitskontexten zu erlernen. Schließlich sollen die Einsätze auch zu einem besseren Ausgleich zwischen Arbeit und Freizeit beitragen, wie dies unter dem Begriff der „Work-Life-Balance" (Hämmig & Bauer, 2009) gefasst wird. Einsätze wie das „Secondment for Transition" sollen überdies eine Unterstützung bei der Neuausrichtung des eigenen Lebens beim Übergang von der Erwerbsarbeit in den Ruhestand bieten.

NPO sollen vom Wissen und der Arbeitskraft der Unternehmensvertreter sowie von der Erweiterung des Kontaktnetzwerkes profitieren. Schließlich bietet sich durch die CV-Einsätze auch die Möglichkeit, Freiwillige zu akquirieren, welche für weitere Einsätze gewonnen werden können.

Im Sinne der gesellschaftlichen Integration sollen CV-Einsätze allen Akteuren – dazu zählen auch die Nutznießer des Engagements – den Abbau von Vorurteilen und Berührungsängsten in Bezug auf die beteiligten Akteure erlauben (Schubert et al., 2002).

■ Umsetzungserfordernisse: Betrachtet man im Gegenzug die Aufwendungen für die Umsetzung, dann werden folgende Punkte genannt: Auf Unternehmensseite entstehen Freistellungskosten und Koordinations- sowie Kommunikationsaufwand nach innen wie nach außen. Zusätzlich können weitere Ressourcenbeiträge nötig werden, wie z.B. Infrastruktur- oder Geldbeiträge für anfallende Kosten der Durchführung der CV-Aktivität (z.B. Bereitstellen von Verpflegung, Arbeitsmaterial etc.).

Für die Teilnahme der Mitarbeitenden sind folgende Punkte zu klären: Das Auswahlverfahren der Form des Engagements (top-down vs. bottom-up), die interne Steuerung und Organisation des Engagements durch das Unternehmen (z.B. die Relevanz für Personalbeurteilung oder die Zugangsmöglichkeiten der einzelnen Mitarbeitenden zum Angebot) sowie die Gefahr von Gruppendruck durch Vorgesetzte und/oder Arbeitskollegen zur Teilnahme oder Nichtteilnahme.

Für NPO fallen Kosten für die Anpassung an die Bedürfnisse der Unternehmen an. So kann eine Anfrage eines Unternehmens für einen Aktionstag für 50 Mitarbeitende schnell zu einer Überforderung der Kapazitäten der NPO führen. Weiter müssen die Integration und die Begleitung der Freiwilligen geleistet werden, damit diese ihren Einsatz leisten können (z.B. die Begleitung von Blinden bei einem Konzertbesuch oder eine Waldsäuberung mit schwerem Gerät).

Wie im folgenden Kapitel dargestellt, fußen die Nachweise der Potenziale allerdings noch zu oft auf Vermutungen oder sie stützen sich auf exemplarische Falldarstellungen und Selbstberichte von Unternehmen, ohne sich dabei auf fundierte Evaluationen oder andere systematisch erhobene Daten beziehen zu können. Dies gilt auch für die Umsetzungserfordernisse, welche unter dem Fokus der Nutzenaspekte entweder vorausgesetzt oder nur sehr geringfügig untersucht werden. Wie sich in den wenigen Studien zu CV zeigt, werden jedoch gerade hier wichtige Voraussetzungen zur Realisierung des antizipierten Nutzens geschaffen. Es gilt deshalb im Folgenden, eine kritische Distanz gegenüber voreiligen Nutzenerwartungen zu schaffen und stärker nach den Beweggründen für gemeinnütziges Engagement von Unternehmen, nach unterstützenden bzw. hinderlichen Rahmenbedingungen sowie Konfliktpotenzialen zu fragen.

4.6   Erkenntnisstand

Die (empirische) Forschung zu CV ist sehr heterogen, interdisziplinär und durch viele
Einzelstudien ohne vergleichbare konzeptionelle Basis oder theoretischen Hintergrund
geprägt. Hierzu fehlt nicht zuletzt eine eigentliche CV-Community, welche sich des Themas
annimmt und es systematisch weiterentwickelt (Gentile et al., 2011). Als Anex-Thema der
weiteren Diskussion und Forschung um die Bereiche CSR und CC wird CV im Rahmen von
Philanthropie-, Corporate Community Involvement- oder Corporate Social Performance-
Studien thematisiert (Locket, Moon & Visser, 2006). Weiter ist die Vergleichbarkeit der Studi-
en aufgrund unterschiedlicher methodischer Herangehensweisen nur eingeschränkt möglich. So sind z.B. die Stichprobengrößen und -zusammenstellungen bei quantitativen Studien zu klein (Herzig, 2006) und/oder zu spezifisch, indem ein enger Fokus auf bestimmte
Unternehmensgrößen gelegt wird (Herzig, 2006; Maaß & Clemens, 2002). Weiter betrachten die Studien einen bestimmten Typ von Unternehmen (Fortune Unternehmen; Chapple &
Moon, 2005) und/oder analysieren Daten von fragwürdiger Qualität, wie z.B. „mission
statements" auf Unternehmenswebsites (Chapple & Moon, 2005; Welford, 2005). Qualitative Studien sind meist explorativ angelegt und liefern interessante Einblicke in die Motive
und Vorbehalte der Verantwortlichen sowie der Mitarbeitenden, jedoch fehlt auch hier die
Vergleichbarkeit aufgrund unterschiedlicher Fragestellungen und Fokusse. Schließlich ist
anzuführen, dass Evaluationsstudien bzw. Untersuchungen zum Nachweis von Nutzenaspekten in den meisten Fällen auf einmaligen Selbsteinschätzungen der Befragten aufbauen.
Dies lässt nur beschränkt Aussagen über die Entwicklung entsprechender Nutzenaspekte zu,
weshalb die Resultate mit Vorsicht zur Kenntnis genommen werden müssen.

Wie ein Großteil der CSR-Forschung (De Bakker, Groenewegen & Hond, 2005; Orlitzky,
Schmidt & Rynes, 2003) untersucht auch die CV-Forschung mehrheitlich die Win-Win-
These, d.h. die gleichzeitige Berücksichtigung gemeinnütziger und unternehmerischer
Anliegen (Windsor, 2001; 2006). Hierdurch richtet sich die Forschungstätigkeit zum einen
auf die Beweggründe bzw. die (antizipierten) Nutzenaspekte von CV. In diesem Zusam-
menhang wird die konkrete Umsetzung von CV, d.h. dessen strategische und managerielle
Implementierung im Unternehmen, untersucht. Zum anderen stehen die Mitarbeitenden
und die NPO im Fokus der Forschung, welche als wichtigste Anspruchsgruppen zur Verwirklichung von CV beitragen und davon profitieren sollen. Hier werden vor allem die
Motive sowie die Gestaltung wichtiger Rahmenbedingungen für die Teilnahme an und
Verwirklichung von CV untersucht.

Vor diesem Hintergrund ist es schwierig, einen eigentlichen Kernbestand von CV-Wissen
auszumachen, an welchen weitere Forschung anknüpfen kann. Versuche, diesem Manko
mit Aufrufen an interessierte Forscher aus unterschiedlichen Fachbereichen mit einem
Sonderheft in der Zeitschrift Wirtschaftspsychologie (Gentile & Wehner, 2007a) bzw. einem Special Issue im International Journal of Business Environment (Lorenz, Gentile &
Wehner, 2011a) zu begegnen, zeigten nur beschränkte Wirkung: In beiden Fällen war die
Resonanz auf den jeweiligen call for paper eher dürftig. Erfreulich sind die Ergebnisse der
Beiträge, welche eine kritische Auseinandersetzung mit dem Thema ermöglichen und zu
dessen Weiterentwicklung beitragen.

Teil II: Wie freiwillig ist Freiwilligkeit?

5 Freiwilligenarbeit als Bürger oder Mitarbeitende: Das Gleiche in Grün?

Susan van Schie, Theo Wehner, Stefan T. Güntert

5.1 Auf dem Weg zur Bürger- oder Tätigkeitsgesellschaft

Die Erwerbsarbeit ist in der heutigen Arbeitsgesellschaft weiterhin „Dreh- und Angelpunkt für die Lebensorientierung der Einzelnen und das Gemeinwesen insgesamt" (Senghaas-Knobloch, 1999, S. 119), trotz des häufig diskutierten Wertewandels. Indessen greift die ausschließliche Betrachtung der Erwerbsarbeit in einer Arbeitsgesellschaft zu kurz und wird den verschiedenen gesellschaftlichen Tätigkeitsfeldern nicht gerecht (Peters, Güntert & Wehner, 2008). Tätigsein ist mehr als Existenzsicherung und Geld verdienen durch Lohnarbeit. Nach Leontjew (1977) ist Arbeit in erster Linie eine Tätigkeit. Entsprechend diskutiert Senghaas-Knobloch (1999) den Wandel der Arbeits- hin zu einer Tätigkeitsgesellschaft. Neben der Abnahme des Erwerbsarbeitsvolumens und dem Niedergang des Normalarbeitsverhältnisses beschreibt Mutz (2002) eine Pluralisierung der Arbeitsformen und Abgrenzungsprozesse zwischen Erwerbsarbeit, Bürgerengagement und Eigenarbeit. Die Individuen müssen entscheiden, „zu welcher Zeit und an welchem Ort sie welcher Tätigkeit nachgehen" (Mutz, 2002, S. 29), und sich mit den Sinndimensionen dieser Tätigkeiten auseinandersetzen. Unter den sich wandelnden Arbeitsbedingungen sind deshalb eine aktive Tätigkeitsgestaltung sowie eine individualisierte Sinnbildung die Folge für die arbeitenden Individuen. Der Diskurs zur Bürgergesellschaft, der das traditionelle Verständnis der Normalarbeit aufweichen will, bedarf der gesellschaftlichen Anerkennung und Erforschung von zusätzlichen Tätigkeitsformen, allen voran der freigemeinnützigen Arbeit (Wehner et al., 2006; Nitsche & Richter, 2003).

5.2 Die gesellschaftliche Relevanz der Freiwilligenarbeit

Freiwilligenarbeit hat in der US-amerikanischen wie europäischen Gesellschaft eine lange Tradition. Grob geschätzt ist europaweit rund ein Drittel der Bevölkerung freiwillig tätig (s. Gaskin, Smith & Paulwitz, 1996). Die Freiwilligenarbeit entspricht 4.5 Mio. Vollzeitäquivalenten in Westeuropa und ca. 5 Mio. in den USA (Salamon & Sokolowski, 2001). Die monetäre Bewertung der Freiwilligenarbeit gestaltet sich aufgrund komplexer Messprobleme äußerst schwierig (Badelt, 2004). Vonseiten der Politik wird das freiwillige Engagement der Bürger nicht selten als willkommene Möglichkeit zur Entlastung eines Sozialstaats begrüsst. Hingegen lässt sich diese entlastende Wirkung empirisch nicht nachweisen: In einer länderübergreifenden Vergleichsstudie der John Hopkins University findet sich eher ein positiver Zusammenhang zwischen dem Niveau sozialstaatlicher Leistungen und dem Volumen der Freiwilligenarbeit (Salamon & Sokolowski, 2001). Nichtsdestotrotz ist die Freiwilligenarbeit in unserer Gesellschaft, insbesondere im sozialen Bereich, nicht wegzudenken.

Vor diesem Hintergrund verwundert es, dass die Forschungslage eher als dürftig bezeichnet werden kann: Am Beispiel der Europäischen Union wurde dies eindrücklich gezeigt. Die Studie „Volunteering in the European Union" (GHK, 2010) berichtet von stark variierenden Engagementraten für die einzelnen Mitgliedstaaten. Die Spannbreite reicht von Beteiligungsraten von über 40% in den Niederlanden, Österreich, Schweden und dem Vereinigten Königreich bis zu Raten von unter 10% in Bulgarien, Griechenland, Italien und Litauen (Angermann & Sittermann, 2010). Eine wichtige Einflussgröße auf die Engagementraten ist die staatliche Struktur, das heißt, wie beispielsweise der bestehende rechtliche und institutionelle Rahmen für Engagement gestaltet ist (Angermann & Sittermann, 2010). Außerdem wird die Freiwilligenquote einer Nation (neben anderen Prädiktoren) von deren ökonomischer Entwicklung vorausgesagt (Curtis, Baer & Grabb, 2001). Finanzieller Wohlstand und materielle Ressourcen einer Nation erhöhen ihre Freiwilligkeit, denn die Bürger haben die Zeit und Möglichkeit, sich ehrenamtlich zu engagieren. Mindestens genauso wichtig in der Erklärung der nationalen Schwankungen ist allerdings die Unzulänglichkeit in der Erfassung des Phänomens Bürgerengagement: Die Zahlen der genannten EU-Studie beruhen auf verschiedenartigen nationalen Erhebungsinstrumenten sowie einem unterschiedlichen Verständnis des Forschungsgegenstands. Grundsätzlich mangelt es an einer gemeinsamen Definition im Bereich des freigemeinnützigen Engagements (sowohl für individuelle Freiwilligenarbeit als auch für Corporate Volunteering), und viele Fragen bleiben weiterhin empirisch ungeklärt.

Im vorliegenden Kapitel wenden wir uns deshalb zunächst den Erkenntnissen aus der individuellen Freiwilligenforschung der Bürgerinnen und Bürger zu. Vor diesem Hintergrund werden danach die freiwilligen Leistungen von Mitarbeitenden im Rahmen eines Corporate-Volunteering-Programms (CV) betrachtet. Dabei stellen wir uns die Frage, inwiefern der individuellen und der betrieblich initiierten Freiwilligkeit dieselben Motive zugrunde liegen[1]. Wir wenden einzelne Erkenntnisse aus der psychologischen Freiwilligenforschung auf das Feld des unternehmerischen Engagements an und versuchen daraus Gestaltungshinweise für die Entwicklung von CV-Programmen abzuleiten.

---

[1]   Auf freiwilliges Arbeitsengagement (Organizational Citizenship Behavior) in der Erwerbsarbeit wird an dieser Stelle nicht eingegangen (s. hierzu Neufeind, Jiranek & Wehner, 2012).

5.3   Individuelle Freiwilligentätigkeiten: IV

Das Spektrum des Engagements ist geprägt von Begriffsvielfalt und der Uneinigkeit über eine geeignete Definition (Güntert et al., 2007). Befragt man die Freiwilligen selbst, variiert die Bezeichnung je nach Themenbereich von bürgerschaftlichem Engagement über ehrenamtliche bis hin zu freiwilliger Tätigkeit. In 2009 nannten 48% ihr Engagement „Freiwilligenarbeit", gefolgt von 32% mit „Ehrenamt" (Gensicke, 2010). Das im englischen Sprachraum umfassend verwendete Volunteering findet im Deutschen kein Pendant.

Auch bei den Definitionen besteht keine Einigkeit. Penner (2002) definiert Freiwilligkeit als prosoziale Handlung in einem organisationalen Kontext, der geplant und über einen längeren Zeitraum fortgesetzt wird. Wilson (2000) hält fest, dass Freiwilligkeit eine beliebige Aktivität ist, in der Zeit frei verwendet wird, um einer anderen Person, Gruppe oder Organisation zu helfen. Wilson und Musick (1997) fokussieren den unverbindlichen Charakter: Freiwilligkeit ist unbezahlte Hilfe, die einer Gesellschaft, für die der Arbeitende keinerlei Verpflichtungen hat, in einer organisierten Form zur Verfügung gestellt wird. Wehner et al. (2006) schlagen folgende Definition vor:

> Freigemeinnützige Tätigkeit ist eine unbezahlte, organisierte, soziale Arbeit, d.h. eine persönliche, gemeinnützige Tätigkeit, die mit einem (regelmäßigen) Zeitaufwand verbunden ist und prinzipiell auch von einer anderen Person ausgeführt sowie potenziell bezahlt werden könnte.

Ob die Freiwilligenarbeit von einer Non-Profit-Organisation angeboten und als formelle Freiwilligkeit bezeichnet wird oder etwa informell und selbstorganisiert als Nachbarschaftshilfe ausgeführt wird, bleibt unberücksichtigt. Ausgeschlossen werden hingegen jegliches private Hobby, Spenden, alle Arten von (auch geringfügig) bezahlter Tätigkeit sowie die persönliche Hausarbeit und auch die Betreuung von Verwandten.

5.3.1   Freiwilligkeit eine Bürgertugend, oder: Wer sind die Freiwilligen?

Der oder die prototypische Freiwillige ist im berufstätigen Alter, eher gebildet, verfügt über ein gutes Haushaltseinkommen, eine gute berufliche Stellung und engagiert sich häufig im sozialen Bereich oder in einem (Sport-)Verein (s. Stadelmann-Steffen et al., 2010). Auch in der deutschen Bevölkerung sind es die 35- bis 54-Jährigen mit eher hohem Bildungsniveau, einer engen religiösen Bindung, großem Freundes- und Bekanntenkreis sowie in partnerschaftlichen Verhältnissen zumeist in größeren Haushalten lebend, die sich am stärksten engagieren; häufig sogar in nicht nur einem Tätigkeitsfeld (Gensicke & Geiss, 2010). In erster Linie engagieren sich also nicht diejenigen Bevölkerungsgruppen, die über relativ viel Zeit verfügen (Pensionierte oder Arbeitslose), sondern diejenigen Personen, die ohnehin stark in die Gesellschaft und Arbeitswelt eingebunden sind. Viel mehr als die Zeit ist die soziale Integration ausschlaggebend für freiwilliges Engagement, was sich auch darin zeigt, dass Migrantinnen und Migranten in allen Ländern unterrepräsentiert sind. Menschen scheinen also besonders dann Bürgersinn zu zeigen, wenn sie ein aktives und eher privilegiertes, begünstigtes Mitglied ihrer Gesellschaft sind.

5.3.2   Struktureller Wandel der Freiwilligenarbeit

Nicht nur die Organisation gesellschaftlicher Arbeit befindet sich im Wandel, sondern auch die Organisation gesellschaftlichen Engagements (Mutz, 2002). In den letzten Jahrzehnten sind die Motive, Bedürfnisse, Interessen und die Betreuung von Freiwilligen konkreter geworden (Beher, Liebig & Rauschenbach, 2000; Paulwitz, 1999). Dieser sogenannte strukturelle Wandel bringt die *neuen* Freiwilligen hervor, die über das Ausmaß und die Form ihres Einsatzes stärker (mit-)entscheiden wollen. Heute werden zeitlich beschränkte und lokale Aufgaben den traditionellen Langzeitbindungen und Pflichten vorgezogen. Die Prämisse von unbezahlter Hingabe wird abgelöst durch zumindest gut entschädigte bzw. honorierte Aktivitäten und höhere Anforderungen an Ausbildung sowie an die Professionalität der Freiwilligen (Hoof & Schnell, 2009).

5.4   Engagement als Mitarbeitender: CV

Infolge des strukturellen Wandels empfiehlt die Europäische Kommission (2009) unter anderem die Förderung geeigneter Anreize für Unternehmen. Tatsächlich hat sich das Angebot von Corporate-Volunteering(CV)-Programmen, insbesondere in den USA und Westeuropa, rasch ausgebreitet (Peloza, Hudson & Hassay, 2009; Booth, Park & Glomb, 2009, Peterson, 2004b). Gemäß Wild (1995; zit. nach Peloza & Hassay, 2006) offerieren zwei Drittel der US-amerikanischen Unternehmen ihren Mitarbeitenden Zeit und Unterstützung zur Teilnahme an CV-Aktivitäten. Unter idealtypischen Bedingungen können diese Programme optimal auf die Forderungen der *neuen* Freiwilligkeit antworten. CV wird nachgesagt, eine *Win-Win*-Situation kreieren zu können (Basil, Runté, Easwaramoorthy & Barr, 2009; Peloza & Hassay, 2006): Gemeinwohl wird erreicht, wenn der Staat entlastet wird, Kosten für Personal- und Organisationsentwicklung werden gespart, wenn sich das Image des Unternehmens verbessert, und Mitarbeitende erweitern ihre Kenntnisse, wenn sie vom Arbeitgeber wertgeschätzt werden – soweit die Rhetorik.

Doch auch in der Empirie der Freiwilligenforschung lassen sich Hinweise finden, dass die Einbindung von Unternehmen in den gemeinnützigen Bereich gefragt ist: Die Mehrheit der deutschen Freiwilligen (73% gemäß Freiwilligensurvey) wünscht sich einen Beitrag durch den Arbeitgeber, während 30% der Freiwilligen tatsächlich vom Arbeitgeber unterstützt werden (Gensicke & Geiss, 2010). Nur 27% der Befragten finden eine Unterstützung durch den Arbeitgeber unnötig. Es gibt also einen nicht abgedeckten Bedarf! Allerdings handelt es sich bei der berichteten Form von Unterstützung um instrumentelle, konkrete Beiträge an ein vom Mitarbeitenden persönlich gewähltes Engagement und nicht um eine inhaltliche Eingebundenheit des Arbeitgebers. Schwerpunkte sind Freistellung, flexible Arbeitszeiten oder die Möglichkeit, die Infrastruktur (Telefon, Kopierer) zu nutzen. Zurückhaltender sind die Arbeitgeber bei Unterstützungsformen, die in die Personalpolitik integriert werden (Beförderungen, zusätzliche Anerkennung) (Gensicke & Geiss, 2010). In diesem Sinne ist der Appell an die Arbeitgeber um einiges eingeschränkter, als die Fülle bürgerschaftlichen Engagements eines Unternehmens im Sinne von CV bietet. Anders als von der EU-Kommission (2009) gefordert, geht es hier in erster Linie um die praktische

Unterstützung, aber nicht um das Engagement des Unternehmens selbst. Das Konzept CV schließt – von der rein instrumentellen Unterstützung individueller Freiwilligkeit der Angestellten bis hin zum inhaltlichen Engagement des Unternehmens durch die Mitarbeitenden – alles ein. Dies reflektieren einige Unternehmen, bspw. die Münchener Rückversicherung, indem sie sogenanntes Fund-Matching anbietet (in Form von Geld oder Mitarbeit durch Kolleginnen und Kollegen des Unternehmens), um bereits bestehendes Engagement der Mitarbeitenden zu fördern (Fischges, 2008).

Beide Anforderungen, sowohl die instrumentellen Beiträge als auch die inhaltliche Eingebundenheit des Arbeitgebers, können Formen von Corporate Volunteering darstellen. Letzteres ist lediglich eine *strengere* Variante. Dennoch besteht hinsichtlich der Freiwilligkeit ein bedeutender Unterschied zwischen der instrumentellen Unterstützung eines freiwillig engagierten Bürgers und dem systematischen Einsatz von Mitarbeitenden in einem vom Unternehmen initiierten Projekt.

Von daher gilt es die grundsätzliche Frage zu beantworten: Worin unterscheiden sich die individuellen von den im CV engagierten Freiwilligen? Bedeutet Freiwilligkeit in beiden Kontexten dasselbe? Handelt es sich um das Gleiche in Grün? Die nachfolgende **Tabelle 5.1** wendet dieselben Kriterien zur Beschreibung beider Formen von freiwilligem Engagement an und beleuchtet damit wichtige Unterschiede.

Tabelle 5.1 Unterscheidungskriterien und deren Erfüllung für individuelle Freiwilligenarbeit (IV) und das Engagement als Mitarbeitender (CV)

	IV – Engagement als Bürger	**CV – Engagement als Mitarbeitender**
Initiierung	Selbstinitiiert	Fremd-initiiert
Gestaltung der Tätigkeit	durch den Freiwilligen selbst gewählt (bspw. Empfänger, Form und Dauer)	durch das Unternehmen bestimmt
Rollenverständnis	Dyade: Bürger – wohltätige Organisation	Triade: Mitarbeitender – Unternehmen – wohltätige Organisation
Aufwand	Im Schnitt 10 bis 13 Stunden pro Monat	Eher eventorientiert; ein bis eineinhalb Tage; meist einmal jährlich
Wichtigste Funktion/ Motive	Ausdruck von persönlichen Werten; Spaß haben; interessante Tätigkeit; volitionaler, expressiver Charakter	den Arbeitgeber in seinem bürgerschaftlichen Engagement unterstützen; soziales (innerbetriebliches) Netzwerk pflegen und erweitern; Karriere
Entschädigung	Unbezahlte, evtl. spesenentschädigte Tätigkeit	Teilweise bezahlt durch Lohn

Im Folgenden möchten wir uns bei beiden Formen auf die Perspektive des Individuums konzentrieren. Während die CV-Literatur verstärkt die strategische Seite (das *C*) von Corporate Volunteering fokussiert hat, wurde zum Verständnis der Freiwilligen selbst (das *V* von Corporate Volunteering) wenig untersucht.

5.5 Das Verständnis der Freiwilligenarbeit aus Sicht der Psychologie

Obwohl mit dem Thema genuin psychologische Fragen angesprochen werden, hat die Psychologie vergleichsweise wenig Einfluss auf die Freiwilligenforschung gehabt. Primär hat sich die Sozialpsychologie mit dem Phänomen befasst: Freiwilligenarbeit wurde als geplantes und kontinuierlich prosoziales Verhalten verstanden. Zudem wurde der naheliegende motivationale Zugang zum Thema gewählt. In der Freiwilligenarbeit wird eine von existenziellen Erfordernissen losgelöste Form von (Arbeits-)Motivation sichtbar. Im Gegensatz zur Erwerbsarbeit fällt in der Freiwilligenarbeit das Geldverdienen als extrinsische Motivationsquelle weg. Obwohl hoch plausibel, wird die Motivforschung dennoch relativ unsystematisch verfolgt. Psychologische Erkenntnisse über die Motive und die Motivation werden in der Praxis, zur Rekrutierung von Freiwilligen etwa, kaum genutzt. Auch arbeits- und organisationspsychologische Ansätze fanden kaum Einlass in die Forschung, obwohl sich die Freiwilligenarbeit als Tätigkeit in einem organisationalen Rahmen als Anwendungsfeld anbietet (Wehner, Gentile & Güntert, 2007). Themen wie die Gestaltung der Freiwilligenarbeit, die Führung von Freiwilligen oder das mögliche Konfliktpotenzial zwischen Freiwilligen und Angestellten werden derzeit eher vernachlässigt.

5.6 Der multifunktionale Ansatz der Freiwilligenmotivation

Was bringt Menschen dazu, über einen längeren Zeitraum hinweg einer unentgeltlichen Arbeit nachzugehen? Welche Beweggründe werden genannt? Der funktionale Ansatz von Clary und Snyder (1999) bietet momentan die umfassendste, am häufigsten zitierte Beschreibung der Freiwilligenmotivation und ist, mit durchaus wichtigen Anpassungen, durch Bierhoff & Schülken (2001), für den deutschen Kulturraum adaptiert worden.

Nach dem funktionalen Ansatz ist die freigemeinnützige Tätigkeit multifunktional und bedeutet somit mehr als *nur* prosoziales Verhalten. Kernbotschaft ist, dass verschiedene Freiwillige in dieselbe Aktivität eingebunden sein können, während die jeweilige psychologische Funktion eine andere sein kann. Auch kann ein freiwilliges Engagement für eine Person verschiedene Funktionen gleichzeitig erfüllen, wie beispielsweise das Bedürfnis, soziale Kontakte zu knüpfen, den Erwartungen des persönlichen Umfelds zu entsprechen, und etwas für die eigene Karriere zu tun.

Tabelle 5.2 stellt die sechs Funktionen des Ansatzes vor. Auch werden Beispielitems aus dem Volunteer Functions Inventory (VFI) genannt, mit dem die sechs Funktionen in standardisierten Befragungen erhoben werden.

Tabelle 5.2   Funktion der Freiwilligkeit; der multifunktionale Ansatz nach Clary und Snyder (1999) mit Beispielitems aus dem Volunteer Function Inventory (VFI)

Funktion	Konzeptuelle Definition	Beispielitem aus dem VFI
Ausdruck von Werten	Die Person ist freiwillig engagiert, um wichtigen Werten wie Nächstenliebe Ausdruck zu verleihen und dementsprechend zu handeln.	Ich finde es wichtig, anderen zu helfen.
Lernen	Der Freiwillige strebt danach, mehr über die Welt zu lernen, oder möchte ungenutzte Kompetenzen einsetzen.	Die Freiwilligentätigkeit ermöglicht mir, Dinge durch praktische Erfahrung zu lernen.
Wachstum	Die Person kann durch die Freiwilligentätigkeit psychologisch wachsen und sich weiterentwickeln.	Durch die Freiwilligentätigkeit fühle ich mich besser.
Karriere	Der Freiwillige verfolgt mittels Freiwilligenarbeit das Ziel, bedeutsame Erfahrungen für den Beruf zu sammeln.	Die Freiwilligentätigkeit kann mir helfen, beim gewünschten Arbeitgeber Türen zu öffnen.
Soziale Bindung	Die Freiwilligentätigkeit ermöglicht es der Person, ihre sozialen Beziehungen auszuweiten und zu stärken.	Mein Bekanntenkreis teilt das Interesse an Freiwilligentätigkeiten.
Schutz	Die Person nutzt die Freiwilligenarbeit, um negative Gefühle wie Schuld zu reduzieren oder um eigene Probleme zu bearbeiten.	Die Freiwilligentätigkeit lenkt mich von meinen eigenen Sorgen ab.

5.7   Befunde zur individuellen Freiwilligenarbeit – Multifunktionalität

Das wichtigste Motiv zur individuellen Freiwilligenarbeit kann als Ausdruck von persönlichen Werten zusammengefasst werden (s. Clary et al., 1998). Werden Freiwillige nach dem Grund ihres Engagements gefragt, erwähnen sie die Möglichkeit, etwas zu bewirken, das Gefühl, gebraucht zu werden sowie das pure Interesse an der Tätigkeit (Wehner et al., 2006). Im Freiwilligensurvey (Gensicke & Geiss, 2010, S. 12) wird die Mitgestaltung der Gesellschaft als bedeutendster Beweggrund identifiziert: 61% der Befragten stimmten der Aussage „ich will durch mein Engagement die Gesellschaft zumindest im Kleinen mitgestalten" voll und ganz zu, weitere 34% stimmten dieser Aussage zumindest teilweise zu. Ebenfalls zentral ist die Freude, häufig als „Spaß an der Tätigkeit" erhoben, sowie ein soziales Bedürfnis: „mit anderen Menschen zusammenkommen".

Individuelle Freiwilligenarbeit ist klassischerweise charakterisiert durch ihre *volitionale* und *expressive* statt durch ihre *instrumentelle* Perspektive (Galindo-Kuhn & Guzley, 2001). Instrumentelle Anreize sind kaum effektiv. Der Wunsch, ein bisschen extra Geld zu verdienen, oder das Sammeln von Erfahrung für den Beruf sind eher nebensächliche Funktionen (Clary et al., 1998). Obwohl 27% der deutschen Freiwilligen ihre Freiwilligentätigkeit lieber beruflich und gegen Bezahlung ausüben möchten, verbleiben lediglich 7%, die einen „Drang zum Arbeitsmarkt" verspüren, wenn die tatsächliche Arbeitsmarktnähe der freiwilligen Tätigkeit berücksichtigt wird (Gensicke & Geiss, 2010).

5.7.1   Was kann Multifunktionalität für CV bedeuten?

Im Kontext unternehmerischen Engagements verwenden Peloza et al. (2009) weiterhin die Begriffe egoistisch und altruistisch, allerdings subsumieren die Autoren auch andere Motive, wie zum Beispiel die soziale Motivation. Für Corporate Volunteering berichten Peloza et al. (2009), dass ein zentrales Motiv die Unterstützung des Arbeitgebers sei, im Sinne von Organizational Citizenship Behavior (OCB nach Organ, 1988). An zweiter Stelle wird das Bedürfnis genannt, mit anderen Menschen (Kolleginnen und Kollegen) zusammenzukommen (Peloza et al., 2009; Peterson, 2004b). Folglich gibt es Motivverlagerungen der Beweggründe von individueller Freiwilligkeit zu CV. Es sind andere Themen, die an vorderster Stelle stehen. Im Kontrast zum Ausdruck von persönlichen Werten als zentralem Motiv für die individuelle Freiwilligkeit ist CV um einiges instrumenteller und beeinflusst von extrinsischen Faktoren im Sinne von organisationalen Rahmenbedingungen. Runté und Basil (2011) berichten, dass die von Unternehmen initiierte Freiwilligkeit stärker auf Karrierethemen attribuiert wird (wenn auch nicht exklusiv) als die selbstinitiierte Freiwilligkeit. Zudem ist nach Peloza et al. (2009) die altruistische Motivation weniger ausschlaggebend zur Teilnahme an Freiwilligenprogrammen am Arbeitsplatz als etwa die soziale Funktion des Angebots. Aus diesem Grund empfehlen die Autoren, CV-Aktivitäten so zu gestalten, dass möglichst vielen Arbeitskollegen aus dem eigenen Unternehmen begegnet werden kann (s. Lorenz, Gentile & Wehner, in diesem Buch).

Mit Blick auf die Multifunktionalität der individuellen Freiwilligenarbeit gehen wir davon aus, dass Unternehmen der Diversität ihrer Mitarbeitenden und deren Bedürfnissen Rechnung tragen sollten. Aus motivationaler Sicht ist insbesondere die Aktivierung der Werte-Funktion, als wichtigster Grund zum traditionellen Freiwilligenengagement, nicht zu unterschätzen. Die Aufgaben von Freiwilligen sollten deutlich mit gesellschaftlichen Werten in Verbindung gebracht werden können, die unabhängig vom Unternehmen existieren. Im Umkehrschluss wird von den Unternehmen selbstverständlich nicht erwartet, ausschließlich altruistisch zu handeln (Gentile et al., 2011): Unternehmen müssen einen Eigennutz sichern und können diesen auch in CV-Programmen verfolgen. So argumentieren etwa Porter und Kramer (2002), dass die volle strategische Ausschöpfung von CV erreicht wird, wenn der Gegenstand der Wohlfahrt und die Unternehmensstrategie in Einklang gebracht werden. In Ergänzung bzw. Abgrenzung zu einem unternehmenszentrierten Bild von CV argumentieren wir hier für den Primat der Partizipation und Freiwilligkeit vor dem eigentlichen strategischen Nutzen des Engagements. Nur wenn Mitarbeitende motivkongruent angesprochen werden, kann eine breite Verkörperung eines Corporate-Volunteering-Programms erreicht werden. Diese Position lässt sich wie folgt untermauern: Eine Kernbotschaft des funktionalen Ansatzes der Freiwilligenforschung ist die häufig bestätigte *Matching-Hypothese*. Ein längerfristiges freiwilliges Engagement wird dann erreicht, wenn individuelle motivationale Anforderungen von der effektiven Situation (dem Kontext) angesprochen werden (Snyder & Cantor, 1998). Diese *Passung* führt in der Folge zu einer höheren Zufriedenheit, einem stärkeren Commitment und der Absicht, auch weiterhin als Freiwilliger tätig zu sein. Auch Hoof und Schnell (2009) bejahen, dass eine *Passung* zwischen Person und Organisation wesentlich zum Erhalt eines bedeutenden und zufriedenstellenden Engagements beiträgt. Wir stimmen mit Peterson (2004b) überein, dass CV-Forschung vom funktionalen Ansatz profitieren kann, da hierdurch die Aufmerksamkeit auf die Motivstrukturen seiner unterschiedlichen Akteure gelenkt und nicht nur organisationale Nutzenaspekte diskutiert werden.

5.8 Befunde zur individuellen Freiwilligkeit — Sinnhaftigkeit und Commitment

Was macht die *volitionale* und *expressive* Natur der Freiwilligenarbeit aus? Mieg und Wehner (2002) nehmen an, dass die persönliche Sinnhaftigkeit der Arbeit eine notwendige Bedingung für freigemeinnütziges Engagement ist. So vergeben Freiwillige für die Gestaltungsmerkmale humaner Arbeit nach Ulich (2005) andere Rangplätze als bspw. Erwerbstätige: An erster Stelle steht für sie die Sinnhaftigkeit, während diese bei den Erwerbstätigen erst an vierter Stelle auftaucht (Wehner et al., 2006). Zudem konnten Wehner et al. (2006) zeigen, dass die Erfahrung von Autonomie bzgl. der Wahl des Engagements eine wichtige Rolle spielt in der Erklärung der Zufriedenheit von Freiwilligen.

Auch das Commitment von Freiwilligen mit ihrer Freiwilligenarbeitsorganisation ist bemerkenswert. Güntert (2007) konnte zeigen, dass Personen, die sowohl erwerbstätig als auch freiwillig tätig waren, ein stärkeres affektives Commitment, d.h. mehr Zugehörigkeitsgefühle und Stolz für die Organisation empfanden, für die sie freigemeinnützig tätig waren. Peters et al. (2008) äußern die These, dass dieser Effekt mit sinnstiftenden Tätigkeiten zu tun habe: Entsprechend der eingangs erwähnten Auseinandersetzung der arbeitenden Individuen mit den Sinndimensionen der Erwerbsarbeit, Bürgerengagement und der Eigenarbeit (Mutz, 2002), wird die Freiwilligenarbeit eher nach Sinndimensionen ausgewählt als die Erwerbsarbeit. Die Individuen suchen nach sinnstiftenden Aufgaben jenseits der Erwerbsarbeit; u. U. in einem kompensatorischen Sinn.

5.8.1   Was bedeutet Sinnhaftigkeit im Kontext von CV?

Ob der hohe Autonomieanspruch bzgl. der Wahl des Freiwilligenengagements und die erlebte persönliche Sinnhaftigkeit, die von individuellen Freiwilligen oft als zentrale Beweggründe thematisiert werden, für die Freiwilligen in CV-Programmen eine ähnliche Antriebskraft haben, wird in Lorenz, Gentile und Wehner (in diesem Buch) beschrieben. Damit wird ein blinder Fleck in der CV-Forschung aufgehoben. Im Falle von CV wird der persönliche Sinn allerdings potenziell bedroht durch die (zumindest teilweise) Bezahlung der Tätigkeit, wodurch sie in den Rang von Erwerbs- und Auftragsarbeit sinkt. Bekanntermaßen ist die intrinsische Motivation grundsätzlich durch Bezahlung bedroht (s. Deci, Koestner & Ryan, 1999). Wird für eine intrinsisch motivierte Aktivität eine extrinsische Belohnung eingeführt, kommt es u. U. dazu, sich von der Belohnung kontrolliert zu fühlen. Die Person nimmt sich in der Folge weniger als Ursprung des Verhaltens wahr und empfindet nicht nur geringere Autonomie, sondern auch weniger intrinsische Motivation (Deci & Ryan, 2000). Die Auswirkung der Initiierung und Betreuung von außen, sowie die Bezahlung bleiben vorläufig noch offene Fragen: Basil et al. (2009) berichten, dass 35% der befragten Unternehmen versuchen, Freiwilligkeit von Mitarbeitenden während der regulären Arbeitsstunden zu ermöglichen. Die Frage, ob die persönliche Sinnhaftigkeit letztlich darunter leidet und ob es sich dabei auch für CV um eine notwendige Bedingung handelt, gilt es für die praktische Gestaltung dringend – durch Forschung und reflexive Praxis – zu beantworten. Wie in Lorenz, Gentile und Wehner (in diesem Buch) gezeigt werden kann, wirkt sich der Zeitpunkt eines CV-Anlasses (Arbeitszeit vs. Freizeit) auf die Wahrnehmung der Mitarbeitenden dahingehend aus, mit welcher Motivation und welcher Identifikation diese teilnehmen oder eben nicht teilnehmen.

5.8.2   Was passiert mit dem Commitment bei CV?

Die Annahme, dass sinnstiftende Tätigkeiten zentral sind für das Commitment (Peters et al., 2008), bedeutet für CV, dass erneut der Werte-Funktion eine besondere Bedeutung zukommt, da sie das Commitment erhöhen kann – zumindest die Bindung ans Non-Profit-Unternehmen, bei der die Freiwilligentätigkeit ausgeführt wird, aber möglicherweise auch die Bindung an den Arbeitgeber. Für die im unternehmerischen Setting tätigen Freiwilligen ist das Commitment sicherlich komplexer als für individuelle Freiwillige, da die Person zwei Organisationen verpflichtet ist. Wichtig wäre es zu wissen, ob sich das Commitment gegenüber dem Arbeitgeber durch die *sinnvolle* CV-Tätigkeit in einer Non-Profit-

Organisation als sog. Spill-Over- bzw. Übertragungseffekt erweist und so eine zusätzliche Ressource für die Mitarbeitenden entsteht.

Andererseits sind die beiden Institutionen von unterschiedlichen Rechten und Pflichten gekennzeichnet, was bei Mitarbeitenden eine Rollenunklarheit oder gar Rollenambivalenz hervorrufen könnte. Dies zumindest gilt für die Führungskräfte, welche CV unterstützen, und konnte im Rahmen des Corvo-Projektes (s. Lorenz, Gentile & Wehner, in diesem Buch) bereits gezeigt werden.

5.9 Gestaltungsempfehlungen für Freiwilligenarbeit im Unternehmen

Können wir aus psychologischer Sicht nun konkrete Hinweise zur Gestaltung von CV-Vorhaben formulieren? Dieser Abschnitt versucht, basierend auf dem funktionalen Ansatz (Clary & Snyder, 1999), einige Empfehlungen für CV-Programme abzuleiten und stellt eine Win-Win-Matrix für Unternehmen und Angestellte vor (**Tabelle 5.3**).

Tabelle 5.3   Win-Win-Matrix für Unternehmen und Angestellte

Funktion	Implikationen für CV-Programme	Gewinn V	Gewinn C
Ausdruck von Werten	Auswahl von wertebezogenen Aufgaben mit einer klaren ethischen Relevanz	Ein guter Bürger sein; Sinn erleben	CSR-Standard erfüllen
Lernen	Möglichkeit bieten, Erfahrungen in Bereichen zu sammeln, die den Kernaufgaben des Unternehmens unähnlich sind	Neue Fähigkeiten erwerben; den Horizont erweitern	Arbeitsbereicherung, Mitarbeitertraining
Wachstum	Mitarbeitende zusammenbringen in ungewöhnlichen Settings und Teamwork hervorheben	Soziales Netzwerk; persönliches Wachstum	Teamentwicklung; Teamanlass; ausgewogene Persönlichkeiten
Karriere	Corporate Volunteers offiziell anerkennen und ein öffentliches Bild der engagierten Mitarbeitenden schaffen	Lebenslauf verbessern	Besseres Image durch bessere Repräsentation

Soziale Bindung	Listen mit wichtigen Teilnehmenden (wie das Management oder der Verwaltungsrat) veröffentlichen	Zu der In-Gruppe gehören	Unternehmensidentität stärken, Informationsfluss, Problemlösung
Schutz	CV-Programm als Auszeitmöglichkeit präsentieren	Ressourcen gegen Burnout stärken/ Work-Life-Balance verbessern	Arbeitsausfälle aufgrund von Burnout vermindern

CV-Programme sollten in zielorientierter Weise entworfen werden. Aus jeder der sechs Funktionen können Implikationen für das Unternehmen und die Mitarbeitenden abgeleitet werden: Will man einen Gewinn für das Unternehmen anstreben, sollten die Funktionen der freiwillig Mitarbeitenden aktiviert werden. Um beispielsweise die Wissens-Funktion (Erwerb neuen Wissens oder Reaktivierung vorhandener Fähigkeiten) anzusprechen, sollten die Unternehmen sicherstellen, dass mit dem CV-Programm eine Arbeitsbereicherung möglich wird, die über die Kernbereiche des Unternehmens hinausgeht. Mit der Teilnahme kann der Mitarbeitende neue (sowohl soziale als auch methodische oder fachliche) Fähigkeiten erwerben und seine Kompetenzen erweitern. Aus Unternehmenssicht wiederum kann CV als Personal- bzw. Teamentwicklungsmethode verstanden werden.

Wir hoffen, mit der vorgeschlagenen Matrix Bewusstsein für die Freiwilligen von CV – durch deren Tätigsein wird schließlich der gesellschaftliche Nutzen erreicht – zu kreieren. Die akademische Vision der Win-Win-Matrix soll letztlich zu einer Diskussion über die konkreten Rahmenbedingungen von CV führen. Dabei müssen im CV-Management realistischerweise Prioritäten gesetzt werden (Lorenz & Wehner, 2010), denn mit einem Programm allein können kaum alle Funktionen zugleich bedient werden. Wie die Prioritäten gesetzt werden können, welches die relevanten Rahmenbedingungen und Gestaltungsmerkmale sind, wird in den folgenden Kapiteln des Buches anhand von Fallstudien erläutert und konkretisiert.

6 Schweizer Unternehmen als gute Bürger — Eine Tradition im Wandel der Zeit

Gian-Claudio Gentile, Christian Lorenz

Vor dem Hintergrund der weitverbreiteten *Win-Win*-These (Windsor, 2001) bzw. den Ruf nach „strategischer Philanthropie" (Porter & Kramer, 2002; Saiia, 2001) ernst nehmend, hatte die Studie zum „gemeinnützigen Engagement von Unternehmen in der Schweiz" das Ziel, erstmals systematisch die Beweggründe, die internen sowie externen Rahmenbedingungen entsprechenden Engagements zu überprüfen. Hierbei wurde CV als spezifische Ausdrucksform gesellschaftlicher Verantwortung von Unternehmen berücksichtigt[1].

Als explorative Studie konzipiert, erlaubt die Kurzbefragung Einblick bzgl. der Einbettung und Ausgestaltung bürgerschaftlichen Engagements von Unternehmen in der Schweiz. Hierbei ist sie als Teilstudie des Gesamtprojektes CorVo.ch bzw. dieses Buches zu lesen, welche nebst konzeptionellen Überlegungen und qualitativen Daten eine weitere Perspektive auf das interessierende Phänomen erlaubt. Von einer institutionellen Ebene ausgehend, folgte die Studie folgenden Beweggründen: Zum einen sollte die Studie einen Eindruck hinsichtlich der Institutionalisierung des Phänomens in der aktuellen Praxis ermöglichen. Dies erlaubt mit dem Abgleich der parallel durchgeführten NPO-Studie besonders interessante Einblicke hinsichtlich der unterschiedlichen Wahrnehmungen der aktuellen Praxis (s. Samuel, Schilling & Wehner; Lorenz & Spescha, in diesem Buch). Zum anderen sollte mit der schweizweiten Durchführung auch die Gelegenheit genutzt werden, die Schweiz als kulturelles „Minilabor" zu betrachten, um so Spezifika anhand sprachregionaler Unterschiede aufzuspüren, wie diese im Bereich der individuellen Freiwilligkeit nachgewiesen werden können (Stadelmann-Steffen, Traunmüller, Gundelach & Freitag, 2010). Zum Einstieg folgt ein kurzer Überblick zum Forschungsstand, welcher helfen soll, die Studienergebnisse vor dem Hintergrund bestehender Erkenntnisse einzuordnen.

6.1 Erkenntnisstand

In Bezug auf die Beweggründe bzw. die (antizipierten) Nutzenaspekte der Unternehmen zeigt sich in unterschiedlichen Studien eine Ausrichtung auf multiple Ziele (z.B. Maaß & Clemens, 2002), welche mit dem gemeinnützigen Engagement verbunden werden. Wäh-

---

[1]   Dies entspricht einer klaren Qualitätssteigerung gegenüber einer ähnlichen Studie, die von der ETH Zürich in Zusammenarbeit mit der Schweizerischen Gemeinnützigen Gesellschaft im Jahr 2000 durchgeführt wurde (s. Ammann, Bachmann und Schaller, 2004). Seinerzeit war jedoch die Qualität der Stichprobe mit knapp 650 teilnehmenden Firmen eher ungenügend.

rend Basil et al. (2009) für Kanada und Herzig (2006) für Großunternehmen in Deutschland einen Fokus auf unternehmensbezogene Nutzenaspekte (Mitarbeitermotivation, Image, Reputation etc.) nachweisen können, zeigen die Daten einer deutschlandweiten Untersuchung von Braun & Kukuk (2007) sowie die Ergebnisse einer australischen Studie (Zappalà & Cronin, 2003) eine stärkere Fokussierung auf gemeinnützige Nutzenaspekte. Dieser Unterschied relativiert sich allerdings, wenn die Größe der Unternehmen berücksichtigt wird, d.h. mit der Größe der Unternehmen nehmen tendenziell auch die unternehmensbezogenen Nutzenerwartungen zu (Basil, Runte, Basil & Usher, 2011; Braun & Kukuk, 2007).

Die Relevanz von CV im Vergleich mit anderen Engagementformen liegt in allen Studien hinter dem klassischen „Corporate Giving" (Geld- und Sachspenden) zurück. Wie die gesamte Engagementrate ist auch diejenige von CV recht hoch (meist über 50% der befragten Unternehmen haben CV-Aktivitäten), allerdings ist diese differenziert bzgl. der Unterstützungsart zu betrachten. Während die Mehrheit der Firmen bereits bestehende Engagements der Mitarbeitenden unterstützen (durch Zeitguthaben etwa, oder durch eine flexible Arbeitszeitregelung), ist die Anzahl derjenigen Unternehmen, welche CV selbst gestalten, meist sehr viel geringer (Basil et al., 2009; Braun & Kukuk, 2007).

Betrachtet man das Management, d.h. die strategische und strukturelle Einbettung des gemeinnützigen Engagements, dann zeigt sich durchgehend eine geringe bis keine Implementierung der Aktivitäten auf der unternehmerischen bzw. organisationalen Ebene (es gibt bspw. keine offiziellen CV-Programme, keine Evaluation der Tätigkeiten, keine offiziellen CV-Koordinationsstellen etc.). Einzig in Nordamerika, so die Ergebnisse der Studien der Points of Light Foundation (2002) sowie von Veleva et al. (2007), scheint die Implementierung weiter vorangeschritten. Dass hierbei auch Größenunterschiede eine Rolle spielen, konnte von Basil et al. (2011) für Kanada nachgewiesen werden.

Entsprechend wird mehrheitlich „eine latente Beiläufigkeit des Themas" (Braun & Kukuk, 2007, S. 38) in den Betrieben festgestellt, d.h., dass gemeinnütziges Engagement und spezifisch CV aus einer passiv-reaktiven Handlungsorientierung gehandhabt werden.

6.2   Bürgerschaftliches Engagement — tradiert, autonom und leitungszentriert

Im Folgenden werden die Ergebnisse der im Sommer 2008 durchgeführten Online-Befragung von mehr als 2000 Betrieben dargestellt. Über 90% der Auskunftspersonen stammen aus der Gruppe der Klein- und Mittelunternehmen (KMU, bis 250 Mitarbeitende). Da auch die Branchenstruktur der Situation in der Schweiz sehr nahe kommt, kann von einer annähernd repräsentativen Datenlage gesprochen werden. In der Mehrzahl der Fälle (56%) waren die Teilnehmenden die Besitzer des jeweiligen Unternehmens. 22% waren CEO, 14% waren Angestellte in führenden Positionen und 4% stammten aus dem Bereich Humanressource Management. Der Rest der Teilnehmenden (rund 4%) war in „anderen" Unternehmensbereichen tätig.

Die Ergebnisse der Studie werden entlang der folgenden Themenschwerpunkte darge-stellt: Zum einen hinsichtlich des Ausmaßes, der Form sowie der Bereiche des Engage-ments. Zum anderen werden die Beweggründe sowie die internen und externen Rahmen-bedingungen aufgeführt. CV bzw. dessen Ausgestaltung wird mittels eigener Fragen dar-gestellt, wobei auch hier das Ausmaß sowie die Einbettung des Konzeptes in den Betrieben differenziert werden. Schließlich werden die Resultate nach der Unternehmensgröße und der sprachregionalen Zugehörigkeit unterschieden, da hier, gestützt durch Thesen und Erkenntnisse aus der Literatur (Lenssen & Vorobey, 2005), wichtige Unterschiede zu er-warten sind.

6.2.1 Ausmaß, Formen und Bereiche

Von den über 2000 Unternehmen, welche an der Befragung teilgenommen haben, gaben 76% an, sich schon einmal gemeinnützig engagiert zu haben.

Abbildung 6.1 Engagementformen

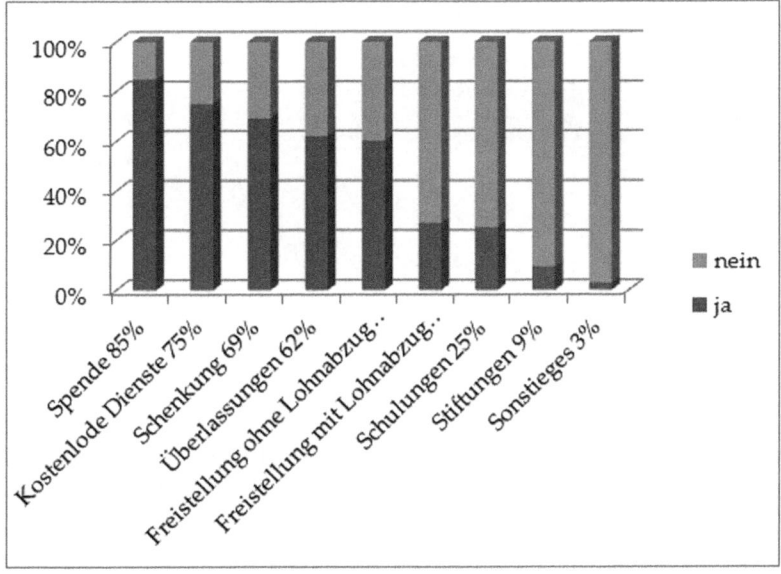

Gemeinnütziges Engagement geschieht in der Regel in einer klassischen Form (**Abbildung 6.1**), wie z.B. über Spenden (85%) oder Firmengeschenke (69%). Aber auch die Freistellung von Mitarbeitenden ohne Lohnabzug für gemeinnützige Zwecke erfreut sich großer Be-liebtheit. Nur wenige Freistellungen haben Folgen in Hinblick auf einen Lohnabzug.

Vom unternehmerischen Engagement profitieren die Bereiche Sport (71%), Kultur (59%) und Bildungswesen (53%) am stärksten. Erst mit einigem Abstand folgt das Sozialwesen (38%).

6.2.2   Motive des Engagements und dessen innerbetriebliche Ausgestaltung

Bei den Beweggründen (**Abbildung 6.2**) für das Engagement zeigten sich zwei Hauptmotive: das Engagement ist Teil der gesellschaftlichen Verantwortung von Unternehmen (72%) sowie ein persönliches Anliegen der Entscheidungsträger (71%). An dritter Stelle wurde das Image mit 49% genannt. Ebenfalls als eher betriebswirtschaftlich orientierte Beweggründe wurden die Standortbeziehung sowie das Betriebsklima als Motive für das Engagement angegeben. Rekrutierungsvorteile sowie die Steigerung des Gewinns spielten mit weniger als zehn Prozent eine eher untergeordnete Rolle.

Abbildung 6.2   Beweggründe für gemeinnütziges Engagement

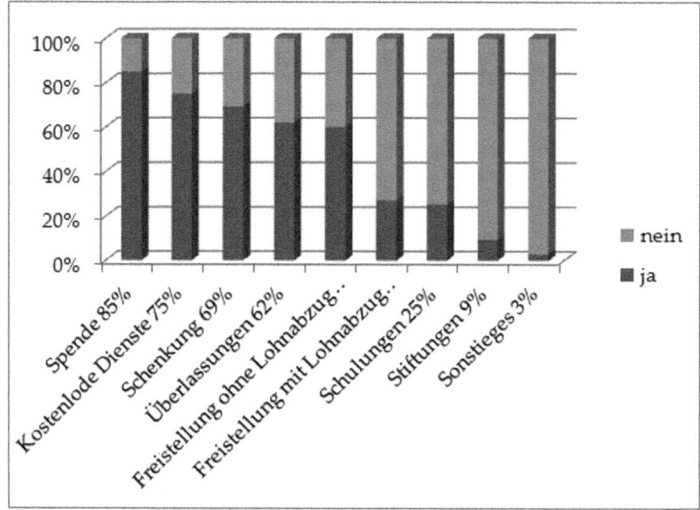

In Kontrast zu den betriebswirtschaftlichen Zielen standen die für eine strategische Nutzung des Engagements wichtigen Indikatoren der Evaluation und der Kommunikation:

So gab nur gerade ein Fünftel der befragten Firmen an, dass sie das Engagement evaluieren. Ein ähnliches Bild zeigte sich bei der Kommunikation, welche für eine Bekanntmachung des Engagements eine wichtige Rolle hätte. Mit 75% gaben signifikant mehr Unternehmen an, dass sie keine externe Kommunikation betreiben. Die interne Kommunikation des Engagements wird signifikant mehr gepflegt als die externe, jedoch wird auch diese noch von einer Minderheit umgesetzt (56,8% intern; 43,2% extern).

Hinsichtlich der Relevanz und der Nachhaltigkeit des Engagements zeigte sich folgendes Bild: Die Relevanz des gemeinnützigen Engagements hat in den vergangenen drei Jahren stagniert (69%). 18% der Befragten nahmen eine Zunahme der Relevanz wahr, lediglich 6% stellten eine Abnahme fest. Diese Einschätzung veränderte sich auch in Bezug auf die künftige Relevanz des Engagements nicht: Die Mehrheit sieht auch dort eine gleichbleibende Relevanz des Themas (70%).

Wer einen Wandel antizipierte, sieht diesen mehrheitlich in einer Zunahme der Relevanz, als dass diese abnehmen würde (19% zunehmend; 4% abnehmend). Auf die Frage nach der Nachhaltigkeit des Engagements (Mehrfachnennung möglich) wurde wie folgt geantwortet: Engagementpläne für die Zukunft existieren, jedoch zeigte sich bei der Fortführungsbereitschaft mit 45% (proaktiv, d.h. aufgrund eigener Initiative), 33% (reaktiv, d.h. aufgrund äußerer Erwartungen) und 43% (situativer Entscheid) kein klares Bild.

6.2.3 Gesellschaftliche Einbettung des Engagements

Hindernisse für ein Engagement wurden kaum gesehen. Unterscheidet man jedoch die erfragten Hindernisse zwischen engagierten und nicht engagierten Betrieben, dann sahen die Letzteren einen Mangel an Erfahrung und Nutzen. Engagierte Unternehmen nahmen eine mangelnde Unterstützung vom Staat und der Öffentlichkeit wahr.

Gefragt nach Unterstützungsbedürfnissen, gab gut die Hälfte der sich engagierenden Betriebe (52%) an, dass sie keine Unterstützung benötigten. Nicht engagierte Unternehmen äußerten Bedarf an Beratungsleistungen, bei den engagierten Betrieben wäre finanzielle Unterstützung willkommen. Als zusätzliche Unterstützungsmöglichkeit wurde der Erfahrungsaustausch genannt, welcher vermehrt von engagierten als von nicht engagierten Betrieben gewählt wurde.

Gut 60% der Befragten gaben an, dass sie andere engagierte Unternehmen kennen, womit das Wissen um die Verbreitung unternehmerischen Engagements gut verankert ist. Diese Aussage wird jedoch relativiert, wenn man die engagierten mit nicht engagierten Unternehmen vergleicht. Engagierte Betriebe (72%) kennen deutlich mehr andere aktive Unternehmen, als dies bei nicht engagierten Betrieben (24%) der Fall ist.

Am meisten Anerkennung für ihren freiwilligen gemeinnützigen Einsatz erhalten die Unternehmen von Mitarbeitenden, Kunden und Verbänden, am wenigsten vom Staat.

6.2.4 Bekanntheit und Gestaltung von CV

Da CV als Begriff in der Akquisephase des Projektes CorVo.ch als wenig bekannt eingeschätzt werden musste, wurde die Frage nach der Bekanntheit des Begriffs „Corporate Volunteering" getrennt von der eigentlichen Aktivität gestellt. Mit 17% Ja- gegen 83% Nein-Antworten wurde die Frage nach der Bekanntheit des Begriffs klar beantwortet.

War der Begriff bekannt, dann kannte man mehrheitlich auch dessen Inhalt (67% vs. 33%). Im Rahmen von Fragen, welche die aktuelle Ausgestaltung von CV thematisierten, wurden die Teilnehmenden als Erstes danach gefragt, ob ihr Betrieb bereits CV-Aktivitäten durchgeführt hat (Filterfrage)[2]. Auch wenn der Unterschied nicht beträchtlich ist, wurde die Frage signifikant mehr verneint, als dass sie bejaht werden konnte (48% verneint; 43% bejaht). Knapp ein Zehntel (9%) konnte keine Aussage machen bzw. ließ die Frage aus.

Die Frage nach dem Anstoß sowie diejenige nach der inhaltlichen Gestaltung des Engagements (Mehrfachnennung möglich) wurde wie folgt beantwortet: Mehrheitlich wird das Engagement von der Unternehmensleitung angestoßen, danach folgen die Mitarbeitenden und erst am Schluss die Öffentlichkeit (NPO, Politik, Kunden etc.) (62% Leitung; 44% Mitarbeitende; 26% Öffentlichkeit). Auch die inhaltliche Gestaltung (Mehrfachnennung möglich) wird mehrheitlich „top-down" geregelt. Dennoch sind auch die Mitarbeitenden aktiv und haben größeren Einfluss als andere Stakeholder (z.B. NPO, Politik oder Kunden) (68% Leitung; 45% Mitarbeitende; 6% Stakeholder).

6.2.5   Sprachregionale Unterschiede

Bei den sprachregionalen Unterschieden (**Abbildung 6.3**) zeigte sich eine deutliche Differenz im gemeinnützigen Engagement der Unternehmen. Als aktivste Sprachregion setzte sich die Deutschschweiz von der französich- und italienischsprachigen Schweiz ab.

Abbildung 6.3   Engagementrate für die drei Schweizer Sprachregionen

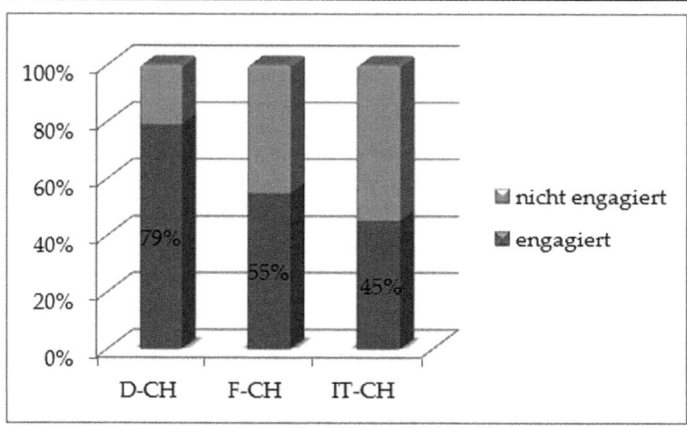

In der deutschsprachigen Schweiz legen unterschiedliche Anhaltspunkte den Schluss nahe, dass das Engagement in idealistischer wie auch in instrumenteller Hinsicht aktiver gestal-

---

[2]   Die Antwort bezog sich auch auf drei Beispieleinsätze. Dies war wichtig, da bekannt war, dass der Begriff CV nicht weit verbreitet ist. CV-Aktivitäten hingegen schon. Hierbei wurde auf CV-Formen fokussiert, welche CV im engeren Sinne umschreiben, d.h. CV, bei dem das Unternehmen zum gemeinnützigen Engagement aufruft (z.B. Aktionstage).

tet bzw. genutzt wird. So wurden beispielsweise in der regionalen Verankerung (32% D; 12% F; 12% IT) sowie im persönlichen Anliegen (80% D; 54% F; 53% IT) signifikant stärkere Beweggründe gesehen, als dies in den anderen Regionen der Fall ist. Dies wird sich in Zukunft nicht verringern, sondern eher noch steigern (für die nächsten drei Jahre wird eine Zunahme prognostiziert; 21% D; 7% F). Aktives Engagement spiegelt sich vor allem im Bestreben, sich in die Region einzubringen. Diese Ausrichtung wird unterstützt durch aktives Wissen um andere engagierte Unternehmen sowie dem Bestreben nach mehr Erfahrungsaustausch und eine grundsätzliche Offenheit gegenüber Unterstützung, wobei auch hier die Handlungsautonomie gewahrt wird. Diese positive Einschätzung ist auch in Bezug auf CV zu erkennen, welches in der deutschsprachigen Schweiz bekannter ist und mehr praktiziert wird als in den anderen Sprachregionen. Hier ist auch der Begriff (auf tiefem Niveau) bekannter, als dies in der französischen Schweiz der Fall ist (18% D; 10% F), auch kennt man dort vermehrt CV-Aktivitäten (44% D; 29% F).

6.2.6   Unternehmensgröße

Allgemein zeigte sich kein beträchtlicher Unterschied zwischen Groß- (über 1000 Mitarbeiter) und Klein- und Mittelunternehmen im Rahmen des freiwilligen Engagements (**Abbildung 6.4**). Trotzdem lässt sich ein konsistentes Muster hinsichtlich einer Zuspitzung von Merkmalsausprägungen bei Großunternehmen zeigen.

Abbildung 6.4   Strategische Umsetzung des Engagements nach Größe

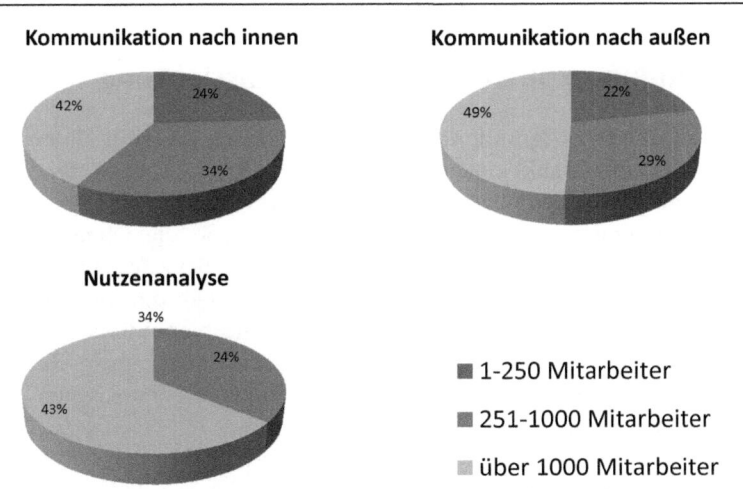

Unternehmen mit einer Mitarbeiterzahl über 1000 (und teilweise Großunternehmen mit mehr als 250 Beschäftigten) sind vermehrt in gemeinnützigen Aktivitäten involviert und drücken dies über eine stärker instrumentelle und proaktive Haltung aus. Großfirmen (>250) sind gegenüber KMU stärker motiviert durch positive Effekte des Engagements auf das Image (67% vs. 48%), die Mitarbeitermotivation (54% vs 26%) sowie bezogen auf Rekrutierungsvorteile (22% vs. 6%).

Diese Haltung zeigte sich auch in einer aktiveren Kommunikation nach außen. So erwarten Vertreter von Betrieben mit über 1000 Mitarbeitenden eine stärkere Zunahme der Relevanz für die nächsten drei Jahre als die KMU (33% vs. 19%) und zeigten erhöhtes Interesse an Beratung und Wissensaustausch in diesem Bereich. Das Konzept CV ist diesen Betrieben ein Begriff (43% vs. 16%), sie betreiben es aktiver als KMU (65% vs. 41%) und stoßen dieses stärker von der Unternehmensleitung her an (79% vs. 61%).

Bei KMU fällt hingegen auf, dass das Engagement relativ wenig kommuniziert wird, wobei sich dies vor allem auf die interne Kommunikation bezieht. Unterstützung wurde im Gegensatz zu den Großfirmen in Form von finanzieller Hilfe gewünscht. Zwar lässt sich eine idealistische Ausrichtung des Engagements gegenüber den Großunternehmen nicht signifikant bestätigen, jedoch ist der Fokus auf die „soziale Verantwortung" und das „persönliche Anliegen des Entscheidungsträgers" (gerade im Vergleich zum Image) deutlich.

6.3   Strategische Philanthropie, Win-Win oder …?

Einer der Hauptbeweggründe zu dieser Befragung war die Annäherung an die Frage, mit welcher Haltung Unternehmen in der Schweiz ihr gemeinnütziges Engagement ausgestalten und leben. Folgende Merkmale lassen sich aus den Daten zusammenfügen.

6.3.1   Keine explizit strategische Ausrichtung

Im Hinblick auf die Beweggründe legen die vorliegenden Daten die Interpretation nahe, dass diese keinem monofunktionalen Muster folgen. D.h. sie sind weder nur gemeinnützig noch ausschließlich eigennutzenorientiert (s. auch Wehner & Gentile, 2007 bzgl. sozialer Handlungsorientierungen von KMU-Vertretern sowie die Dimensionsanalyse von Lorenz & Cho, in diesem Buch). Allerdings ist eine Tendenz festzustellen, welche eine stärkere Ausrichtung des Engagements an einer impliziten, d.h. tradierten Handlungsorientierung nahelegt. Nutzen für das Unternehmen wird hier indirekt über ein nachhaltiges Engagement erreicht und legitimiert sich stärker über einen gemeinschaftlichen Beitrag als über eine reine Tauschbeziehung, welche sich in einer „strategischen Philanthropie" (Porter & Kramer, 2002) ausdrückt.

Zu dieser Lesart passen auch die Ergebnisse, dass gemeinnütziges Engagement zwar weit verbreitet ist, jedoch nur sehr begrenzt strategisch, im Sinne von markt- und zielorientierten Überlegungen, manageriell ausgestaltet wird (Stichwort: fehlende Evaluation und Kommunikation). Der Fokus liegt stärker auf der nachhaltigen Leistung des Engagements, wobei eine zu starke Explizierung bzw. Vermarktung nach außen wie auch nach innen (ob bewusst oder unbewusst, muss hier offen bleiben) vermieden wird. Hierzu passt auch der kaum nachgefragte Unterstützungsbedarf. Wenn Know-how-Austausch gesucht wird, dann am wahrscheinlichsten über direkten Austausch mit Gleichgesinnten und nicht etwa über externe Anbieter, wie z.B. Beratungsdienstleistungen. Wichtig für den Austausch ist dann jedoch, dass man entsprechende Anlaufstellen kennt, was aktiven Unternehmen leichter fällt als bislang inaktiven Betrieben.

6.3.2   Risiko- und traditionsbewusste Unternehmen

Diese stärker implizite Ausgestaltung des Engagements kann, Braun und Kukuk (2007) folgend, als Ausdruck mangelnder Akzeptanz bzgl. des Engagements in der Gesellschaft gelesen werden. Unter der Berücksichtigung der vorliegenden Ergebnisse zur nachhaltigen Verankerung des Engagements und dessen Krisenresistenz (Lorenz & Wehner, 2010) scheint sich dieser Mangel an Akzeptanz im Rahmen der vorliegenden Studie stärker auf die Form der Darstellung des Engagements als strategisches Instrumentarium zu beziehen als auf dessen grundsätzliche Erwünschtheit. Bekräftigt wird diese Deutung der Ergebnisse zum einen in der berichteten Unterstützung durch Kunden, Mitarbeitende und Verbände und zum anderen in einer gleichbleibenden Relevanz des Engagements. Differenziert wird das Bild schließlich durch den Befund, dass Unternehmen, welche andere Betriebe kennen, signifikant mehr engagiert sind als solche Betriebe, welche keine aktiven institutionellen Bürger kennen (Spescha, 2010). Dies eröffnet neben der Traditionsthese auch die Möglichkeit einer Beeinflussung der Unternehmen über reziprok erzeugten sozialen Druck, welcher als Ausdruck der Erwartungshaltung der Gesellschaft gesehen werden kann (Tempel & Walgenbach, 2007; Scott & Davis, 2007). Branchenspezifische Engagementmuster, wie dies z.B. für die in der Öffentlichkeit kritisch beäugte Finanzbranche (s. Furrer, Weiss & Seidler, 2006 im Swiss CSR Monitor) im Rahmen dieser Studie der Fall ist, geben dieser These weitere Plausibilität. Insofern wäre künftig auch zu klären, ob sich das Engagement auf den sozialen Druck der zunehmend kritischen Öffentlichkeit, auf tradierte Werte oder eine Mischung von Einflussfaktoren zurückführen lässt[3].

Betrachtet man die Befunde schließlich vor dem Hintergrund der Legitimationsfrage bzw. deren Management (z.B. Suchman, 1995 oder Palazzo & Scherer, 2006), so orientieren sich die Betriebe stärker an einem tradierten Werten folgenden, impliziten Legitimationsmanagement, welches sensibel gegenüber aktuellen Herausforderungen bzw. Risiken und deren (pro-)aktivem Management ist. Hierzu passt auch die Unterscheidung zwischen explizitem und implizitem CSR von Matten und Moon (2008), was die unterschiedlichen institutionellen Voraussetzungen zwischen Unternehmen im angelsächsischen (explizites CSR) und dem europäischen (implizites CSR) Kulturraum begrifflich fassen soll.

---

[3]   Dies ist jedoch nicht gleichbedeutend mit einer zwingenden Professionalisierung des Feldes, auch wenn dies von Arbeiten, welche aus der Perspektive des Neo-Institutionalismus (Scott & Davis, 2007) argumentieren, gelegentlich als gegeben vorausgesetzt wird (Schäfer, 2009).

6.3.3 Unternehmen als autonome Bürger

Auch wenn das gemeinnützige Engagement der Unternehmen nach wie vor über die klassischen Engagementformen wie Spenden, Schenkungen oder Sachleistungen erfolgt, ist die Anwendung von CV weiter vorangeschritten, als die Bekanntheit des Konzeptes es erwarten lässt. Wie beim allgemeinen Engagement weist auch dieses auf eine gelebte Engagementtradition hin, welche bzgl. CV nur geringfügig mit dem angelsächsischen Konzept und dessen strategischer Nutzung in Verbindung gebracht wird.

Interessant ist in diesem Zusammenhang die relativ weitverbreitete Möglichkeit zur Partizipation, d.h. die Mitsprachemöglichkeit der Mitarbeitenden bei der Initiative und Gestaltung von CV. Dies ist vor dem Hintergrund eines integrativen Verständnisses unternehmerischen Handelns erfreulich. Allerdings bleibt offen, inwiefern sich diese partizipative Haltung an einer diskursiven Grundhaltung der Entscheidungsfindung orientiert (s. Lorenz & Gentile bzw. Gentile & Lorenz, in diesem Buch). In Bezug auf weitere Stakeholder sind die Daten klarer, da weitere Anspruchsgruppen entweder nicht oder nur sehr selten in die Ausgestaltung von CV-Maßnahmen involviert sind. CV stellt sich hier als unternehmenszentrierte Aktivität dar, was in Bezug auf die Mitarbeitenden und deren Beteiligungsmöglichkeit keine Einschränkung darstellt. Allerdings ist der Befund vor dem Hintergrund eines verstärkt geforderten Stakeholder-Dialoges (Palazzo & Scherer, 2006; Campbell, 2006; Calton & Payne, 2003) zwischen unterschiedlichen gesellschaftlichen Akteuren (z.B. NPO) eher kritisch zu sehen. Der Fokus bei CV-Aktivitäten soll gerade auf den Partnerschaften zwischen unterschiedlichen Gesellschaftsbereichen und den damit verbundenen Lernmöglichkeiten, auch im Sinne des *Win-Win*, liegen (s. Samuel, Gentile, Lorenz & Pries, in diesem Buch). Ein breiter, über die Unternehmensgrenzen hinausreichender Einbezug des Unternehmens in die Legitimationsdebatte kann aufgrund der Ergebnisse nicht festgestellt werden.

6.3.4 Größe differenziert ...

Etwas pointierter und hinsichtlich der strategischen Nutzung stärker auf instrumentelle Aspekte fokussiert, zeigt sich das Bild im Größenvergleich. Gerade was die gesteigerte Aktivität im Bereich des gemeinnützigen Engagements sowie die proaktive Haltung anbelangt, scheinen Betriebe mit mehr als 1000 Mitarbeitenden verstärkt auf eine erhöhte Sichtbarkeit und Aufmerksamkeit in der Öffentlichkeit zu reagieren, welche sie versuchen aktiv (mit) zu gestalten. KMU hingegen zeigen eine geringere Aktivitätsrate. Die pro-aktive Gestaltung der sozialen Verantwortung im Rahmen gemeinnützigen Engagements sowie deren strategisch-managerielle Steuerung und Verwaltung spielen hier keine zentrale Rolle. Hingegen legen die Befunde die Vermutung nahe, dass sich KMU stärker an idealistischen und persönlichen Motiven orientieren (Murillo & Lozano, 2006; Vyakarnam, Bailey, Myers & Burnett, 1997). Schließlich ist festzuhalten, dass die fehlende Evaluation der Aktivitäten bei den KMU weniger überrascht, bei den Großbetrieben und deren proaktive Ausrichtung jedoch umso mehr.

6.4   Fazit

Fasst man das sich hier abzeichnende Bild unternehmerischen Engagements abschließend zusammen, können Unternehmen mit folgenden Merkmalen attribuiert werden:

- autonom handelnde Bürger

- multiplen, vorzugsweise gemeinschaftsbezogenen und impliziten, d.h. tradierten Werten folgend

- leitungszentrierte Handlungsorientierung mit Einbezug interner Stakeholder

- selten explizit strategische Ausrichtung im Engagement

- stetige, im Engagementaufkommen relativ konstante und in der Haltung (proaktiv, reaktiv oder passiv) noch sehr heterogene Fortführungsbereitschaft

- krisenresistent und risikobewusst

Vor diesem Hintergrund scheint es noch verfrüht, von einer Professionalisierung des Feldes zu sprechen bzw. diese zu fordern (Schäfer, 2009). Vielmehr gilt es dessen weitere Entwicklung mit gegebener Sensibilität für kulturelle und größenspezifische Unterschiede zu beobachten und hinsichtlich der Nutzung für gesellschaftliche Anliegen kritisch zu prüfen. Insofern muss derzeit auch die Frage nach der strategisch-philanthropischen Ausrichtung des Engagements bzw. die Erreichung des Win-Win noch verneint werden, ohne dies jedoch für die Zukunft kategorisch auszuschließen.

Wie anhand der Studienergebnisse der NPO-Befragung (s. Samuel, Schilling & Wehner, in diesem Buch) sowie dem Vergleich der beiden Studien (s. Lorenz & Spescha, in diesem Buch) zu sehen sein wird, stehen die institutionellen Akteure erst am Beginn einer intensiveren und damit auch strategisch abgestützten intersektoralen Partnerschaft.

7 Dimensionsanalyse der CV-Beweggründe

Christian Lorenz, Angela Cho

7.1 Motivationale Orientierungen und unternehmerisches Engagement

Untersuchungen gemeinnützigen unternehmerischen Engagements weisen auf eine fehlende Übereinstimmung zwischen den damit verbundenen und teils hohen und spezifischen Nutzenerwartungen einerseits und der Einbindung in die Firmenstrategie andererseits hin (Zappalà, 2004; Brønn & Vidaver-Cohen, 2009; Lorenz & Wehner, 2010). Gerade angesichts der vielen möglichen Formen von Corporate-Citizenship(CC)-Praktiken (wie bspw. Corporate Volunteering, aber auch Spendenwesen u.a.) ist die vorgängige Sinn- und Zielklärung der gemeinnützigen Aktivitäten als Determinante der konkreten Ausgestaltung des Engagements notwendige Voraussetzung für die Nutzbarmachung seiner Potenziale (u.a. Lorenz & Wehner, 2010).

Auskunftspersonen von 1642 schweizerischen Unternehmen gaben in der Kurzbefragung zum CC (s. Gentile & Lorenz, in diesem Buch) die Beweggründe für das gemeinnützige Engagement ihrer Firmen an. Die Ergebnisse zeigen: Persönliches Anliegen der Entscheidungsträger und das Bewusstsein, als Unternehmen eine soziale Verantwortung gegenüber der Gesellschaft zu haben, motivieren am meisten, gefolgt von erwarteten positiven Effekten auf die Firmenreputation.

Offenbar gibt es nicht den einen Beweggrund für unternehmerische Gemeinnützigkeit, sondern die Entscheidungsträger nehmen verschiedene motivationale Orientierungen hinter ihrem Engagement wahr. Zwischen diesen (in unserer Studie insgesamt elf Beweggründen) unterscheiden sich dabei die semantischen Nähen offensichtlich: Das persönliche Anliegen oder die Wahrnehmung der eigenen sozialen Verantwortung in ihrer eher intrinsischen Orientierung weisen größere Ähnlichkeit zueinander auf als bspw. zur Absatzförderung oder der Reputationspflege. Die beiden letzteren ähneln sich wiederum augenscheinlich, indem sie einen Bezug zum erzielenden Eigennutzen besitzen. Daher liegt es nahe, die beteiligten Beweggründe zu „Familien" oder „Clustern" zusammenzufassen. Wenn unternehmerisches gemeinnütziges Engagement durch einige, präzise zu beschreibende Beweggründe bestimmt wird, ist es möglich, aus der Vielzahl der potenziellen Engagementformen (Spenden, Stiftungen, öffentlichkeitswirksame Mitarbeitereinsätze, nachhaltiges Community-Involvement, usw.) diejenigen auszuwählen, die die Erwartungen des Unternehmens am ehesten erfüllen werden. Dazu ist es in einem ersten – hier zu beschreibenden – Schritt notwendig, a) die vielfältigen Beweggründe in Faktoren zusammenzufassen (*Ziel 1*) und b) deren relative Bedeutung zu messen (*Ziel 2*).

Bevor wir das methodische Vorgehen der dimensionalen Reduktion beschreiben, skizzieren wir im Folgenden Evidenzen aus der Literatur, die mögliche grundlegende motivationale Orientierungen sowie deren relationale Ausprägungen nahelegt. Rein am Ergebnis interessierte Leserinnen und Leser mögen gleich zum Kapitel 7.3 fortschreiten.

7.2   Erkenntnisstand

Zunächst ist zu klären, welche Potenziale die Entscheidungsträger in den Unternehmen mit CC verbinden. Dieser Frage haben wir uns im Vorherigen gewidmet und verschiedene Forschungsgruppen haben sich außerhalb der Schweiz dieser Frage angenommen (z.B. für Deutschland Maaß & Clemens, 2004; Braun & Kukuk, 2007; Hahn & Scheermesser, 2006; für den angloamerikanischen Raum Rochlin et al., 2005). Graafland und van de Ven (2006) fordern dazu auf, die meist landesspezifischen Untersuchungen zusammenzutragen, um ein nationenübergreifendes Bild der motivationalen CC-Orientierungen entwickeln zu können. Unsere Studie eignet sich dazu gut, weil sich die Auswahl der von den Auskunftspersonen zu bewertenden Beweggründe eng an den deutschen und US-amerikanischen Studien orientierte. Diese weisen untereinander hohe Ähnlichkeiten auf, weil bisher in Abwesenheit validierter Instrumente i. d. R. die Fragen veröffentlichter Arbeiten in die eigenen Studien aufgenommen wurden und die Zustimmungsraten zu diesen Einzelitems berichtet wurden. Die Vergleichbarkeit unterschiedlicher Studien erhöht sich zudem, wenn es gelingt, die verwendeten Items in wenigen Dimensionen abzubilden.

Eine einfache, aber unserer Meinung nach zu kurz greifende Differenzierung in zwei motivationale Grundorientierungen bieten Graafland und van de Ven (2006) an, indem sie moralisch (intrinsisch) von strategisch (extrinsisch) motivierten CC-Aktivitäten unterscheiden. Die moralische Motivation ist hierbei stärker als die strategischen Beweggründe mit dem absoluten Ausmaß an CC-Aktivitäten korreliert. Eine analoge Entwicklung ist auch in der individuenzentrierten Motivationsforschung zu finden. Clary und Snyder (1999) berichten, dass „Volunteers" moralisch/intrinsische Beweggründe wie z.B. Freiwilligenarbeit als ein Ausdruck einer humanitären Einstellung als bedeutender erachten als strategisch/extrinsische Gründe wie z.B. Freiwilligenarbeit zur Förderung der eigenen Karriere. Unterscheidet man verschiedene Engagementformen, scheinen speziell solche CC-Aktivitäten mit moralischer Motivation zu korrelieren, die eine langfristige strategische Komponente besitzen: Bspw. CC-Aktivitäten, die der Beziehungspflege zu den eigenen Mitarbeitenden dienen (z.B. Diversity-Management oder individuelle Weiterbildungsprogramme) oder der Einsatz von Instrumenten zur Institutionalisierung von CC-Handlungen (z.B. Leitbildformulierungen, Reporting-Maßnahmen). D.h. also, dass trotz der als intrinsisch beschriebenen Motivation Nutzenerwartungen nicht ausgeschlossen sind, wenn sie auch auf einem anderen Zeithorizont darzustellen sind.

Eine Unterstützung dieser Multifunktionalitätsthese von CC für die Schweiz liefert eine KMU-Studie unter 118 schweizerischen Unternehmen (Gentile & Wehner, 2007b; Weber, Ostendorp & Wehner, 2003). Bei Inhabern, Geschäftsführern und Managementverantwortlichen identifizierten die Autoren vier soziale Handlungsorientierungen – sie sind handlungsleitend, werteorientiert und auf soziale Gegenstände bezogen (**Tabelle 7.1**).

Tabelle 7.1 Empirisch geprüfte Formen „sozialer Handlungsorientierung" mit Beispielsatz

- *Egozentrisch-utilitaristische Handlungsorientierung (I)*: Kurzfristige Realisierung von Eigennutzen und Rentabilität; Instrumentalisierung des Engagements für die eigenen Interessen: *„Ich bin Geschäftsführer, von mir erwartet man gute Zahlen und nicht etwa gute Taten."*

- *Betriebswirtschaftlich geprägte Austauschorientierung (Ia)*: Mittelfristige Nutzenkalkulation; kooperatives Verhalten zur Aufrechterhaltung des nützlichen Engagements der Partner: *„Jemand, der als Fahrer von uns die Jugend in der Gemeinde trainiert, der verbessert vielleicht schon unsere Bilanz."*

- *Sozial geprägte Austauschorientierung (IIa)*: Langfristige Erträge (betriebswirtschaftliche und soziale) beiderseits; gegenseitige Unterstützung zur Zielerreichung: *„Das Soziale ist doch das, was unser Überleben ermöglicht; ich mein', ich sag' das auch als Unternehmer."*

- *Mutualistisch-prosoziale Handlungsorientierung (II)*: Langfristige und wertgeleitete Erträge; Nachhaltigkeit über das Engagement hinaus; keine direkte gegenseitige Aufrechenbarkeit erwartet: *„Unternehmertum ist immer auch Bürgertum."*

Für die hier interessierende Frage können zwei Kernergebnisse festgehalten werden: (1) Der Multifunktionalitätsthese folgend gilt es, von Handlungsorientierungsmustern, d.h. einer Kombination der genannten Formen, und weniger von einzelnen Handlungsorientierungen zu sprechen. (2) Hinsichtlich der Ausprägung dieser Muster zeigt sich bei knapp zwei Dritteln der Firmeninhaber eine stärker sozial geprägte Austauschorientierung (Typ IIa). Managementverantwortliche Akteure orientieren sich zu 74% an einer stärker betriebswirtschaftlichen Austauschbeziehung (Typ Ia). Der Annahme folgend, dass die genannten Funktionstypen mit der Unternehmensgröße variieren, lässt sich folgende These ableiten: Die Differenzen in der Funktionsausübung stehen im Zusammenhang mit Größenunterschieden (KMU stärker von Inhabern geleitet vs. Großunternehmen stärker von Management geleitet), was mit den deskriptiven Resultaten im Beitrag von Gentile und Lorzen in diesem Buch übereinstimmt. Inwiefern dies in der vorliegenden Dimensionsanalyse bestätigt werden kann, wird im Folgenden gezeigt.

Zusammengefasst: An gemeinnützigem Engagement durch Unternehmen sind mindestens zwei grundlegende motivationale Orientierungen beteiligt – Befragte unterscheiden, ob sie das Engagement moralisch begründen (s. auch Suchman, 1995) und mit einem Selbstzweck verbinden (z.B. es aus einem persönlichen Anliegen heraus unternehmen; i.e. intrinsische Motivation) oder Erwartungen an eigenen Nutzen, i.S. einer Wertsteigerung des Unternehmens, daran richten. Dieser wiederum kann früher eintreten und leichter zugänglich sein oder dem Unternehmen durch nachhaltige Wertschöpfung dienen. Zum ersten zählen die Erhöhung der Profitabilität, z.B. durch Absatzsteigerung, zum zweiten schwer berechenbare und sich langsam einstellende Effekte, wie Reputationspflege oder eine bessere Positionierung als sozial verantwortlicher Arbeitgeber im Wettbewerb um talentierte Bewerber. In diesem Sinne erwarten wir, dass sich die elf abgefragten Beweggründe der Unternehmensbefragung dimensional auf zwei oder drei Faktoren reduzieren lassen.

Erstes Ziel: Abbildung der motivationalen Orientierung zu unternehmerischem gemeinnützigen Engagement in wenigen Faktoren.

Im Sinne Burton und Goldbys (2009) sind die CC-Aktivitäten, die in der Kurzbefragung erfasst wurden, moralisch nicht obligat, sondern in ihrem Wesen „supererogatory", d.h. ihr Auslassen würde nicht als unmoralisch wahrgenommen. Im Umkehrschluss lässt dies eine andere motivationale Gemengelage hinter CC vermuten als hinter üblicheren – und somit eher einzufordernden – sozial verantwortlichen Aktivitäten (z.B. Einsatz von Diversity-Managementpraktiken, Prüfung der Wertschöpfungskette auf unethisch wirtschaftende Zulieferer o.ä.) wie sie bspw. von Hahn & Scheermesser (2006) untersucht wurden (s. auch Carroll, 1991). Die rein deskriptive Auswertung der Kurzbefragung ergibt einen Trend zur eher intrinsischen Motivation: Die Wahrnehmung der unternehmerischen Verantwortung (Zustimmungsrate von 69,6%) sowie das persönliche Anliegen der Entscheidungsträger (70,1%) scheinen dominante Motive zu sein, mit deutlichem Abstand gefolgt von der extrinsischen Motivation, die Unternehmensreputation zu pflegen (47,9%). Ergo vermuten wir höhere Zustimmungsraten zu intrinsischen als extrinsischen motivationalen Faktoren. Diese Erwartung legen auch die Befunde von Graafland und van de Ven (2006) und Clary und Snyder (1999) sowie konzeptionelle Überlegungen anderer Autoren, wie Slater und Dixon-Fowler (2009), Hemingway und Maclagan (2004), Darigan und Post (2009) oder Greening und Turban (2000), u.a.m. nahe. Dass kerngeschäftsrelevante Leistungsparameter maßgeblich durch gemeinnütziges Engagement zu beeinflussen sind, halten wir für unrealistisch (s. auch van der Voort, Glac & Meijs, 2009; Howard-Grenville & Hoffman, 2003). Analog zu Hahn und Scheermessers (2006) und Brønn und Vidaver-Cohens (2009) Studien erwarten wir höhere Zustimmungsraten zu Motivfaktoren, die sich als Ertragserwartungen auf einem längeren Zeithorizont charakterisieren lassen, denn zu Motivfaktoren, die sich aus kurzfristigen Nutzenerwartungen konstituieren.

Zweites Ziel: Prüfung des aus der Literatur ablesbaren Trends, dass intrinsische Motive für das Engagement bedeutsamer sind als länger- und kurzfristige Nutzenerwartungen.

7.3 Methodisches Vorgehen und Ergebnisse

In der Unternehmensbefragung indizierten die Teilnehmenden ihre Zustimmung oder Ablehnung zur Bedeutsamkeit von elf potenziellen Beweggründen ihrer CC-Praxis. Diese stammten aus einschlägigen Studien aus dem deutschsprachigen Raum (Maaß & Clemens, 2002; Braun & Kukuk, 2007) und finden Entsprechungen in den Erhebungen der „Points of Light Foundation" (Rochlin et al., 2005). In **Tabelle 7.2** sind die Items mit den Häufigkeiten der Zustimmung und Vierfelderkorrelationskoeffizienten dargestellt.

Tabelle 7.2   Beweggrunditems, Zustimmungsraten und Vierpunktekorrelationen

Beweggründe für CCI N = 1642	Zustim-mungs-rate	Vierpunktekorrelation									
		1.	2.	3.	4.	5.	6.	7.	8.	9.	10.
1. Persönliches Anliegen des Entscheidungsträgers	70,1%										
2. Tradition	35,4%	.161**									
3. Es ist Teil der gesellschaftlichen Verantwortung, die wir als Unternehmen tragen	69,6%	.208**	.146**								
4. Erwartungen von außen (z.B. Politik, Kunden etc.)	20,8%	.083**	.140**	.058*							
5. Vorteile bei der Personalrekrutierung und -entwicklung	7,2%	.017	.075**	.056*	.084**						
6. Erhöhung des Unternehmensimages	47,9%	.040	.139**	.190**	-.133**	.168**					
7. Förderung der Teamfähigkeit	21,6%	.051*	.045	.140**	-.032**	.221**	.150**				
8. Steigerung des Unternehmensgewinns	3,4%	-.009	.022	-.029	.077**	.130**	.129**	.114**			
9. Verbesserung der Standortbeziehungen	29,4%	.086**	.069**	.145**	.093**	.095**	.291**	.146**	.114**		
10. Erhöhung der Motivation und Zufriedenheit der Mitarbeitenden	28,3%	.044	.064**	.159**	-.045	.223**	.149**	.398**	.046	.097**	
11. Absatzförderung und Verbesserung der Kundenbeziehung	16,6%	.019	.009	.027	.130**	.085**	.229**	.045	.214**	.216**	.055*

Anmerkungen. p*< .05, p**< .01, wobei p für den Signifikanzwert steht.

Betrachtet man die signifikanten Korrelationen, so ist zu erkennen, dass die Beweggründe Vorteile bei der Personalrekrutierung, Förderung der Teamfähigkeit und Mitarbeitermotivation und -zufriedenheit im Vergleich zu den übrigen Werten ein Korrelationsmuster bilden. Ein ähnliches Muster in abgeschwächter Form ist mit den drei Beweggründen „Persönliches Anliegen", „Tradition" und „Übernahme gesellschaftlicher Verantwortung" zu erkennen. Auf den ersten Blick scheinen die Korrelationsmuster für eine dimensionale Reduktion der Faktoren zu sprechen. Dies wird mit einer Faktorenanalyse überprüft.

7.3.1   Dimensionale Reduzierung

Laut den gängigen Prüfkriterien (dem Kaiser-Meyer-Olkin-Kriterium mit .681 > .5 und dem Bartlett-Test mit χ^2 (55) = 1298.185, p < .001) erwiesen sich die beschriebenen Zusammenhänge als für eine Hauptkomponentenanalyse (HKA) geeignet (Field, 2009). Es wurde eine HKA für dichotome Variablen (Kubinger, 2003) berechnet. Die HKA ergab drei Komponenten, deren Eigenwerte das Kaiser-Kriterium von 1 überschreiten. Zusammen klären die drei Komponenten 63,6% der Varianz auf. Auf Basis der konventionellen Festlegung, dass Faktorladungen über .5 zu berücksichtigen sind (Backhaus, Erichson, Plinke & Weiber, 2008), kann jedes der elf Items genau einem Faktor zugeordnet werden. **Tabelle 7.3** weist die Varimax-rotierten Faktorladungen, den Anteil erklärter Varianz, die Eigenwerte sowie die mittlere Zustimmungsrate pro Hauptkomponente aus.

7.3.2   Hauptkomponenten

Das Muster der auf Hauptkomponente 1 ladenden Items zeigt, dass diese Beweggründe für CC repräsentiert, die mit betriebswirtschaftlichem Wachstum der Firma zu beschreiben sind. Dieses ist eher mittel- bis langfristig zu erreichen und hat einen regionalen Bezug zur Umgebung, in der das Unternehmen operiert. Es sind dies die Items: Förderung der Unternehmensreputation, Ausbau der Wirtschaftsbeziehungen am Standort, den Erwartungen externer Anspruchsgruppen gerecht werden, Absatzförderung und Gewinnsteigerungen. Im Folgenden nennen wir die Hauptkomponente *regional konzentrierte Geschäftsentwicklung.*

Die Items, die auf Hauptkomponente 2 laden, sind eng mit dem Bereich der Entwicklung von Humanressourcen verbunden – und zwar sowohl mit der Anziehung und Retention als auch mit der Personalentwicklung: Erhöhung der Motivation und Zufriedenheit der Mitarbeitenden, Förderung der Teamfähigkeit, Vorteile bei der Personalrekrutierung und -entwicklung. Daher benennen wir die Hauptkomponente *Human Resource Management.* Hauptkomponente 3 repräsentiert die auch aus anderen Studien bekannte, eher uneigennützige motivationale Orientierung zum CC, die durch die Selbstwahrnehmung als gesellschaftlicher Akteur charakterisiert ist. Wirtschaftliche Vorteile, die aus diesem Verhalten resultieren, sind im Sinne der Legitimität zum Wirtschaften nicht ausgeschlossen, stehen aber klar im Hintergrund. Somit nennen wir diese motivationale Orientierung *genuines Interesse an den Belangen der Gemeinschaft,* von der das Unternehmen ein Teil ist. Die Häufigkeitsverteilung der drei Hauptkomponenten ist naturgemäß den Ergebnissen aus dem vorherigen Kapitel ähnlich: Das aufrichtige Anliegen an den Belangen der Gemeinschaft ist der dominante Beweggrund für Firmen, sich im Rahmen von CC-Aktivitäten zu engagieren (76,8%), auf die Items der regional konzentrierten Geschäftsentwicklung entfallen 17,3% aller Zustimmungen und 5,9% aller Ja-Antworten entfallen auf Items der Komponenten Human Resource Management. Subgruppenanalysen ergeben, dass größere Unternehmen (ab 251 Mitarbeitende) häufiger angeben, durch positive Effekte auf die regionale Geschäftsentwicklung motiviert zu sein und seltener Items ankreuzen, die auf den Faktor genuines Interesse an Gemeinschaftsbelangen laden.

Tabelle 7.3 Ergebnisse der HKA: Faktorladungen der Items, Anteil erklärter Varianz, Eigenwerte und Zustimmungsrate pro Hauptkomponente

CC-Beweggründe	Faktor 1 Geschäfts- entwicklung (regional)	Faktor 2 Human Resource Management	Faktor 3 Gemeinschafts- belange
Unternehmensimage	.704		
Standortbeziehungen	.593		
Erwartungen von außen	.558		
Absatzförderung	.813		
Unternehmensgewinn	.873		
Motivation/Zufriedenheit		.872	
Teamfähigkeit		.861	
Personalrekrutierung/ -entwicklung		.641	
Teil unserer gesellschaftlichen Verantwortung			.707
Persönliches Anliegen			.664
Tradition			.743
Erklärte Varianz	33,9%	15,6%	14,1%
Eigenwerte	> 3,5	> 1,5	> 1,5
Zustimmungsraten			
Alle Engagierten	17,3%	5,9%	76,8%
Engagierte KMU (≤250)	16,6%	5,6%	77,8%
Engagierte Großfirmen (> 250)	25,0%	9,4%	65,6%

7.4   Fazit

Dem Ruf von Graafland und van de Ven (2006) folgend haben wir die Daten zu den Beweggründen hinter der schweizerischen CC-Praxis dimensional reanalysiert, um im ersten Schritt zu prüfen, ob sich die vielfältigen – in der Literatur wie auch in unserer Studie eingesetzten – Items zur Messung der motivationalen Orientierung in wenigen Faktoren zusammenfassen lassen. Die Resultate ergeben drei Hauptkomponenten, auf denen die verschiedenen Items je eindeutig laden. Diese sind 1. *Regional konzentrierte Geschäftsentwicklung*, 2. *Human Resource Management* und 3. *Genuines Interesse an Gemeinschaftsbelangen*. Im Vergleich zu den wenigen Forschungsarbeiten, die eine ähnliche Frage zu beantworten suchen, passen diese Faktoren gut ins Bild: Sowohl Hahn und Scheermesser (2006) als auch Brønn und Vidaver-Cohen (2009) präsentieren dimensionale Motiv-Analysen, die auf drei dem unternehmerischen gemeinnützigen Engagement zugrunde liegende Motiv-Faktoren hindeuten. Neben einer *intrinsischen motivationalen Dimension* werden jeweils strategische *Ertragserwartungen auf einem längeren Zeithorizont* und einem *kürzeren Zeithorizont* als motivational bedeutsam gezeigt. Die einfache Dichotomisierung in moralisch-intrinsisch und strategisch-extrinsisch motiviertes CC (Graafland & van de Ven, 2006) hat weder in diesen noch in unserer Studie Bestand. Es ist bemerkenswert, dass sich die entwickelten Terminologien transdisziplinär ähneln – Hahn und Scheermesser (2006) untersuchen Motive nachhaltiger Unternehmensführung und kommen zu ähnlichen Ergebnissen und Begriffen, wie sie Brønn und Vidaver-Cohen (2009) aus einem organisationssoziologischen Legitimitätsansatz heraus entwickeln.

Gemein ist allen Studien allerdings die Gewichtung der beteiligten Faktoren: Die Auskunftspersonen der jeweiligen Studien beschreiben intrinsische und weniger von Eigeninteresse bestimmte Beweggründe als ausschlaggebender für ihr gemeinnütziges Engagement. Selbst wenn der strategische Nutzen des gemeinnützigen Engagements gesehen wird, erwartet man den (Social) Return on Invest eher mittel- oder langfristig als kurzfristig. Hier lohnt sich ein Blick auf die erklärte Varianz der Faktoren, die aus unserer Untersuchung resultieren. Diese sagt zwar im Gegensatz zu den Zustimmungsraten nichts darüber aus, wie wichtig die einzelnen Beweggründe für die Auskunftspersonen waren. Der geringe Anteil an aufgeklärter Varianz im wichtigsten Faktor des genuinen Interesses an den Anliegen der Gemeinschaft weist aber darauf hin, dass sich mit diesem die allermeisten Auskunftspersonen gerne *schmücken*. Als alleinige motivationale Orientierung differenziert der Faktor daher die befragte Stichprobe nicht besonders gut. Strategische Nutzenerwartungen richten zwar viel weniger Auskunftspersonen an ihre CC-Praxis. Der größere Anteil erklärter Varianz zeigt aber, dass Personen dieser Gruppe konsistent in ihren Erwartungen sind. Die Subgruppenanalyse nach Unternehmensgrößen ergibt folgerichtig, dass dieses Merkmal recht grundlegende Unterschiede in den CC-Motiven sichtbar macht, indem Großunternehmen ihre gemeinnützigen Aktivitäten stärker vor dem Hintergrund des strategischen Nutzens betrachten. In diesem Sinne findet auch die eingangs aufgestellte These bezüglich der Größenunterschiede Unterstützung.

Im Vergleich zu den Studien, aus denen die Items zu den CC-Beweggründen stammen, sehen wir in der Schweiz grundsätzlich sehr ähnliche Ausprägungen. Insbesondere die hohen Zustimmungsraten zum persönlichen Anliegen, der Wahrnehmung der sozialen Verantwortung als Unternehmen und die zurückhaltenden Bestätigungen der Nutzenerwartungen im Personalbereich decken sich mit den Ergebnissen von Maaß und Clemens (2002), Braun und Kukuk (2007) und Rochlin et al. (2005). Bedeutend geringer scheint der Einfluss der Tradition auf gemeinnützige Praktiken in schweizerischen Unternehmen zu sein. Dies könnte evtl. daran liegen, dass das Konzept CC in der Schweiz nicht so bekannt ist wie beispielsweise im angelsächsischen Raum. Die US-amerikanische Studie unterscheidet sich noch einmal von diesen drei europäischen darin, dass die Förderung von regionalen Netzwerken, Gewinnzunahmen und Rekrutierungsvorteilen dort als motivational bedeutsamer berichtet werden.

8 Corporate Volunteering aus der Perspektive schweizerischer NPO

Olga Samuel, Axel Schilling, Theo Wehner

8.1 Einleitung

Auch sog. Wohlfahrtsstaaten haben in den letzten Jahren Subventionen für NPO[1] gekürzt, wobei zusätzlich die Einsätze von Freiwilligen stagnieren (Gmür, Helmig & Lichtsteiner, 2010). Zur Kompensation der Stagnation des Freiwilligenengagements einerseits und der zunehmenden Forderung der Gesellschaft an Unternehmen, sich verstärkt gemeinnützig zu engagieren, andererseits, bieten Kooperationen im Bereich Corporate Volunteering (CV) zwischen NPO und Unternehmen eine Lösung für beide Seiten. Dabei wird in der Literatur gern von einer Win-Win-Situation ausgegangen (Pries, 2009).

Im Rahmen des Forschungsprojektes CorVo.ch wurden u.a. zwei Studien durchgeführt, die CV-Kooperationen zwischen Wirtschaftsunternehmen (im Folgenden *Unternehmen*) und NPO primär aus der Perspektive der NPO erforschten. Das Ziel der Studien bestand darin, empirische Befunde über die Handhabung von CV in schweizerischen NPO zu erheben. Dabei interessierte hauptsächlich die Umsetzung von CV, also das „Wie" analog zu Austin (2000). In einem ersten Schritt wurde eine explorativ-qualitative Studie durchgeführt, um Erfahrungen, Erwartungen und Meinungen von NPO-Leitenden, die CV bereits jetzt aktiv umgesetzt haben, zu erheben. Es wurden insgesamt dreizehn Führungskräfte bzw. CV-Verantwortliche aus acht NPO befragt. Damit wurde die Basis für den zweiten Schritt in Form einer quantitativen Erhebung gelegt. In dieser zweiten Studie wurden die Zusammenarbeit von NPO mit Wirtschaftsunternehmen im Kontext von gemeinnützigem Engagement sowie die Erfahrungen von NPO erhoben, die CV aktiv umgesetzt haben.

In den folgenden Kapiteln werden – nach einer kurzen Literaturübersicht sowie einer Methodenbeschreibung und Resultaten der qualitativen Studie – Ergebnisse der oben erwähnten quantitativen Studie präsentiert.

---

[1] Non-Profit-Organisationen werden nach Salamon, Sokolowski und List (2004) als juristische Organisationen definiert, die nicht gewinnorientiert sind und ihren Profit in die Organisation reinvestieren und nicht an ihre Mitglieder ausbezahlen.

8.2   Kenntnisstand

Die Mehrheit der wissenschaftlichen Literatur zu CV fokussiert auf die Perspektive von Unternehmen (s. Bürgisser, 2003; De Gilder, Schuyt & Breedijk, 2005; Herzig, 2006; Jonker & de Witte, 2006). Austin (2000) untersuchte Kooperationen sowohl aus Sicht von Unternehmen als auch von NPO und analysierte, wie eine erfolgreiche Zusammenarbeit zustande kommen kann. Der Autor erarbeitete in diesem Kontext ein Modell mit unterschiedlich intensiven Stufen der Kooperation (s. auch Lorenz & Specha, in diesem Buch).

Demnach kann es zur integrativen und damit höchsten Stufe einer erfolgreichen Zusammenarbeit nur dann kommen, wenn CV bewusst als Kooperationsinstrument von allen Beteiligten wahrgenommen wird. Mehrere Studien gehen dann – ohne dass dies ausreichend geprüft, geschweige denn umfassend operationalisiert wurde – von einer für beide Seiten gewinnbringenden Konstellation aus (Pinter, 2006; Quirk, 1998; Tuffrey, 1998). Der Fokus dieser Studien liegt überwiegend auf der Unternehmensperspektive, während die Sicht der Individuen mehrheitlich ausgeblendet wird und auch die NPO-Sicht bisher eher unbeachtet blieb; eine Ausnahme stellt die Studie von Quirk (1998) dar.

Dort, wo Annahmen für Auswirkungen von CV auf die NPO gemacht werden (**Tabelle 8.1**), lassen sich eine Reihe von Vorteilen finden.

Tabelle 8.1   Übersicht vermuteter Vorteile von CV für Non-Profit-Organisationen

		NPO	Autoren
Vorteile	**Humanressourcen**	Einsatz im Sozial- oder Umweltbereich	Allen, 2003; Schubert et al., 2002; Quirk, 1998
	Wissenstransfer	Neue Expertise, Managementtechniken	Allen, 2003; Schubert et al., 2002; Quirk, 1998
	Beeinflussung des Unternehmens	Vermittlung von Werten und Visionen, Einfluss auf Verhalten des Unternehmens	Allen, 2003; Schubert et al., 2002; Quirk, 1998
	Kostenreduktion	Türöffner für weitere Unternehmensressourcen und finanzielle Unterstützung	Allen, 2003; Quirk, 1998

Durch den Einsatz der Corporate Volunteers entstehen für die NPO neue *Humanressourcen* in Form von Einsätzen im Sozial- oder Umweltbereich (Allen, 2003; Quirk, 1998; Schubert et al., 2002). Die Corporate Volunteers können der NPO einen Vorteil durch ihr Fachwissen, wie bspw. Managementinstrumente oder andere Expertisen, in Form eines *Wissenstransfers* bieten (Allen, 2003; Quirk, 1998; Schubert, et al., 2002).

Ein weiterer positiver Effekt wird im zunehmenden *Einfluss* von NPO auf ihre Partnerunternehmen durch CV vermutet: Die NPO hat durch den persönlichen Einsatz der Corporate Volunteers die Möglichkeit, ihre Werte und Visionen zu vermitteln, in der Hoffnung, dass die Corproate Voluteers dadurch für die Anliegen der NPO sensibilisiert werden und das Wissen in die Unternehmung hineintragen. Dadurch soll im optimalen Fall das Verhalten des Unternehmens positiv beeinflusst werden (Allen, 2003; Quirk, 1998; Schubert, et al., 2002).

CV kann auch die Funktion als *Türöffner* für weitere Engagements eines Unternehmens einnehmen. Dies kann bspw. neue Ressourcen für Projektsponsoring freigeben. Durch die Partnerschaft mit dem Unternehmen vergrößert sich zudem der *Aktionsradius* der NPO, bspw. durch die Internationalität eines Kooperationspartners (Allen, 2003; Quirk, 1998; Schubert, et al., 2002).

Eine Partnerschaft mit Unternehmen hat das Potenzial, die finanzielle Situation einer NPO zu verbessern: Einerseits durch die gratis geleistete Arbeit der Volunteers und andererseits durch mögliche weitere (finanzielle) Unterstützung durch das Partnerunternehmen. Weitere Effekte können Einsparungen von Rekrutierungskosten für Freiwillige sowie von Marketingausgaben sein (Allen, 2003; Quirk, 1998).

Obwohl die oben genannten Autoren von einer *Win-Win*-Situation ausgehen, beschreiben sie auch Nachteile für NPO, die sich an CV beteiligen (**Tabelle 8.2**): Eine Partnerschaft mit einem Unternehmen kann eine NPO in ein Abhängigkeitsverhältnis bringen, welches sich bspw. in finanziellen Belangen äußern kann. Auch Machtunterschiede zwischen NPO und Unternehmen werden wahrgenommen. Poncelet (2003) hat zu diesem Thema NPO aus dem ökologischen Bereich untersucht, die sich durch die Größe und Internationalität der Partnerunternehmen als *übervorteilt* bezeichneten. Hierunter würde auch die Kommunikation zwischen Unternehmen und NPO leiden, da die Gespräche unter der Prämisse eines Machtgefälles nicht auf gleicher Augenhöhe stattfinden könnten (Poncelet, 2003).

Die Gefahr, dass ein Kooperationspartner eine Partnerschaft eingeht, um von dem guten Ruf einer NPO zu profitieren, wird ebenfalls als ein Nachteil festgestellt (Allen, 2003; Poncelet, 2003; Quirk, 1998). CV-Partnerschaften stellen demnach ein gewisses Reputationsrisiko für die NPO dar. CV-Einsätze erfordern oftmals Kooperationskosten für die NPO: Von Anbahnungskosten bis hin zu Kosten für die Verpflegung beim Einsatz – viele NPO tragen diese Kosten allein (Allen, 2003; Quirk, 1998). Weiter entstehen indirekte Kosten durch die oft hohe Anzahl von Corporate Volunteers, für welche angemessene Aufgaben gefunden werden müssen, sodass der Einsatz den Arbeitsalltag der NPO nicht beeinträchtigt (Haski-Leventhal, Meijs & Hustinx, 2009; Poncelet, 2003; Quirk, 1998). Zudem besteht die Gefahr, dass durch das Engagement in CV andere Unterstützungsleistungen, Sponsoring etwa, eingestellt werden (Allen, 2003; Haski-Leventhal et al., 2009; Quirk, 1998).

Tabelle 8.2   Übersicht vermuteter Nachteile von CV für Non-Profit-Organisationen

		NPO	Autoren
Nachteile	**Abhängigkeit**	Finanzielle Abhängigkeit vom Unternehmen, Machtunterschiede	Allen, 2003; Haski-Leventhal et al., 2009 ; Poncelet, 2003
	Reputationsrisiko	Missbrauch des Namens der NPO, Persilschein für Unternehmen	Allen, 2003; Poncelet, 2003; Quirk, 1998
	Kooperationskosten	Ressourcenverbrauch der NPO, Aufwand für Einsatz	Haski-Leventhal et al., 2009; Poncelet, 2003; Quirk, 1998
	Laienarbeit	Unqualifizierte, unfreiwillige CVs (sozialer Druck)	Quirk, 1998

Corporate Volunteers werden von den NPO gern als Arbeitskräfte für praktische, handwerkliche Tätigkeiten eingesetzt. So arbeiten sie bspw. in einem Garten, reinigen Flussufer oder pflanzen Bäume im Schutzwaldgebiet. Da die Corporate Volunteers oft keine oder wenig Erfahrung mit der Arbeit der NPO haben, handelt es sich meist um Laienarbeit, welche einen höheren Aufwand für die NPO bedeutet, da die Corporate Volunteers instruiert werden müssen. Zudem befürchten die genannten Autorengruppen, dass sich die Corporate Volunteers unter Umständen nicht freiwillig engagieren, sondern sich vom Unternehmen oder den anderen Mitarbeitenden unter Druck gesetzt fühlen, beim Einsatz mitzumachen, was sich auf die Motivation und damit nicht zuletzt auf die Arbeitsqualität auswirken könnte (Haski-Leventhal et al., 2009; Quirk, 1998).

Die Literaturübersicht zeigt also, dass CV für NPO nicht pauschal als eine Win-Win-Situation bezeichnet werden kann, sondern sich die Zusammenarbeit weit differenzierter darstellt. Darüber hinaus ist eine klare Wissenslücke zur strategischen Verankerung von CV zu internen Prozessen und Strukturen sowie zur organisatorischen Umsetzung innerhalb der NPO festzustellen. Der vorliegende Text versucht diese Lücke zumindest ansatzweise zu schließen.

8.3   Entwicklung einer quantitativen Befragung aus der NPO-Perspektive

Vor dem Hintergrund der Literaturübersicht wurde ein Interviewleitfaden für eine qualitative Studie in Form von halbstrukturierten Experteninterviews entwickelt. Um den angenommenen oder postulierten Vor- bzw. Nachteilen von CV empirisch nachzugehen, wurden insgesamt dreizehn Führungspersonen aus acht NPO zu ihrer Expertise sowie ihren Erfahrungen mit CV befragt. Konkret wurden folgende Aspekte thematisiert:

- Welches Verständnis haben NPO vom Begriff CV?

- Warum beteiligen sich NPO an CV?

- Wie wird CV intern umgesetzt?

- Welche Maßnahmen werden ergriffen, um auf das Engagement der NPO hinzuweisen?

- Welche Erfahrungen wurden bisher mit CV gemacht?

Die Gespräche wurden aufgezeichnet und wortgetreu transkribiert, wobei die Inhalte zugleich anonymisiert wurden. Im Rahmen eines inhaltsanalytischen Verfahrens wurden die zentralen Themen systematisch herausgearbeitet.[2] Die Resultate werden hier zusammengefasst und auf folgende Kernaussagen reduziert:

- Der *Begriff* CV ist bei den NPO bekannt, wird aber kaum angewandt.

- Die *Erwartungen* an CV sind gering.

- Die *Initiative* für CV kommt mehrheitlich von Unternehmen.

- Eine *Strategie* für CV wurde (noch) nicht implementiert.

- Die *Umsetzung* wird von Wünschen der Unternehmen dominiert.

- Die *interne Organisation* für CV-Belange ist heterogen.

- Sowohl intern als auch extern wird wenig über CV *kommuniziert.*

- *Nachteile,* wie erhöhter Aufwand und Kosten, sind für die NPO zentral.

- Die *Erfahrungen* mit CV werden skeptisch beurteilt, am *Potenzial* wird festgehalten.

- *Corporate Volunteers* werden teils von individuellen Freiwilligen unterschieden.

- *Mittler- und Beratungsorganisationen* spielen bisher keine Rolle.

Die Resultate wurden in einem Workshop mit den befragten Expertinnen und Experten validiert, indem die zusammengefassten Resultate visualisiert, präsentiert und diskutiert wurden. Die so erhaltene Themenlandschaft aus der qualitativen Befragung und ein bestehender Kurzfragebogen zu gemeinnützigem Engagement von Unternehmen (s. Gentile & Lorenz, in diesem Buch) dienten als Grundlage für eine quantitative Studie in Form eines Onlinefragebogens. Die Kurzbefragung für Unternehmen wurde hinzugezogen, um eine Vergleichbarkeit der Befragungen von Unternehmen und NPO zum Thema CV zu ermöglichen (Gentile & Lorenz, in diesem Buch). Der Fragebogen für die NPO wurde mit den Befunden resp. den zugeschnittenen Fragestellungen der qualitativen Studie ergänzt und in seiner letzten Fassung einem Pretest (n = 6) mit NPO-Leitenden unterzogen. Der Link für die Befragung wurde an assoziierte NPO und Multiplikatoren (Vermittlungsagenturen für individuelle Freiwillige, nationale und regionale Verbände, Mittlerorganisationen)

---

[2] Samuel, Wolf und Schilling (to be resubmitted): Corporate Volunteering: A Nonprofit Organization's Perspective.

versandt. Zusätzlich fanden Aufrufe zur Beteiligung an der Umfrage in diversen Zeitschriften sowie auf der Homepage von Weiterbildungsinstituten statt.

Das Ziel der quantitativen Studie bestand darin, eine empirische Grundlage zu schaffen, die die Perspektiven von schweizerischen NPO zu CV abbildet: *Was* wurde *warum* und *wie* gemacht? Folgende Inhalte des Fragebogens wurden erfasst:

- *Unterstützungsformen von Unternehmen*: Die NPO wurden gefragt, welche Bedürfnisse (Spenden) sie an Unternehmen haben und welche Kooperationsformen (Mentoring, CV) wie oft stattfanden. Es interessierten ebenfalls die Voraussetzungen, welche aus der Perspektive der NPO notwendig sind, um Unterstützungsleistungen zu erhalten.

- *Kooperationsform CV*: Hier interessierte spezifisch die Kooperationsform CV, demnach wurde der Bekanntheitsgrad vom Konzept CV erhoben und inwiefern sich die NPO bereits mit der Thematik auseinandergesetzt haben sowie welche Erwartungen sie an CV haben. Gefragt wurde auch, ob sich die NPO bereits explizit gegen eine CV-Kooperation entschieden haben und wenn ja, aus welchen Gründen.

- *Umsetzung von CV*: In der qualitativen Studie hat sich herauskristallisiert, dass CV mehrheitlich von Unternehmen initialisiert wird und dass für jedes Unternehmen individuelle Programme gestaltet werden. Deshalb wurden Fragen zur Initialisierung sowie Programmgestaltung in den Fragebogen aufgenommen. Zusätzlich wurde nach einer Strategie und interner Umsetzung (Verantwortlichkeit für CV) gefragt.
  In den Experteninterviews hat sich gezeigt, dass weder intern noch extern über CV kommuniziert wird. Dementsprechend wurden die Teilnehmenden gefragt, wie sie CV kommunizieren und ob CV als Marketinginstrument genutzt wird. Es folgten weitere Fragen zur Gestaltung von CV: Wie oft wurde CV durchgeführt, wie lange dauerte ein Einsatz und mit wie vielen Partnern wurde kooperiert? Ebenfalls wurde der Frage nachgegangen, ob die Einsätze in langfristige Kooperationen eingebettet sind (wiederholte Einsätze mit demselben Unternehmen).

- *Corporate Volunteers, individuelle Freiwillige und Vermittlungsorganisationen:* In der Literatur wird CV auch als Betätigungsfeld von Führungskräften beschrieben (Herzig, 2006; Quirk, 1998). Sowohl die Unternehmens- als auch die NPO-Befragung sind auf diesen Aspekt eingegangen. Ebenso interessierte, ob die Corporate Volunteers von den individuellen Freiwilligen unterschieden wurden und falls ja, weshalb eine Unterscheidung stattfand und ob diese irgendwelche Konsequenzen nach sich zog.
  Im Markt treten zunehmend Mittlerpersonen und -organisationen auf und es werden spezifische Ausbildungen zum Freiwilligen-Koordinator angeboten (Schäfer, 2009). Deshalb wurde erhoben, ob ein Bedürfnis nach Unterstützung vorhanden ist, welche Erfahrungen NPO evtl. mit externen Mittlern gemacht haben und welche Rolle diese spielten.

8.4 Ergebnisse

8.4.1 Stichprobenzusammensetzung

Die Befragung wurde von Juli 2009 bis September 2009 durchgeführt und von insgesamt 468 Teilnehmenden wahrgenommen. Die teilnehmenden Organisationen repräsentieren rund 235.000 Freiwillige. Die Antworten stammen zu über 70% von Geschäftsführenden oder Präsidierenden von NPO. Von den 468 Teilnehmenden stammen knapp ein Fünftel der NPO aus dem Bereich Gesundheitswesen, 37% aus dem Sozialwesen und 46% ordneten sich der Kategorie *Andere* (Naturschutz, Kultur, Freizeit) zu.

Die Struktur der NPO setzt sich folgendermaßen zusammen: Die Hälfte beschreibt sich als Dachorganisation (32%) oder Sektion (17%), die andere Hälfte als unabhängige Einzelorganisation (51%). Rund ein Drittel der befragten NPO beschäftigte bis zu fünf Mitarbeitende (inklusive Teilzeitstellen), 30% zwischen sechs bis zwanzig und nochmals 15% zwischen 21 bis 50; damit arbeiteten in einem Fünftel der NPO über 50 Angestellte.

Während sich in Dachorganisationen im Schnitt pro Jahr fünfzig Freiwillige engagierten, waren in über zwei Dritteln der Sektionen und unabhängigen Einzelorganisationen bis zu fünfzig Freiwillige tätig.

8.4.2 Unterstützungsformen von Unternehmen

Als häufigste Engagementformen von Unternehmen wurden *Spenden*, gefolgt von *Sachzuwendungen*, genannt. Dies entspricht den von NPO geäußerten Bedürfnissen und stellt auch die am häufigsten angefragte Unterstützungsform dar. Das Engagement von Unternehmen kann zusammengefasst als passives, karitatives Engagement bezeichnet werden, wobei dies von den NPO keinesfalls kritisiert wird. CV als aktive Kooperationsform kam demgegenüber nicht als zentrales Bedürfnis vor, was deutliche 80% der Teilnehmenden dadurch ausdrückten, dass sie noch nie aktiv für CV bei Unternehmen angefragt hatten.

Nicht jede Unterstützung ist erwünscht, und gemäß Poncelet (2003) gibt es Fälle, in denen Kooperationen auch misslingen. Für NPO müssen die Kooperationen vor allem *passend* sein. Als *nicht passend* wurde (der Häufigkeit der Nennungen entsprechend) aufgeführt:

- zu hoher Aufwand für die NPO

- ethische Bedenken gegenüber den Unternehmen

- Gefahr der Einschränkung der eigenen Unabhängigkeit

- Gefahr für die eigene Reputation.

8.4.3   Hohe CV-Bekanntheit, tiefer Implementierungsgrad: Ein heterogenes Bild

Über zwei Drittel der NPO gaben an, dass sie von CV bereits gehört haben. Für 22% der NPO war das Konzept CV jedoch unbekannt, während knapp 15% der NPO bereits CV-Einsätze durchgeführt haben. Auf die Frage, inwiefern sich die eigene NPO mit dem Thema CV beschäftigt hat, sagte über die Hälfte der Befragten, dass CV bisher kein Thema war. Gut ein Fünftel hatte das Konzept bereits diskutiert, aber bisher keine Umsetzungspläne entwickelt. Knapp 2% (acht Organisationen der Stichprobe) planten eine Umsetzung von CV in den nächsten 12 Monaten und 5,3% der Teilnehmenden hatten sich bewusst gegen CV entschieden, da ihnen Ressourcen und Einsatzmöglichkeiten fehlten. Von den rund 15% bzw. 66 Organisationen, die CV-Einsätze durchgeführt hatten, gab die Hälfte an, dass sie CV systematisch durchführen, während die andere Hälfte angab, bisher CV unsystematisch durchgeführt zu haben. Zusammenfassend kann also festgestellt werden, dass bei 17% der antwortenden NPO CV aktuell oder in absehbarer Zeit ein Handlungsfeld darstellt. Jene NPO, welche CV bereits umgesetzt hatten, lassen sich wie folgt beschreiben: Unabhängige Einzelorganisationen (57%), Dachorganisationen (33%) und Sektionen (10%). Insgesamt beschäftigten diese NPO über 75.000 individuelle Freiwillige. Die NPO hatten mehrheitlich gute Erfahrungen mit CV gemacht und die Einsätze insgesamt positiv bewertet. Vier NPO gaben eine negative Bewertung ab.

Die weiteren deskriptiven Daten der Befragung zeichnen ein heterogenes Bild der internen Organisation von CV: Über zwei Drittel der NPO hatten mit bis zu fünf Unternehmen kooperiert, 23% der Befragten mit sechs bis zehn Unternehmen, während 8% mit mehr als zehn Unternehmen CV-Einsätze durchgeführt hatten.

Über ein Drittel der NPO hatten eine Person beschäftigt, die sich hauptsächlich mit CV befasst. Die Stellenzuordnung für CV wurde unterschiedlich gelöst: In knapp einem Fünftel der Fälle war CV Teilaufgabe im Rahmen der Zuständigkeit für Freiwillige, bei rund 13% der NPO fiel die Aufgabe in den Bereich Marketing und bei 44% in einen anderen Bereich, bspw. in jenen der Geschäftsführenden. Ein Viertel der NPO hatte das Thema bisher nicht eindeutig zugeordnet.

Gut ein Fünftel der NPO informierten über die Einsätze via Homepage. 29% der befragten NPO berichteten im Jahresbericht über die CV-Aktivitäten und knapp ebenso viele in internen Mitteilungen. Knapp jede zehnte NPO kommunizierte weder intern noch extern. Es lässt sich feststellen, dass NPO mehrheitlich keine Notwendigkeit zur strategischen Einbettung von CV sahen und sich auf operativ-organisatorischer Ebene keine eindeutigen bzw. bevorzugten Strukturen für CV aufzeigen lassen.

In der Hälfte der NPO fanden CV-Einsätze einmalig bzw. unregelmäßig statt. Die andere Hälfte der Befragten berichtete von regelmäßigen Einsätzen, wobei unabhängige Einzelorganisationen mehr systematische Einsätze durchführten als Dachorganisationen.

Während die NPO häufig den Ort und die Art des Einsatzes bestimmten, nahmen die Unternehmen stärkeren Einfluss auf den Zeitpunkt und die Ressourcen.

Der zeitliche Aufwand für CV-Einsätze sah in allen NPO ähnlich aus: Die Vorbereitung für einen Einsatz wurde im Schnitt mit knapp sieben Stunden beziffert, ein CV-Einsatz dauerte meist einen Tag. Für die Nachbereitung wurden im Schnitt drei Stunden angegeben.

8.4.4 Corporate Volunteers, Freiwillige und die Rolle von Vermittlern

Am häufigsten kamen Corporate Volunteers aus Kreditinstituten und Versicherungen (44%), gefolgt von Öffentlicher Verwaltung, Erziehung und Unterricht, Gesundheit (17%) sowie aus der Industrie- und Energiebranche (16%). Obwohl CV in der Literatur eher als ein Betätigungsfeld von Führungskräften betrachtet wird (Herzig, 2006; Quirk, 1998), zeigen die hier vorliegenden Ergebnisse, dass nur knapp 29% der Corporate Volunteers Führungskräfte waren. Der weitaus höhere Anteil der Einsatzleistenden waren andere Mitarbeitende (49%) und Auszubildende (14%); wobei knapp 10% der NPO nicht angeben konnten, welche hierarchische Position die Corporate Volunteers innehatten.

Die Rolle von Vermittlungs- oder externen Beratungsorganisationen spielen gemäß Schäfer (2009) eine zentrale Rolle bei CV-Einsätzen. Für 83% der befragten NPO in der Stichprobe trifft dies nicht zu; sie hatten noch nie mit einer solchen Organisation zusammengearbeitet. 76% der NPO gaben an, dass sie hierfür auch keinerlei Bedarf sehen. 17% der NPO hatten hingegen folgende Unterstützungserwartungen:

- Unterstützung bei der Anbahnung von Kooperationen
- Unterstützung bei einer Strategieentwicklung für die Unternehmenskooperation
- Hilfe bei der Durchführung eines CV-Einsatzes.

Zusammenfassend kann festgehalten werden, dass am Markt agierende Mittlerorganisationen bei der Realisierung von CV-Einsätzen bisher seitens der NPO wenig hinzugezogen wurden.

8.5 Nutzenerwartungen: Eine dimensionsanalytische Auswertung

Neben den rein deskriptiven Befunddarstellungen soll an dieser Stelle auch – analog zur Kurzbefragung der Unternehmen (s. Gentile & Lorenz, in diesem Buch) – eine multivariate Auswertung vorgenommen werden. Dazu wurden die Nutzenerwartungen derjenigen NPO, die CV bereits durchgeführt haben, dimensionsanalytisch ausgewertet. Ziel war es, die ursprünglichen neun vorgegebenen Nutzenitems zu Faktoren zu verdichten. Da es bisher keine theoretischen Grundlagen zur Ableitung von Vorhersagen über die Motivstruktur von NPO zum CV-Engagement gibt, wurde explorativ vorgegangen. Die Items zur Nutzenerwartung waren dabei folgende:

- Bekanntwerden der NPO in der Öffentlichkeit
- Entlastung der anderen Freiwilligen durch Corporate Volunteers

■ Zusätzliche finanzielle Mittel nach einem CV-Einsatz (bspw. in Form einer Spende)

■ Aufbau fachlicher Kompetenzen (z.B. Marketing, Rechtsberatung)

■ Verbesserung der Standortbeziehungen

■ Akzeptanzsteigerung in der Öffentlichkeit

■ Zusätzliche Freiwillige nach einem CV-Einsatz

■ Erhöhung der sozialen Kompetenzen der Mitarbeitenden der NPO

■ Erhöhung der Motivation der Mitarbeitenden der NPO

Zur dimensionalen Reduzierung wurde zunächst das Korrelationsmuster der Zustimmungen zu den einzelnen Items analysiert. Es zeigte sich, dass die Inter-Item-Korrelationen ausreichend groß sind, um eine Hauptkomponentenanalyse zu berechnen. Diese ergab drei interpretierbare Faktoren. Zusammen klären diese gut 65% der Gesamtvarianz auf. Auf Basis der konventionellen Festlegung, dass Faktorladungen über 0,5 zu berücksichtigen sind (Backhaus et al., 2008), kann jedes der neun Items genau einem Faktor zugeordnet werden (**Tabelle 8.3**).

Das Muster der auf Faktor 1 ladenden Items zeigt, dass in diesem Nutzenerwartungen repräsentiert sind, die einer NPO Standortvorteile am Markt einbringen. Es sind dies die Items: „Bekanntwerden der NPO in der Öffentlichkeit"; „Verbesserung der Standortbeziehungen"; „Akzeptanzsteigerung in der Öffentlichkeit". Die Nutzenerwartungen werden als Faktor *Marktpositionierung* zusammengefasst.

Tabelle 8.3   Faktorenanalyse über Fragen zu Nutzenerwartungen an CV-Einsätze

NPO-Beweggründe für Corporate Volunteering	Faktor 1	Faktor 2	Faktor 3
Bekanntwerden der NPO	0,652		
Verbesserung der Standortbeziehungen	0,791		
Akzeptanzsteigerung in der Öffentlichkeit	0,724		
Zusätzliche finanzielle Mittel nach einem CV-Einsatz		0,803	
Aufbau fachlicher Kompetenzen (Marketing, Recht)		0,681	
Erhöhung sozialer Kompetenzen der NPO-Mitarbeitenden		0,639	
Erhöhung der Motivation der Mitarbeitenden der NPO		0,737	
Entlastung der anderen Freiwilligen			0,913
Zusätzliche Freiwillige nach einem CV-Einsatz			0,67
Erklärte Varianz	*24%*	*24%*	*18%*
Eigenwerte	*2,16*	*2,15*	*1,59*

Auf Faktor 2 laden Items, in denen sich Nutzenerwartungen hinsichtlich durch CV frei-zusetzender Ressourcen ausdrücken. Dies bezieht sich zum einen auf monetäre Unter-stützung und zum anderen auf die Humanressourcen der Mitarbeitenden der NPO. Fol-gende Items laden auf den zweiten Faktor: „Zusätzliche finanzielle Mittel nach einem CV-Einsatz"; „Aufbau fachlicher Kompetenzen (Marketing, Rechtsberatung)"; „Erhöhung der sozialen Kompetenzen der Mitarbeitenden der NPO"; „Erhöhung der Motivation der Mitarbeitenden der NPO". Zusammenfassend lässt sich dieser Faktor als *Resssourcen-aktivierung* bezeichnen.

In Faktor 3 sind zwei Items repräsentiert, die auf die Verbesserung der Arbeitssituation der Freiwilligen der NPO abzielen. Es geht einerseits darum, die schon aktiven Freiwilli-gen, die sich aus einem privaten Anliegen heraus engagieren, durch zusätzliche Corporate Volunteers zu unterstützen („Entlastung der anderen Freiwilligen"). Andererseits wird der CV-Einsatz als Möglichkeit verstanden, neue, bislang inaktive Freiwillige anzuwerben („Zusätzliche Freiwillige nach einem CV-Einsatz"). Der dritte Faktor kann entsprechend als *Verbesserung der Freiwilligensituation* in den NPO bezeichnet werden.

In der Erhebung wurden Organisationsformen der NPO danach unterschieden, ob es sich um Dachorganisationen, unabhängige Einzelorganisationen oder Sektionen handelt. Da die Fallzahlen gering sind, sollte die folgende Analyse der an CV-Aktivitäten gerichteten Nutzenerwartungen nach Organisationsform vorsichtig interpretiert werden.

Zusammengefasst ergibt sich ein Muster, nach dem Dachorganisationen am ehesten das Ziel der Anwerbung neuer und Entlastung der bisher schon tätigen Freiwilligen verfolgen. Unabhängige Einzelorganisationen verfolgen mit CV-Projekten das Ziel der Erwirtschaf-tung von Ressourcen. Für Sektionen zeigt sich kein positiv formuliertes Ziel, das mit CV verbunden wird; sektional organisierte NPO gaben aber am seltensten an, sich mittels CV am Markt positionieren zu wollen.

Die gleichen Vorbehalte bezüglich geringer Fallzahlen gelten für folgende Auswertungen der Tätigkeitsbereiche der NPO. Analysiert wurden wiederum die Ausprägungen der auf Faktoren reduzierten Nutzenerwartungen in Abhängigkeit der Bereiche, in denen sich die NPO engagieren.

- *Marktpositionierung:* NPO aus dem *Gesundheits-, Stiftungs- und Spendenwesen* verbinden ihre Nutzenerwartung in einer Marktpositionierung stärker als diejenigen NPO, die in den Bereichen *Kultur* und *Freizeit* tätig sind.

- *Ressourcenaktivierung:* Nicht überraschend sind es besonders im *Stiftungswesen* veran-kerte NPO, deren Ziel es ist, mit CV-Projekten finanzielle oder personale Ressourcen zu gewinnen. Diese Gruppe steht damit den *kulturell* aktiven NPO gegenüber.

- *Verbesserung der Freiwilligensituation*: Hohen Personalbedarf haben NPO, deren Kernge-biet der *Naturschutz* ist. Deshalb verbinden diese NPO mit CV das Ziel, neue Freiwilli-ge zu gewinnen. Dieser Aspekt ist für im *Kulturbereich* aktive NPO unbedeutend.

Insgesamt lassen die vorliegenden Resultate darauf schließen, dass CV-Einsätze und -Angebote eher als Mittel zum Zweck und weniger als Selbstzweck betrachtet werden.

8.5.1   Heterogenität bestimmt Vorgehen und Umsetzung

Die Initiative für CV-Kooperationen ging mehrheitlich (62%) von den Unternehmen aus. Knapp 20% der NPO gingen aktiv auf Unternehmen, Mittler- oder Beratungsorganisationen zu, um eine CV-Kooperation zu initialisieren.

Knapp ein Drittel der NPO hatten CV in ihrer Strategie oder im Leitbild verankert. Dies verwundert deshalb, weil zwei Drittel der NPO ihre Kooperationen als langfristige Partnerschaften bezeichneten (d.h. über mindestens zwei Jahre andauernde Kooperation mit demselben Unternehmen). Regressionsanalysen zu den oben ermittelten drei Faktoren mit Items, die einer Strategie zugeordnet werden können, zeigen eher korrelative Zusammenhänge als kausale Beziehungen. Als sogenannte strategische Items flossen folgende Variablen in die Auswertungen ein:

■ Ist Corporate Volunteering in der Strategie (z.B. im Leitbild) Ihrer NPO verankert?

■ Haben Sie jemanden, der sich hauptsächlich mit Corporate Volunteering befasst?

■ Wo ist Corporate Volunteering in Ihrer NPO organisatorisch zugeordnet?

■ Wie kommunizieren Sie CV-Einsätze (Jahresbericht; interne Mitteilungen etc.)?

■ Benutzen Sie Corporate-Volunteering-Einsätze als Marketingmaßnahme für Ihre NPO?

Bei Faktor 1 (*Marktpositionierung*) konnte nur ein signifikanter Prädiktor gefunden werden. Dies war die Frage, ob CV als Marketingmaßnahme eingesetzt wird. Diese Variable erklärt 6% der Faktorvarianz. Bei der *Ressourcenaktivierung* (Faktor 2) erklärte das Item „Einsatz eines CV-Beauftragten innerhalb der NPO" 12% der Faktorvarianz, wobei die anderen Items keinen Zusammenhang aufzeigten. Für den dritten Faktor (*Verbesserung der Freiwilligensituation*) konnte keine geeignete Regressionsgleichung identifiziert werden – d.h. keines der Items allein oder in Kombination erklärt einen bedeutsamen Varianzanteil des Faktors. Zusammenfassend lassen sich die Resultate der Regressionsanalyse folgendermaßen interpretieren:

■ Diejenigen NPO, die einen Imagevorteil (*Marktpositionierung*) durch CV erwarten, benennen CV auch konkret als „Marketingstrategie". Inhaltlich ist der Zusammenhang nicht weiter überraschend. Im Vergleich zu den Profitunternehmen, die eigene Nutzenerwartungen nur zurückhaltend kommunizieren (s. Gentile & Lorenz, in diesem Buch), ist diese Positionierung jedoch transparenter.

■ NPO, die einen CV-Beauftragten einsetzen, haben in der Regel höhere Erwartungen an den Nutzen durch CV. Analog bedeutet dies: Wer die *Ressourcenaktivierung* optimieren möchte, weil sie die wesentliche Nutzenerwartung an CV darstellt, benennt einen CV-Beauftragten.

8.6   Fazit

Die Befragung von 468 NPO in der Schweiz zeigt ein differenziertes und eher heterogenes Bild über CV. Das Konzept ist bei den schweizerischen NPO bekannt und auch das Potenzial wird erkannt. Die NPO stehen aber mehrheitlich am Anfang und verfügen daher über relativ geringes strategisches und operatives Wissen. Dies verhindert, dass CV von ihnen effektiv und ihren Bedürfnissen entsprechend genutzt werden kann.

Die aktuelle Haltung der NPO gegenüber CV kann eher als abwartend bzw. als reaktiv charakterisiert werden: NPO warten auf die Aktivitäten der Unternehmen. Die Befragung hat aufgezeigt, dass für über die Hälfte der Teilnehmenden CV noch ein neues Konzept ist, das sich noch nicht etabliert hat und nur in Einzelfällen oder mehrheitlich unsystematisch umgesetzt wird. Die Initiative für CV-Kooperationen geht bislang deutlich von den Unternehmen aus.

Obwohl die Mehrheit der NPO angibt, dass das Bedürfnis nach CV-Einsätzen in den letzten Jahren gestiegen ist und davon ausgeht, dass dieser Trend auch in den nächsten Jahren anhalten wird, nehmen erst wenige NPO diese Entwicklung aktiv gestaltend wahr; wobei selbst diese auf externe Unterstützung – im Gegensatz zur Einschätzung von Schäfer (2009) – verzichten.

Bei der Mehrheit der NPO fließt CV nicht in die Strategie ein, es existieren keine strategischen Partnerschaften mit Unternehmen und auch auf operativ-organisatorischer Ebene haben sich keine Strukturen und Prozesse durchgesetzt, die als besonders erfolgversprechend betrachtet werden können.

CV-Einsätze werden seitens der NPO zurzeit noch als Einzelfälle ohne geregelte und routinierte Abläufe und Zuständigkeiten behandelt. Die CV-Einsätze dauern typischerweise einen Tag und zeichnen sich durch einen Eventcharakter aus, d.h. sie finden einmalig in ihrer Art statt. Dies entspricht offenbar den Bedürfnissen der Unternehmen, jedoch nicht jenen der NPO, wie aus der qualitativen Vorstudie sowie der Literatur ersichtlich wird (Allen, 2003; Quirk, 1998).

Mittlerorganisationen und externe Beratende spielen bisher in der Schweiz aus der Perspektive der NPO keine Rolle. Die Existenz dieser Organisationen ist zwar bekannt, dennoch geben drei von vier NPO an, dass sie kein Bedürfnis nach Unterstützung haben. Die eingangs berichtete qualitative Studie (s. Fußnote 2) der schweizerischen NPO zeigte darüber hinaus eine ausgeprägte Skepsis gegenüber Mittlerorganisationen. Es wird befürchtet, dass diese Organisationen zu stark auf der Seite der Unternehmen agieren und sich nicht neutral verhalten könnten.

Die in den eingangs referierten Studien angenommene *Win-Win*-Situation entspricht aus der Perspektive der befragten NPO eher einem Wunschdenken als der wahrgenommenen Realität. Für NPO ist CV eher Mittel zum Zweck; dem Zweck, sich durch CV besser am

Markt zu positionieren, zusätzliche Ressourcen zu beschaffen und die Situation der ohnehin in der NPO tätigen Freiwilligen zu verbessern.

Damit CV auch aus der Perspektive der NPO eine *Win-Win*-Situation werden kann, sind zumindest folgende Voraussetzungen zu erfüllen:

■ die NPO müssen CV zu einem Teil ihrer strategischen Ausrichtung machen und operatives Wissen und praktische Erfahrungen sammeln;

■ es müssen Strukturen und Prozesse für und innerhalb von NPO entwickelt werden, die leicht und erfolgversprechend übertragbar bzw. adaptierbar sind;

■ es müssen Formen der Kooperation zwischen Unternehmen und NPO entwickelt werden, die eine gleiche Augenhöhe und die Berücksichtigung der Interessen beider Seiten gewährleisten.

9 Engagement bei Profit- und Non-Profit-Unternehmen

Christian Lorenz, Gina Spescha

> The twenty-first century will be the age of alliances. In this age, collaboration between nonprofit organizations and corporations will grow in frequency and strategic importance.
> James E. Austin, 2000

9.1 Intersektorale Kooperationen — zwischen Philanthropie und Partnerschaft

Obwohl James E. Austin von der Harvard Business School schon vor über zehn Jahren eine kooperative Ära zwischen Wirtschaftsunternehmen (im Folgenden auch: Profit-Unternehmen; PO) und Non-Profit-Unternehmen (NPO) ausrief, wissen wir bis heute wenig über Art und Umfang gemeinsamer Aktivitäten und die Sichtweisen der Beteiligten darauf.

In diesem Kapitel setzen wir daher die Ergebnisse der in Gentile und Lorenz sowie Samuel, Schilling und Wehner in diesem Buch präsentierten Studien in Beziehung zueinander. Insbesondere interessieren uns dabei das Ausmaß kooperativer Beziehungen, Beweggründe dazu, intersektorale Partnerschaften einzugehen, sowie Rahmenbedingungen, die Allianzen fördern und erschweren. Dabei werden empirisch gewonnene Daten aus der Nord-West-Schweiz im Vordergrund stehen.

Intersektorale Partnerschaften zwischen PO und NPO sind vielversprechend, um einen mehrseitigen Nutzen gesellschaftlichen Engagements durch Unternehmen zu generieren: Unternehmen profitieren von den Kompetenzen, Erfahrungen und Vernetzungen im sozialen, ökologischen oder kulturellen Bereich der NPO, mit denen sie Partnerschaften eingehen (Nährlich & Biedermann, 2008). NPO wiederum ziehen einen Nutzen aus den Unternehmensressourcen, einer steigenden Bekanntheit ihrer angestrebten Ziele und Werte sowie deren Verwirklichung (Martinez, 2003). Aber: Der Weg zu einer erfolgreichen Partnerschaft ist freilich kein einfacher und das Verhältnis zwischen Unternehmen und NPO scheint oft fragil zu sein (Ebinger, 2007).

Die Rolle des Staates bei der Lösung gesellschaftlicher Probleme hat sich verändert und ist kleiner geworden. Immer mehr Unternehmen setzen sich für gesellschaftliche Belange ein und beginnen von einseitigen Geberaktivitäten wie Geld- und Sachspenden Abstand zu nehmen. PO-NPO-Partnerschaften im Sinne von „social alliances" beinhalten den Austausch von Ressourcen, Wissen und Fähigkeiten zwischen Wirtschafts- und gemeinnützigen Unternehmen. Für Unternehmen bedeuten sie eine Mischung aus Unternehmensstrategie und sozialer Verantwortung (Berger, Cunningham & Drumwright, 1999). Aber auch für NPO lohnt sich die Zusammenarbeit mit Unternehmen: Durch fortschreitende Kürzungen staatlicher Subventionen fehlt es ihnen immer mehr an nötigen Ressourcen, um die stetig steigende Nachfrage nach sozialer Unterstützung zu decken. Unternehmen bieten NPO neuen Zugang zu Ressourcen, welche weiter gehen als Geldspenden und ihre Repräsentanz in der Gesellschaft erhöhen (Martinez, 2003).

Austin (2000) bietet eine Systematisierung der partnerschaftlichen und Austauschbeziehungen zwischen PO und NPO an (**Abbildung 9.1**). Er unterscheidet dabei gemäß ihrem Reifegrad folgende drei Stufen: Auf der ersten *philanthropischen* Stufe beschränkt sich die Partnerschaft auf eine Geber- und Empfängerrolle und das Engagement besteht aus Geld- und Sachspenden. Auch wenn dies immer noch die häufigste Form von gemeinnützigem Engagement, das Unternehmen leisten, darstellt, bewegt sich eine wachsende Anzahl auf der nächstfolgenden *transaktionalen* Stufe. Diese beinhaltet spezifische, befristete Partnerschaften, wobei Ressourcen ausgetauscht werden, beispielsweise beim Sponsoring eines Events. Erst auf der dritten, *integrativen* Stufe ist das Level einer echten „Partnerschaft" erreicht. Auf dieser Stufe wird die Beziehung komplexer, persönlicher und es werden geteilte soziale Aspekte sowie individuelle strategische Ziele verfolgt (Austin, 2000).

Die Reife der Partnerschaft bemisst sich anhand verschiedener Dimensionen: Der *Umfang* des Engagements nimmt von der ersten zur dritten Stufe kontinuierlich zu, ebenso die *strategische Bedeutung*, die beide Akteure der gemeinsamen Aufgabe beimessen. Die gemeinsame (und gemeinnützige) Aufgabe wird unter größerem *Ressourcenaufwand* gelöst und die *Reichweite* der Aktivitäten nimmt zu. Die *Interaktion* der beiden Akteure ist auf der dritten Stufe intensiv und die *Organisation* komplexer. Ebenso wächst der geschäftliche *Nutzen* beider Akteure (Austin, 2000).

Abbildung 9.1   Stufen einer Partnerschaft

Stufe der Partnerschaft	1: philantropisch	2: transaktional	3: integrativ
Engagementhöhe	*tief* - →		*hoch*
Bewältigung der Aufgabe	*dezentral* - →		*strategisch*
Ausmaß der Ressourcen	*klein* - →		*groß*
Tätigkeitsbereich	*eng* - →		*weit*
Grad der Interaktion	*niedrig* - →		*intensiv*
Management-Verflechtung	*einfach* - →		*komplex*
Strategischer Nutzen	*bescheiden* - →		*bedeutend*

Die so häufig geforderte Zusammenarbeit zwischen PO und NPO zu beiderseitigem und darüber hinaus gesellschaftlichem Vorteil (*Win-Win*-Rhetorik, s. Pries, 2011) ist vor diesem Hintergrund davon abhängig, dass sich die unterschiedlichen Kompetenzen von Unternehmen und NPO durch eine möglichst integrative partnerschaftliche Zusammenarbeit ergänzen. Allerdings stellt sich die Frage, welche Bedingungen erfüllt und welche Barrieren überwunden werden müssen, um diesen Zustand zu erreichen, damit durch das Eingehen einer Partnerschaft die individuellen Stärken, Ressourcen sowie Fachwissen der unterschiedlichen Sektoren erfolgreich kombiniert und daraus Synergien geschaffen werden. Bisher sind in der Schweiz wenige empirische Untersuchungen zu den Ausprägungen gesellschaftlichen Engagements durchgeführt worden. Bestehende Forschungsprojekte beschränken sich oft auf unidirektionale, philanthropische Leistungen von Unternehmen, und die Rolle der NPO bei der Umsetzung gesellschaftlichen Engagements wird außer Acht gelassen (von Schnurbein & Bethmann, 2010).

9.2 Dimensionen des Vergleichs

Im Folgenden betrachten wir daher die Ergebnisse der *Unternehmensbefragung* (s. Gentile & Lorenz, in diesem Buch) *und der NPO-Befragung* (s. Samuel, Schilling & Wehner, in diesem Buch) in der Zusammenschau. In beiden Studien wurden mittels Online-Befragungen Daten zu den uns interessierenden Dimensionen erhoben.

Um Schlüsse über den Reifegrad schweizerischer intersektoraler Partnerschaften ziehen zu können, interessieren uns im Folgenden 1. Arten und Umfänge der Kooperationen zwischen PO und NPO. Weiterhin vergleichen wir 2. die häufigsten Beweggründe für das Eingehen von Partnerschaften auf beiden Seiten. Zuletzt und 3. betrachten wir Rahmenbedingungen, die das Zustandekommen von Allianzen fördern oder behindern können.

1. Bislang haben nur wenige Austauschbeziehungen zwischen NPO und Unternehmen die dritte, integrative Stufe einer echten Partnerschaft erreicht (Austin, 2000). Gemäß Habisch (2008) weisen die gesellschaftspolitischen Problemlagen des 21. Jahrhunderts aber Dimensionen auf, die über rein finanzielle Engpässe hinausgehen und bspw. Wissenstransfer und aktives Tätigwerden auf individueller Ebene verlangen. Hinsichtlich Austins Stufenmodell ist mit Kooperationen fortgeschrittener Reife zu rechnen – nämlich jenseits des unidirektionalen Gebens und Nehmens von Geld- oder Sachmitteln. Dies kann gemäß der zweiten, transaktionalen Stufe in Form von Ressourcentransfers geschehen, von denen beide Seiten direkt und offensichtlich profitieren, wie dies zum Beispiel bei Geld- oder Sachspenden der Fall ist. Das Level einer Partnerschaft ist bei einem aktiveren Einbringen des Know-hows der Unternehmen und ihrer Mitarbeitenden erreicht. Die NPO profitieren dabei direkt – beispielsweise vom technischen Wissen der Unternehmen. Diese wiederum erhoffen sich zumindest Anerkennung in der Gesellschaft und damit ein verbessertes Image. Um eine Einschätzung des Reifegrads vorzunehmen, werden die in der Unternehmens- bzw. NPO-Befragung dargestellten Engagementformen wie folgt aufgeteilt: Der ersten, philanthropischen Stufe des Austin-Modells zugehörig sind die unidirektionalen Leistungen der Unternehmen:

Spenden, Schenkungen, kostenlose Nutzungsgestattung und *Stiftungsgründungen sowie deren Unterhaltungen*. Auf der zweiten, transaktionalen Stufe geht das Engagement über das reine Geben hinaus und es werden andere Ressourcen des Unternehmens zum Wohl der NPO eingesetzt. Das Erbringen *kostenloser Dienste* (die sonst entgeltlich am Markt angeboten werden) umfasst den Transfer von Arbeitskraft und exklusiven Kompetenzen von Unternehmen zu NPO-Kooperationspartnern. Auf der dritten, integrativen Stufe wird die Beziehung komplexer und vor allem strategischer mit einem angestrebten Nutzen für beide Akteure. Die Engagementformen *Erlaubnis für Mitarbeitende, während ihrer Arbeitszeit ehrenamtlichen Aufgaben nachzugehen (mit oder ohne Lohnabzug), Arbeitseinsatz von Managern* (s. *SeitenWechsel*; Schubert et al., 2002; Ettlin, in diesem Buch) und das Angebot *kostenloser Schulungen* (also dem Transfer von Wissen, über das Unternehmen verfügen und von dem NPO profitieren können) interpretieren wir im Folgenden aufgrund des möglichen Wissenstransfers sowie dem Einsatz von Humanressourcen als Hinweise für das Vorliegen integrativer PO-NPO-Partnerschaften.

2. Wie in den beiden Referenzstudien dargestellt, gaben die befragten Unternehmen Auskunft darüber, welche Nutzenerwartungen sie mit dem Engagement verbanden. Die vorgelegten Antwortkategorien stammen dabei aus ähnlichen Studien bzw. wurden in qualitativen Vorstudien mit NPO identifiziert. Analog zu ihren unterschiedlichen Kernaufgaben unterscheiden sich die Beweggründe natürlich. Semantische Nähen finden sich dennoch (z.B. Imageförderung, Verbesserung von Standortbeziehungen) und sollen einem kursorischen Vergleich unterzogen werden. Die teilnehmenden NPO wurden dabei speziell zu ihren Nutzenerwartungen an einen Einsatz von Unternehmensmitarbeitenden – also einer (CV-)Kooperation auf integrativem Niveau – befragt.

3. Weiterhin interessieren wir uns für die Wahrnehmung möglicher, die gemeinnützigen Kooperationen behindernder Rahmenbedingungen (Barrieren) durch Unternehmen und NPO. Auch hier wurden NPO zu den Hemmnissen, sich auf eine integrative Partnerschaft in der Form von Mitarbeitendeneinsätzen einzulassen, befragt. Wieder stammen die vorgelegten Antwortkategorien aus qualitativen Vorstudien mit NPO oder in anderen Unternehmensbefragungen entstandenen Setzungen.

Als intersektoralen Kooperationen förderlich wird in der wirtschaftsgeographischen Literatur das Bestehen guter Vorbilder in unmittelbarer Nähe diskutiert. In einer gemeinsamen räumlichen Umgebung können neue Ideen leichter von anderen Akteuren aufgegriffen, Informationen auf lokaler Ebene in persönlichen Gesprächen häufiger ausgetauscht und unter Akteuren, die in einer begrenzten Region interagieren, eher gegenseitiges Vertrauen aufgebaut werden (Bathelt & Glückler, 2003). Gewohnheiten, Kulturen oder Normen werden durch formelle und informelle Beziehungen reproduziert (Fischer, 2007). Empirisch zeigt Galaskiewicz (1997), dass geographische Nähe das Spendenverhalten von Unternehmen positiv beeinflusst. Dies stützt die Annahme, dass sich auch in der Schweiz räumliche Muster gesellschaftlichen Engagements in der Art, Form und dem Ausmaß abzeichnen und lokalräumlich ähnlich sind. Aus diesem Grund soll im Speziellen untersucht werden, ob ein Zusammenhang zwischen geographischer Nähe der Unternehmen und dem Ausmaß ihres Engagements besteht (s. auch schweizweite Kurzbefragung, Gentile & Lorenz, in diesem Buch).

9.3 Gemeinsamkeiten und Unterschiede

9.3.1 Kooperationen sind eher „Geben und Nehmen" als partnerschaftlich

Zur Einordnung der Kooperationserfahrungen teilnehmender Wirtschafts- und Non-Profit-Unternehmen werden in **Tabelle 9.1** und **Tabelle 9.2** noch einmal die Auftretenshäufigkeiten der abgefragten Engagementformen dargestellt[1].

Die Mehrheit der Unternehmen und NPO geben an, in den letzten Jahren mindestens eine der vorgegebenen Unterstützungsformen geleistet respektive erhalten zu haben. Die Angaben beider Organisationstypen stimmen dabei in etwa überein, auch wenn die NPO bei den meisten Unterstützungsformen einen niedrigeren Prozentwert erreichen. Im Vergleich der Rangreihen der am häufigsten geleisteten Engagementformen besteht der einzige Unterschied darin, dass im Vergleich mit den PO bei den NPO die Engagementformen *Kostenlose Dienste* und *Sachzuwendungen* die Ränge tauschen.

Tabelle 9.1   Durch das Unternehmen geleistete gemeinnützige Beiträge

Form des Engagements	Rang	Absolute Häufigkeit	Häufigkeit in Prozent	N
Spenden	1	1010	67,2	1504
Kostenlose Dienste	2	877	58,3	1504
Schenkungen	3	812	54,0	1504
Kostenlose Nutzungsgestattung	4	793	52,7	1504
Freistellung Mitarb. ohne Lohnabzug	5	704	46,8	1504
Freistellung Mitarb. mit Lohnabzug	6	330	21,9	1504
Kostenlose Schulungen	7	287	19,1	1504
Gründung einer Stiftung	8	74	4,9	1504

---

[1]   Weiterführende Beschreibungen der Stichproben und Ergebnisse (s. Gentile & Lorenz sowie Samuel, Schilling & Wehner, in diesem Buch).

Tabelle 9.2   Von der NPO erhaltene Unterstützungsformen

Form der Unterstützung	Rang	Absolute Häufigkeit	Häufigkeit in Prozent	N
Finanzielle Spenden	1	273	75,8	360
Kostenlose Dienste	3	143	39,7	360
Sachzuwendungen*	2	155	43,1	360
Kostenlose Nutzungsgestattung	4	121	33,6	360
Mitarbeiteneinsatz		90	25,0	360
Privater Einsatz von Unternehmer(in)		58	16,1	360
Kostenlose Schulungen	7	44	12,2	360
Entsendung von Managern		31	8,6	360

* Sachzuwendungen werden der Variable Schenkungen in der **Tabelle 9.1** gleichgesetzt.

Um das gesellschaftliche Engagement der Unternehmen in das Modell Austins einzugliedern, werden die verschiedenen Aktivitäten wie oben beschrieben aggregiert und jeweils einer Stufe des Modells zugeordnet. In der Häufigkeitsauszählung von **Abbildung 9.2** wird ersichtlich, dass 76% der Formen unternehmerischen Engagements der ersten Stufe zugeteilt werden können.

Gut 58% der Unternehmen haben sich in den letzten fünf Jahren auf der transaktionalen Stufe engagiert. Die dritte, integrative Stufe des Austin-Modells setzt komplexere und persönlichere Beziehungen voraus und ist – nach eigener Einschätzung – von knapp 60% der Unternehmen genutzt worden.

Die von NPO in den letzten drei Jahren erhaltenen Unterstützungsformen werden auf dieselbe Weise wie die Engagementformen der Unternehmen aggregiert und den jeweiligen Stufen zugeteilt. Mit 85% wird auch bei den NPO der höchste Anteil erhaltenen Engagements der philanthropischen Stufe zugewiesen. Deutlich niedrigere Zahlen erreichen die transaktionale Stufe mit knapp 40% und die dritte, integrative Stufe mit gut 33% (**Abbildung 9.2**).

Die absolute Höhe resp. der Vorsprung gemeinnütziger Engagements durch Unternehmen, die als philanthropisch – und somit als unidirektional – einzuordnen sind, überrascht weniger. Interessant ist hingegen der Widerspruch in den Selbsteinschätzungen von PO und NPO: Während mehr als die Hälfte der NPO und fast zwei Drittel der Unternehmen Auskunft über gemeinnützige Engagements geben, die eine partnerschaftliche Beziehung zum gemeinnützigen Partner höherer Reife nahelegen, berichtet lediglich ein gutes Drittel der NPO, dass ihnen Unterstützungen, die der integrativen Stufe genügen, zuteil geworden seien. Nur unwesentlich höher fällt die Zustimmung zu Engagements auf der transaktionalen Stufe aus.

Abbildung 9.2   Engagementformen gemäß dem Modell von Austin

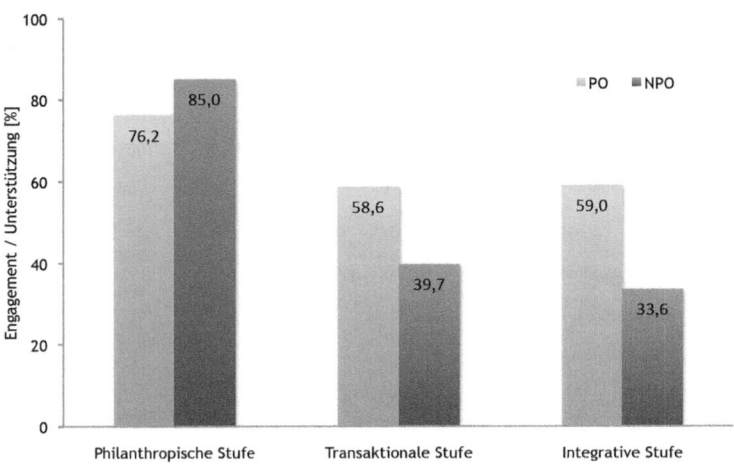

Eine mögliche Erklärung ist, dass NPO, die proaktiv bei Unternehmen Unterstützung ersuchen, in der Regel (89%) nach Geld- oder Sachspenden fragen. Somit fördern offenbar um Hilfe bittende NPO oft den unidirektionalen – und eher philanthropischen – Charakter der Austauschbeziehungen zwischen PO und NPO. Zudem scheinen gemeinnützige unternehmerische Aktivitäten oft so erbracht zu werden, dass intensive Partnerschaften mit NPO nicht notwendig sind. Denkbar ist, dass PO Einsätze selbst organisieren und umsetzen oder sich darauf beschränken, ihre Angestellten für deren Miliztätigkeiten freizustellen. Eine andere Erklärung für den Befund kann sein, dass PO sich gesellschaftlich nicht nur in ihrer direkten Umgebung, sondern überregional und vielleicht sogar international engagieren.

9.3.2   Beweggründe

Wie bereits gesehen, sind Unternehmen besonders durch ein Interesse an Gemeinschaftsbelangen zu gemeinnützigen Aktivitäten motiviert. Zudem erwarten sie sich vom Engagement einen langfristigen Vorteil, da sich die Regionen, in denen die Unternehmen wirtschaften, positiv entwickeln sollten. Nur wenige Unternehmen erwarten kurzfristige Vorteile durch gemeinnützige Engagements, bspw. im Sinne der Organisations- oder Personalentwicklung (**Abbildung 9.3**; detaillierte Ergebnisse s. Lorenz & Cho, in diesem Buch).

Abbildung 9.3   Beweggründe für gemeinnützige Aktivitäten

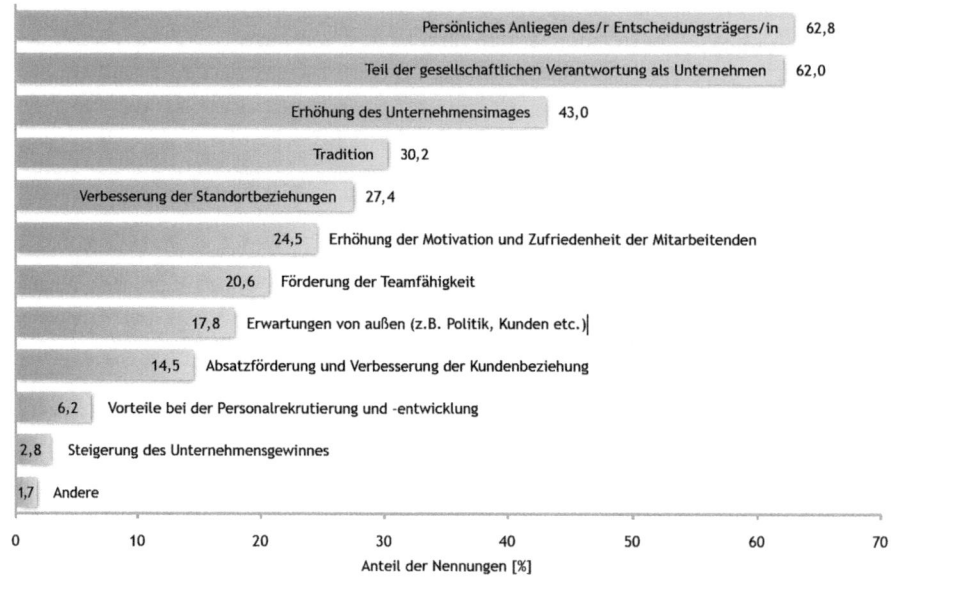

Abbildung 9.4   Nutzenerwartungen der NPO bei Kooperationsprojekten

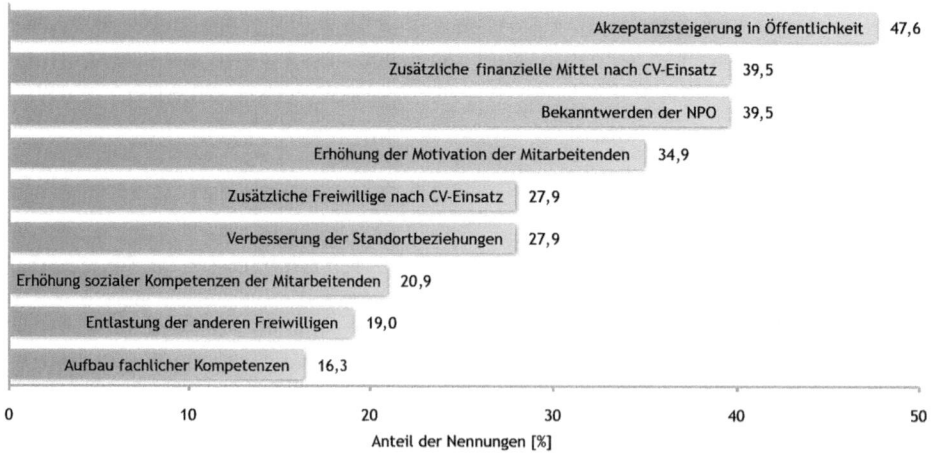

Unter der Annahme, dass das genuine Interesse an Gemeinschaftsbelangen per definitionem das Schaffen von NPO motiviert, wurden bei den NPO keine altruistischen Beweggründe für die Kooperation mit Wirtschaftsunternehmen erfragt. Die am häufigsten genannten Nutzenerwartungen sind hier (**Abbildung 9.4**) Reputationseffekte bzw. gesellschaftliche Integrationsbedüfnisse (Akzeptanzsteigerung in der Öffentlichkeit; Bekanntwerden; Verbesserung von Standortbeziehungen) und die Akquise zusätzlicher finanzieller oder Humanressourcen.

Vergleichbar mit den PO nennen nur wenige NPO instrumentelle, kurzfristig zu erzielende Nutzenerwartungen als ausschlaggebend für ihre Kooperation mit Wirtschaftsunternehmen (z.B. Ausbau fachlicher Kompetenzen, Entlastung in der Arbeitstätigkeit).

9.3.3   Hürden gesellschaftlichen Engagements

Unternehmen und NPO wurden dazu befragt, was einem Engagement resp. einer Zusammenarbeit im gemeinnützigen Bereich entgegenstehe. Wie in **Abbildung 9.5** ersichtlich, geben PO häufig an, dass kein Nutzen für das Unternehmen erkennbar sei. Dieser Ansicht stimmt knapp ein Drittel der befragten Unternehmen zu. Weiter wird mangelnde Unterstützung durch den Staat sowie seitens der Öffentlichkeit beklagt. Dessen ungeachtet sehen über 40% der Unternehmen keinen Grund, sich nicht zu engagieren.

Abbildung 9.5   Hürden der Unternehmen, sich zu engagieren

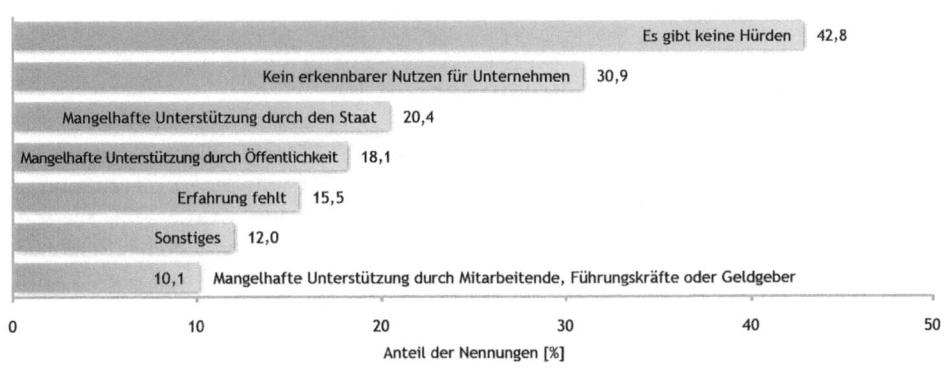

Die größte Barriere aus Sicht der NPO ist, wie in untenstehender **Abbildung 9.6** deutlich zu erkennen, die mangelnde Nachhaltigkeit der Einsätze. Diesem Punkt stimmen knapp 45% der befragten NPO zu. Des Weiteren werden die wirtschaftliche Unsicherheit bei den Unternehmen sowie mangelnde Ressourcen, einen solchen Einsatz vorzubereiten, als Risikofaktoren genannt. Weiter bemängeln 20% die ungenügende Vorbereitung der Freiwilligen.

Abbildung 9.6   Barrieren aus Sicht der NPO

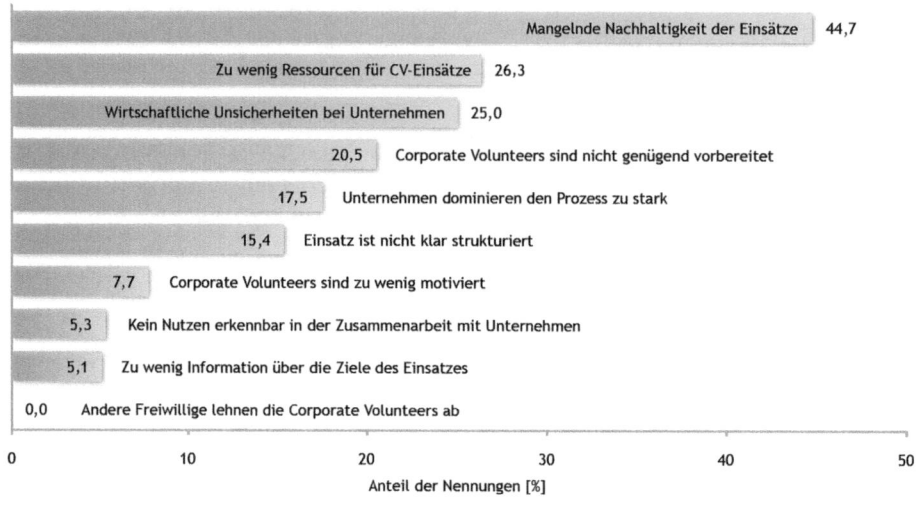

Zusammengefasst sehen die Befragten die größte Hürde in einer drohenden Inkompatibilität mit den Kernzielen ihrer jeweiligen Organisation: Während ein Drittel der Wirtschaftsunternehmen daran zweifelt, ob sich ein Engagement in Gewinn ummünzen ließe, zweifeln NPO zunächst an der Nachhaltigkeit des geschaffenen gesellschaftlichen Nutzens.

9.3.4   Die Rolle guter Vorbilder

Die räumliche Nähe, sei dies nun zwischen PO oder NPO, konnte nicht als ein entscheidender Faktor für ein höheres Engagement respektive mehr erhaltene Unterstützung bestätigt werden. In Gebieten mit höherer Unternehmensdichte wurde eine niedrigere Engagementrate gemessen als in weniger eng durch Unternehmen besiedelten Regionen.

Auch wenn physische Distanzen von untergeordneter Bedeutung sind, scheinen Austauschbeziehungen zwischen Akteuren eine bedeutende Rolle zu spielen. Es zeigt sich sowohl bei den PO als auch bei den NPO, dass das Umfeld einen entscheidenden Einfluss darauf hat, ob sich ein Unternehmen engagiert oder nicht. Galaskiewicz und Burt (1991) argumentieren, dass die primäre Triebkraft für die Ausbreitung von Neuerungen im sozialen Druck zu sehen sei. Innovation wird somit durch den sozialen Druck des gegenseitigen Vergleichens stimuliert, der zu einer Anpassung untereinander führt. Die Resultate bestätigen einen Zusammenhang zwischen dem *Kennen von Kooperationen im eigenen Umfeld* und der Bereitschaft, sich selbst verschiedentlich zu engagieren (s. **Tabelle 9.3**). Das Gleiche gilt für NPO, die unter diesem Umstand Unternehmen vermehrt Unterstützungsformen anfragen.

Tabelle 9.3   Einfluss des Unternehmensumfeldes auf eigenes Engagement

Geleistete Engagementform	Anteil Unternehmen (%), die Beispiele von Engagement in ihrem Umfeld ...	
	kennen	nicht kennen
Spenden	78,6	46,8
Schenkungen	63,6	36,6
Kostenlose Dienste	70,0	37,6
Freistellung Mitarb. ohne Lohnabzug	57,6	28,0
Freistellung Mitarb. mit Lohnabzug	27,5	12,3
Kostenlose Schulungen	23,0	12,2
Kostenlose Nutzungsgestattung	62,4	35,9
Gründung einer Stiftung	5,7	3,3

9.4 Zwischen Kerngeschäft der einen und persönlichem Interesse der anderen

Unternehmerische Gemeinnützigkeit ist für NPO Kerngeschäft – für viele Unternehmen aber eine Frage persönlicher Werte der Entscheidungsträger. In dieser Diskrepanz entsteht ein Spannungsfeld: Während für den wohlmeinenden Unternehmer das gemeinnützige Vorhaben durch den Versuch der Umsetzung schon legitimiert ist, hängt für NPO der Erfolg von Kooperationen davon ab, ob und wie nachhaltiger gesellschaftlicher Nutzen generiert werden kann. Im Sinne des „Gut gemeint ist nicht gleich gut gemacht" werten NPO en gros bestehende Unterstützungen durch PO eher als unidirektional denn als echte Partnerschaft. Die Beweggründe zum Eingehen intersektoraler Kooperationsbeziehungen sind bei NPO pragmatischer und utilitaristischer als bei PO (wenn auch festgehalten werden sollte, dass beide Gruppen gleichermaßen entfernt davon sind, mit der Kooperation spezifische, kurzfristig zu erreichende Ziele realisieren zu wollen). Entsprechend lassen die von NPO beschriebenen Hürden der Partnerschaften größeren Realitätssinn erkennen: Während sie mangelnde Nachhaltigkeit, Planbarkeit und Vorbereitung nennen, ist die häufigste Antwort von Profitunternehmen, dass es keine Hürden gäbe. Damit beweisen sie zwar einmal große Offenheit gegenüber gemeinnützigen Kooperationen. Zum anderen aber scheint der Anspruch an Zusammenarbeiten mit NPO nicht sehr hoch zu sein. Hinderlich ist höchstens noch der als gering erachtete Eigennutzen, wobei dies vor allem von den bislang nicht engagierten Firmen so eingeschätzt wird. Dass aber der zu erreichende gesellschaftliche Wert von NPO-PO-Partnerschaften von einer anspruchsvollen inhaltlichen und logistischen Abwägung der Interessen beider involvierter Akteure abhängt, wird bislang wenig gesehen. Dazu wird es notwendig sein, dass sich beide Gruppen auf Augenhöhe begegnen und die Interessen der jeweils anderen respektieren (s. Samuel, Gentile, Lorenz & Pries in diesem Buch zu einer konkreten CV-Kooperation).

Eine denkbare Form der gleichberechtigten Begegnung könnte die Schaffung von Plattformen zum Austausch sein. Wir wissen, dass es auf Unternehmensseite keinen allzu großen Bedarf an externen Beratungsdienstleistungen gibt (s. Gentile & Lorenz, in diesem Buch). Gleichzeitig aber stimulieren sich gemeinnützig aktive Unternehmen, die voneinander wissen, gegenseitig in ihrem Engagement. In diesem Sinne mögen PO davon profitieren zu erfahren, in welcher Form und mit welchen Ergebnissen für sie relevante Vergleichsfirmen gesellschaftlich aktiv sind. NPO, die solche Informationen haben, könnten im aktiven und beratenden Austausch aus der bislang eher passiv interpretierten Rolle des Rezipienten unternehmerischer Wohltaten hinausgehen und sich als Experten für partnerschaftlich generierten Nutzen – für die Gesellschaft, damit auch die eigene NPO und die engagierten Wirtschaftsunternehmen – positionieren.

10 Formative Evaluationsstudie zum Einsatz von Corporate Volunteering

Olga Samuel, Gian-Claudio Gentile, Christian Lorenz, Jan Christopher Pries

10.1 CV im Spannungsfeld zwischen Profit- und Non-Profit-Organisationen

Kooperationen zwischen Profit- und Non-Profit-Organisationen (NPO) können auf verschiedenen Ebenen stattfinden: Beispielsweise auf der Ebene von Geld- und Sachspenden, Eventsponsoring oder Corporate Volunteering (CV). CV ist als eine der intensivsten Partnerschaften zu betrachten: Es findet dabei nicht nur ein einseitiges Geben (respektive Empfangen) wie bei Spenden statt, sondern es entsteht ein gegenseitiger Austausch auf Management-, Mitarbeitenden- und Klientenebene (Austin, 2000).

CV-Partnerschaften sind teilweise geprägt von Unwissen und Unsicherheit über die Erwartungen, Prioritäten und Vorurteile des sektorfremden Partners. Die vorhandene Unsicherheit bzw. das Misstrauen kann zu Enttäuschungen führen oder davon abhalten, Kooperationen einzugehen. Dabei sind verschiedene Lösungsansätze denkbar, um CV erfolgreich umzusetzen: Z.B. individuelle Erwartungsanalysen oder eine (fortlaufende) Evaluation bestehender Kooperationen. Die im Anschluss dargestellte Fallstudie bezieht sich auf die letztgenannte Möglichkeit und verfolgt die folgenden Ziele: Zum einen gilt es, durch die Projektpartner gestellte Fragen (s. unten) zu beantworten. Zum anderen geht es darum, ein adäquates methodisches Vorgehen für die Evaluation einer intersektoralen Partnerschaft zu illustrieren, welche den erhöhten Anforderungen von CV-Partnerschaften gerecht wird.

Als Teil des Projektes CorVo.ch hatte die Evaluation der Zusammenarbeit zwischen einer Finanzabteilung eines global tätigen Bauunternehmens und einem Wohnheim aus der Stadt Zürich das Ziel, an der Gestaltung einer für alle Beteiligten sinnvollen Engagementform mitzuwirken. Diesem Ziel folgend stand die übergeordnete Frage im Mittelpunkt, wie ein künftiges Engagement den unterschiedlichen und sich wandelnden Motiven, Bedürfnissen und Erwartungen der Partner gerecht werden könnte und wie das Eintreten erwarteter Nutzenaspekte für alle Beteiligten zu evaluieren wäre.

In Anlehnung an Deitmer et al. (2003) wurde das Evaluationsinstrument FAT (Formatives Assessment Tool) (weiter-)entwickelt. Dieses legt den Fokus auf prozedurale Aspekte der Kooperation, anstatt die Realisierung zuvor festgelegter Nutzenaspekte lediglich abschließend zu bewerten. Entgegen summativen Evaluationsansätzen stellt die Beteiligung der Kooperationspartner an der Interpretation der Ergebnisse und deren Reflexion vor dem Hintergrund gemachter Erfahrungen einen wesentlichen Teil des formativen Evaluationsprozesses dar und soll die Betroffenen in ihren Entscheidungen unterstützen.

Im Folgenden wird kurz auf bestehende Evaluationsstudien im Bereich von CV-Kooperationen eingegangen und ein organisationspsychologisch fundiertes Modell der Kooperation entfaltet. Daran anknüpfend wird der *Fall Gartenbau* aus dem CorVo.ch-Projekt vorgestellt und die angewandte Methode, die Ergebnisse der Studie sowie die Rekommentierung durch die Verantwortlichen der untersuchten Organisationen präsentiert.

10.2   Aktueller Kenntnisstand über CV

Bisher wurden CV-Aktivitäten überwiegend intraorganisational untersucht, d.h. es wurden beispielsweise Mitarbeitende eines Unternehmens befragt, wie sie zu einem konkreten CV-Programm ihres Unternehmens stehen und welche Auswirkungen dies auf ihre Motivation oder die Bindung zum Unternehmen hat (z.B. Peterson, 2004a; de Gilder et al., 2005; Lorenz, Gentile & Wehner, 2011b). Ausnahmen bilden die im Folgenden kurz dargestellten Studien, welche mehrere an CV-Aktivitäten beteiligte Parteien berücksichtigten: Quirk (1998) untersuchte CV in Neuseeland und evaluierte den Nutzen für Unternehmen, NPO, Corporate Volunteers sowie für die Gesellschaft. Er gewann seine Erkenntnisse aus mehreren internationalen Umfragen sowie Fallstudien. Der Autor betrachtet CV als Chance für alle Beteiligte. Weiter werden Nutzenaspekte wie Reputationsverbesserung für involvierte Unternehmen, Zugang zu Fachwissen für die NPO, Entwicklung sozialer Fähigkeiten für die Corporate Volunteers und ein erhöhtes Verständnis für die Gesellschaft betont. Poncelet (2003) untersuchte in mehreren ethnografischen Fallstudien, weshalb Kooperationen zwischen Unternehmen und NPO im Rahmen sektorübergreifender Zusammenarbeit misslingen können und kam zu dem Schluss, dass Unternehmen und NPO sich gegenseitig misstrauen und die Machtverteilung als ungleich zugunsten der Unternehmen betrachtet wird. Der Autor geht davon aus, dass CV durchaus Potenzial für beidseitigen Nutzen bietet. Dieses wird jedoch nur entfaltet, wenn offen kommuniziert und möglichst vorurteilsfrei an eine Kooperation herangetreten wird (Poncelet, 2003). Ackermann und Nadai (2002) evaluierten ein Pilotprojekt der Caritas Schweiz, in dem sowohl die NPO, mehrere Unternehmen, Corporate Volunteers und die Projektleitung involviert waren. Die Autoren analysierten die Einsatzfelder, -dauer, Zielgruppen, das Konzept von maßgeschneiderten Einsätzen, die Zielsetzungen sowie die Projektorganisation. Dazu wurden mehrere Instrumente (Fragebogen, Interviews, Dokumentenanalyse) vor und nach einem Einsatz angewandt. Die Studie zeigt, dass der Nutzen von CV-Projekten hauptsächlich auf individueller, d.h. persönlicher Ebene der Freiwilligen entstand und ein Nutzen für die Organisationen gering oder gar nicht gegeben war. Wichtig waren dabei die unterschiedlichen Erwartungen und Prioritäten aller Teilnehmenden, wobei deren Berücksichtigung als Voraussetzung für einen befriedigenden Einsatz gilt. Die Autoren der Studie schlagen deshalb eine realistische Erwartungshaltung sowie einen stärkeren Fokus auf den Wissenstransfer vor.

Schließlich untersuchte Pries (2011) in einer Studie anhand der Repertory-Grid-Methode nach Kelly (1991) die persönlichen Konstrukte von verantwortlichen CV-Koordinatoren und Mitarbeitenden im Rahmen einer bestehenden Partnerschaft (eine NPO und fünf Unternehmen). Aus der Analyse der Konstruktsysteme entstand ein Gesamtbild, welches das oft zitierte *Win-Win* von CV-Projekten relativiert. Tatsächlich verfolgen die untersuchten Personen in der Partnerschaft weniger einen allseitigen Nutzen denn einen Kompromiss, welcher sich durch eine Vernachlässigung eigener Ziele und eine geringe Berücksichtigung der Ziele des Partners vom *Win-Win*-Gedanken fundamental unterscheidet. Dies gilt nicht nur für das Verhältnis von NPO und Unternehmen, sondern auch für jenes von Angestellten und Unternehmen, wonach präziser formuliert von einer *Win-Win*-Rhetorik gesprochen werden sollte.

Entgegen dem Fokus auf allseitige Nutzenaspekte von CV-Partnerschaften – und der wiederholten Bekräftigung derer als wichtigster Zielgröße – zeigen die hier skizzierten Studien, dass selten von einer uneingeschränkten Erfüllung der Interessen aller Beteiligten gesprochen werden kann. Das Potenzial von CV kann nur ausgeschöpft werden, wenn die Kooperation auf Vertrauen, differenzierten Kenntnissen der Bedürfnisse des Partners und auf *Augenhöhe* aufbauen kann; eine formative Evaluation bietet dabei die Möglichkeit, frühzeitig Interventionsbedarf zu erkennen.

Dem bisherigen Kenntnisstand folgend, richtet sich die hier präsentierte Fallstudie nicht nur auf erwartete Nutzenaspekte, sondern widmet sich explizit auch dem Prozess der Partnerschaftsbildung und -durchführung. Bevor die Fallstudie vertieft dargestellt wird, wird ein organisationspsychologisches Modell der Kooperation präsentiert, welches neben dem *Win-Win*-Aspekt vier weitere Handlungsorientierungen einführt. Dieses Modell stellt den Hintergrund für die Einordnung der empirischen Befunde der danach präsentierten Evaluationsstudie dar.

10.3   Stile des Kooperationsmanagements

CV wird in zahlreichen Publikationen das Potenzial zugeschrieben, *Win-Win*-Aspekte zwischen NPO, Unternehmen und Corporate Volunteers (Schöffmann, 2001; Schubert et al., 2002; Habisch, 2006a; Habisch, Wildner & Wenzel, 2008) herstellen zu können. Der prägnant anmutende *Win-Win*-Begriff bleibt dabei allerdings unscharf und geht in seinem Erklärungspotenzial nicht über eine meist argumentative Abhandlung von Gemeinwohl und Eigennutz hinaus. Die oben referierten empirischen Ergebnisse legen nahe, einen Zugang zu CV zu wählen, der neben dem *Win-Win*-Aspekt alternative Beschreibungen ermöglicht. Im Folgenden wird ein Modell eingeführt, das auch potenziell konfligierende Interessen als Struktur- und Prozessqualität der CV-Kooperationen ernst nimmt.

In der Organisationspsychologie wird der *Win-Win*-Begriff als Handlungsorientierung in Kooperations- und Konfliktsituationen konzipiert (Thomas, 1992). Neben dem *Win-Win*-Aspekt arbeitet Thomas (1992) vier weitere idealtypische Handlungsorientierungen heraus. Hierfür beschreibt er die Handlungen der Kooperationspartner auf zwei unabhängigen Dimensionen. Die erste Dimension wird durch den Willen zur *Durchsetzung eigener*

Interessen aufgespannt. Sie beschreibt beispielsweise, welche Bedeutung die CV-Beteiligten den in der Zusammenarbeit zu erreichenden Nutzenaspekten zuschreiben. Eine hohe Ausprägung auf dieser Dimension impliziert, dass der angestrebte Nutzen im Falle von Konflikten auch gegen die Interessen des Partners durchgesetzt wird. Die zweite Dimension stellt die *Kooperativität* der Projektpartner dar. Sie bezieht sich z.B. auf die Bereitschaft der CV-Beteiligten, sich für die Realisierung der Projektziele des Kooperationspartners einzusetzen. Eine hohe Ausprägung auf der Dimension Kooperativität setzt voraus, dass die Interessen und Wertvorstellungen der Projektpartner verstanden und berücksichtigt werden.

Das Modell fokussiert letztlich den Grad, mit dem die eigenen Projektziele angestrebt werden und mit dem der Kooperationspartner bei der Verfolgung seiner Ziele unterstützt wird. Eine eindimensionale Beschreibung über die Dimension „kooperativ oder unkooperativ" ist nicht hinreichend für die Beschreibung von CV-Projekten. In Abhängigkeit von der Ausprägung auf den beiden Dimensionen ergeben sich fünf Kooperationsmanagementstile: *Vermeidung, Anpassung, Kompromiss, Konkurrenz und Kollaboration bzw. Integration im Sinne eines Win-Win* (**Abbildung 10.1**).

Abbildung 10.1   Stile des Kooperationsmanagements nach Thomas (1992)

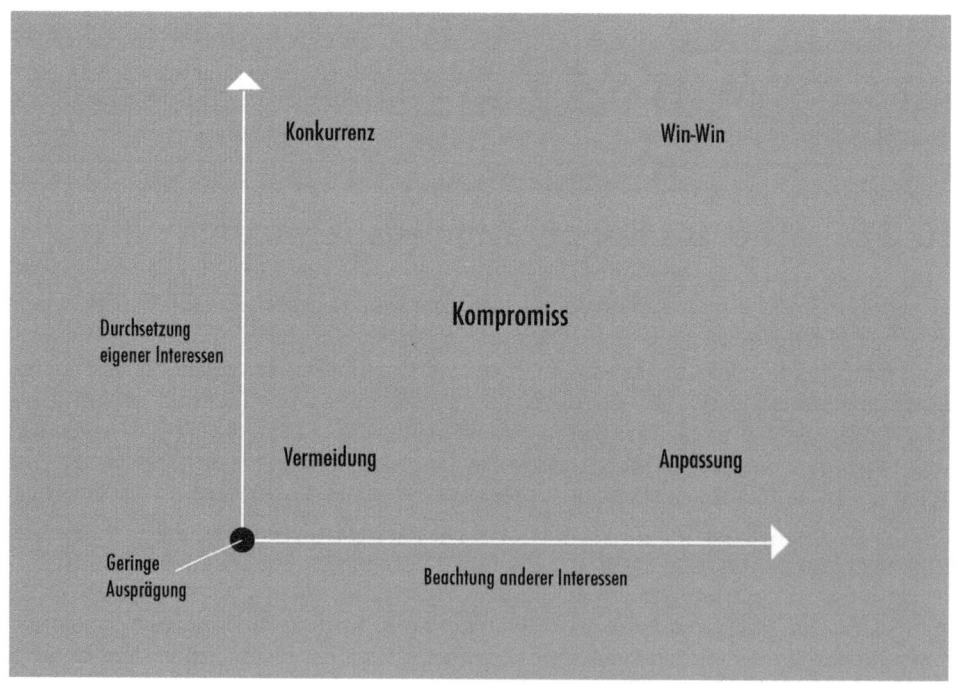

Spezifiziert man das Modell für den Fall des CV, ist von *Vermeidung* zu sprechen, wenn die Nutzenaspekte potenzieller CV-Projekte keine Anziehung ausstrahlen und eine unzureichende Bereitschaft zur Kooperation besteht. In diesem Falle würde ein CV-Projekt nicht zustande kommen bzw. nicht fortgeführt werden. Der *Anpassung* entsprechen CV-Kooperationen, in denen das Unternehmen die Ziele des gemeinnützigen Partners mit hohem Einsatz unterstützt, aber keine eigenen Nutzenpotenziale im CV erschließen möchte oder kann. Dieser Handlungsstil wird gemeinhin als Philanthropie bezeichnet (s. Austin, 2000). Im *Kompromiss* müssen die Beteiligten auf einige der ursprünglich angestrebten Nutzenaspekte verzichten und dem Partner Zugeständnisse machen. Die eigenen Interessen werden dabei ohne großen Einsatz verfolgt und auch die Ziele des Kooperationspartners werden nur mit mäßigem Engagement unterstützt. Von *Konkurrenz* ist im Rahmen von CV-Projekten zu sprechen, wenn ein Kooperationspartner Interessen nachdrücklich verfolgt, die nicht mit den Zielvorstellungen des Partners vereinbar sind. Dies ist beispielsweise der Fall, wenn Unternehmen CV-Projekte für die Verwirklichung ihrer Zwecke nutzen, ohne dabei den Projektpartner bei der Realisierung seiner Interessen zu unterstützen. Der *Win-Win-Situation* kommt ein Alleinstellungsmerkmal zu, da sie allen CV-Beteiligten die uneingeschränkte Befriedigung ihrer Interessen ermöglicht. Thomas bezeichnet sie auch als kollaborative oder integrative Handlungsorientierung (Thomas, 1992). Sie stellt zweifelsohne die höchsten Ansprüche an die Zusammenarbeit von NPO, Unternehmen und Corporate Volunteers. Die Kooperationspartner legen den Fokus darauf, eine für alle Beteiligten befriedigende Lösung zu entwickeln. Zwar schätzen die Akteure die eigenen Nutzenaspekte als relevant und erstrebenswert ein, aber zeigen auch eine Bereitschaft zur *Kooperation* mit den Projektpartnern. Hierfür ist neben der Bereitschaft, die Ziele des Projektpartners zu unterstützen, die Kenntnis und das Verständnis dieser Ziele eine zentrale Voraussetzung.

10.4 Der Fall Gartenbau

Der Fragestellung des Forschungsprojektes CorVo.ch folgend wurde neben den Beweggründen und der Umsetzung von CV-Maßnahmen auch eine konkrete CV-Kooperation untersucht. Die beteiligte NPO ist ein Wohnheim für sehbehinderte Personen, welches pro Jahr rund neunzig Privatpersonen als Freiwillige engagiert und seit 2005 mehrere CV-Kooperationen mit Unternehmen eingegangen ist. Zu Beginn der Kooperationen wurden einzelne Unternehmensmitarbeitende für kurze Zeit in den Tagesablauf des Wohnheims integriert, später wurde die Leiterin des Wohnheims direkt für CV-Einsätze angefragt und es wurden bspw. Klientinnen des Wohnheims zu Konzerten begleitet. Die Leitung des Wohnheims hat Regeln für die Zusammenarbeit im CV aufgestellt und bezeichnet die Verhandlungen über konkrete Kooperationen mit Unternehmen und ihrem Wohnheim als „Chefsache".

Das in diesem Fall beteiligte Bauunternehmen unterhält vor Ort eine Finanzabteilung. Das Unternehmen ist eine Tochtergesellschaft eines amerikanischen Konzerns, in dessen Leitbild gemeinnütziges Engagement in der lokalen Umgebung verankert ist. Die Finanzabteilung kooperierte mit dem Wohnheim im Rahmen ihres gemeinnützigen Engagements.

Insgesamt haben die NPO und das Unternehmen seit 2005 vier Mal während Tageseinsätzen miteinander kooperiert. Die Einsätze änderten sich jedes Mal etwas – von einer Unterstützung für ein Fest bis hin zu Gartenarbeit auf dem Gelände des Wohnheims. Während zu Beginn der Kooperation noch ein minimaler Austausch zwischen den Corporate Volunteers und den Wohnheimbewohnerinnen und -bewohnern stattfand, hat sich dieser im Verlauf der Kooperation aufgelöst. Die Verantwortlichen waren sich auf beiden Seiten einig, dass eine Neuausrichtung der bestehenden Zusammenarbeit, d.h. eine gemeinsame neue Vision benötigt wurde. Hierbei trat die Frage nach dem Nutzen des Engagements in den Vordergrund. Konkret stellte sich zum einen für die Verantwortlichen beider Institutionen die Frage nach Einsatzformen, welche den fachlichen Kompetenzen der Mitarbeitenden des Unternehmens eher entsprächen (z.B. Fundraising). Zum anderen diskutierte man Einsätze, welche den Mitarbeitenden eine neue Einsicht und Erfahrung in Bezug auf einen anderen gesellschaftlichen Bereich bieten würden (z.B. Begleitung von Sehbehinderten). Entsprechend wurden folgende Vorgaben für die formative Evaluation der bestehenden Zusammenarbeit gemacht:

- *Ziel:* Es sollte ein für alle Beteiligten (Institutionen und deren Mitglieder) sinnvolles Engagement, d.h. eine konkrete Engagementform gefunden werden.

- *Frage:* Wie kann ein künftiges Engagement den unterschiedlichen und sich wandelnden Motiven, Bedürfnissen und Erwartungen der Partner gerecht werden und wie ist dies für alle Beteiligten in Bezug auf erwartete Nutzenaspekte zu prüfen?

Hinsichtlich der Weiterführung der Kooperation waren die Partner ergebnisoffen, d.h. die Zusammenarbeit würde je nach Erkenntnissen und künftigen Perspektiven fortgeführt oder eingestellt.

10.5 Methode: Formatives Assessment Tool

Die Methodenwahl orientierte sich an den oben genannten Fragen sowie an der aus der Forschung abgeleiteten Notwendigkeit einer stärker prozessorientierten Evaluation von CV-Kooperationen. Als Weiterentwicklung des Formativen Assessment Tools (FAT) (s. Deitmer et al., 2003) wurde ein geeignetes Forschungsdesign entwickelt, welches durch die Kombination qualitativer (Interviews und Fokusgruppen) und quantitativer (Fragebogen) Erhebungsschritte den genannten Anforderungen gerecht wurde.

Um der Novität der Methode im Bereich der CV-Forschung Rechnung zu tragen, wird diese im Folgenden in ihren einzelnen Schritten dargestellt. Neben dem Vorgehen werden die inhaltlichen Dimensionen, die verwendeten Skalen sowie die Stichprobenzusammensetzung erläutert.

Aufgrund der wenigen empirischen Evaluationsbefunde wurden die Fragen für den FAT-Erhebungsbogen in einem ersten Schritt neu entwickelt und auf den hier untersuchten Fall angepasst. Hierfür wurden drei halbstrukturierte Interviews mit den Geschäftsführenden der beiden Organisationen geführt. Die Interviewfragen bezogen sich auf folgende Themenfelder: Die Bedürfnisse der Beteiligten, die (Nutzen-)Erwartungen an die Kooperation, die Grenzen der Kooperation und die strategische Orientierung der Zusammenarbeit sowie eine offene Dimension. Zu jeder Dimension wurden weitere Fragen gestellt, welche durch Literaturanalysen und aus CorVo.ch-Projektresultaten entwickelt wurden (s. z.B. Lorenz & Wehner, 2010). Die Aussagen der Interviewten wurden zusammengeführt und daraus wurden neue Kriterien gebildet (z.B.: Hatte der Einsatz einen Effekt auf die Mitarbeiterbindung an das Unternehmen?).

Aus den Interviews wurde ein Entwurf eines Fragebogens erstellt, welcher zwischen Haupt- und Unterkriterien differenzierte. Dieser wurde in drei Fokusgruppen mit Mitarbeitenden des Bauunternehmens und des Wohnheims auf Vollständigkeit und Angemessenheit geprüft. Aufgrund der Resultate der Fokusgruppen wurden die Kriterien leicht modifiziert sowie mit Erklärungen bzw. Beispielen versehen. **Abbildung 10.2** visualisiert die einzelnen Prozessschritte bis zur Entwicklung des Fragebogens.

Abbildung 10.2   Entwicklungsprozess des FAT-Instruments

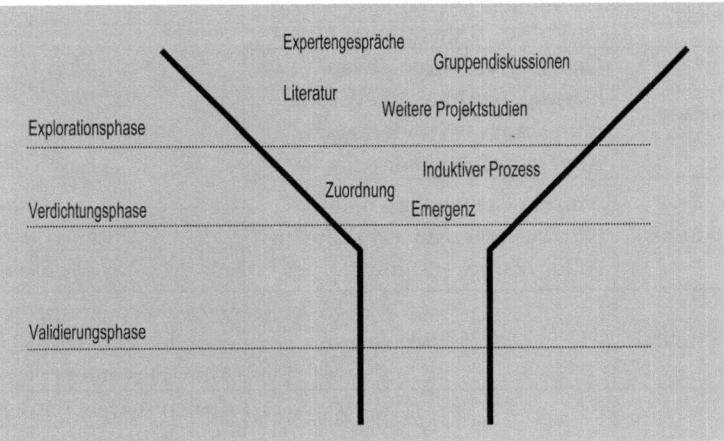

Aufgrund der Interviews und den Fokusgruppen kristallisierten sich folgende vier Hauptkriterien heraus, nach denen der Kooperationserfolg eingeschätzt werden sollte: (a) Werte, und Visionen, (b) Organisation, (c) Zielerreichung und (d) Positive Effekte.

Diese Hauptkriterien bilden eine übergeordnete Zusammenfassung der Unterkriterien ab (**Tabelle 10.1**). Der Fragebogen bestand folglich aus vier Hauptkriterien mit insgesamt 27 Unterkriterien. Bei der Fragebogenstudie wurden alle Kriterien durch folgende zwei Bewertungsschritte eingeschätzt:

■ *Gewichtung:* Im ersten Arbeitsschritt hatten die Teilnehmenden die vier Hauptkriterien des Fragebogens nach ihrer Wichtigkeit zu bewerten. Dazu konnten sie insgesamt 100 Prozentpunkte auf die vier Hauptkriterien verteilen. Im nächsten Schritt wurden die Hauptkriterien jeweils mit Unterkriterien versehen. Auch diese galt es nach ihrer Wichtigkeit zu bewerten, wozu wiederum jeweils 100 Prozentpunkte pro Hauptkriterium verteilt werden konnten. Für das vierte Hauptkriterium wurden zwei Ebenen von Unterkriterien eingefügt.

■ *Umsetzung:* Nach dieser ersten Runde des Gewichtens wurden die Teilnehmenden dazu aufgefordert, den Umsetzungsgrad aller Kriterien einzustufen. Dazu konnte ein Plus (+) für übertroffene Erwartungen, ein Häkchen (√) für erfüllte und ein Minus (−) für nicht erfüllte Erwartungen gesetzt werden. In der quantitativen Auswertung wurde ein „+" mit fünf, ein „√" mit drei und „−" mit eins vercodet.

Tabelle 10.1   Haupt- und Unterkriterien der Unternehmens- und NPO-Kooperation

Hauptkriterien	Unterkriterien	Unterkriterien (zweite Ebene)
Werte und Visionen	Anerkennung, gegenseitige Achtung, deckende Organisationskultur, authentischer Einsatz	
Organisation	Gute Organisation, Zielabklärung, Nachhaltigkeit, Kommunikation v. Hindernissen, Angemessenheit der Aufgabe	
Zielerreichung	Sinn für Gemeinwesen, max. Nutzeneffekt, Abwechslung im Alltag, Zweckerfüllung	
Positive Effekte	*Individueller Nutzen*	Soziale Begegnungen, Horizonterweiterung, Abwechslung im Alltag, Freude
	Nutzen für NPO	Kosten sparen, Förderung v. NPO-Anliegen, zusätzliche Leistungen, gesellschaftliche Integration
	Nutzen für Unternehmen	Mitarbeitereinbindung, Reputationssteigerung, Personalentwicklung
	Nutzen für Gesellschaft	Ausgleich in Gesellschaft, verbesserte Lebensqualität, Entlastung des Staates

Das folgende Beispiel (**Tabelle 10.2**) illustriert, wie ein Fragebogenteil von einem Teilnehmenden der Finanzabteilung und einer Teilnehmenden der NPO ausgefüllt wurde.

Bei der Auswertung wurde eine Gesamtanalyse der Daten vorgenommen sowie die jeweilige Organisationsperspektive analysiert. Ebenso wurden intraorganisationale Divergenzen untersucht. Die Resultate der Fragebogenstudie wurden den Verantwortlichen der NPO sowie der Finanzabteilung in einem Rekommentierungsworkshop präsentiert. Dieser hatte einerseits zum Ziel, die Resultate aufzuzeigen, und andererseits einen formativen Charakter, indem die Teilnehmenden die Resultate kritisch diskutieren und dabei Richtlinien für zukünftige CV-Projekte sowie ein Werteportfolio entwickeln sollten.

Tabelle 10.2   Bewertung und Gewichtung zweier Teilnehmenden

Unterkriterien zu „Werte und Visionen"	Unternehmen		NPO	
	Umsetzung	Wichtigkeit	Umsetzung	Wichtigkeit
Anerkennung	3 (√)	15%	3 (√)	20%
Gegenseitige Achtung	3 (√)	15%	1 (–)	20%
Deckende Organisationskultur	3 (√)	15%	3 (√)	10%
Authentischer Einsatz	1 (–)	55%	3 (√)	50%

10.6   Resultate der Evaluationsstudie

Der FAT-Erhebungsbogen zur Gestaltung von Kooperationen wurde von acht Teilnehmenden des Unternehmens und von drei Teilnehmenden der NPO ausgefüllt. Die Auswertung wurde der Leiterin der NPO sowie einer Mitarbeiterin und dem Leiter der Finanzabteilung des Unternehmens in einem Rekommentierungsworkshop präsentiert.

Es sei angemerkt, dass die Teilnehmenden des Unternehmens teilweise stark voneinander abweichende Antworten gaben. Die Auswertung auf der organisationalen Ebene zeigte allerdings eine Nivellierung der Resultate an. Auf die teilweise stark differenzierenden Resultate wurde im Rekommentierungsworkshop hingewiesen und diese wurden ausgiebig diskutiert.

Aufgrund der geringen Anzahl von Teilnehmenden sowie der formativen Ausrichtung der Methode liegt im Folgenden der Fokus nicht auf einer detaillierten Betrachtung der quantitativen, sondern auf dem formativen Charakter der Ergebnisse. Nach einer zusammenfassenden Übersicht der empirischen Ergebnisse wird die Interpretation im Rahmen des durchgeführten Workshops ausführlicher dargestellt.

10.7 Vom „Business Case" zum „Social Case"

Eines der beiden Ziele der Projektevaluation war die Bestimmung einer allen Bedürfnissen gerecht werdenden Engagementform. Folgendes ist aufgrund der Ergebnisse festzuhalten: Bei den NPO-Vertretern wurde – ermittelt mit dem FAT-Erhebungsbogen – die Berücksichtigung der *Werte und Visionen* (3.8)[1] sowie die *Organisation* (3.4) der Einsätze als zufriedenstellend bewertet. Bei der Verwirklichung der *Ziele* (2.2) bestand Handlungsbedarf in Bezug auf die Nutzenmaximierung (s. unten, Kostenmanagement und Integrationsidee) bzw. die eigentliche Zweckerfüllung durch die Einsätze. Damit verknüpft war die Notwendigkeit zur angemessenen Aufgabenplanung, d.h. deren Organisation, welche die Umsetzung angestrebter Ziele bzw. Nutzenvorstellungen ermöglichte.

Bei den Ergebnissen der Unternehmensvertreter fiel hinsichtlich der Hauptkriterien *Werte und Visionen* (2.6), *Ziele* (2.9) und *Organisation* (2.8) auf, dass die Bedeutung der Tätigkeit, die Planung des Einsatzes sowie die gezollte Anerkennung noch ungenügend waren. Es fehlte an Authentizität und wahrgenommener Zweckerfüllung, womit auch die Angemessenheit der Aufgabe bemängelt wurde. Dass die Partnerschaft trotzdem auf einer guten Basis fußte, ist dank der gesamthaft gesehen positiven Bewertung der *Organisation* (Kommunikation von Hindernissen, Nachhaltigkeit oder grobe Zielklärung), der weitgehenden Übereinstimmung der *Werte und Visionen* sowie der grundsätzlichen Erfüllung zentraler *Ziele* wie Gemeinschaftsbezug oder Abwechslung vom Arbeitsalltag möglich.

Betrachtete man abschließend die vierte Hauptkategorie der *positiven Effekte bzw. der Nutzendimensionen des Engagements* (Unternehmen = 2.8, NPO = 2.4), so ist Folgendes herauszustreichen: Als Hauptnutznießer der Aktivitäten wurde von den Befragten die NPO genannt. Bei der Bewertung der effektiven Nutzengenerierung wurde jedoch der NPO der geringste Nutzen aus den Einsätzen zugeschrieben. Sowohl das Kostenmanagement (0.7/52%)[2] als auch die Integrationsleistung (2.3/36%) wurden von der NPO trotz hoher Wichtigkeit nicht erreicht. Schließlich manifestierte sich die mangelnde Integrationswirkung aus der NPO-Perspektive auch auf der individuellen Ebene, wenn eine mangelnde Horizonterweiterung der Freiwilligen festgestellt wurde (1.7/40%). Um das Ziel einer allseitig zufriedenstellenden Engagementform zu erreichen, galt es neben dem *business case* (z.B. Marktdifferenzierung, Verkaufsförderung, Markterschließung, Reputation oder Personalentwicklung), welcher mehr oder weniger von allen Beteiligten als erfüllt erachtet wird, auch den *social case* (z.B. bedarfsgerechtes Engagement sowie Intensität oder Verlässlichkeit des Engagements) bzw. den *civil case* (z.B. Beitrag an zivilgesellschaftlichem Aus-

---

[1] Die Zahl in der Klammer entspricht jeweils dem durchschnittlichen Umsetzungsgrad des Kriteriums auf einer Skala von 1 bis 5, wobei Werte unterhalb von 3 als nicht erfüllt und Werte über 3 als gut erfüllt zu verstehen sind.

[2] Prozentwerte entsprechen der Wichtigkeit des Kriteriums. Je höher der Wert ist, desto wichtiger war den Teilnehmenden dieses Kriterium.

tausch oder gesellschaftliche Integration durch CV-Maßnahmen) zu verwirklichen (Lang, 2010; Austin, 2000). Gerade die NPO, als eigentlicher Nutznießer des Engagements, sah zentrale Anliegen wie die Kostenreduktion oder eine angestrebte gesellschaftliche Integration im Rahmen der bislang durchgeführten Einsätze (die Gartenarbeit etwa) als nicht erfüllt. Weiter fehlte es an einer nachhaltigen Wirkung des Engagements bei den beteiligten Akteuren und in deren Umfeld (s. gesellschaftlicher Ausgleich und Horizonterweiterung). Schließlich ermangelte es auch einer Sinnhaftigkeit der Einsätze, was durch eine unangemessene Aufgabenplanung sowie die geringe Anerkennung der Freiwilligeneinsätze in der Wahrnehmung der Corporate Volunteers verstärkt wurde. Wie die Gesamtresultate aus der Perspektive der Verantwortlichen wahrgenommen und diskutiert wurden, wird im Folgenden erläutert.

10.8   Rekommentierung durch Kooperationspartner

Im Anschluss an die Auswertungsphase fand ein Rekommentierungsworkshop unter Beteiligung der Leitungsebenen beider Organisationen statt. Dazu wurden die Resultate der Fragebogenerhebung präsentiert und von den Kooperationspartnern diskutiert. **Abbildung 10.3** stellt die Schwerpunkte der Rekommentierung zusammenfassend dar. Im Mittelpunkt stehen die Tätigkeiten, in der sich unterschiedliche Nutzenerwartungen realisieren. Aus der Perspektive der Verantwortlichen hing die konkrete Ausgestaltung dieser Tätigkeiten stark von der Bedeutung des CV-Einsatzes für die Beteiligten, deren Planung und den mit dem Einsatz verbundenen Nutzendimensionen ab.

Abbildung 10.3   Rekommentierungsschwerpunkte

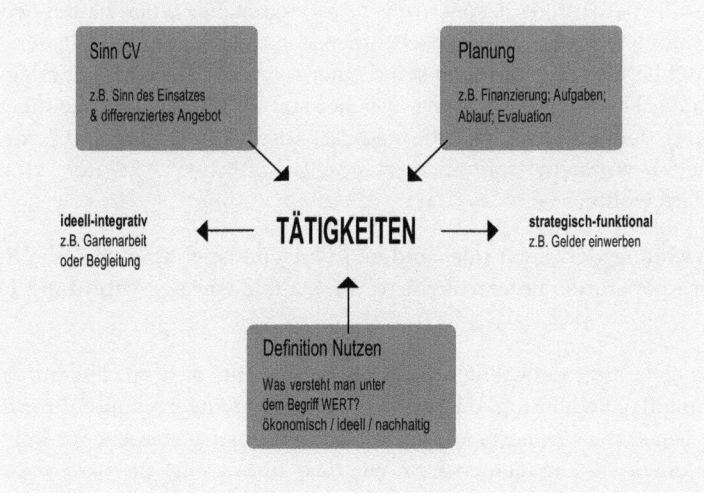

Die Frage nach der Einsatzform und dem zu erwartenden Nutzen ist zentral bei CV-Vorhaben, so auch bei der vorliegenden Kooperation. Im Gegensatz zu herkömmlichen Spenden- oder Matched-Giving-Aktionen ist dies bei CV besonders relevant, da die Tätigkeit an Gewicht gewinnt und CV neue Nutzenaspekte zu erschließen verspricht.

Im Rahmen der Rekommentierung der Studienergebnisse konnten zwei strategische Ausrichtungen hinsichtlich der Engagementformen unterschieden werden:

- *ideell-integrative Ausrichtung:* Auf der einen Seite (**Abbildung 10.3**) sind eher ideelle bzw. integrative Aspekte angesprochen worden, welche die Berücksichtigung nicht monetärer Werte, Interessen oder Überzeugungen wie Motivation, Horizonterweiterung, Identifikation, Sinnstiftung, Know-how-Transfer oder die gesellschaftliche Integration berücksichtigen.

- *strategisch-funktionale Ausrichtung:* Auf der anderen Seite (**Abbildung 10.3**) sind stärker ökonomisch ausgerichtete Nutzenaspekte genannt worden, welche für das ökonomische Überleben der NPO von zentraler Bedeutung waren und vom Unternehmen ohnehin nicht vernachlässigt werden durften. Diese Aspekte folgen einem monetären Nutzenkalkül.

Die Tätigkeit steht somit im Spannungsfeld zwischen ideell-integrativen und strategisch-funktionalen Einsatzmöglichkeiten. Konkret äußerte sich dies wie folgt: Für die NPO wäre es unter dem Gesichtspunkt der Effizienz erstrebenswert gewesen, wenn der Einsatz einen möglichst hohen ökonomischen Ertrag gestiftet hätte und der Aufwand möglichst gering geblieben wäre. So wäre es für die Leitung der NPO interessant gewesen, wenn sie von dem Fachwissen der Corporate Volunteers in Finanzfragen hätte profitieren können, indem diese sich beispielsweise im Fundraising engagiert hätten. Dem stand jedoch zum einen das Bedürfnis der Unternehmensmitarbeitenden entgegen, welche Aufgaben außerhalb ihres beruflichen Tätigkeitsspektrums bevorzugten. Die einen hätten lieber körperlich gearbeitet, während andere eine zwischenmenschliche Begegnung mit den Heimbewohnern bevorzugt hätten. Zum anderen stand einer solch reinen Nutzenüberlegung der eigene Anspruch der Heimleitung im Weg, welcher aus Verpflichtung gegenüber der eigenen Institution und deren Bewohnern die gesellschaftliche Integration, d.h. den Austausch zwischen Heimbewohnern und anderen gesellschaftlichen Akteuren, durch CV-Maßnahmen fördern wollte.

Je nach Gewichtung der einen oder anderen Nutzenausrichtung sind die Rahmenbedingungen einer Kooperation unterschiedlich zu gestalten, wie aus **Abbildung 10.3** ersichtlich wird.

- *Sinn:* Das oben angesprochene Spannungsfeld machte sich vor allem in Bezug auf die Vermittlung der Bedeutung, d.h. des individuellen Nutzens von CV für die beteiligten Akteure, bemerkbar. Es bestand relativ rasch ein unausgesprochener Konsens darüber, dass eine effiziente Engagementform wie das Fundraising die (ökonomisch) sinnvollste, d.h. strategisch-funktionalste Lösung für beide Seiten sein würde. Irritation lösten da die Evaluationsergebnisse zu den bisherigen Tätigkeiten aus, welchen eine mangelnde Sinnhaftigkeit zugesprochen wurde und dadurch die Erfüllung eines *sinnvollen* Zwecks fehlte. Sinn meint hier zum einen eine sinnvolle Aufgabe im Bereich der aktiven Mitarbeit im Heimalltag (keine Alibiübungen) und zum anderen die Berücksichtigung individueller Präferenzen bei der CV-Tätigkeit. Neben der individuellen Sinnerfüllung durch ein differenziertes CV-Angebot (physische, soziale oder geistige Freiwilligentätigkeit) ist auch die Idee der gesellschaftlichen Integration durch CV-Maßnahmen genannt worden. Sinnvolles CV, im Sinne stärker ideell ausgeprägter Engagementformen, wurde so im Verlauf zu einer eigenen und expliziten Nutzendimension, welche neben rein monetären Überlegungen ihre eigene Berechtigung erhielt.

■ *Nutzen:* Wie sich im Gespräch zeigte, hatten die Partner teilweise sehr unterschiedliche Auffassungen davon, was „Nutzen" bedeutet und welcher „Nutzen" verfolgt wird. Während der Unternehmensvertreter stärker einen monetären Nutzen mit dem Begriff verbindet, kommt bei der NPO-Leitung eine ideelle Dimension hinzu (Horizonterweiterung; Gesellschaft in das Heim bringen). Als Schwierigkeit wurde die Sichtbarmachung bzw. Messung entsprechender Nutzenaspekte erkannt, was gerade für die Bilanzierung bzw. Legitimierung des Engagements ein wichtiges Thema für das Unternehmen war. Wie bereits erwähnt stellte sich jedoch auch bei der NPO die Frage nach dem ökonomischen Nutzenkalkül. Dies galt vor allem, wenn es um die Vermeidung von Verlusten ging oder, wie es die Leiterin formulierte: „Die schwarze Null muss stehen." Schließlich wurde auch die Frage nach der Nachhaltigkeit, d.h. Zeitlichkeit des Einsatzes, diskutiert. Aufgrund einzelner Tageseinsätze konnte nur wenig (zeitliche) Nachhaltigkeit in zwischenmenschliche Beziehungen eingebracht werden. Dies wiederum wäre aber in Hinblick auf Sozialeinsätze von der NPO-Leitung erwünscht gewesen.

■ *Planung:* Ob das CV-Projekt strategisch-funktional oder ideell-integrativ aufgesetzt ist, hat auch Konsequenzen für die Planung der Einsätze. Die aktive Einbindung und Berücksichtigung individueller Sinnerfüllung und spezifisch ideeller Nutzendimensionen bringt Mehraufwand hinsichtlich der Planung bzw. der Kommunikation von Einsätzen mit sich. Dass dies nicht immer klar ist, zeigte sich an der Reaktion der Unternehmensvertreter in der vorliegenden Evaluation. Vor dem Hintergrund der fehlenden Nutzenrealisierung durch die NPO wurde darauf hingewiesen, dass es weiteren Planungsaufwand braucht, um die spezifischen Herausforderungen einer CV-Kooperation zu meistern. Nebst einer detaillierten finanziellen Planung (welche Einsatzform kostet wie viel; welche Tätigkeiten sind zu ermöglichen, d.h. ganzheitliche bzw. eigenständige vs. reine Hilfsdienste; wer bezahlt welchen Teil und warum?) gilt es, auch verstärkt den Sinn des Engagements sowie seine Wirkung zu bewerten. Hierzu gehört abschließend neben der reinen Kommunikation auch eine detaillierte Einsatzplanung, welche die unterschiedlichen Bedürfnisse und Anliegen bis auf die Ebene der konkreten Anwendung von CV vor Ort berücksichtigt.

10.9   Fazit

Die vorliegende Studie ist mit dem Evaluationsanspruch angetreten, zu einer Gestaltung einer Engagementform beizutragen, welche die Interessen aller Beteiligten berücksichtigt. Während des Rekommentierungsworkshops zu den Evaluationsbefunden wurde deutlich, dass es noch blinde Flecken hinsichtlich einer Perspektivenübernahme oder gar einer Perspektivenverschränkung gab. Vor dem Hintergrund der oben eingeführten Handlungsorientierungen in Kooperationssituationen (**Abbildung 10.3**) kann resümiert werden, dass die untersuchte CV-Kooperation gegenwärtig als Kompromiss zwischen NPO, Unternehmen und den Corporate Volunteers zu beschreiben ist.

In Abgrenzung zur *Win-Win*-Situationen zeichnet sich ein Kompromiss dadurch aus, dass eigene Interessen nur bedingt realisiert werden und die Ziele des Partners nicht immer in vollem Umfang unterstützt werden. Die Beteiligten müssen im Rahmen von Kompromissen auf Aspekte der angestrebten Nutzenaspekte verzichten und dem Partner Zugeständnisse machen. Dies sei kurz skizziert: Das Unternehmen räumte den Zielen der NPO und der Gemeinwohlorientierung das Primat ein und setzte seine Interessen nur mit mäßigem Engagement durch. Diese Handlungsorientierung korrespondiert auf den ersten Blick mit dem Stil der philanthropischen Anpassung, bei dem primär die Ziele des Kooperationspartners unterstützt werden. Der Sachverhalt ist allerdings vielschichtiger: Aus Sicht der Unternehmensmitglieder stand der Wunsch der Heimleitung, sie für Fundraising einzusetzen, mit ihrem Bedürfnis nach körperlichem Ausgleich und menschlichen Begegnungen im Konflikt. In dieser Hinsicht war die Kooperativität der Corporate Volunteers eingeschränkt. Aus Sicht der NPO gelang es den Kooperationspartnern nicht, die Interessen des Heimes in vollem Maße zu verwirklichen. Die Kooperativität der NPO kam aus der Perspektive der Corporate Volunteers bei der Planung und Organisation von authentischen Einsätzen und bei der Anerkennung ihrer Freiwilligenarbeit an ihre Grenzen. Vor diesem Hintergrund ist es im Sinne einer Verstetigung des initialen Interesses an CV-Maßnahmen ratsam, die CV-Kooperation nicht durch inflationären Gebrauch von *Win-Win*-Versprechen mit unrealistischen Erwartungen zu belasten. Die Vermeidung potenzieller Konflikte und der Ausstieg aus der Kooperation lag näher als eine intensive Auseinandersetzung und der Abgleich unterschiedlicher Interessen im Sinne eines *Win-Win*.

Zusammenfassend machen die hier dargestellten Ergebnisse deutlich, dass Gewinne auf allen Seiten nicht ohne Weiteres zu erzielen sind. Es kann bereits daran scheitern, dass die Akteure unterschiedliche Vorstellungen darüber haben, was überhaupt ein Nutzen ist. Eine gute und damit offene Kommunikation bei der Planung einer Kooperation ist eine notwendige Voraussetzung, um gemeinsame Ziele und deren Bedeutung zu formulieren. Nur wenn die beteiligten Akteure wissen, was sie von der Zusammenarbeit erwarten bzw. wie diese im Prozess zu gestalten ist, können die unterschiedlichen und sich verändernden Motive und Erwartungen erkannt und auch erfüllt werden.

Methodische Hilfe zur Selbstreflexion und Entscheidungsvorbereitung hat hier das Evaluationsinstrument geboten, womit dieses seinen Zweck erfüllt hat. Es hat beiden Institutionen blinde Flecken aufgezeigt und die Fähigkeit zur Perspektivenübernahme für die Anliegen des jeweiligen Partners gestärkt. Auch das Kooperationsmanagementmodell eignet sich über die objektiv-summative Analyse hinaus zur Darstellung unterschiedlicher Perspektiven auf eine Kooperation. Anhand der beiden Dimensionen und der fünf Handlungsorientierungen können auch Differenzen in der Selbst- und Fremdwahrnehmung der CV-Partner aufgedeckt, diskutiert und für die künftige Gestaltung der Kooperation genutzt werden. So wurde z.B. der NPO-Leiterin durch den Rekommentierungsworkshop erst bewusst, dass ihre Bemühungen, den Corporate Volunteers ihre Dankbarkeit auszudrücken, nicht erkannt wurden. Dem Leiter der Finanzabteilung des Unternehmens wurde durch die Evaluation klar, dass der CV-Einsatz nicht den erwarteten Nutzen für die NPO brachte, und es zeigte sich in der Analyse, dass durch den Einsatz auch Kosten für die NPO entstanden, die durch den Einsatz nicht egalisiert wurden. Schließlich wurden durch den Rekommentierungsworkshop neue Prozesse verhandelt und gestaltet, was die Erreichung bestimmter Nutzenaspekte nach sich ziehen sollte.

Die Stärke des FAT-Ansatzes ist zugleich auch seine Schwäche: In der Flexibilität ergibt sich die Möglichkeit, die Evaluation mit hohem Detaillierungsgrad an die Inhalte und Realitäten der unter Beobachtung stehenden Kooperation anzupassen. Notwendigerweise steht somit immer der Fall im Vordergrund, und Vergleiche zwischen verschiedenen Kooperationen werden nur auf einer abstrahierten Ebene möglich sein. Das Instrument FAT bietet das Potenzial, Kooperationen im Bereich CV formativ zu gestalten und kann bei einer Weiterentwicklung dazu führen, dass wiederkehrende und damit eher allgemein gültige Kriterien identifiziert und mit individuellen, fallabhängigen Parametern der jeweiligen Kooperationen differenziert werden.

Die Organisationen haben aufgrund der Evaluation vorerst ihre gemeinsame CV-Kooperation eingestellt, um sich weitere Überlegungen über ihre Rollen zu machen und die internen (durchaus diversen) Ansprüche für ein weiteres Engagement vertieft zu klären. Damit hat das FAT seinen formativen Anspruch erfüllt: Das Instrument hat einen formativen Prozessbeitrag geleistet.

11 Gegen „Win-Win", für Sinnstiftung: Zu den CV-Beweggründen

Christian Lorenz, Gian-Claudio Gentile, Theo Wehner

11.1 Die Sinnfrage — Warum arbeiten wir auch ohne Lohn?

Wann immer Menschen unentgeltlich tätig werden, stellt sich die Frage nach ihren Beweggründen dazu. Jenseits von Beziehungs-, Familien- oder Trauerarbeit gilt das ganz besonders dort, wo Arbeit traditionell geleistet wird, um eine Gegenleistung zu bekommen. Im Ehrenamt, anderen Formen zivilgesellschaftlicher Freiwilligenarbeit und eben auch im Corporate Volunteering (CV) erbringen Individuen Leistungen, die unter anderen Umständen bezahlt würden. Sie tun dies oft in einem organisierten Rahmen, den Non-Profit-Organisationen (NPO) oder Wirtschaftsunternehmen stellen.

Freiwilligenarbeit gehört explizit zum Kerngeschäft von NPO. Aber auch gewinnorientierte Firmen könnten ohne freiwillig erbrachten Aufwand ihrer Angestellten kaum überleben. Nicht umsonst wird in der arbeits- und organisationswissenschaftlichen Literatur der letzten 30 Jahre zunehmend über Mitarbeitende als „Unternehmensbürger" (OCB; s. Organ, 1988) diskutiert oder über Inhalte und Grenzen der Arbeitsrollen und das, was darüber hinausgeht (Extra-Rollenverhalten, s. Borman & Motowidlo, 1993; im deutschsprachigen Raum Wesche & Muck, 2010), geschrieben. Die individuellen Leistungen, die in der Summe ausmachen, was eine Firma produziert, lassen sich nur teilweise so klar umschreiben, dass Kriterien für ihr Erbringen abzuleiten sind, sodass sie letzten Endes bilanzierbar werden. Verkaufszahlen, Beratungsstunden oder produzierte Teile sind relativ leicht quantifizierbar und die Leistung der Organisation und ihrer Mitglieder wird objektiv messbar. Begeisterung für das Produkt, Empathie im Beratungsgespräch und Extra-Pflege der Maschinen oder Hilfsbereitschaft gegenüber Kollegen am Band, bei denen sich die Produktion staut, sind jene Bestandteile der Arbeit, die einen beträchtlichen Teil der messbaren Leistung erklären, selbst aber schwer zu erfassen sind.

Was bewegt Angestellte dazu, sich für ihren Job auf Weisen zu engagieren, die so implizit sind, dass sie von der Firmenleitung nicht ins Pflichtenheft aufgenommen werden können und die so unterschwellig wirken, dass ihr Nutzen kaum monetarisiert werden kann?

Auf der vereinfachend als bipolar dargestellten Motivationsdimension, die sich zwischen extrinsisch – also durch äußere Reize und Belohnungen angestoßen – und intrinsisch – d.h. der Impetus kommt aus inneren Erwägungen und Erwartungen an die Tätigkeit selbst – aufspannt, finden sich diejenigen Aspekte, die Arbeit erfüllend machen und die Motivation dazu dauerhaft hochhalten, tendenziell im intrinsischen Spektrum. Betrachtet man bspw. die Kündigungsgründe Hochqualifizierter, ist die am häufigsten genannte Ursache für einen notwendigen Arbeitsplatzwechsel die negativ beantwortete Sinnfrage. Leistungs- und Anschlussmotive – also motiviert zu sein, Leistung um ihrer selbst willen zu erbringen wie auch das Gemeinschaftserleben am Arbeitsplatz – sind bedeutsame Prädiktoren von Arbeitszufriedenheit (Pifczyk & Kleinbeck, 2000). Ebenso Merkmale der Arbeit, die den vollständigen Einbezug des sie ausführenden Menschen erleichtern (Hackman & Oldham, 1975). Die Arbeitsgruppe um Deci und Ryan (2002) erklärt menschliche Handlungen – auch außerhalb solcher am Arbeitsplatz – als motiviert durch drei Grundbedürfnisse, die Menschen stets zu erfüllen streben. In dieser Logik motiviert Arbeit, die das Erleben von Autonomie und Kompetenz und eine soziale Eingebundenheit mit sich bringt. Zugespitzt lässt sich formulieren: Wer nur versteht, warum Menschen gegen Lohn oder eine andere Form der Anerkennung ihre Arbeitskraft investieren, hat wenig vom menschlichen Bedürfnis, tätig zu sein, verstanden (s. z.B. Mutz, 2002; Arendt, 2001).

11.2   Freiwillige Arbeit als Demonstration individueller Arbeitsmotivation

Bierhoff im deutschsprachigen und Clary und Snyder neben Kollegen im US-amerikanischen Raum haben das Bild der motivationalen Grundlage von Freiwilligenarbeit im Speziellen in den 1990er Jahren entscheidend differenziert (z.B. Bierhoff, 1990; Bierhoff & Schülken, 2001; Clary et al., 1998). Sie identifizierten eine Reihe verschiedener Funktionen, die freiwillig erbrachte Tätigkeiten erfüllen und die inhaltlich vielfältig sind: Freiwilligenarbeit ist für die einen (und übrigens auch meisten) zuvörderst *Ausdruck individueller,* bspw. humanistischer oder religiöser, *Werte*, für andere *Lernfeld*, Raum der *Begegnung mit anderen Menschen*, eine Möglichkeit, *Anerkennung* zu erhalten, fehlendes *Sinnerleben* in der Erwerbsarbeit oder im Privatleben zu *kompensieren*, und erscheint manchen sogar vielversprechend als *Karrieresprungbrett*. Wichtig sind dabei zwei Aspekte:

1. Die gleiche Arbeitsleistung kann dabei durch völlig verschiedene Motive bedingt werden. Diese mag sowohl *zwischen* den als auch *innerhalb* der freiwillig Tätigen variieren. Z.B. mag ein junger Mensch seinen altruistischen Wert des Helfens durch Freiwilligenarbeit zugunsten einer humanitären Stiftung ausleben und sich nebenbei sagen, dass diese Tätigkeit von zukünftigen Arbeitgebern anerkannt werden dürfte. Später im Leben spielt die Entwicklungsperspektive mglw. eine untergeordnete Rolle, die regelmäßigen Treffen erfüllen dagegen die Funktion der sozialen Einbindung (Clary et al., 1998; Bierhoff & Schülken, 2001).

2. Ausschlaggebend für die Motivation zur freiwilligen Arbeit ist die Individualität der Sinnstiftung. Wir wissen aus dem arbeitswissenschaftlichen Diskurs, dass die Übereinstimmung der individuellen Werte mit dem übergeordneten Ziel der NPO großen Anteil daran hat, dass sich Einzelne für ganz bestimmte Engagements entscheiden (Michalski & Helmig, 2009). Wer seine ganz persönlichen Ziele, unabhängig davon, ob diese karriereorientiert, sozial oder eine bestimmte Werthaltung sein mögen, im Rahmen der freiwilligen Tätigkeit verfolgen kann, engagiert sich nachhaltiger und intensiver.

11.3   CV — Dilemma zwischen Win-Win und individueller Sinnstiftung

Im besonderen Fall des CV ergibt sich hier nun ein Dilemma: Während die Angestellten als individuelle Bürger und Mitarbeitende angesprochen werden und ihr Tätigwerden ähnlich motiviert sein sollte wie das von im privaten Lebensbereich freiwillig Tätigen, ist der organisationale Rahmen des Engagements geprägt durch die Realitäten der Betriebswirtschaft. Das bedeutet, dass unternehmerische Aktivitäten generell, aber auch solche, die jenseits des Kerngeschäfts stehen, durch ihren Ertrag legitimiert werden, dass mit den Ausgaben die Erwartungen an die Rendite steigen und dass der Eigennutzen stärker gewichtet wird als der anderer Akteure (Windsor, 2001). Im Zuge der Nachhaltigkeitsdebatte redefinieren Unternehmensverantwortliche zwar den Nutzenbegriff und die Zeitspanne, in der sich Maßnahmen als ertragbringend erweisen müssen. Trotzdem bleibt die Funktionslogik der Firma naturgemäß eine utilitaristische: alle Aktivitäten müssen dem Unternehmen am Ende nutzen. Folgerichtig argumentieren die Befürworter von Geschäftsstrategien, die von Firmen eine progressivere Auffassung ihrer gesellschaftlichen Rolle fordern (s. z.B. Schöffmann, 2001; Pinter, 2006; Schubert et al., 2002), mit kürzer- oder längerfristigen Gewinnen, die für die Unternehmen selbst aus dieser Rolle resultieren.

Im CV-Kontext liest sich die gängige Argumentation (s. auch Gentile et al., 2011) als mindestens dreifaches Gewinnversprechen für

- Mitarbeitende (Kompetenzerwerb, z.B. Führungs-, Team- oder Projektmanagementfähigkeiten oder Karrieredienlichkeit des Engagements),

- das Unternehmen selbst (langfristig: Image; mittelfristig: verbesserte Bindung und Anwerbung von kompetenten Mitarbeitenden; kurzfristig: Steigerung von Motivation und Arbeitszufriedenheit) und

- NPO wie letztlich auch die Gesellschaft (Firmen als potente und flexible Geldgeber; Spender von Humanressourcen).

Zusammengefasst stellt sich ein Großteil der anwendungsorientierten und teilweise auch wissenschaftlichen Literatur so dar, dass Unternehmen anhand möglichst spezifischer Versprechungen hinsichtlich des zu erzielenden (Eigen-)Nutzens eine Aufnahme von CV-Aktivitäten nahegelegt wird. Diese Logik halten wir für kontraproduktiv.

Unter der Annahme, dass es wünschenswert ist, Wirtschaftsakteure und Mitarbeitende verstärkt in gemeinnützige Tätigkeiten einzubinden, glauben wir, dass die bestehende Praxis, die sich dadurch auszeichnet, dass gemeinnützige Firmenengagements unkonkret sind, implizit bleiben, so gut wie nie evaluiert werden und auch nicht professionell als Marketingmaßnahmen kommuniziert werden (s. Gentile & Lorenz sowie Lorenz & Cho, in diesem Buch), mehr Erfolg in deren dauerhafter Aufrechterhaltung verspricht als das Versprechen, Optimieren und Nachweisen des messbaren Ertrags für alle Beteiligten. Gerade wenn Kriterien für Erfolg offen bleiben und es keine verbindlichen Standards dafür gibt, wann CV intern legitimiert ist, besteht der individuelle Spielraum, der notwendig ist, damit die unterschiedlichsten Individuen mit den verschiedensten Erwartungen an CV ihr Engagement mit Sinn füllen können. „Top-down" angestoßene formalisierende Maßnahmen, wie bspw. Standardisierungen im Sinne der Qualitätssicherung zu erreichender Ziele oder die strategisch abgewogene Auswahl bestimmter Engagementformen und Kooperationspartner, führen dann dazu, dass Autonomie in Entscheidung und Gestaltung verloren gehen und persönliche Sinnstiftung schwieriger wird. Jede Bilanzierung des Engagements und seines Ertrags wird dann die individuelle Motivation dazu korrumpieren.

In diesem Sinne formulieren wir folgende Forderung:

> *Die Nutzenerwartungen an CV-Engagements müssen unspezifisch bleiben, damit individuelle Sinnstiftung möglich wird.*

Die Möglichkeit mehrseitiger Nutzengenerierung ist damit nicht ausgeschlossen. Vielmehr wird sie wahrscheinlicher, wenn sich individuelle Motivationen in „bottom-up" gewachsenen Strukturen (z.B. Qualitätszirkel oder Planungsgremien unter Beteiligung der Angestellten) und Orientierungen (z.B. einer Vertrauenskultur, in der die Aufrichtigkeit des Engagements nicht als PR-Maßnahme hinterfragt wird) wiederfinden. CV-Aktivitäten dürften sich so im Unternehmen fester verankern lassen, woraus eine höhere Teilnahmebereitschaft resultieren wird. Die Legitimation des Engagements an betriebswirtschaftlich relevanten Kenngrößen allein kann dafür nicht genügen.

Im Folgenden zeigen wir zusammenfassend einige Ergebnisse, die im Rahmen des CorVo.ch-Projekts zur Frage der Beweggründe gesellschaftlichen Engagements im Unternehmenskontext entstanden sind. Einmal stellen wir ausgewählte Ergebnisse zur motivationalen Basis unternehmerischen Engagements aus der schweizweiten Kurzbefragung vor (s. Gentile & Lorenz; Samuel, Schilling & Wehner, in diesem Buch). Zum anderen zeigen wir Resultate von Fragebogenstudien, die wir begleitend zu vier CV-Einsätzen dreier Unternehmen durchführten, sowie vertiefender qualitativer Untersuchungen (Gruppendiskussionen) bei diesen Firmen, in deren Rahmen immer wieder die Frage der CV-Motivation berührt wurde. Dabei werden jene Beweggründe, die sich in den Befragungen als besonders wichtig herausgestellt haben, hervorgehoben und solche, deren Relevanz in manchen Arbeiten zum Thema schon vorweggenommen wurde, reflektiert. Abschließend diskutieren wir einige Implikationen für die praktische Umsetzung von CV-Projekten, die unsere Befunde haben.

11.4   Beweggründe gemeinnützigen Engagements

11.4.1   Kurzbefragung unter Schweizer Unternehmen

In der schweizweiten Kurzbefragung von Entscheidungsträgern innerhalb der Unternehmen erfassten wir die Beweggründe, die aus unternehmerischer Sicht die Aufnahme gemeinnütziger Engagements motivieren. Wir nahmen eine institutionelle Perspektive ein, indem wir die Fragen so stellten, dass die betrieblichen Prozesse und Abwägungen im Vordergrund standen und diese von denjenigen Personen beantwortet wurden, die verantwortlich für das gesellschaftliche Engagement der jeweiligen Firma zeichneten oder die Entstehungshintergründe kannten. Die Grundgesamtheit der Befragung bestand aus Auskunftspersonen aus 2096 Unternehmen, von denen die Mehrheit von rund 90% Klein- und Mittelunternehmen mit unter 250 Mitarbeitenden waren. Die Auskunftspersonen waren in den allermeisten Fällen (79%) Firmeneigner oder Geschäftsführer.

Abbildung 11.1 Beweggründe für gemeinnütziges Engagement

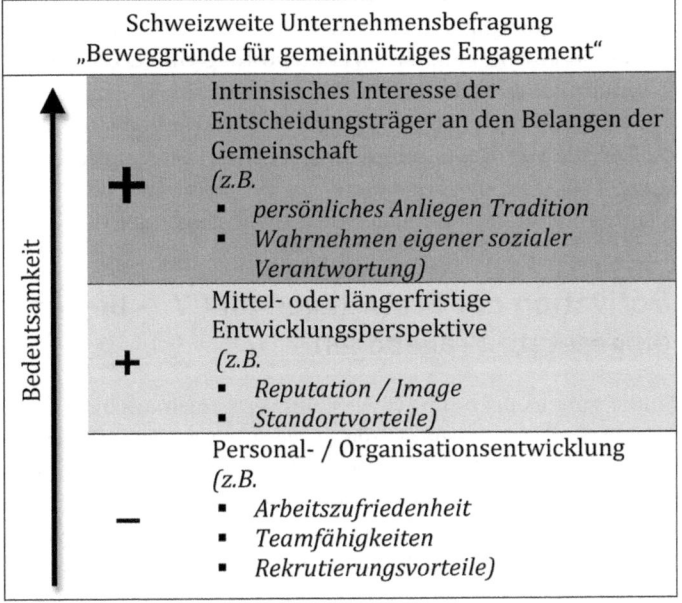

Die Ergebnisse zeigen, dass sich aus der Vielzahl der Antwortalternativen und dem Beantwortungsmuster drei übergeordnete Motiv-Kategorien ableiten lassen (s. Lorenz & Cho, in diesem Buch): Die Kategorie, die am meisten Zustimmung erfährt, umfasst solche Antworten, die auf ein intrinsisches Interesse der Entscheidungsträger an den Belangen der Gemeinschaft, in der ihren Firmen operieren, schließen lassen. Mehr als drei Viertel der Befragten (77%) stimmen mindestens einer Alternative aus dieser Antwortkategorie zu und geben an, dass ihr Unternehmen aus dem persönlichen Interesse der Entscheidungsträger, aus Tradition oder aus dem Wunsch, der eigenen sozialen Verantwortung gerecht zu werden, gemeinnützig tätig wird. Beträchtlich weniger Studienteilnehmer (17%) geben zudem Überlegungen als ausschlaggebend an, die mit einer mittel- oder längerfristigen Entwicklungsperspektive ihrer geschäftlichen Aktivitäten zusammenhängen (bspw. Reputationsförderung oder Entwicklung von Standortbeziehungen). Nur rund 6% der Firmen erwarten sich von ihrem Engagement konkrete und kurzfristig zu erzielende Nutzen im

Sinne der Personal- oder Organisationsentwicklung (wie Förderung von Arbeitszufriedenheit, Teamfähigkeit und Rekrutierungsvorteilen am Arbeitsmarkt).

Setzt man diese Ergebnisse, die Übrigens im Großen und Ganzen denen der verwandten Studien aus Deutschland (z.B. Braun & Kukuk, 2007; Herzig, 2006; Maaß & Clemens, 2002) und den USA (z.B. Rochlin et al., 2005) entsprechen, in Beziehung zur gängigen Win-Win-Argumentation, ergibt sich eine Diskrepanz: Es sind am allerwenigsten spezifische und messbare eigene Vorteile, die aus Sicht der Auskunftspersonen hinter den gemeinnützigen Engagements ihrer Firmen stecken. Vielmehr scheint es wichtig zu sein, dass die individuelle Ausgestaltung nach dem Selbstverständnis des Unternehmens möglich bleibt – denn nur so kann das Engagement im Einklang mit persönlichen Anliegen der entsprechenden Entscheidungsträger, der jeweiligen Firmentradition oder die Erfüllung eigener Erwartungen an die Übernahme gesellschaftlicher Verantwortung durch die Firma realisiert werden. Wenn Eigennutzen eine Rolle für das Engagement spielt, dann sind es unkonkrete, d.h. in der Ausgestaltung individuell zu füllende und schwer bilanzierbare, und langfristig zu realisierende Vorteile wie Reputations- und Netzwerkpflege, die Unternehmen motivieren. **Abbildung 11.1** fasst die Ergebnisse der Befragung zu den Beweggründen des unternehmerischen gemeinnützigen Engagements in absteigender Wichtigkeit zusammen.

11.4.2 Motivation der Freiwilligen im CV — begleitend eingesetzte Fragebögen

In der ersten Studie ging es noch um weiter gefasstes gemeinnütziges Engagement durch Firmen. Eine besondere Form dessen ist die Förderung von Freiwilligenarbeit durch ihre Mitarbeitenden, die im Namen des Unternehmens erbracht wird, also Corporate Volunteering. CV zeichnet sich durch seine aktive Natur aus, weil Angestellte mit zeitlichem Aufwand, oft materiell und zumindest logistisch unterstützt durch ihre Firmen, für gemeinnützige Zwecke tätig werden. In der Regel werden die Mitarbeitenden des Unternehmens gesamthaft eingeladen, sich an einem CV-Projekt zu beteiligen. Die Projekte nehmen dabei unterschiedliche Formen an – oft werden Tages-Events, sogenannte Aktionstage, durchgeführt, in deren Rahmen Umweltschutz- oder soziale Aktivitäten angeboten werden. Andere Formen, wie bspw. Mentorings, werden über einen längeren Zeitraum verfolgt, es sind dann aber weniger Mitarbeitende involviert (s. Wehner et al., 2008). Im CorVo.ch-Projekt hatten wir die Möglichkeit, insgesamt vier Tageseinsätze bei drei verschiedenen Unternehmen zu begleiten. Es handelte sich dabei um zwei Naturschutz- und zwei soziale Einsätze. Bei ersteren wurden ein Flusswald und ein Hochmoor von eingewanderten Pflanzen gereinigt. Die Sozialeinsätze umfassten die organisatorische Unterstützung eines Sportevents für Menschen mit körperlichen und geistigen Behinderungen und die Ausrichtung eines Informationstages, in dessen Rahmen Senioren bei der Einrichtung und Bedienung ihrer Mobiltelefone und E-Mail-Konten unterstützt wurden. Es nahmen pro Einsatz zwischen 19 und 32 Angestellte auf freiwilliger Basis teil. Jedes Event wurde durch entsprechende NPO unterstützt, die die Freiwilligen einwiesen, anleiteten oder deren Mitarbeitenden mit den Corporate Volunteers zusammenarbeiteten.

Wir begleiteten die Einsätze, indem wir neben anderen Aspekten der Aktivitäten (z.B. Tätigkeitsgestaltung, stressreduzierende Wirkung) die Motivationen der freiwilligen Helfer per Fragebogen erfassten. Hierzu bedienten wir uns der Skalen von Clary und Snyder (1999) sowie deren Übertragung auf den deutschsprachigen Raum durch Bierhoff, Schülken & Hoof (2001). Die grundlegende Annahme der eingesetzten Messinstrumente ist, dass Freiwilligenarbeit im Allgemeinen verschiedene Funktionen erfüllt. Uns interessierte also in Anlehnung an die eingangs dargestellte Übersicht zur Freiwilligenforschung, wie stark die einzelnen, zur Freiwilligenarbeit motivierenden Erwartungen an das Engagement ausgeprägt waren. Wir setzten dazu vier Subskalen ein, mit denen wir maßen, ob die Freiwilligen teilnahmen,

a. um den individuellen Werten, Gutes tun zu wollen und zu helfen, Ausdruck zu verleihen;

b. weil sie sich wegen der sozialen Natur der Events (d.h. Zusammenarbeit mit Kollegen in einem anderen Rahmen als üblich) engagierten;

c. weil sie mit ihrem Einsatz Karrieredienlichkeit verbanden oder

d. ob sie aus kompensatorischen Erwägungen heraus teilnahmen, bspw. um im Rahmen ihres Berufs einmal etwas anderes als sonst zu erleben, eine Leistung mit größerem gesellschaftlichen Wert zu erbringen oder Wertschätzung für ihren Einsatz zu erfahren.

Abbildung 11.2 Motive der Freiwilligen im CV-Einsatz

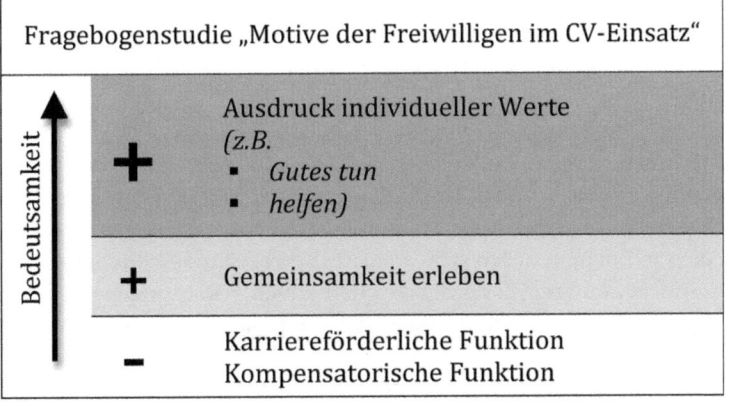

Die Freiwilligen beantworteten verschiedene Fragen pro Subskala, indem sie die individuelle Ausprägung der Motive jeweils mit einem Wert zwischen 0 (trifft gar nicht zu) und 7 (trifft voll zu) bewerteten. Jenseits statistischer Signifikanztests, die bei den kleinen Stichproben nur wenig aussagekräftig wären, können wir festhalten, dass bei allen Befragungen die gleiche Rangfolge der beteiligten Motive resultierte. Die Befragten nahmen an den CV-Einsätzen am ehesten teil, um Gutes zu tun und zu helfen (Mittelwert: 5.50). Am zweitwichtigsten war die soziale Natur der Einsätze (3.75), gefolgt von der kompensatorischen Funktion (3.25). Am wenigsten motivierte die Teilnehmenden die Überlegung, dass ihr Einsatz ihrer eigenen beruflichen Entwicklung (3.00) förderlich sein würde.

Wieder fällt auf, dass instrumentelle, extrinsische Erwartungen hinter eher ideellen, intrinsischen Motivationen zurückfallen. Insbesondere damit mit CV-Einsätzen persönlichen Werthaltungen Ausdruck verliehen werden kann, ist es notwendig, dass die Einsätze in ihrer Art offen sind und individuelle Sinnstiftung zulassen. Der wichtige soziale Aspekt des CV bietet hierzu weitere Möglichkeiten und ist in seiner Erreichung und möglichen positiven Konsequenzen (denkbar wären Spaß, Erfüllung, Teamerleben u.a.m.) wiederum nur schwer zu objektivieren. Zusammenfassend zeigt **Abbildung 11.2** die Ergebnisse der Fragebogenuntersuchung.

11.4.3   Qualitativ vertiefte Untersuchung der betrieblichen Wirklichkeiten des CV

Beobachtungen der CV-Einsätze, Gespräche mit den Teilnehmenden und vor allem auch den Verantwortlichen für die Organisation von CV in den Unternehmen verstärkten den Eindruck im Forschungsteam, dass mit den bislang bestehenden Systematiken nur unzureichend abgebildet wird, was CV im Unternehmen und für die Angestellten bedeutet. Die geläufige Annahme, mittels CV solle die Teamfähigkeit der Mitarbeitenden oder gezielt das Firmenimage gefördert werden, wurde in zahlreichen Interviews, wie später auch durch Fragebogenerhebungen, widerlegt (s. Gentile, Lorenz & Wehner sowie Christen Jakob, in diesem Buch). Das Zusammenspiel zwischen firmenstrategischer Entscheidung für CV und der informellen, operativen Einbindung der Projekte in den geschäftlichen Alltag wurde uns als komplex und widersprüchlich dargestellt (Gentile, 2009; Lorenz & Wehner, 2010).

Bei vier Großfirmen, die am CorVo.ch-Projekt beteiligt waren, führten wir daher vertiefend Gruppendiskussionen durch, um die betriebliche Wirklichkeit von CV-Programmen zu eruieren. Neben umfangreichen Erkenntnissen zu anderen Fragen (s. Gentile, Lorenz & Wehner, in diesem Buch), wurden stets auch die Beweggründe hinter einer CV-Beteiligung besprochen. Am vorläufigen Ende dieses qualitativen Forschungsprozesses entwickelten wir einen Fragebogen, mit dem individuelle CV-Motivationen erfasst werden können.

Grundsätzlich bestätigten die so gewonnen Ergebnisse das Muster, das wir auch in den vorher skizzierten Untersuchungen fanden: Zu den bedeutsamsten motivationalen Aspekten, CV zu unterstützen, zählten stets, dass die Einzelnen als Teil der Firma ihrer gesellschaftlichen Umgebung, von der das betriebliche Überleben abhänge, durch ihr CV-Engagement etwas zurückgeben könnten. Dabei war besonders wichtig, dass Bedürftigen pragmatisch und effektiv geholfen wird. Ebenfalls wurde in jedem Unternehmen das Gemeinschaftserleben als wichtige Eigenschaft der CV-Einsätze genannt. Zudem, aber weniger wichtig beurteilt, böte CV zahlreiche Möglichkeiten, den eigenen Horizont zu erweitern – entweder durch den Umgang mit bisher unbekannten Zielgruppen, andere als die üblichen beruflichen Tätigkeiten oder die Auseinandersetzung mit sozialpolitischen Fragen. Die Beziehung zwischen der Grundmotivation und der CV-Teilnahme stellte sich dann stärker dar, wenn die Personen die Erfahrung gemacht hatten oder davon ausgingen, dass die Tätigkeit selbst aktivierende Komponenten beinhaltete – z.B. Spaß machte, ein Gefühl des Zielerreichens mit sich brachte oder mit Dankbarkeit durch andere verbunden war.

Als unwichtiger wurden positive Effekte auf das Humankapital, wie bspw. mögliche Steigerungen der Produktivität, Mitarbeiterbindung und Teamfähigkeit, genannt. Explizit ausgeschlossen wurde von den Mitarbeitenden, dass sie sich an CV-Projekten beteiligen würden, um ihre Karriere zu fördern, negative Aspekte ihrer Arbeit zu kompensieren oder um Anerkennung zu erhalten. Der standardisierten Umsetzung von CV-Programmen stehen nach Meinung vieler Diskutanten die teilweise schon beschriebenen divergierenden individuellen Bedürfnisse entgegen – die einen möchten Abwechslung vom Job, die anderen Bedürftigen helfen und würden sich auch an freien Tagen engagieren.

Abbildung 11.3 Betriebliche Wirklichkeit von CV – motivationale Anteile

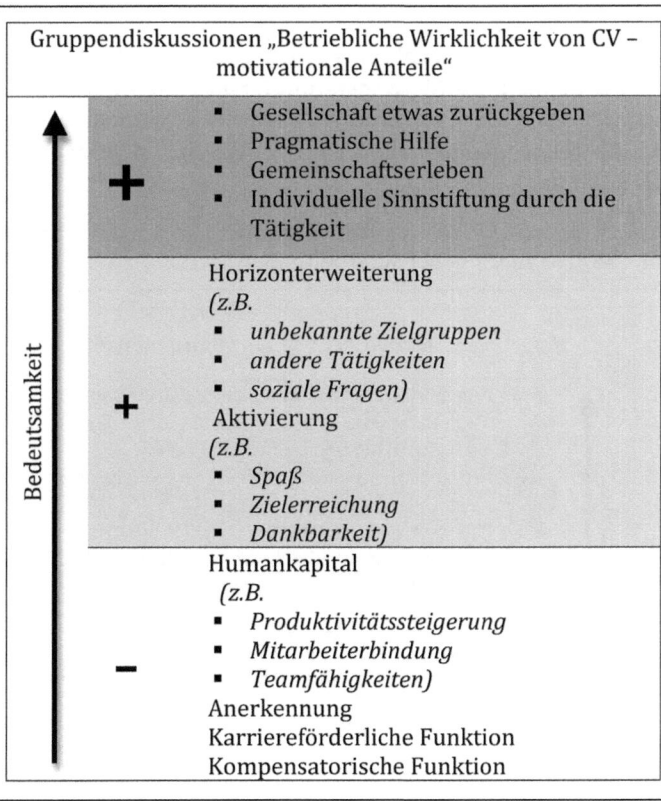

Die persönlichen Abwägungen, die CV-Teilnahmen offensichtlich zugrunde liegen, sind demnach vielfältiger, als es die bisher – auch von uns – durchgeführten Fragebogenunter-suchungen vermuten lassen. Es bleibt festzuhalten, dass die individuelle Sinnstiftung als notwendiger Bestandteil von CV-Aktivitäten gesehen wird. So kann im Zweifelsfall die Motivation aufrechterhalten werden, obwohl wichtige Voraussetzungen nicht erfüllt sind, bspw. die Aktivität keinen Spaß macht oder nur gering aktiviert, die individuelle Sinn-kategorie, z.B. wahre Hilfe oder nachhaltiger Nutzen, erfüllt werden. Analog gilt: Selbst wenn die Aktivität Spaß macht, ist das kein Garant für Teilnahmemotivationen, die über das hedonistische Prinzip hinausgehen. Mitarbeitende sind en gros eher zur Teilnahme zu überzeugen, wenn Sinn durch die Übereinstimmung mit eigenen Wertvorstellungen gene-riert wird. Nutzenerwartungen bleiben wieder eher unspezifisch. Zusammenfassend stel-len sich die Ergebnisse wie in **Abbildung 11.3** präsentiert dar.

11.4.4   Fragebogenerstellung zur differenzierten Motiverfassung

Um der in diesen breit angelegten qualitativen Untersuchungen sichtbar gewordenen Vielfalt der beteiligten Motive gerecht zu werden – die deutlich über das in den bislang eingesetzten Fragebögen erfasste Motivspektrum hinauszugehen schien –, führten wir in Zusammenarbeit mit einem der Partnerunternehmen eine Vertiefungsprojekt durch, des-sen Ziel es war, die Teilnahmemotivation von CV-Aktivitäten präziser und umfassender zu identifizieren und mittels eines Fragebogens messbar zu machen.

Abbildung 11.4   Motive zu CV — bei Mitarbeitenden

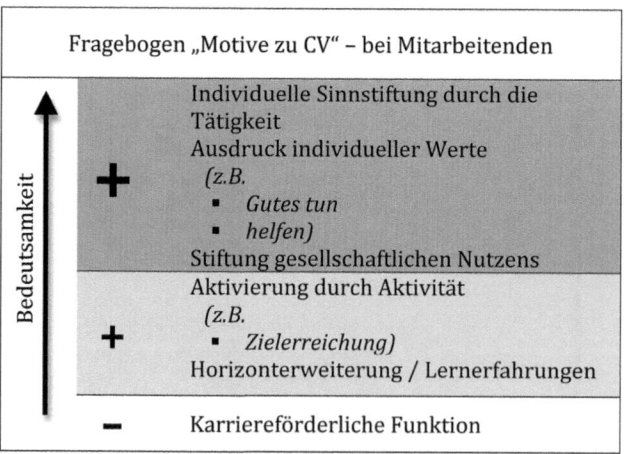

Es entstand ein Fragebogen, den wir bei über 100 Mitarbeitenden und Führungskräften des gleichen Unternehmens einem Probelauf unterzogen. Dabei gaben Angestellte mit CV-Erfahrung an, welche Beweggründe für ihre Teilnahme ausschlaggebend waren, und jene, die eine Teilnahme beabsichtigten, indizierten ihre Motive dazu. Zusammengefasst zeigen die Ergebnisse dieser Befragung, dass intrinsische Motive, die individuell auszugestalten sind, am wichtigsten für eine CV-Teilnahme sind (**Abbildung 11.4**): Auf der siebenstufigen Skala von 0 – „trifft gar nicht zu" bis 7 – „trifft voll zu" erreichen die höchsten Punktzahlen die Wertemotive des Helfens und Zurückgebens (Mittelwerte: 5.88; 5.74), die persönliche Sinnkategorie (5.78) und die Tatsache, dass die CV-Aktivität gesellschaftlichen Nutzen stiften muss (5.44). Eigener Nutzen rangiert in der Bedeutsamkeit dahinter und wird wieder eher vage im Sinne der Aktivierung formuliert – antizipiertes Gutfühlen (5.29) und Horizonterweiterungen (5.25) motivieren potenzielle Freiwillige. Die niedrigsten Werte erreicht durchgängig das extrinsische Motiv der eigenen Karriereförderung (3.69).

11.5   Fazit

Wir begannen das Kapitel mit einer eher selektiven Auseinandersetzung mit dem Thema Arbeitsmotivation, um den Wert der individuellen Sinnstiftung für die intrinsische Motivation zum Tätigsein – sowohl im Bereich der Erwerbs- als auch der Freiwilligenarbeit – anzureißen. Wenn Firmen im Rahmen von CV-Projekten die Freiwilligenarbeit ihrer Mitarbeitenden unterstützen, stellt sich die Frage, ob das Erleben der Einzelnen oder das organisationale, in der Regel an einer Nutzenlogik orientierte Kalkül die Perspektive auf CV dominiert. In der bisherigen (populär-)wissenschaftlichen Bearbeitung des Themas werden zugunsten der letztgenannten Sicht die Motive der individuellen Freiwilligen zu wenig berücksichtigt.

Abbildung 11.5   Studienergebnisse sortiert nach Spezifität und Bedeutsamkeit

Zur Unterstützung unserer Forderung nach mehr Raum für die individuelle Sinnstiftung im CV stellten wir ausgewählte Ergebnisse verschiedener Studien vor, die im Rahmen des CorVo.ch-Projekts durchgeführt wurden und in denen Wissen über die motivationale Basis unternehmerischer gemeinnütziger Aktivitäten im Allgemeinen und im Speziellen über CV generiert wurde. Das folgende Vier-Felder-Schema (**Abbildung 11.5**) stellt die Ergebnisse der diversen Untersuchungen zusammenfassend dar. Es ist so zu lesen, dass auf der Ordinate die Bedeutsamkeit der jeweiligen, teilw. auch vorgegebenen motivationalen Aspekte abgetragen ist und auf der Abszisse eine Unterteilung in eher unspezifische, intrinsische und schwerer objektivierbare einerseits sowie spezifische, extrinsische und leichter messbare Nutzenerwartungen andererseits vorgenommen wird. Dabei geht es uns weniger um eine exakte Positionierung – hier gibt es sicherlich Operationalisierungs- und Interpretationsspielraum. In der Zusammenschau sollte dennoch deutlich werden, dass diejenigen motivationalen Aspekte, die in fast jedem Kontext als bedeutsam genannt wurden, in der Regel weniger starr – somit flexibler in der Ausgestaltung –, weniger leicht objektivierbar und generell intrinsischer sind als die weniger wichtigen Beweggründe für CV-Teilnahmen oder deren Förderung.

Es bleibt zu schlussfolgern, dass die gängige Argumentation vielseitiger Gewinne für all diejenigen, die sich an unternehmerischen gemeinnützigen Projekten, wie bspw. CV-Aktivitäten, beteiligen, ein kaum nachweisbares Versprechen (siehe z.B. auch Gentile et al., 2011), gravierender noch: ein irrelevantes Verkaufsargument ist. Wer sich engagiert, tut dies aus hoch individualisierten Beweggründen heraus. Zwar sind Nutzenerwartungen mit dem Engagement verbunden. Diese sind jedoch abstrakt und oft nur auf lange Sicht zu erreichen. Wer Firmen ein Engagement mit positiv bilanzierten Effekten auf betriebswirtschaftlich relevante Kenngrößen wie Reputation, Mitarbeiterbindung oder -zufriedenheit oder höhere Profite schmackhaft machen möchte, braucht einen langen Atem und wird selbst dann nur schwerlich den Nachweis eines linearen Zusammenhangs erbringen können. Freilich würde er dann nicht viel nutzen. Denn die Gefahr ist groß, nicht gehört zu werden: Sowohl Entscheidungsträger in den Unternehmen als auch Führungskräfte und Mitarbeitende auf niedrigeren Hierarchieebenen sollten eher für eine aktive Beteiligung an unternehmerischer Gemeinnützigkeit zu gewinnen sein, wenn solch basale, dafür umso umfassendere Eigenschaften dieser Tätigkeiten wie ihr individueller und gesellschaftlicher Sinngehalt, die soziale Einbindung und die Möglichkeit des Werteausdrucks betont und sichergestellt werden. Dies sollte dann besonders gut zu erreichen sein, wenn in Planung und Umsetzung sozialer und ökologischer Projekte im bottom-up-Sinne diejenigen eingebunden werden, die das Engagement später tragen. Individueller Sinn ist für freiwillige Helfer dann leichter in einer Tätigkeit zu finden, wenn sie die Arbeit selbst definiert haben, als top-down vorgegeben bekommen. Gemeinschaftserleben ist dann wahrscheinlich, wenn Freiwillige im Team, über längere Zeiträume während Vorbereitungs-, Durchführungs- und Nachbereitungsphase eng zusammenarbeiten. Sich gemäß seiner persönlichen Werte zu engagieren sollte wiederum eng mit den beteiligten NPO zusammenhängen. Der frühe Einbezug der Freiwilligen in die Auswahl und ein Angebot verschiedener Alternativen erhöht die Wahrscheinlichkeit, dass eine Identifikation mit der gemeinnützigen Aktivität möglich wird.

12 Citizenship als organisationale Gestaltungsverantwortung

Gian-Claudio Gentile, Christian Lorenz, Theo Wehner

Wir haben als Überschrift dieses Buchteils die Frage nach der Freiwilligkeit freigemeinnütziger Arbeit im Rahmen organisierter Kontexte gewählt. Hierbei wurde die Zentralität der Freiwilligkeit als Qualitätskriterium dieser Form von Tätigkeit herausgestrichen und im Rahmen des *Beitrages* von Gentile, Lorenz und Wehner (in diesem Buch) hinsichtlich der motivationalen Voraussetzungen detailliert beschrieben.

Dem Tätigkeitsverständnis sowie der integrativen Perspektive dieses Buches Folge leistend, fokussierten die im Anschluss dargestellten Studien auf die organisationale Ausgestaltung von CV im betrieblichen Alltag. Hierfür wurden die Perspektive der Mitarbeitenden als potenzielle bzw. aktive CV-Teilnehmer sowie die der Führungskräfte gewählt. Diese Perspektivenwahl ist aus drei Gründen besonders relevant:

- Zum einen werden die Mitarbeitenden als Freiwillige angesprochen, welche je eigene Motive für ein Engagement haben. Sie erwarten im Rahmen ihres Engagements ein hohes Maß an Selbstbestimmung, d.h. Autonomie bzgl. des gewählten Engagementbereiches (van Schie, Wehner & Güntert, in diesem Buch; Güntert, 2007).

- Zum anderen stehen die angesprochenen Mitarbeitenden in einer vertraglich geregelten Arbeitsbeziehung mit dem Arbeitgeber. Als Freiwillige haben die Mitarbeitenden die Freiheit zu wählen, gleichzeitig können sie aufgrund der vertraglichen Transaktionsbeziehung mit dem Unternehmen in ein mögliches Beziehungsparadox oder Rollenkonflikte geraten. Dies wirft Fragen bzgl. einer Neufassung des psychologischen Vertrags (Raeder & Grote, 2005; Rousseau, 1995) auf, in dessen Rahmen die Mitarbeitenden bereit sind, ihre Arbeitskraft und das Engagement über vertraglich festgehaltene Inhalte hinaus für das Unternehmen einzubringen.

- Schließlich spielen hier auch die Vorgesetzten eine wichtige Rolle, da sie in ihrer Funktion für die Sicherung der Leistungsmotivation bzw. der Herrschaftsbeziehung in der Organisation zuständig sind (Berger & Bernhard-Mehlich, 1999), um so die vorgegebenen (CV-)Ziele zu erreichen. Gleichzeitig sind sie jedoch auch als potenzielle Freiwillige angesprochen. Dies kann zu Rollenverflechtungen oder Orientierungsproblemen bei der Wahrnehmung ihrer Rolle als Führungskraft führen, was sich auch in der Beziehungsgestaltung zu den geführten Mitarbeitenden niederschlagen kann.

Gestützt auf erste Erkenntnisse aus Vorstudien zum Projekt CorVo.ch (Gentile, 2009) und dem eingangs dargestellten Forschungsstand wurde ein Leitfaden für die Durchführung von Gruppendiskussionen erstellt: Neben rollen- und akteursspezifischen Fragen (CV als Teil der Führungsaufgabe) galt es auch die strategischen und strukturellen Rahmenbedingungen (Kenntnis der CSR-Strategie, Kenntnis von freien Tagen für CV-Einsätze, Kommunikation über CV etc.) im Leitfaden zu berücksichtigen. Mit Blick auf den betrieblichen Alltag wurden schließlich auch die informellen, d.h. kulturellen Kontextbedingungen (Stellenwert von CV im betrieblichen Alltag) berücksichtigt.

Die hier dargestellten Erkenntnisse (in Form von Kernsätzen bzw. von paradigmatischen Aussagen) basieren auf insgesamt 21 Gruppendiskussionen, an denen 85 Personen teilgenommen haben. In 13 Gruppen waren Führungskräfte anwesend, acht hatten die Perspektive von Mitarbeitenden ohne Führungsaufgabe als Grundlage. Es wurden zum einen Fragen gestellt, die Antworten geben sollten bzgl.:

- den Beweggründen für oder gegen eine Teilnahmen an CV,

- den Nutzenaspekten von CV für spezifische Gruppen (z.B. für das Unternehmen, die Teams, die Mitarbeitenden) oder

- der Entwicklung der internen und externen Kommunikation.

Zum anderen wurden die Gruppendiskussionen aufgrund der Novität des CV-Phänomens möglichst offen gestaltet. Konkret hieß dies, dass die Teilnehmenden eine möglichst große Freiheit zur Äußerung ihrer Meinung in Bezug auf CV hatten, um so auch Aspekte zu nennen, welche bei der Literaturrecherche oder bei der Fragestellung der Betriebe noch nicht eingeflossen sind.

Wie in der Einleitung des Buches bereits vermerkt, möchten wir den CV-Pionierbetrieben (Citi Group, GE, Swisscom und UBS) auch an dieser Stelle noch einmal für den ungeschminkten Einblick in deren Entwicklung der grundsätzlich positiv verlaufenden und nachhaltig implementierten CV-Praxis danken.

Schließlich werden im Anhang des Buches entlang eines unabhängigen Ratings, aufbauend auf den Daten der Ratingfirma Inrate, weiterführende CSR-Aktivitäten der Betriebe vorgestellt. Dies dient dem Zweck der Information der Leserschaft, welche so einen umfassenderen Eindruck der Betriebe hinsichtlich deren CSR-Aktivitäten gewinnen kann.

12.1   Was für ein Bürger sind wir?

Wir sind ein guter Bürger! – so die Kurzform der Erkenntnisse aus der schweizweiten Befragung von Unternehmen zu deren gemeinnützigem Engagement (s. Gentile & Lorenz, in diesem Buch). Unternehmen treten als autonome, zielstrebige, an einer nachhaltigen Umsetzung gemeinnützigen Engagements interessierte und für die Anliegen von Anspruchsgruppen sensibilisierte Akteure auf. Aus der Perspektive der Mitarbeitenden bzw. Führungskräfte zeigt sich jedoch ein anderes Bild, welches eher die Frage nach der Charakteristik des besagten Bürgers stellt. Die folgenden Ergebnisse aus den Gruppendiskussionen zeigen auf, wieso dies so ist.

Die Erkenntnisse werden entlang der Dimensionen der strategisch-strukturellen Einbettung von CV, der Rolle von Führungskräften hinsichtlich der Umsetzung von CV sowie in Hinblick auf die alltagspraktische Relevanz von CV für die Mitarbeitenden dargestellt. Als Erstes werden jeweils die fallübergreifenden Themen erläutert und danach Fallspezifika, welche für die Ableitung von Handlungsoptionen wichtig sind.

12.1.1   Strategie und formale Strukturen

Es zeigte sich in allen vier untersuchten Fällen, dass relativ wenig Wissen in Bezug auf CV, dessen Einbettung in strategische Überlegungen sowie die strukturellen Rahmenbedingungen bestand (*P3: „If we can understand what the scope is...and maybe people then understand and are willing to participate also." (CG); P5: „Ja, das ist schwierig zu sagen, warum das die UBS macht – ich kann es nicht sagen." (UBS)*). Zwar war es bekannt, dass das Engagement von der jeweiligen Geschäftsleitung gewollt ist und in den meisten Fällen ein Teil der allgemeinen CSR- oder CC-Strategie ist. Allerdings waren die mit der strategischen Ausrichtung verbundene unternehmerische Haltung, die Ziele und die Gewichtung derselben meistens unklar:

P1: „Ja, also nicht einen Auftrag, aber einen Impuls, den ich spüre."

P2: „Es braucht eine Haltung. Ich brauche auch keinen Auftrag, aber ich möchte wissen, was die Idee dahinter ist. Irgendeine Haltung braucht es für mich. Wie stellen wir uns zu CV? Und dass wir über das Ganze hinausschauen können für die Unternehmung und die Wirkung gegen außen, oder? Aber einen Auftrag, nein."(SC)

Als Ausdruck dieser bei den Mitarbeitenden wahrgenommenen fehlenden Orientierung kann die Frage nach dem Zeitpunkt, an dem CV-Einsätze stattfinden sollen, gesehen werden. Klare Präferenzen lassen sich nicht ausmachen, jedoch kristallisierten sich drei Argumentationsfiguren heraus, welche Einblick in die relevanten Punkte bei der Auseinandersetzung mit dem Sinn von CV und dessen Einbettung im betrieblichen Alltag geben:

- *CV ideell:* Die Diskutanten zeigten eine Sensibilität hinsichtlich der Begrifflichkeit CV, welche die Begriffskonstruktion *Corporate* und *Volunteering* auf ideeller Ebene ernst nahm. D.h. die Argumentation drehte sich dann um den Sinn bzw. die strategische Ausrichtung, welche mit dem Begriff *Corporate Volunteering* verbunden wurde. Fühlten sich die Befragten als Mitarbeitende angesprochen, so sollte ein Teil der Engagementzeit innerhalb der regulären Arbeitszeit stattfinden. Hierbei wurde es als legitim erachtet, dass ein Teil der Zeit in der Freizeit stattfindet. Wie das Verhältnis genau sein soll, ist eine Frage der Definition von CV, welche nicht bekannt ist.

- *CV operativ:* Vor dem Hintergrund erhöhter Arbeitsbelastung und der ungeklärten Akzeptanzfrage wurde CV stärker in den Randbereichen der Arbeitszeit oder besser noch in der Freizeit gesehen. Dies soll widersprüchliche Anforderungen und mögliche interne Konflikte mit Vorgesetzten oder Arbeitskollegen vermindern.

Wird CV in die Freizeit verlegt, ändert sich teilweise auch das Verständnis, d.h. die Teilnahme am CV-Event würde nicht mehr als Mitarbeitender erlebt, sondern gilt als privates Engagement, welches mit der Familie oder dem Partner durchgeführt wird.

▪ *Trennung von C und V:* Durch die Schwierigkeiten der Legitimation und Umsetzung von CV während der Arbeitszeit oder dessen Auslagerung in die Freizeit wurde auch die These einer Unvereinbarkeit von *Corporate* und *Volunteering* vertreten. Dies führte in der Argumentation zu einer Trennung der beiden Bereiche, d.h. einer eigentlichen Verneinung von CV.

Blickt man auf die strukturellen Rahmenbedingungen, dann sind die Voraussetzungen sehr unterschiedlich. Allerdings bestand auch hier mehrheitlich Unwissen darüber, welches die genauen Rahmenbedingungen für eine Teilnahme an CV-Aktivitäten waren. Durch die kaum wahrgenommene Koppelung mit der strategischen Ausrichtung wurde hier auch die fehlende Konsistenz der Strukturen bemängelt. So wurde vorgebracht, dass nicht alle Mitarbeitenden, teilweise aufgrund ihres Arbeitsfeldes, die gleichen Möglichkeiten hätten, um an CV-Aktivitäten teilzunehmen. Dies wurde im Sinne der Gerechtigkeitsfrage als *unfair* wahrgenommen und auch so bezeichnet (s. unten Bezug der Mitarbeitenden zu CV).

Betrachtet man die spezifischen Auswirkungen des fehlenden Orientierungswissen bzgl. strategischer und struktureller Rahmenbedingungen, dann zeigt sich folgendes Bild bei den einzelnen Betrieben: Bei der UBS führte das kollektive (Un-)Wissen bzgl. CV zu Verunsicherungen (z.B. der grundsätzliche Sinn von CV, Arbeitszeit oder Freizeit etc.), welche als Hindernisse für eine Teilnahme genannt wurden. Anfragen für Einsätze gelten im betrieblichen Alltag teilweise als *unerwünscht*, was der Legitimation einer Anfrage beim Vorgesetzten (relativiert durch die jeweiligen persönlichen Vorlieben der Führungskraft) von Beginn an entgegenstehen kann. Die zur Verfügung gestellten Zeitbudgets oder die Policies zeigten noch wenig Wirkung, da diese nicht mit einem legitimierenden strategischen Zweck in Verbindung gebracht werden konnten. Zwar wurde auch bei der Swisscom mit CV relativ wenig Konkretes in Verbindung gebracht, jedoch konnte das fehlende Orientierungswissen in Kontrast zu einer gelebten Engagementkultur gesetzt werden. Diese ist gegenüber ähnlichen, d.h. privaten Engagementtätigkeiten offen bzw. unterstützt diese. GE hat über den *GE-Volunteer-Verein* eine eigene innovative Struktur geschaffen, welche die teilweise fehlende Orientierung kompensieren konnte. Dank seiner Autonomie wurde der Verein als „Instrument gegen eine Kommerzialisierung" des Engagements hervorgehoben. Allerdings fehlte den Befragten eine direkte Rückkoppelung an strategische Ziele. In der Wahrnehmung der Diskutanten bleiben der Verein und seine Mitglieder hierdurch in den Handlungsmöglichkeiten eingeschränkt, was vor allem durch die zeitliche Knappheit im betrieblichen Alltag verstärkt wird. Bei der Citi Group konnten die Befragten ebenfalls nur wenige CV-spezifische Strukturen nennen, was in der Kombination mit der fehlenden Transparenz hinsichtlich der Strategie zum Eindruck fehlender Konsistenz bei der Umsetzung von CV-Aktivitäten führt.

12.1.2   Kommunikation über CV-Botschafter!

Die unternehmensinterne, d.h. top-down gesteuerte Kommunikation stellt so etwas wie das Verbindungsglied von der strategischen Verankerung von CV und dessen Vermittlung an die Unternehmensmitglieder dar. In allen vier Fallbeispielen wurde, die interne CV-Kommunikation betreffend, stets E-Mail als prominentes Medium genannt. Allen Teilnehmern der Gruppendiskussionen waren die E-Mail-Nachrichten mit Link zu weiterführenden Informationen bekannt. Als weiterer Ort der Kommunikation wurde das Intranet genannt, welches die notwendigen Informationen zum Aktivitätsangebot beinhaltet. Die formale Kommunikation via Intranet wurde jedoch nicht als proaktive, sondern als defensive erlebt. Demgegenüber standen Erfahrungen, welche eine informelle Kommunikationspraxis durch Mundpropaganda und das Vorleben ausgehend von Eigeninitiative darstellen. Die sogenannten CV-Botschafter wurden mit folgenden Attributen umschrieben:

- als informelle CV-Erfahrungsträger, welche „positiv über CV berichten" und so andere „Mitarbeitende zu einer Teilnahme motivieren" können.

- Durch die CV-Botschafter erfährt CV eine Konkretisierung und Personalisierung, was im Kontrast zur passiven und entpersonalisierten Kommunikation der standardisierten Kanäle stand.

- Der Botschafter kann über seine Erfahrung auch helfen, „Hemmschwellen" und Unsicherheiten (z.B. Erfahrungsmangel bei der Betreuung von behinderten oder betagten Menschen) abzubauen und so weitere Mitarbeitende für CV zu interessieren.

Dem Bedürfnis nach mehr Konkretisieurng folgend wurde auch der Wunsch geäußert, die Präsenz des Themas CV im Arbeitsalltag zu erhöhen, z.B. durch Übersichtplakate der Angebote oder durch eine punktuelle Aufnahme eines offiziellen Traktandums in den Teammeetings. Vor allem eine aktivere Kommunikation vom Vorgesetzten im Sinne von direkten Ansprachen, Informationen und Nachhaken in Meetings würde verstärkend wirken, da die E-Mails Gefahr laufen, in der täglichen Nachrichtenflut unterzugehen.

Während die interne Kommunikation über CV ein Mehr an Sichtbarkeit und der gegenseitigen Bekräftigung zwischen den Unternehmensmitgliedern bedarf, wird die externe Kommunikation von den Diskutanten auf deren Ziel hin kritisch überprüft.

> P4: „(…) ich denke, es dürfte kommunikativ relativ schwierig sein, CV so rüberzubringen, dass man nicht das Gefühl bekommt, man macht sich dann selber noch zum Werbeartikel von SC bei solchen Themen. Also ich habe das Gefühl, da ist der innere Antrieb der Leute entscheidend [*alle reden durcheinander und stimmen zu*]. Es ist wirklich entscheidend, und dann ist es eher so, dass man aus Unternehmenssicht vielleicht sagt: ‚Okay, wie können wir das fördern oder unterstützen?'" (SC)

Es wird betont, dass es um das richtige Maß an Kommunikation gehe. Dieses muss dem Gegenstand gerecht werden, d.h. die CV-Aktivitäten sollten nicht primär für Marketing- oder Reputationsziele instrumentalisiert werden. Ein *Mehr* an externer Kommunikation birgt die Gefahr eines Authentizitätsverlustes von CV, was eine Teilnahme durch die Mitarbeitenden unwahrscheinlicher macht.

12.1.3   (CV-)Kultur

Blickt man auf die informellen Strukturen, Werte und Normen, vor welchen CV im betrieblichen Alltag in Verbindung gebracht wird, so ist Folgendes festzuhalten: CV hatte eigentlich keine Relevanz für die befragten Unternehmensmitglieder, weder für die Mitarbeitenden noch für die Führungskräfte. Dies schließt die grundsätzliche Akzeptanz der Idee nicht aus, jedoch fand diese nur selten Anschluss an bestehende Wertsysteme, wie z.B. ein an der Produktivitätslogik orientiertes Arbeitsethos:

> P1: „Ich meine, es gibt andere Bereiche neben dem CV, bei denen sich ein Wandel ergeben hat, den ich jetzt wahrgenommen habe. (…) Man ist eben unter einem gewissen Druck, einer Erwartungshaltung von sehr, sehr trocken, sachbezogen unterwegs in den verschiedenen Bereichen. Diese Gedanken von einem SeitenWechsel oder von einem Dienst an der Allgemeinheit, die haben in diesen Denkschemata praktisch keinen Platz mehr. Außer – und das ist jedem selber erlassen im Grunde genommen – man schafft sich diese Freiräume. Denn sie sind schaffbar, aber es wird nicht vorgegeben. Ich denke, das ist jetzt harte Realität." (UBS)

Es entsteht ein Spannungsfeld zwischen einer strategisch aufgesetzten Bürgertugend und einer alltäglichen Produktivitätslogik, was sich in der konkreten Umsetzung von Engagementvorhaben wie folgt zuspitzen kann: „Das Volunteering des einen wird dann zum Non-Volunteering vom Rest." (UBS, Citi Group)

Bei der Bewältigung dieses Spannungsfeldes zeigten sich zwischen den Betrieben auch Unterschiede, welche als Ausdruck alternativer Wertvorstellungen gesehen werden können: Vor dem Hintergrund einer tradierten Engagementpraxis wurde CV bei der Swisscom als neues und unbekanntes Managementkonzept wahrgenommen, welches top-down gesteuert ist. Dies stand der auf Eigeninitiative beruhenden Engagementpraxis (bottom-up) der Diskutanten entgegen. Als Managementkonzept wurde CV in eine assoziative Nähe zur Nachhaltigkeitsstrategie gesetzt, welche hinsichtlich Inkonsistenz und fehlender Authentizität bei der Umsetzung durch die Geschäftsleitung kritisiert wurde. Bei der UBS war keine eigentliche Praxis der freigemeinnützigen Aktivität vorzufinden, gegenüber welcher CV sich abheben oder in der CV durch die Diskutanten eingebettet werden konnte. Hier wurde der Bezug implizit zum aktuellen Arbeitsethos (d.h. effizientes, aufgabentreues und effektives Arbeiten) hergestellt, welches CV auf der operativ-informellen Ebene teilweise semantisch abwertete.

Dies wurde auch über soziale Korrektive ausgedrückt (z.B.: „Was hat der jetzt noch Zeit?"), was der expliziten strategischen und formellen Einbettung von CV gegenübersteht: „CV ist möglich und gewollt!" Die hierin resultierende paradoxe Handlungserwartung lässt sich wie folgt auf den Punkt bringen: Seid gemeinnützig tätig, aber macht nichts, was nicht in eurem Anforderungsprofil steht! Bei GE spielte wiederum der GE-Volunteers-Verein eine wichtige Rolle, wenn es darum ging, einen Ort für CV und dessen imaginierten Sinn zu finden. Als neutraler Ort bestand hier ein Gefäß, in welchem Wertevielfalt im Unternehmen und damit verbundene Spannungsfelder diskutiert werden können. Dies wurde –

ähnlich auch bei der Citi Group – weiter unterstützt über angelsächsisch geprägte Wertvorstellungen, welche die Rückgabe von erhaltenen Leistungen aus der Gesellschaft fördern. Allerdings schützte dies in beiden Fällen nicht vor der alltäglichen Arbeitsbelastung, d.h. einer Zuspitzung der Ressourcenfrage, vor deren Hintergrund auch die Legitimation bzw. Rechtfertigung der Mitarbeitenden für eine Teilnahme an CV schwieriger wird.

12.1.4 Erstes Fazit

Aufgrund strategisch-struktureller Inkonsistenzen, alltagspraktischer Hindernisse und Wertvorstellungen (z.B. Arbeitsethos) bei der Implementierung von CV-Vorhaben kann die Frage nach der Charakteristik des Bürgerseins des jeweiligen Unternehmens nicht mit Bestimmtheit beantwortet werden (**Abbildung 12.1**).

Abbildung 12.1 Was für ein Bürger sind wir?

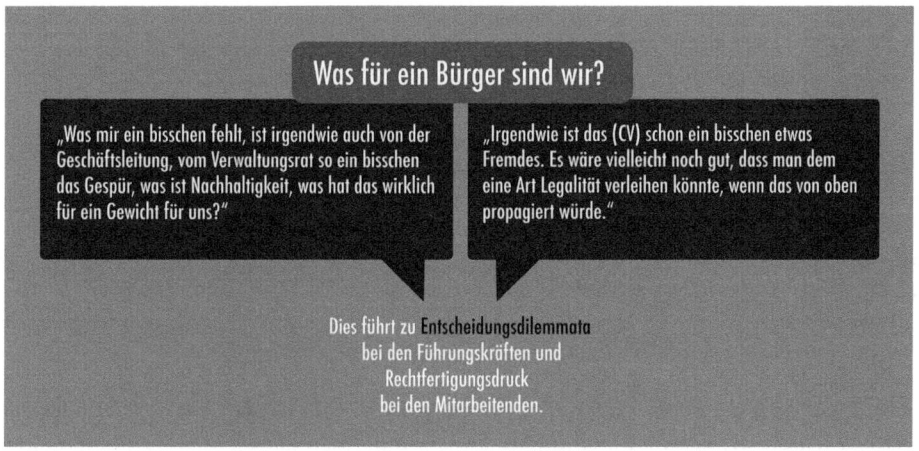

Die latente Unsicherheit gegenüber dem Status von CV und dessen grundsätzlicher Intention hinterfragt CV-Angebote durch das Unternehmen und lässt eine Antwort auf die in der Überschrift gestellte Frage nur in unbefriedigender Form zu, oder sie muss offen bleiben. Mögliche Wege aus dieser Verunsicherung gegenüber CV stellen die folgenden Punkte aus den Gruppendiskussionen dar:

- Konkretisierung des Themas: z.B. Sichtbarmachung im Betrieb über Plakate, Erfahrungsberichte und regelmäßige Traktandierung in Teamsitzungen.

- Personalisierung des Themas: CV-Botschafter finden, d.h. konkret Führungskräfte für die Einführung von CV gewinnen oder Teilnehmer ihre CV-Erfahrung hinsichtlich Nutzen, der Bewältigung von Hindernissen und persönlicher Erlebnisse schildern lassen.

■ Konsistenz des Themas: Den strategischen mit dem operativen Willen übereinbringen. D.h. konkret, genügend Ressourcen in Form von Zeit, Geld und Committment durch die Geschäftsleitung aufbringen.

Wird dies nicht geleistet, kann dies für Führungskräfte zu dilemmatischen Entscheidungssituationen und für die Mitarbeitenden zu Rechtfertigungsdruck führen. Vor dem Hintergrund fehlender Handlungssicherheit bzw. Legitimation im betrieblichen Alltag erhöht sich so auch das Risiko einer latenten Vermeidung von CV-Aktivitäten.

12.2   Führungslose Führung

Für ein abgestimmtes Zusammenspiel der Kernelemente einer Organisation, d.h. der strategisch-formellen und der operativ-informellen Ebene, sind die Führungskräfte (im Sinne der Kontrolle und Leistungsmotivation) von zentraler Bedeutung. Betrachtet man die oben dargestellten Erkenntnisse aus der Perspektive der Führungskräfte bzw. deren Funktion als Entscheidungsinstanz im Unternehmen, dann machen sich die Probleme und Inkonsistenzen auch im Hinblick auf die Rolle der Führungskräfte bemerkbar, d.h. konkret: Führung ist in Bezug auf CV faktisch führungslos.

12.2.1   Formale und informale Führung

Hinsichtlich der Führungskräfte bestätigen die Ergebnisse dieser Studie die Zentralität dieser Rolle für die stärkere Legitimation von CV im betrieblichen Alltag. Wird das Engagement vom Vorgesetzten gefördert oder toleriert, ist eine Beteiligung möglich. Wird das Engagement kritisch bewertet oder ist es nicht bekannt, ist eine Beteiligung unwahrscheinlich oder nur mit großem Durchsetzungswillen zu realisieren:

> P3: „Das Problem, welches ich hatte, war folgendes: ‚Ich möchte da einen Tag hingehen', jedoch wusste der Chef gar nicht, was CV ist, und schon gar nicht war er bereit, dies zu unterstützen: ‚Ja, aber wir haben doch …!' und ‚muss das sein?' (…) Ich glaube, es müsste von oben kommen, dass die Chefs das auch wissen. Es nützt nichts, wenn nur ich das kenne, und wenn ich dann zum Chef gehe, heißt es: ‚Ja nein, du weißt, wir haben Arbeit, und wir sind eigentlich eine Bank. Nicht, dass du da einen Tag lang mit (Anspruchsgruppen) unterwegs bist. Das ist nicht dein Anforderungsprofil.'"(UBS)

Die in den Gruppen befragten Führungskräfte nahmen diese Zentralität, im Sinne einer Führungsaufgabe, für sich selber kaum wahr. Sie sahen sich als normale Mitarbeitende vom Angebot angesprochen, welches sie im Sinne der Freiwilligkeit nutzen oder ungenutzt lassen könnten. Führungsverantwortung wurde (allenfalls) erst im Zusammenhang mit dem konkreten Engagementwunsch aktuell, d.h. wenn es darum ging, die entsprechenden Ressourcen wie Zeit und Geld zur Verfügung zu stellen. Vorher wird CV entweder geduldet oder über das persönliche Engagement in einer Modellrolle vermittelt.

An diesem Punkt nahmen die Diskutanten auch die Rolle ihres jeweiligen Vorgesetzten als zentral wahr. Dessen Haltung gegenüber CV ist jedoch nur selten bekannt, was zu Verunsicherung bei den potenziellen Interessenten von CV führte. Grundsätzlich bestand die Vermutung, dass die Vorgesetzten eher kritisch gegenüber CV bzw. einem konkreten Engagement eingestellt sind. Diese Aussage ist jedoch nicht generalisierend zu verstehen, da der Entscheid primär von der persönlichen Einstellung der Führungskraft abhängt (z.B. kann der Entscheid auch positiv ausfallen) und nicht durch eine Strategie oder Weisung des Unternehmens formal vorgegeben ist.

Insofern fehlt es bzgl. der Rolle der Führungskräfte an Erwartungssicherheit. Wäre diese vorhanden, würde dies die Abwägung eines Engagementwunsches für die jeweiligen Interessenten sowie für die Führungskraft erleichtern. Wie diese Erwartbarkeit gewährleistet werden kann, ist unklar. Die Einbindung der Führungskräfte über formalisierte Rahmenbedingungen (z.B. über individuelle Zielvereinbarung) wurde eher kritisch gesehen, da dann der Aspekt der Freiwilligkeit in Frage gestellt würde. Weiter wurden Führungskräfte bislang auch nicht als geeignetes *Kommunikationsmedium* erkannt. Die Diskutanten wünschten sich eine klarere Weisung von der Geschäftsleitung, welche das Engagement gegenüber den Vorgesetzten *legalisiert* bzw. *legitimiert*, womit nicht zwingend eine Formalisierung gemeint ist.

Alternative (Sinn-)Strukturen wie die tradierte Engagementpraxis bei der Swisscom oder dem GE-Voluteers-Verein stellen für sich genommen zwar *Inseln* der Freiwilligkeit dar, jedoch bieten sie im Rahmen der dominierenden Profitlogik nur eingeschränkt Möglichkeiten zur Legitimation von Engagementvorhaben gegenüber dem Vorgesetzten. Um die gemeinschaftlich abgestimmten bzw. kulturell verankerten Werte auch formal zu legitimieren, bedarf es klarer Handlungsanleitungen für die Vorgesetzten. Andernfalls ist der Regress auf Effizienz- und Effektivitätskriterien zu naheliegend und dominant.

12.2.2 Private Moral: pro und contra CV

Wie entscheiden Führungskräfte, wenn diese zur Entscheidung gezwungen sind, d.h. welche Orientierungsmuster sind gegenüber CV zu finden? Dieser Frage wurde im Rahmen der Studie bei der Citi Group vertieft nachgegangen und folgende beide Typen von Entscheidungsverhalten konnten unterschieden werden: pro vs. contra CV.

Die *Pro-Gruppe* unter den befragten Führungskräften subsumierte die CV-Förderung als Teil ihrer Führungsrolle und kommt der Erwartung nach, um dafür Anerkennung von ihren eigenen Vorgesetzten zu erfahren. Die Förderung fällt in der Regel leichter, wenn die CV-Aktivitäten mit Gemeinschaftserleben, Lernerfahrungen und Horizonterweiterungen für die CV-Teilnehmenden verbunden werden. Die *Contra-Gruppe* von Führungskräften negierte eine persönliche Verantwortung zur CV-Förderung rundheraus. Die Argumentationslogik innerhalb dieser Gruppe war, dass Mitarbeitende persönlich eingeladen werden und sich – unter der Voraussetzung, dass die innerbetrieblichen Regelungen eindeutig und transparent sind – eigenverantwortlich in dem so gesteckten Rahmen bewegen können.

Die Motivation durch Dritte wurde seitens der Vorgesetzten als unangemessen einge-schätzt. Die Grundvoraussetzung für eine CV-Teilnahme war gemäß dieser Gruppe wie-derum der persönliche Sinngehalt der CV-Aktivität für den individuellen Teilnehmenden. *Beiden Gruppen* ist dabei gemein, dass sie CV nicht fördern, um ihren Angestellten die Möglichkeit zu geben, damit ihre eigene Karriere positiv zu beeinflussen, negative berufli-che Erfahrungen zu kompensieren oder Gegenleistungen zu erhalten. Es ist Aufgabe wei-terführender Forschung, diese informellen Führungstypen zu bestätigen oder durch weite-re Typen zu ergänzen. Im Rahmen dieses Buches erlaubt es uns einen Blick auf die Viel-falt und Unentschiedenheit im Umgang mit CV und übergeordneten (Verantwortungs-) Strategien im Rahmen operativer Tätigkeit im Betrieb.

12.2.3   Zweites Fazit

Das im vorhergehenden Kapitel aufgezeigte Spannungsfeld zwischen einem strategisch geforderten und praktisch nur schwierig zu realisierenden Engagement spiegelt sich auch in der Haltung der Führungskräfte gegenüber CV. Führung hat keinen unternehmensseiti-gen Auftrag für die Koordination von Mitarbeitenden, welche im Rahmen von CV tätig werden möchten. Dies gilt auch für die Erreichung spezifischer Ziele (z.B. Personalent-wicklung), wie auch in Hinblick auf eine Unterstützung des Engagementwillens, welcher dem strategisch festgelegten Citizen-Gedanken des Unternehmens folgen würde. Als Handlungsanleitung sind strategische Vorgaben für die Orientierung im betrieblichen Alltag kaum zu gebrauchen. CV-relevante Entscheidungen müssen so vor dem Hinter-grund persönlicher, ethischer Überlegungen gefällt werden. Diese drückt sich, wie oben gezeigt, sehr unterschiedlich aus und bleibt in den meisten Fällen implizit für die geführ-ten Mitarbeitenden. Dies erschwert, trotz formalisierter Rahmenbedingungen (z.B. freie Tage), die Realsierung von CV-Vorhaben und lässt alles als wenig praktikabel erscheinen.

Abbildung 12.2   Führungskräfte im Führungsclinch

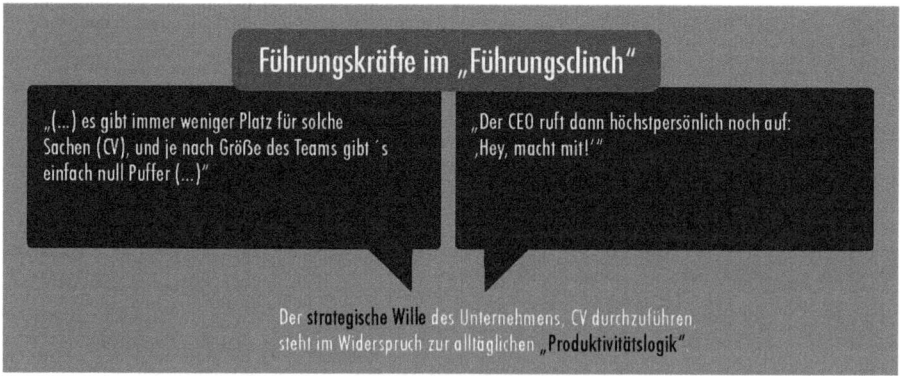

Dass die fehlende Kohärenz zwischen strategischen Vorgaben und betrieblicher Realität für die Führungskräfte zu teils dilemmatischen Situationen führen kann, illustriert abschließend ein Beispiel aus dem Fall der Swisscom (**Abbildung 12.2**). Die Führungskräfte sind dort zeitweise einer ad hoc lancierten CEO-Kommunikation ausgesetzt, welche den Freiwilligkeitsgedanken fördern möchte: „Hey, macht mit!". Der gut gemeinte, generelle Aufruf zur Teilnahme an außerbetrieblichem Engagement steht jedoch im Widerspruch zu den Möglichkeiten und Anforderungen des Geschäftsalltags. Daraus resultierende Absagen an die Mitarbeitenden bzw. an deren Engagementwünsche werden von den Mitarbeitenden wie auch von den Führungskräften als demotivierend und kritisch erlebt. Hier eine Auswahl von Gestaltungselementen, welche berücksichtigt werden sollten:

- Ein feineres Gespür für das *richtige Maß* an Kommunikation. Konkret sollten CV-Aktionen auf die Handlungsmöglichkeiten der Mitarbeitenden und Führungskräfte abgestimmt sein. So sollten z.B. Mitarbeitende im Verkauf trotz ihrer durch die Marktnähe verursachten geringeren Zeitflexibilität ebenfalls angesprochen werden können. Dies bedingt jedoch die Freisetzung entsprechender Ressourcen wie Zeit und Geld für die verantwortlichen Führungskräfte, um so dilemmatische Entscheidungssituationen vermeiden zu können.

- Eine konsistentere Informationspolitik ist gefordert, welche außerbetrieblichem Engagement die Legitimation erteilt und dieses vor gut gemeinter Willkür (z.B. Ad-hoc-Aufrufe zur Teilnahme) schützt. Führungskräfte hätten so eine stärkere Rückbindung, um Entscheidungen bzgl. der Teilnahme an CV zu fällen. Schließlich gewinnen auch die Mitarbeitenden an Handlungssicherheit, da die Kriterien transparent und die Entscheidungen antizipierbar sind.

- Daran anschließend ist die frühe Einführung und Konfrontation mit Fragen eines ethisch-integrativen Managements in Kaderschulungen zu fördern. Hierbei gilt es an unterstützende Maßnahmen zu denken, welche über die Verankerung des Themas in der Zielvereinbarung der Mitarbeitenden bzw. Führungskräfte hinaus die Legitimation von CV fördern: Beispielhaft können hier der GE-Volunteers-Verein oder die Swisscom-Austauschplattform genannt werden. Die institutionelle Verankerung dieser Gefäße schafft einen Bezugspunkt, um welchen sich eine Praxis des bilateralen Entscheidens zwischen Führung und Mitarbeitenden entwickeln kann, ohne dabei willkürlich zu sein.

Ohne den Anspruch auf Vollständigkeit zu erheben, sind dies wichtige Voraussetzungen um eine (aktive) Förderung des Themas CV durch die Führungskräfte zu ermöglichen. Dies sollte nicht zuletzt auch zur erfolgreichen Implementierung des Konzeptes beitragen. Wie im Anschluss zu sehen, soll dies auch die autonome und freiwillige Entscheidung der CV-Teilnehmenden stärken, stellt diese doch einen der Grundpfeiler der Engagementbereitschaft der Mitarbeitenden sowie der Intention der Unternehmen dar.

12.3   Auferlegte Autonomie

Dem Leitsatz der Teilstudie *Gegen Win-Win und für persönliche Sinnstiftung* (s. Lorenz & Gentile, in diesem Buch) folgend geht es im Anschluss darum, die Handlungsfähigkeit der potenziellen Freiwilligen im Rahmen der skizzierten formellen und informellen Rahmenbedingungen zu reflektieren.

12.3.1   Rechtfertigungsdruck

Auch wenn im Idealfall die formellen Rahmenbedingungen eine Beteiligung an CV erlauben, sahen sich die Diskutanten im betrieblichen Alltag einem Rechtfertigungsdruck ausgesetzt. Es wurde ein Arbeitsethos umschrieben, das auf Denkschemata basiert, welche sich als Gegenhorizont gegenüber Ideen von Gemeinnützigkeit im Unternehmen auftun (z.B. „Was, hat der jetzt noch Zeit?"). Nur dann und dort, wo die effiziente Erfüllung der Kernaufgaben Raum öffnet, kann im operativen Alltag für weniger prioritäre Themen wie CV Anspruch geltend gemacht werden. Es ist somit nahezu der Verantwortung des Interessenten bzw. seiner individuellen und persönlichen Motivation überlassen, sich entsprechende Freiräume selber zu schaffen und mit dem „Druck, seine Tage einzuteilen" (UBS) in eigenverantwortlichem Verhalten umzugehen.

12.3.2   Ambivalenz von CV

Eine andere Form der Anschlussfähigkeit von CV wurde dort gesehen, wo dieses a priori auf einem konkreten Nutzen für das Unternehmen aufbaute (z.B. Team- und Personalentwicklung oder Imagepflege). Dies scheint insofern eine Möglichkeit zur Implementierung von CV zu sein, als dass die Diskutanten multiple Nutzenaspekte von CV sahen und diese auch unterstützen würden. D.h. es werden sowohl stärker egoistische (Horizonterweiterung oder sozialer Kontakt) als auch altruistische Beweggründe (Gemeinnützigkeit unterstützen, Image des Unternehmens fördern) unterstützt.

Einschränkungen zeigten sich diesbezüglich in der wahrgenommenen Ambivalenz von CV, welche die Teilnahme der potenziellen Freiwilligen und somit die Verwirklichung der antizipierten Nutzenaspekte verhindern kann. Dies ist dann der Fall, wenn das Engagement als Selbstzweck für das Unternehmen genutzt wird, was aus der Perspektive der Diskutanten als latente *Instrumentalisierungsgefahr* ihres Einsatzes diskutiert wurde:

> P2: „Mit etwas habe ich einfach Mühe, und das ist der Corporate Volunteering Day … Ich habe halt einfach ein wenig Mühe, wenn man das schlussendlich fast so als Werbeding ausschlachtet." (Citi Group)

P1: „Auch ein Stück jemandem zu helfen – also unser Beitrag müsste auch die Welt ein Stück besser machen."

P3: „Oder" (*lachend*), „uns ein bisschen besser machen."

P1: „Ja, gibt es Tabus oder nicht? Ich denke, wenn man es (CV) nur zum Selbstzweck macht, ja, dann ist es ein Tabu, weil dann wird es kontraproduktiv."

P3: „Dann ist es gefährlich (CV zum Selbstzweck), dann wird es auch kein Erfolg werden, weil dann ist es leblos."

P1: „Ja wir machen die Welt für jemanden besser, und zwar, weil wir als Mitarbeiter das wollen und nicht, weil die Firma das Gefühl hat, es wäre jetzt noch gut für uns." (UBS)

Die Vereinigung instrumenteller Interessen mit einem an individuellen Bedürfnissen orientierten CV wurde als ein Spannungsfeld wahrgenommen, welches nur schwierig aufzulösen und zu kommunizieren ist. Wie im zweiten Zitat angesprochen, spielt in diesem Zusammenhang die Authentizität des Engagements eine wichtige Rolle. Authentisch wäre das Engagement aus der Perspektive der Diskutanten dann, wenn es vom Unternehmen und den Mitarbeitenden gemeinsam getragen würde, sich an nachhaltigen Zielen orientierte und gelebt, d.h. nicht nur berichtet würde.

Ein an den genannten Kriterien orientiertes Engagement würde sich auch gegenüber einem Sponsoring, welches auf kurzfristige und direkt messbare Nutzenkalküle abzielt, unterscheiden. Das würde nicht zuletzt auch die Chance auf eine erhöhte Identifikation mit dem Unternehmen eröffnen, sowohl nach innen, wie auch in der Außendarstellung bzw. -wahrnehmung. Geht die Authentizität des Engagements verloren, kann dies eine Beteiligung durch die Mitarbeitenden verhindern.

12.3.3 Welcher gesellschaftliche Auftrag besteht – z.B. Service Public ...?!

Hinsichtlich der Bewertung von CV spielten neben der individuellen Wahrnehmung des Engagements auch die kulturell geprägten Erwartungen bzgl. der Funktion und dem Handlungsspielraum eines Unternehmens eine wichtige Rolle. In der Wahrnehmung der Diskutanten fehlte es an Selbstverständnis sowie an einem gesellschaftlichen Auftrag, welcher CV als Ausdruck einer gesellschaftlichen Verantwortung von Unternehmen legitimieren würden. Vor diesem Hintergrund fiel die Kommunikation bzw. die Rahmung von CV gegenüber der externen (wie auch der internen) Öffentlichkeit schwer, was von den Diskutanten im Rahmen der oben dargestellten Debatte um die Ambivalenz von CV auch so erkannt wurde.

Eine Möglichkeit, dieser Fremdheit zu begegnen, kann am Beispiel des *Service-Public-Gedankens* bei der Swisscom erläutert werden. Service Public, d.h. die politisch definierte

Grundversorgung mit Infrastrukturgütern und -leistungen durch das Unternehmen, ist mit konkreten Erwartungen und Werthaltungen der politischen Gemeinschaft gegenüber dem Unternehmen verbunden. Dies könnte bei einer konkreten Ausgestaltung von CV die Sinn- und Zweckfrage anleiten. Service Public entspricht einer spezifischen Form der Aufmerksamkeit gegenüber der Swisscom, welche in der Ausrichtung des Engagements berücksichtigt werden sollte (z.B. die Legitimation des Engagements über „businessnahe Engagementformen"), da hierdurch der Zuspruch an Legitimation aus der Gesellschaft gesteigert werden könnte, was schließlich auch die Umsetzung im Betrieb sowie die *Legalität* engagementwilliger Mitarbeitenden unterstützen sollte.

12.3.4   Drittes Fazit

Die Diskutanten in den Unternehmen sind sich einig, dass CV freiwillig und selbstbestimmt erfolgen sollte. Dies stimmt sowohl für die Mitarbeitenden, die Führungskräfte sowie die Leitung des Unternehmens. Entgegen dieser geforderten Freiheit des Entscheides ist die Gefahr für Engagementwillige, sich für eine Teilnahme an CV rechtfertigen zu müssen, relativ groß, auch wenn eine Teilnahme nicht explizit gefordert wird (**Abbildung 12.3**).

Abbildung 12.3   Mitarbeitende mit „auferlegter" Autonomie

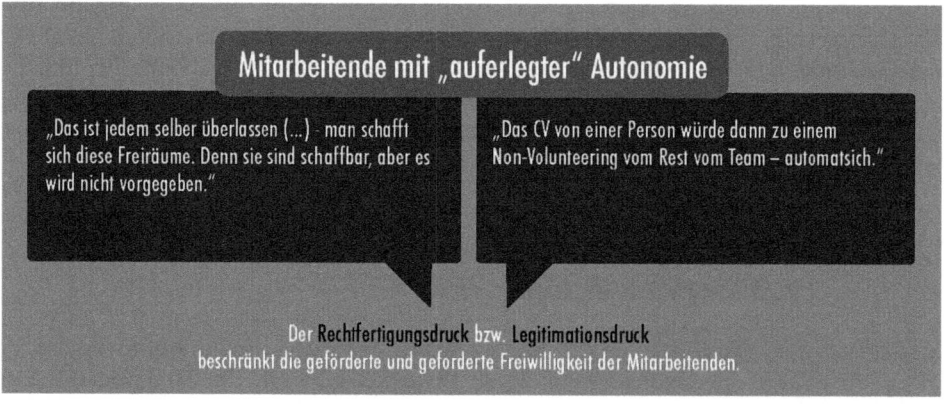

Der Bezug der Diskutanten zu CV ist dementsprechend zurückhaltend bzw. kritisch-abwartend, obwohl diese zahlreiche Nutzenaspekte im Zusammenhang mit CV antizipieren und realisieren würden. Hier drei der wichtigsten Potenziale:

■ Den Kontakt zu Menschen in anderen Lebenssituationen, der zu einer veränderten Sichtweise im Alltag führen kann, und das Sammeln von Erfahrungen in neuen Feldern im Rahmen von CV-Programmen erachteten Diskutanten als eine Möglichkeit zur Erweiterung persönlicher Kompetenzen und des eigenen Horizontes.

■ Mit CV wurde auch das Potenzial verbunden, einen Beitrag vom Unternehmen an die Gesellschaft zu leisten, welcher laut Teilnehmer für die Reputation der Betriebe förderlich ist.

■ Des Weiteren wurde CV als Gelegenheit für *Networking* inner- und außerhalb der Betriebe erwähnt und in einen positiven Zusammenhang mit Teamentwicklung und Mitarbeiterbindung gebracht.

Handlungsaufforderungen aufgrund strategischer Papiere und interner Kommunikationen (*CV ist möglich und gewollt!*) oder aufgrund direkter Zuwendung des CEO (*Hab Mut!*), stehen meist in Widerspruch zum Geschäftsalltag. Um diesen Widerspruch zu lösen, wird der Bezug zu direkten Nutzenaspekten des Unternehmens genannt, was jedoch aufgrund der latent vermuteten *Instrumentalisierungsgefahr* und dem fehlenden Auftrag der Gesellschaft als sehr anspruchsvoll wahrgenommen wird. In diesem Sinne ist die durch das Unternehmen geförderte bzw. geforderte Autonomie der Entscheidung – wie im Titel hervorgehoben – eben *auferlegt*. In dieser Form widerspricht dies einer fundamentalen Voraussetzung freigemeinnütziger Tätigkeit, weshalb die Realisierung der genannten Nutzenaspekte weiterhin schwerfällt.

12.4   Zusammenfassung

Das Unternehmen als einen Bürger mit Rechten und Pflichten zu verstehen, stellt für viele Unternehmensvertreter eine attraktive Metapher dar (Matten, Crane & Chappel, 2003; Matten & Crane, 2005). Gerade die mit den Rechten implizierte Freiheit bzw. Freiwilligkeit der Wahl und Gestaltung des gemeinnützigen Beitrages an die Gesellschaft trifft auf Interesse, was nicht zuletzt mit der Nähe zu bestehenden Engagements im Bereich der Philanthropie zusammenhängen mag. Neben den Rechten bzw. den Freiheitsgraden drohen die Pflichten eher in den Hintergrund zu treten, was durch die häufige Nennung des Win-Win-Win-Potenzials, welches für die Unternehmen, die Mitarbeitenden oder die beteiligten NPO antizipiert wird, weitere Verstärkung findet.

Wie die oben dargestellten Resultate zeigen, verlangt diese Freiheit jedoch auch an Gestaltung. Freiwilligkeit und deren Nutzenpotenziale realisieren sich nicht ohne Weiteres, nur weil diese positiv konnotiert sind. Es bedarf im Rahmen der organisationalen Gestaltung der Verantwortungsübernahme durch das Unternehmen, d.h. konkret:

■ Der konsistenten Ausformulierung der Ziele des Engagements

■ Einer aktiven, internen Information und Verbreitung der Ziele

■ Einer gut dosierten Kommunikation nach außen, welche das Spannungsfeld von Instrumentalisierungsängsten der Mitarbeitenden und Reputationschancen des Unternehmens berücksichtigt

■ Persönlicher, d.h. authentischer Botschafter für das Engagement, welche aufgrund von Erfahrungsberichten Ängste und Unsicherheiten glaubwürdig abbauen können.

■ Genügend Ressourcen, d.h. Zeit, Geld und ideelle Unterstützung durch die Führung, die Teammitglieder sowie die Geschäftsleitung

■ Einer Materialisierung der Aktivitäten, d.h. die Sichtbarmachung im Betrieb z.B. über Informationsplakate, Fotowände oder anderer Symbole des geleisteten Einsatzes der Mitarbeitenden.

Werden diese Punkte berücksichtigt, so scheint einer Realisierung von antizipierten Nutzenaspekten wenig im Wege zu stehen. Vielmehr werden diese dann auch als Chance wahrgenommen, das eigene Unternehmen, gerade auch in Krisenzeiten, von einer anderen, d.h. persönlicheren Seite zu positionieren.

Fazit: Blick zurück nach vorne – von der Theorie bzw. Empirie zur Praxis

13   Gemeinschaft und Gesellschaft

Gian-Claudio Gentile

13.1   Einleitung

Als Abschluss der Buchteile I und II sowie als Vorbereitung für die Lektüre der Praxisbeiträge möchten wir einen *Blick zurück nach vorne* werfen. Dies geschieht nicht mit dem Ziel, die Zusammenfassungen der Kapitel erneut wiederzugeben.

Der in der Folge gemachte *Blick zurück nach vorne* richtet sich auf die drei in der Einleitung dieses Buches eingeführten Ebenen: Unternehmen, Individuum sowie das unternehmerische Umfeld (**Abbildung 13.1**).

Abbildung 13.1   Orte der Moral des Wirtschaftens zwischen Gemeinschaft und Gesellschaft

---

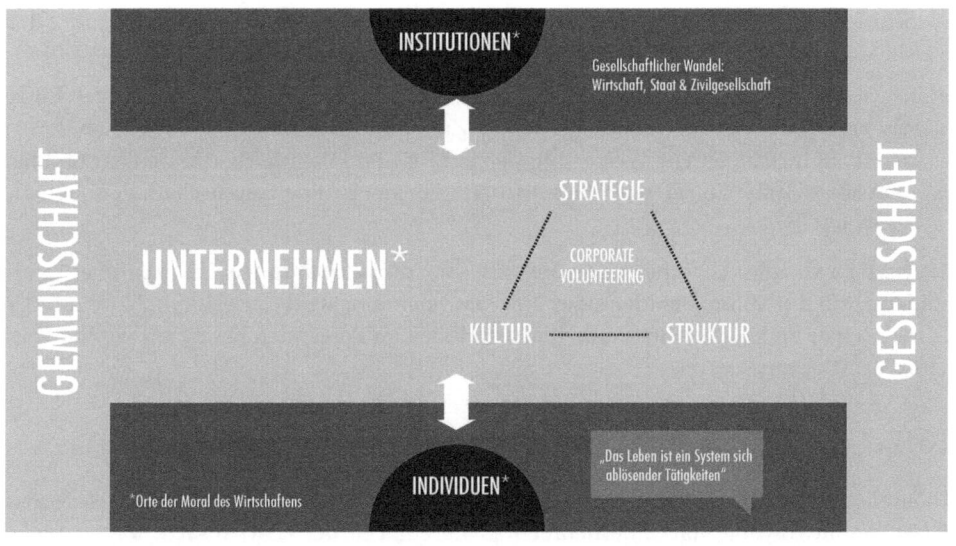

Entlang des Begriffspaares „Gemeinschaft und Gesellschaft" (Tönnies, 1991) werden die drei Ebenen aus einer Metaperspektive reflektiert. In diesem Kontinuum spiegelt sich idealtypisch das Spannungsfeld von zwei Formen der Vergesellschaftung, in welches sich die beteiligten Akteure von CV-Projekten und weiterführenden CSR-Aktivitäten begeben: Zum einen ein transaktionaler Gesellschaftsbegriff, welcher einem kontraktualistischen Beziehungsverständnis folgt. Zum anderen ein Gemeinschaftsbegriff, welcher einem übergeordneten und gemeinschaftlich geteilten Sinn der sozialen Integration folgt.

Wo sich die jeweiligen Akteure in diesem Kontinuum konkret positionieren, ist situativ zu entscheiden. Zu wissen, dass man sich darin befindet, mag Orientierungs- und Kommunikationshilfe sein in einem Bereich, wo diese Hilfestellungen (oft) noch fehlen. In diesem Sinne soll der *Blick zurück nach vorne* für alle drei Buchteile sowie das übergeordnete Verständnis der Thematik integrative Wirkung haben.

13.2 Eine Orientierungshilfe für ein komplexes Feld unternehmerischen Handelns

Bereits im Jahr 1887 machte der Soziologe Ferdinand Tönnies eine analytische Unterscheidung zwischen „Gemeinschaft und Gesellschaft". Diese beschreibt zwei Arten kollektiver Gruppierung kraft gegenseitiger, willentlicher „Bejahung" der sozial Handelnden (s. Merz-Benz, 1991):

■ Der *gemeinschaftliche Wesenswille* umschreibt die Bejahung eines größeren sozialen Ganzen durch den Einzelnen. Das Handeln des Einzelnen orientiert sich dabei am übergeordneten Zweck. Denken und handeln alle so, sind sie Teil einer Gemeinschaft (z.B. einer Genossenschaft, der Dorfgemeinschaft etc.)

■ Im Gegensatz hierzu umschreibt der *gesellschaftliche Kürwille* das Handeln des Einzelnen als auf die eigenen Zwecke gerichtet. Zu deren Erreichung bedient er sich der Anderen auf instrumentelle Weise, d.h. sie sind ihm Mittel zum Zweck. Denken und handeln alle so, sind sie Teil einer Gesellschaft (z.B. einer Aktiengesellschaft, dem liberalen Staat etc.).

Betrachtet man das Unternehmen und mit ihm die Verbindungen zu zentralen Stakeholdern, wie die Mitarbeitenden oder NPO im Spannungsfeld der beiden „Normaltypen" Gemeinschaft und Gesellschaft, dann lässt sich das im Folgenden beschriebene Bild zeichnen.

13.2.1 Gesellschaftlicher Kürwille

Theoretische Ansätze im Bereich des klassisch ökonomischen Verständnisses gesellschaftlicher Verantwortung von Unternehmen sowie ein Teil der CSR-Ansätze folgen explizit oder implizit der Maxime der Eigennutzenmaximierung. Das Erreichen übergeordneter Ziele folgt einem Zweckzusammenschluss, der im Rahmen eines Kontraktes die jeweiligen Leistungen und Gegenleistungen bestimmt. In Bezug auf die Mitarbeitenden drückt sich dies im Rahmen des formellen Anstellungsverhältnisses aus (z.B. das gemeinnützige Engagement von Führungskräften im Rahmen einer Kaderausbildung). Bei intersektoralen Partnerschaften findet sich diese Tauschlogik in expliziten (z.B. ein Kooperationsvertrag mit einer NPO) oder in impliziten Kontrakten (z.B. im oft zitierten Win-Win).

Tönnies folgend ist der Kontrakt der Ort, in dem der einigende (Kür-)Wille des Tausches, welcher kennzeichnend für den Normaltyp *Gesellschaft* ist, zum Ausdruck kommt. Durch das Fehlen höchster, d.h. gemeinsamer Werte, müssen diese über den Tausch von Leistungen bzw. den vorgängig gegenseitigen Abgleich von gemeinsamen Wertvorstellungen festgelegt und im Rahmen des Kontraktes festgehalten werden (Merz-Benz, 1991). Die Logik des Gebens und Nehmens, welche dem Tauschgedanken zugrunde liegt, zeigt sich bspw. in der „tit-for-tat"-Strategie, welche im verantwortungsvollen Handeln der Unternehmen die Rückgabe oder den Abgleich einer zuvor erhaltenen Leistung der Gesellschaft impliziert. Noch zugespitzter kommt diese Ausrichtung im Oxymoron der „strategic philanthropy" (Porter & Kramer, 2002) zum Vorschein. Dies widerspiegelt den Versuch, den eigentlichen Widerspruch, den besonders gemeinnütziges Handeln aus ökonomischer Perspektive darstellt, in die instrumentelle Logik des Kürwillens zu integrieren und somit auch zu legitimieren.

13.2.2 Gemeinschaftlicher Wesenswille

Im Gegensatz zu den klassisch ökonomischen Ansätzen sind gemeinschaftsbezogene, integrative Ansätze, welche das Unternehmen als Teil eines größeren Ganzen konzipieren, näher am Gedanken des Wesenswillens. Dieser beinhaltet Rechte und Pflichten, welche als zwei Seiten desselben Anliegens zu verstehen sind. So werden Unternehmen als Teil der größeren Gemeinschaft konzipiert, zu deren Wohlergehen sie beitragen sollen (s. Solomon, 2008, Wood & Logsdon, 2001). Der Fokus liegt auf einer spezifischen Gemeinschaft, welche über Loyalität und Identifikation ihrer Mitglieder bzw. Bürger zusammengehalten wird. Wie gezeigt finden sich solche Bilder für bürgerschaftliches Engagement zum einen in Unternehmen in Form von freiwilligem Arbeitsengagement, dem sog. Organizational Citizenship Behavior. Zum anderen finden wir sie im Rahmen weiterführender Tätigkeiten außerhalb der Erwerbsarbeit, bei der Bürgerarbeit etwa. Schließlich ist es auch Thema im Rahmen von intersektoralen Partnerschaften, wenn es um gemeinnütziges Engagement zwischen ökonomischen und ideellen Wertvorstellungen geht. Beispielhaft kann hier der Fall Gartenbau (s. Samuel, Gentile, Lorenz & Pries, in diesem Buch) genannt werden, bei welchem nebst den ökonomischen Nutzendimensionen auch die integrative Komponente der Kooperation im Blick stand.

Bei Tönnies drückt sich der gemeinschaftliche Zusammenhalt durch das gegenseitige Verständnis der Mitglieder der Gemeinschaft aus und stellt so den Ort des verbindenden Wesenswillens dar. Erst im Verstehen, d.h. in der intimen Kenntnis voneinander sowie des übergeordneten Ganzen (als Mitglied einer Unternehmensgemeinschaft oder einer lokalen Gemeinschaft im Rahmen von intersektoralen Partnerschaften), werden Leistungen wie gesellschaftlich verantwortungsvolles Handeln der Unternehmen oder gemeinnütziges Engagement von Mitarbeitenden im und außerhalb des Unternehmens als sinnvoll erkannt. So mag der Hinweis von Swisscom-Mitarbeitenden auf den sog. Service-Public-Auftrag ihres Unternehmens als gutes Beispiel dienen, sieht man hierin doch einen gesellschaftlichen Auftrag und die Legitimation von Swisscom, auch etwas für das Gemeinwohl des Landes zu leisten. Dies ist dem Tönnies'schen Gedanken der Gemeinschaft sehr nahe. Hier werden erbrachte Leistungen im Rahmen gemeinschaftlicher Arbeitsteilung als gegenseitige Unterstützung legitimiert und mit Würde gegenüber der unterstützenden Kraft (des Unternehmens) eingefordert. Ein explizites Aufrechnen der Leistungen, wie dies im

Rahmen des Normaltyps der Gesellschaft vorausgesetzt wird, ist dabei nicht notwendig. Diese orientieren sich an übergeordneten Werten, in unserem Zusammenhang dem Gemeinwohl.

13.2.3 Welchen Willen haben und wollen wir?

Das Begriffspaar „Gemeinschaft und Gesellschaft" trägt als anleitende Heuristik dank der differenzierten Beschreibung der beiden idealtypischen Sozialsphären zu einer verfeinerten Wahrnehmung der Motive und Ziele bei den beteiligten Akteuren bei. Es ermöglicht eine integrative Betrachtung wichtiger Unterschiede in den Konzeptionen gesellschaftlicher Verantwortung von Unternehmen. Dies gilt sowohl für externe Beobachter als auch für die beteiligten Akteure.

Gerade für die beteiligten Akteure bei CV-Aktivitäten ist die Verwendung des Begriffspaares für das genauere Verständnis der Ein- und Durchführung entsprechender Initiativen von Interesse. Welche Werthaltungen sollen im Vordergrund stehen bzw. welche Willensform soll die prägende Kraft hinter dem Engagement sein? Das Begriffspaar ermöglicht eine innovative Perspektive auf die Einbettung und die Handhabung gemeinnütziger Aktivitäten im und außerhalb des Unternehmens. Als Orientierungshilfe erlaubt es die Ausrichtung des Engagements hinsichtlich stärker instrumenteller bzw. gemeinschaftsbezogener Ziele sowie deren Umsetzung in der Kooperation mit den Stakeholdern zu bestimmen. Gerade vor dem Hintergrund impliziter psychologischer Verträge zwischen den Mitarbeitenden und dem Arbeitgeber sowie im Rahmen von neuen, bislang nicht erprobter intersektoralen Kooperationen mag die Möglichkeit zur Explizierung von besonderem Wert sein.

An diesem Ausformulierungsprozess schließt das diskursive Verständnis der Integration und Legitimation entsprechender Aktivitäten an, welches im Rahmen der Konzepte des Corporate Citizenship bzw. der Organisationalen Demokratie beschrieben wurde. Welche Facetten der beiden Normaltypen stärker zum Tragen kommen und unter welchem (Werte-)Konsens dies zustande kommt, muss im diskursiven Prozess bestimmt werden. Ob und wie dieser Diskurs stattfindet, wird in den folgenden beiden Unterkapiteln entlang ausgewählter Studienergebnisse aus dem Buchteil II erläutert.

13.3 Arbeitskräfte und Freiwillige in der betrieblichen Beziehungsgestaltung

Blickt man top-down von der Unternehmensperspektive auf die Ausgestaltung des gemeinnützigen Engagements sowie spezifisch auf CV, so fällt eine Bilanzierung bzgl. einer konsistenten Implementierung gemeinnützigen Engagements sicher nicht negativ aus. Die Unternehmen haben im Rahmen der schweizweiten Befragung multiple Beweggründe bzw. Ziele für das gemeinnützige Engagement genannt, welche über strategische Handlungspläne abgesichert sind. Weiter kann von einer Balance zwischen formeller und informeller Strukturierung gesprochen werden, was besonders für CV durch die relativ hohen Werte bei den Partizipationsmöglichkeiten der Mitarbeitenden bei der Gestaltung zutraf. Entsprechend können die Unternehmen als autonome und zielstrebige, an einer nachhaltigen Umsetzung gemeinnützigen Engagements interessierte und für die Anliegen der Anspruchsgruppen sensibilisierte Akteure auftreten.

Eine andere Wahrnehmung zeigt sich, wenn der Blick bottom-up, d.h. aus der Perspektive der Mitarbeitenden eingenommen wird. Die Ergebnisse aus den Befragungen der Mitarbeitenden und Führungskräfte (s. Gentile, Lorenz & Wehner, in diesem Buch) lassen den Schluss zu, dass diese mit ihren Interessen und Bedürfnissen noch zu wenig als potenzielle Freiwillige auf der organisationalen Ebene wahrgenommen werden. Es scheint nicht zu genügen, dass das (CV-)Engagement strategisch-formell, d.h. über Policies, Zeitgutschriften oder visionäre Strategiepapiere implementiert ist. So kann beispielsweise eine gut gemeinte Möglichkeit zur Mitgestaltung von CV seitens des Unternehmens auch als „auferlegte" Autonomie wahrgenommen werden, welche bei entsprechender Forderung durch die Geschäftsleitung zuweilen auch als paradoxe Handlungserwartung verstanden wird. Dies bekommen besonders die Führungskräfte zu spüren, welche in entsprechende Entscheidungsdilemmata hinsichtlich ökonomischer und stärker gemeinschaftlicher Werte geraten. Aus der Perspektive der Mitarbeitenden stellen alltägliche Routinen und Handlungspraktiken (z.B. Erwerbsarbeit und nicht freiwillig tätig sein; einem effizienten und effektiven Arbeitsethos Folge leisten; nicht den Arbeitskollegen noch mehr Arbeit machen etc.), welche für die Umsetzung von CV als Hindernisse wahrgenommen werden, ein Gestaltungsfeld für eine erfolgreiche Implementierung von CV dar.

CV stellt sich in seiner Kopplung von unternehmens- und mitarbeiterseitigen Interessen auf der informellen, d.h. wertbezogenen Ebene als komplexes Konzept dar. Es wirkt als eine Art Katalysator bzw. Reflexionsfläche für ethische Fragen, welche auf die Gestaltung von Arbeitsbedingungen (z.B. Zeitmangel, Arbeitsethos, Partizipation, Autonomie etc.) und die Berücksichtigung anderer Interessen und Logiken außerhalb instrumentell-ökonomischen Denkens zielen. Mit der Kopplung unterschiedlicher Interessen thematisiert CV sozusagen die Tönnies'schen Willensformen als unterschiedliche Denkschemata im Unternehmen selber, wo diese hinsichtlich ihrer Berechtigung, Verknüpfung oder Abgrenzung zur Diskussion stehen (z.B. die Diskussion der Mitarbeitenden und Führungskräfte darüber, ob CV während der Arbeitszeit oder während der Freizeit stattfinden soll. Unter welcher Prämisse kann und soll CV im Betrieb eingeführt und gelebt werden? Ist eine auf gegenseitigen Nutzenaustausch ausgerichtete Rahmung sinnvoll, oder sollte ein stärker gemeinschaftlich geteilter Wertbezug im Zentrum stehen?

Als Folge dieser Überlegungen stellt sich im Gestaltungsfeld CV die (ethische) Frage nach der Inklusion bzw. Exklusion von Interessen der Mitarbeitenden als Freiwillige im Rahmen des Unternehmens. Konkret heißt dies die Berücksichtigung von Bedürfnissen nach Selbstbestimmung, authentischem Engagement sowie der Möglichkeit zum sozialen Austausch mit Arbeitskollegen und Menschen aus anderen gesellschaftlichen Bereichen. Diese Frage ist für CV aus der Perspektive der Mitarbeitenden durch ein fehlendes und zuweilen zu wenig authentisches Sinnangebot der Unternehmen (noch) nicht bzw. ungenügend klar beantwortet. Eine Verneinung dieser Frage durch die Unternehmen scheint vor dem Hintergrund der signalisierten und nachhaltig gezeigten Bereitschaft zur Durchführung und Gestaltung von CV nicht vorzuliegen. Allerdings wäre unter deliberativen bzw. organisations-demokratischen Gesichtspunkten stärker an eine gemeinsame Gestaltung des Themas durch das Unternehmen und die Mitarbeitenden zu denken. Vorschläge, wie dies aussehen könnte, wurden von den Mitarbeitenden aus den Betrieben reichlich gegeben: Von der Swisscom-Austauschplattform über den GE-Verein bis zu kreativen Austauschzirkeln im Rahmen von Teamsitzungen oder allgemeinen Innovationszirkeln (Vorschläge von UBS- bzw. Citi-Mitarbeitenden) wurden bereits interessante Möglichkeiten zur aktiven Gestaltung partizipativer Strukturen genannt (s. Gentile & Lorenz, in diesem Buch).

Im Sinne eines konsistenten Auftretens des Unternehmens sollte dies auch helfen, den weit verbreiteten Verdacht des moralischen Add-ons künftig glaubhaft(er) zu entkräften. Ob dies zu einem gemeinsam getragenen CV zwischen der Unternehmensleitung und den Mitarbeitenden als Freiwillige führt, wäre dann noch offen bzw. von weiteren wichtigen strukturellen und strategischen Rahmbedingungen abhängig zu machen (s. Gentile & Wehner, in diesem Buch). Am Beginn der CV-Bemühungen sollte allerdings die gemeinsame Suche nach übergeordneten Werten, wie diese dem Tönnies'schen „Wesenswillen" inhärent sind, im Zentrum der Gestaltungsbemühungen im Unternehmen stehen. Kontraktualistische Tauschüberlegungen, wie sie dem gesellschaftlichen Normaltyp entsprechen, sind nicht ausgeschlossen. Den Erkenntnissen aus den Corvo-Studien folgend, sollten diese jedoch aufgrund der weitverbreiteten Instrumentalisierungsangst sowie aufgrund des ausgeprägten Autonomieanspruchs der Freiwilligen, d.h. der Mitarbeitenden, nicht am Beginn aller CV-Bemühungen stehen.

Ob und wie ein gemeinschaftlicher Diskurs im Rahmen aktueller instrumentell-ökonomischer Denkschemata Raum und Zeit finden kann bzw. als notwendig erachtet wird, ist eine offene Frage. Den Gestaltungsanspruch der Unternehmensleitung, wie dieser aus der schweizweiten Unternehmensbefragung ersichtlich wurde, ernst nehmend, sollte diese Frage aus der Leitungsperspektive und somit aus strategischen Überlegungen aktiv angegangen werden (s. Stolz, Fürst & Mundle, in diesem Buch). Unter der Prämisse, dass CV in Bezug auf die Mitarbeitenden und deren Bedürfnisse ernst gemeint ist und von diesen auch gewollt und geschätzt werden soll, scheint diese Schlussfolgerung sinnvoll und unumgänglich.

13.4   Intersektoraler Stakeholder-Dialog zwischen business, social und civic case

Wir haben im Rahmen der Darstellung der unterschiedlichen Konzepte zum Thema der gesellschaftlichen Verantwortung von Unternehmen von einer Anforderung zur Mehrsprachigkeit gesprochen. Hierbei ging es um eine kritische Abgrenzung zu instrumentellen und sogenannten philanthropischen CSR-Ansätzen, welche das Stakeholder-Konzept auf ein Interessensmanagement der Unternehmen reduzieren.

Die aktuellen gesellschaftlichen Veränderungen fordern ein differenzierteres Sprachrepertoire der Unternehmen, welches sie befähigt, mit komplexen und teilweise dilemmatischen Anforderungen umzugehen. Im Sinne eines normativen Stakeholder-Managements verlagert sich der Fokus der aktuellen Diskussion um gesellschaftliche Verantwortung der Unternehmen vermehrt auf das diskursive, d.h. partizipative Aushandeln konkreter Aktivitätsfelder von Unternehmen im Austausch mit den Anspruchsgruppen. Konkret bedeutet diese Aufforderung zur Mehrsprachigkeit, dass Unternehmen sich im Stakeholder-Dialog stärker auf die Perspektive der Anspruchsgruppen einlassen und themenorientiert nach innovativen Lösungen suchen. Dies folgt dem Gedanken der sozialen Innovation und geht weniger von einem Risikomanagement aus, welches auf die Bestandswahrung des Unternehmens fokussiert.

Wie im Fall Gartenbau (s. Samuel, Gentile, Lorenz & Pries, in diesem Buch) sowie im Vergleich der Unternehmens- und NPO-Befragung (s. Lorenz & Spescha, in diesem Buch) gezeigt, fällt dieser Dialog zwischen den Anspruchsgruppen nicht immer leicht. Nicht nur stellt die Erreichung eines allseitigen Wins (business case und social case) im Sinne des Tönnies'schen „Kürwillens" eine große Herausforderung bei der Abstimmung der beteiligten Parteien dar. Gerade der Anspruch einer gesellschaftlich integrativen Wirkung einer Kooperation, d.h. der civic case, erscheint unter dem Druck der Verwirklichung eigener Interessen besonders schwierig. Das Gemeinwohl und ein daran orientiertes Handeln am übergeordneten Zweck sind als Ziele rasch formuliert. Leider drohen sie aber bereits in der konkreten Planung und Ausführung der intersektoralen Kooperation aus dem Fokus zu geraten. Nebst dem Druck der egoistischen Nutzenverfolgung stellen die geforderte Mehrsprachigkeit und eine damit verbundene Fähigkeit zur Perspektivenübernahme (Wehner & Gentile, 2007; Geulen, 1982) Hindernisse für die Verwirklichung der gennanten Ziele dar. So sind bereits unterschiedliche Auffassungen, was unter einem Nutzen zu verstehen ist, Vorurteile dem sektorfremden Partner gegenüber, fehlende Ressourcen oder schlicht die fehlende Erfahrung bei der Rollenzuteilung Gründe, welche die Aussicht auf Erfolg mindern können.

Wie im Beitrag von Placke (in diesem Buch) diskutiert, können in diesem Zusammenhang sogenannte Mittler eine wichtige Rolle einnehmen. Sie agieren als Intermediäre zwischen den Sektoren und versuchen die fehlende Sprachfähigkeit der beteiligten Akteure über einen Übersetzungsdienst auszugleichen. Wie die praktische Umsetzung zeigt, kämpft diese innovative Dienstleistung jedoch gegen dieselben blinden Flecken, welche ihre Dienste erforderlich machen: ein noch unzureichendes Verständnis der Notwendigkeit des Dienstes, die fehlende Bereitschaft die Finanzierung des Dienstes zu sichern, oder die noch unbekannte Rollenzuteilung des Mittlers zwischen den intersektoralen Partnern. Das fehlende Bedürfnis der Unternehmen, beratende Dienste im Bereich des gemeinnützigen Engagements in Anspruch zu nehmen, kann als eine der Ursachen für diese Situation gelten.

Vielversprechend(er) scheinen hier Initiativen zu sein, welche Ressourcen bündeln. Wie die Ergebnisse aus der schweizweiten Unternehmensbefragung zeigen, lassen sich aktive Unternehmen durch gleichgesinnte Betriebe gern inspirieren. So wird der Austausch unter gleichgesinnten Betrieben am ehesten gesucht, um so mehr über die Form und die Ergebnisse von Engagements zu erfahren. So sind z.B. Austauschplattformen Orte, welche über ihren Zusammenschluss Ressourcen, Interesse und Anknüpfungspunkte für die Beschäftigung mit intersektoralen Themen liefern. Beispielhaft sollen hier zwei Initiativen aus der Schweiz aufgeführt werden: das „Netzwerk Unternehmen mit Verantwortung" (www.verantwortung.lu) sowie das „Thuner Ethik Forum (TEF)" (www.thuner-ethik.ch).

Neben der Schaffung der Plattform für den Austausch ermöglichen solche Institutionen auch einen Rahmen, in welchem der erzielte Outcome (business und social case) wie auch der Impact (civic case) beobachtet und zwischen den Akteuren kritisch diskutiert werden kann. Inwiefern in solchen Austauschforen der Tönnies'sche „Kür-" oder der „Wesenswille" verfolgt werden muss, kann hier offen bleiben. Wichtig scheint vielmehr, dass im Sinne des Stakeholder-Dialoges die Voraussetzungen gegeben sind, den angestrebten Austausch zu praktizieren, zu implementieren und zu tradieren.

13.5   Janusköpfigkeit von Gemeinschaft und Gesellschaft

Wie die theoretischen Darlegungen als auch die empirischen Ergebnisse in den beiden ersten Buchteilen zeigen, ist die Berücksichtigung des „Wesenswillens" als Ausdruck von gemeinschaftlich getragenen Werten hoch im Kurs. Wie jedoch bekannt, ist dieser Kurs auch Ausdruck einer Dominanz von gesellschaftlichen, auf den individuellen Erfolg ausgerichteten Wertevorstellungen. In diesem Sinne stellen die beiden Sozialsphären zwei Seiten derselben Medaille dar.

Wie die folgenden Praxisbeiträge im dritten Buchteil zeigen, findet sich dieses Spannungsfeld auch in diesen Beiträgen. Die Ambivalenzen und die damit zusammenhängenden Herausforderungen bei der täglichen Arbeit im Betrieb werden hier noch einmal aus der jeweiligen Perspektive erläutert und herausgearbeitet. Deren Lösung ist von „guter Praxis" noch ein gutes Stück entfernt, was aufgrund der relativen Novität des institutionellen Wandels und der damit zusammenhängenden Rollenklärung kaum verwundern kann. Das Tönnies'sche Begriffspaar sollte deshalb nicht nur eine Heuristik für die interessierte Leserschaft, die Praxis oder die Wissenschaft sein. Es soll auch als Erinnerung an Wertevielfalt dienen, wo diese im Streben nach (ökonomischem) Nutzen vergessen zu gehen droht: Denn groß scheint die Gefahr, dass nach der Rede und dem gutem Willen zur Berücksichtigung von Wertevielfalt diese in alltäglichen Routinen und Handlungspraktiken vergessen oder schlichtweg nicht (an-)erkannt wird.

Teil III:
Praxis auf der Suche nach einer Praxis

14 Corporate Social Responsibility in Schweizer KMU

Mariana Christen Jakob

Einleitung

In der Fachliteratur zu Corporate Social Responsibility (CSR) dominierten vorerst Konzepte, welche auf die großen multinationalen Unternehmen (MNU) mit den entsprechenden Strukturen und Organisationsformen zugeschnitten waren (Spence, Schmidpeter & Habisch, 2003). Eigenständige Untersuchungen mit einem spezifischen Fokus auf die kleinen und mittelgroßen Unternehmen (KMU) gibt es erst in jüngerer Zeit. Studien aus unterschiedlichen Ländern fokussieren die KMU-Welt und bringen diese Ergebnisse vermehrt in der wissenschaftlichen Diskussion ein (Spence, 1999; Spence et al., 2003; Vyakarnam et al., 1997; Murillo & Lozano, 2006; Perrini & Minoja, 2008). Es wird argumentiert, dass ein spezifischer Fokus auf KMU aus Sicht der Charakterisierung des Organisationstypus zu differenzierteren Erkenntnissen führen kann (Jenkins, 2004). Andere Untersuchungen betonen die kulturelle Einbettung der verantwortlichen Unternehmensführung im europäischen Kontext, welche die formellen und informellen Werte, Normen und Regeln von Organisationen umfasst (Matten & Moon, 2008).

Eine erste wichtige Studie zu CSR in KMU wurde 2002 in England durchgeführt und zeigte aufschlussreiche Resultate (DTI 2002b). So betonten die rund 200 befragten Geschäftsleiter, dass sie zumindest teilweise CSR-Aktivitäten umsetzen, sich aber dessen in der Regel gar nicht explizit bewusst und mit den Begriffen und Konzepten wenig vertraut sind. Dieses Merkmal bestätigte sich in weiteren Studien in verschiedenen europäischen Ländern (Europäische Kommission, 2004), beispielweise auch in einer aktuelleren Umfrage in Deutschland (Europäische Kommission, 2007). Obwohl in Teilbereichen bereits viel getan wird und auch geplant ist, werden diese Maßnahmen nicht dem Begriff CSR zugeordnet. Vor diesem Hintergrund wird in der Literatur von „implizitem CSR" bei KMU gesprochen (Fassin, 2008; Jenkins, 2004; Lepoutre & Heene, 2006; Murillo & Lozano, 2006).

Auch in der Schweiz steht die Forschung zu CSR in KMU am Anfang. Der vorliegende Text möchte hier mit einem qualitativen und explorativen Ansatz einen Beitrag zur Diskussion liefern und ein differenzierteres Verständnis für die CSR-Thematik im spezifischen KMU-Segment unterstützen. Es wird nach der Motivation für CSR-Aktivitäten gefragt, nach den Handlungsfeldern und den wahrgenommenen Wirkungen. Insbesondere wird auch die Frage gestellt, ob sich aufgrund der genannten Motive und Handlungsfelder bestimmte Entwicklungsmuster finden lassen, die als Grundlage für weiterführende, hypothesenprüfende Studien genutzt werden können. Das Hauptinteresse der Auseinandersetzung ist auf den sozialen und gesellschaftlichen Aspekt der CSR-Thematik gerichtet, ohne aber die ökologischen Perspektiven völlig zu vernachlässigen.

Vorgehen

In einem ersten Schritt wurden Unternehmen aus ganz unterschiedlichen Branchen gesucht, welche bereits aktiv CSR betreiben und sich entsprechend engagieren. Wichtig war dabei das Oebu-Nutzwerk (www.oebu.ch), in welchem sich mit einem Schwerpunkt auf mittelständische Betriebe über 300 Unternehmen zusammengeschlossen haben und sich zu einer verantwortungsvollen und nachhaltigen Unternehmensführung bekennen. Eine weitere Quelle waren Unternehmenspreise rund um die CSR-Themen und die CSR-Berichterstattung. Wichtiges Kriterium war im Hinblick auf den explorativen Ansatz dieser Untersuchung die große Bandbreite von Unternehmensgrößen und eine explizite Brachenvielfalt. Bewusst wurden auch vier Unternehmen in die Untersuchung aufgenommen, welche nach der europäischen Definition (250 Mitarbeitende, Jahresumsatz bis zu 40 Millionen Euro) nicht mehr in die Gruppe der KMU gehören, sich aber laut den Inhabern als Familienunternehmen (FamU) explizit dieser Kultur verpflichtet fühlen. Neben einer Dokumentenanalyse von CSR-Berichten bzw. Nachhaltigkeitsreports, Leitbildern, Mission Statements und weiteren Dokumenten auf den Websites war eine qualitative Datenanalyse mit Experteninterviews geplant. Nach einer telefonischen Kontaktaufnahme erklärten sich 15 Unternehmen zur Teilnahme bereit (**Tabelle 14.1**).

Alle Gesprächspartner gehörten zur Geschäftsleitung. In vielen Fällen sind Eigentümer und Geschäftsleitung identisch, in einigen Interviews erfüllten die Gesprächspartner auch spezifische Aufgaben in den Funktionen Finanzen oder Human Resources. Die Interviews (von einer Stunde Dauer) wurden auf der Grundlage eines halbstrukturierten Leitfadens geführt. Bei Experteninterviews werden Experten als Träger von erfahrungsgestütztem Wissen in spezifischen Bereichen verstanden, welches mit den Leitfragen erschlossen wird (Flick, von Kardoff & Steinke, 2005; Mey & Mruck, 2007; Mieg & Näf, 2006). Mit dem Blick auf Motivation, Handlungsfelder und Wirkungen wurden folgende Fragen gestellt:

- Welche CSR-Aktivitäten sind in den verschiedenen Unternehmen zu finden?
- Liegt der Fokus eher bei den internen oder den externen Anspruchsgruppen?
- Welchen Stellenwert haben die Mitarbeitenden?
- Welches Gewicht wird dem internationalen Markt bzw. der Wertschöpfungskette beigemessen?

Ein spezifisches Interesse war dabei auf die Unternehmer, Geschäftsleiter bzw. Besitzer gerichtet und auf die wahrgenommenen Auswirkungen:

- Wie schätzen sie eine verantwortliche Unternehmensführung ein?
- Was ist der Anlass für CSR-Initiativen, und welche Motivation steht dahinter?
- Welche Erfahrungen machen sie beispielsweise hinsichtlich Reputation, Motivation der Mitarbeitenden oder Unternehmenskultur in den Unternehmen?

Mit Zitaten als qualitative Kernsätze werden die Antworten zu diesen Fragen in den folgenden Beispielen exemplarisch dargestellt. Die Auswertung erfolgte durch die Autorin entlang von Codes, welche aus den Leitfragen abgeleitet wurden (z.B. Motivation, unternehmerisches Selbstverständnis, Wirkung, Planung Umsetzung, Kommunikation).

Tabelle 14.1 Unternehmen, die an der Untersuchung teilgenommen haben

Branche	Mitarbeitende	Gründungsjahr	Jahresumsatz 2007/2008	Code
Kunststoffindustrie	1100 (FamU)	1887	241 Mio. SFR	Op1
Optik	53	1913	18 Mio. SFR	Op2
Metallbau	525 (FamU)	1920	135 Mio. SFR	Op3
Sanitär/Heizung	55	1932	15 Mio. SFR	Op4
Fensterbau	110	1932	19 Mio. SFR	Op5
Elektronik	350 (FamU)	1933	84 Mio. SFR	Op6
Raumplanung	130	1965	15 Mio. SFR	Op7
Medizinaltechnik	1090 (FamU)	1973	267 Mio. SFR	Op8
Architektur	17	1980 (1996)	2 Mio. SFR	Op9
Textilbereich	120 (CH)	1981	82 Mio. SFR	Op10
Gesundheitswesen	250	1982	26 Mio. SFR	Op11
Finanzbranche	73	1990	20 Mio. SFR	Op12
Energietechnik	200	1991	85 Mio. SFR	Op13
Forschung/Beratung	18	1994	2,5 Mio. SFR	Op14
Hotellerie	27	1998	2,1 Mio. SFR	Op15

Gründe für unternehmerisches Engagement

Warum engagieren sich die hier untersuchten Unternehmen freiwillig intern und extern für eine verantwortungsvolle Unternehmensführung? In den meisten Experteninterviews wurde auf eine tiefer gehende Verantwortungshaltung verwiesen und diese an Begriffen wie Fairness, Ehrfurcht oder Gerechtigkeit erläutert.

„Das war ein Bauchgefühl, ein intuitiver Antrieb. Ich war überzeugt, dass das die richtige Richtung ist. Im Hinblick auf die soziale Verantwortung liegt mir der faire Umgang mit Menschen sehr am Herzen, das habe ich wohl von zu Hause mitbekommen. Vielleicht sind die weichen Faktoren manchmal hinderlich in der Führung, insgesamt aber bin ich gut damit gefahren. Die Fairness haben wir früh im Leitbild verankert, als Vision ist mir die Ehrfurcht vor der Würde des Menschen wichtig." (Op2)

Deutlich wird an dieser Aussage die enge Verbindung von Sozialisation, persönlicher Wertehaltung und der Verankerung von CSR als strategische Ausrichtung der Firma. Die weit verbreitete KMU-Struktur mit der Funktion des Geschäftsleiters und des Eigentümers in der gleichen Person schafft die Voraussetzung, dass das Vorgehen jenseits von formalisierten Abläufen möglich und umsetzbar ist.

Nun ist es aber nicht so, dass bei den Beweggründen zu CSR-Aktivitäten die finanzielle Dimension ausgeklammert wird. Bei allen Antworten zeigte sich eine Mischform zwischen gesellschaftlich verantwortlichem und unternehmerisch erfolgreichem Handeln. „Gutes tun" gehört zum unternehmerischen Selbstverständnis, die ökonomische Verantwortung verschränkt sich mit der ethischen Verantwortung, bei der auch der Verantwortungsbereich der öffentlichen Hand in die Überlegungen hineinspielt.

> „Grundsätzlich glaube ich nicht, dass der Staat für alles verantwortlich ist. Ich bin der Überzeugung, dass auch das Unternehmen eine Verantwortung trägt in gewissen Bereichen." (Op2)

Über weite Strecken zeigt sich ein integratives Verständnis von CSR, bei welchem eine klare Bindung an ethische Prinzipien von Bedeutung ist (Maak & Ulrich, 2007). Neben den finanziellen Zielsetzungen schimmert ein Firmenverständnis mit einem sehr spezifischen Menschenbild und einer verantwortlichen unternehmerischen Zielsetzung auf, welches durchaus selbstbewusst vertreten wird.

> „Ich habe selber Betriebsökonomie studiert und habe dort oft ganz andere Menschenbilder kennengelernt." (Op7)

Ein Beispiel aus dem Produktionsbereich zeigt, dass die Verbindung von sozialen und ethischen Werten mit einem wirtschaftlichen Denken durchaus zum entscheidenden Erfolgs- bzw. Überlebensfaktor der Firma werden kann.

> „Entstanden ist dieses partizipative Modell in den 60er Jahren. In dieser Zeit hatte die Firma wirtschaftliche Schwierigkeiten. Das Unternehmen war damals klein und mittelständisch, noch handwerklich geprägt, stark inlandorientiert und ohne moderne Technologie. Die Produkte waren konservativ, und die Konkurrenz hatte bereits industrielle Fertigungskapazitäten. Es brauchte also dringend einen *Turnaround*. Durch einen Todesfall kam dann der heutige Verwaltungsratpräsident als ganz junger Absolvent der Universität in das Unternehmen und musste von heute auf morgen eine 200-köpfige Belegschaft übernehmen. ... Er hat die Werte von sozialer Verantwortung immer aus einer inneren Überzeugung heraus gelebt, und er ist überzeugt, dass das die richtige Art ist, ein Unternehmen zu führen. Rückblickend kann man mit Sicherheit sagen, dass das partizipative Führungsmodell überhaupt die einzige Möglichkeit war, das Unternehmen zu retten."(Op1)

Heute ist das Unternehmen erfolgreich global positioniert und verfügt in seinem Segment nach eigenen Aussagen über die Innovationsführerschaft, was sich beispielsweise am Einsatz von Spitzentechnologien wie Rapid Prototyping ablesen lasse.

Ganz andere Beweggründe bzw. Zielsetzungen finden sich beim Beispiel Hotelbetrieb.

> „Wir suchten nach einer Möglichkeit, Integrationsarbeitsplätze für psychisch beeinträchtigte Frauen zu schaffen. Gleichzeitig war uns klar, dass wir das nicht als Sozialwerk aufziehen wollten, sondern als Wirtschaftsbetrieb mit all seinen Regeln und Anforderungen. Wir wollten aufzeigen, dass sich Wirtschaftlichkeit eines Betriebes und soziales Engagement vereinbaren lassen. Das ist uns auch gelungen. Heute stehen wir als erfolgreiches KMU da."(Op15)

Mittlerweile gehören zwischen 30% und 40% der Mitarbeiterinnen zum Integrationsteam, die anderen 60% bis 70% sind Fachfrauen.

Die beiden letzten Beispiele zeigten eine sehr spezifische Motivationslage für ein CSR-Engagement auf und verweisen auf die Bandbreite der Interessen für ein Engagement.

Abbildung 14.1   Soziale Handlungsorientierungen von KMU (Wehner & Gentile, 2007)

- **Egozentrisch-instrumentelle Handlungsorientierung (I): Kurzfristige Realisierung von Eigennutzen und Rentabilität; Instrumentalisierung des Engagements für die eigenen Interessen: „Ich bin Geschäftsführer, von mir erwartet man gute Zahlen und nicht etwa gute Taten."**

- **Betriebswirtschaftlich geprägte Austauschorientierung (Ia):** Mittelfristige Nutzenkalkulation, kooperatives Verhalten zur Aufrechterhaltung des nützlichen Engagements der Partner: „Jemand, der als Fahrer von uns die Jugend in der Gemeinde trainiert, der verbessert vielleicht schon unsere Bilanz."

- **Sozial geprägte Austauschorientierung (IIa):** Langfristige Erträge (betriebswirtschaftliche und soziale) beiderseits, gegenseitige Unterstützung zur Zielerreichung: „Das Soziale ist doch das, was unser Überleben ermöglicht, ich mein' – ich sag' das auch als Unternehmer."

- **Generalisierend-prosoziale Handlungsorientierung (II): Langfristige und wertgeleitete Erträge; Nachhaltigkeit üder das Engagement hinaus, keine direkte gegenseitige Aufrechenbarkeit erwartet: „Unternehmertum ist immer auch Bürgertum."**

Interessant ist ein Vergleich mit den Ergebnissen einer telefonischen Befragung mit 76 KMU-Inhabern, bei der Wehner und Gentile (2007) nach der Motivation für CV-Aktivitäten gefragt haben. Für die Auswertung wurden bei der Kategorienbildung vier soziale Handlungsorientierungen angewandt (**Abbildung 14.1**).

Eine einfache Nutzenerwartung im Hinblick auf „Gewinn" findet sich weder bei der genannten Untersuchung noch bei den qualitativen Interviews im vorliegenden Artikel. In den 15 KMU und FamU findet sich in keinem Fall die egozentrisch-instrumentelle oder die generalisierend-prosoziale Handlungsorientierung. Alle befragten Akteure sind den beiden Varianten der Austauschorientierung zuzuorden, wobei die sozial geprägte Austauschorientierung stärker vertreten ist. Für weiterführende Untersuchungen wäre eine differenziertere Betrachtungsweise des sozialen Engagements interessant. Während bei ökonomischen Initiativen der Nutzen betriebswirtschaftlich hochgerechnet und auf eine positive Bilanz übertragen werden kann, stehen beim Engagement gegenüber den Mitarbeitenden die Verbindung von wirtschaftlichen und sozialen Zielsetzungen im Hinblick auf eine längerfristig ausgerichtete Austauschorientierung im Zentrum.

Handlungsfelder im Stakeholder-Ansatz

Die folgenden Ausführungen zu den Initiativen in den verschiedenen Handlungsfeldern orientieren sich am europäischen Stakeholder-Ansatz, der als Grundlage für die Experteninterviews diente. Anfang 2000 hat die Europäische Union (Europäische Kommission, 2001) die Idee der gesellschaftlichen Verantwortung von Unternehmen hinsichtlich einer sozialen und ökologischen Dimension aufgegriffen und im *Grünbuch* folgende Definition festgehalten: „CSR ist ein Konzept, das den Unternehmen als Grundlage dient, auf freiwilliger Basis soziale Belange und Umweltbelange in ihre Tätigkeit und in die Wechselbeziehungen mit den Stakeholdern zu integrieren." Eine Visualisierung dieses Ansatzes findet sich in **Abbildung 14.2.** Von diesem Ansatz aus lassen sich verschiedene Handlungsfelder ableiten. Hier soll der Fokus auf die internen, lokalen und globalen CSR-Aktivitäten ausgerichtet werden: Wie setzen die untersuchten Unternehmen ihre Verantwortung bzw. ihr freiwilliges Engagement im Austausch mit den unterschiedlichen Gruppen um?

Von diesem Stakeholder-Ansatz lassen sich verschiedene Handlungsfelder ableiten. In den folgenden Ausführungen sollen der Fokus auf die internen, lokalen und globalen CSR-Aktivitäten ausgerichtet werden: Wie setzen die untersuchten Unternehmen ihre Verantwortung bzw. ihr freiwilliges Engagement im Austausch mit den unterschiedlichen Austauschgruppen um?

Interne Wirkungsfelder

Der Hauptfokus des CSR-Engagements ist bei den untersuchten Unternehmen nach innen gerichtet: Den Mitarbeitenden gilt die primäre Aufmerksamkeit. Konkrete Wirkungsfelder finden sich in der Weiterbildung, der Gleichstellung, flexiblen Modellen für die Pensionierung, bei der Gesundheitsförderung oder beim betrieblichen Gesundheitsmanagement. Ebenso finden sich Aktivitäten oder Initiativen für die Integration von behinderten oder erwerbslosen Personen. In den Experteninterviews wird im Weiteren die Bandbreite von Freiwilligeneinsätzen, Pro-bono-Beratung oder ein Engagement in gering entschädigten, ehrenamtlichen Wahlämtern (Schul-, Kirchenpflege) deutlich. Viele KMU unterstützen ihre Mitarbeitenden, welche ein öffentliches Amt ausüben oder sich in einem lokalen Verein engagieren. Solche Leistungen können zumindest teilweise innerhalb der Arbeitszeit verrechnet werden. Allerdings wurde in verschiedenen Gesprächen auch betont, dass die gestiegenen Ansprüche in der Wirtschaft und der teilweise hohe Konkurrenzdruck das Mitwirken in sog. „Laienbehörden" erschweren.

Zwei Merkmale zeigten sich in verschiedenen Interviews mit den Inhabern im Zusammenhang mit Corporate Volunteering (CV). Zum einen haben viele erst bei sehr konkretem Nachfragen von ihrem CV-Engagement erzählt: *„Jetzt, wo Sie konkret danach fra-*

gen ..."(Op2, Op3, Op7, Op10, Op12). Die Unternehmer sind sich nicht bewusst, dass es sich bei CV um ein Wirkungsfeld von CSR handelt. Zum anderen entsteht der Eindruck, dass die Aktivitäten wenig systematisch geplant werden. Der Ablauf ist unbürokratisch und es wird in der Regel situativ entschieden, es finden sich wenig standardisierte. Es bestätigen sich die Resultate dieser Studie, welche für gemeinnützige Aktivitäten einen im Vergleich zu anderen Unternehmensprozessen geringeren Professionalisierungs- und Standardisierungsgrad nachweist (Wehner et al., 2008).

Abbildung 14.2   Visualisierung der EU-Definition für CSR-Engagements nach
Christen Jakob und von Passavant (2009)

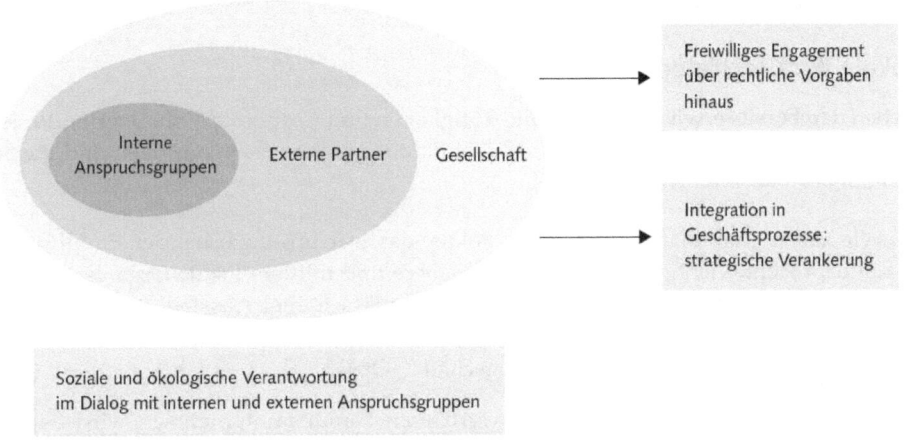

Ein wichtiges internes Wirkungsfeld ist die Weiterbildung der Mitarbeiter und Mitarbeiterinnen, die sich nicht direkt auf die Fachkompetenz ausrichtet. So führt beispielsweise das Unternehmen aus der Sanitäts- und Heizungsbranche wöchentliche Kurzseminare mit mehr als 40-jährigen Anlässen durch. An diesen über Arbeitsstunden abgegoltenen Kursen werden auch Schulungen rund um die gesellschaftliche Verantwortung und die Bedeutung von Nachhaltigkeit durchgeführt. Einen wichtigen Stellenwert nehmen dabei die Themen Gesundheit und Prävention ein, welche je nach Aktivität im Schnittstellenbereich von CSR und einem erweiterten HR-Denken anzusiedeln sind.

> „Wir sind überzeugt, dass nicht nur neue Technologien, sondern der Mensch selber der entscheidende „Produktionsfaktor" der Zukunft sein wird. Wir möchten als Unternehmen einen Beitrag zur ganzheitlichen Entwicklung des Menschen leisten, selbstverständlich ohne umfassenden Anspruch. Wir bauen ein Weiterbildungsprogramm in den Themen Gesundheit und Bewegung auf, aber auch im Bereich von Kultur und Spiritualität." (Op1)

Ein weiteres internes Wirkungsfeld zeigt sich rund um die Integration von behinderten oder benachteiligten Menschen, welche in vielen westlichen Ländern, nicht aber in der Schweiz, gesetzlich verankert ist. Die Bereitstellung von Arbeitsplätzen für behinderte Menschen findet sich bei einem Drittel der untersuchten Firmen, allerdings in deutlich unterschiedlichen Modellen. Ein spezifischer Bezug zeigt sich beim Unternehmen „Fensterbau". Dieses beschäftigt im Umfang von rund 10% der gesamten Belegschaft behinderte oder leistungsbeeinträchtige Mitarbeitende. Der Grund hierfür liegt in der familiären Situation:

> „Wir haben in unserer eigenen Familie erlebt, was eine Behinderung für die Chancen und Möglichkeiten in der Arbeitswelt bedeutet. Wir haben aber auch erfahren, dass viele negative Vorurteile das Potenzial überdecken. Wir möchten in unserer Firma hier sehr bewusst einen anderen Akzent setzen." (Op5)

Lokale Wirkungsfelder

Neben den bereits erwähnten Pro-bono-Tätigkeiten und Corporate-Volunteering-Projekten sind in den lokalen Wirkungsfeldern die philanthropischen Zuwendungen und die Spendentätigkeit bei KMU weit verbreitet:

> „Wir haben ganz klar einen lokalen Fokus, das war uns auch bei der Einführung des Kulturprozent wichtig. Damit werden kleinere und mittlere lokale Organisationen und Projekte unterstützt, von musikalischen Kleinanlässen über Ausstellungen bis zu Sportanlässen. Die Mitarbeitenden können mit Gratiseintritten profitieren und nutzen diese Möglichkeit auch quer durch die Belegschaft." (Op4)

Nicht nur bei den KMU, auch bei den größeren Familienunternehmen wird der lokale Bezug unterstrichen:

> „Wir verstehen uns als Familienunternehmen mit einer Verpflichtung dem Gemeinwesen und der Region gegenüber. Darum unterstützen wir lokale Vereine, Organisationen und Anlässe regelmäßig." (Op8)

Im Weiteren machen verschiedene Beispiele deutlich, dass das lokale Engagement bei wichtigen Anlässen über die rein finanzielle Unterstützung hinausgeht und als selbstverständlich verstanden wird:

> „Es wurde ein Freilichtspiel aufgeführt. Unsere ganze Firma war engagiert. Ich war OK-Präsident, und meine Sekretärin war die OK-Sekretärin. In unserem Gebäude wurden alle Kostüme hergestellt. Auch die Proben fanden hier statt. Wir haben die ganze Firma für diesen Anlass mit 500 Mitwirkenden zur Verfügung gestellt. Ein solches Engagement ist für uns normal." (Op2)

Kulturelle und sportliche Anlässe im lokalen Umfeld finden große Unterstützung bei den KMU, etwas weniger Beispiele finden sich bei sozial-caritativem Engagement. Verwiesen werden kann hier wiederum auf die Fensterbaufirma. Stark fokussiert wird auf das Thema Integration im Betrieb und im Gemeinwesen. Menschen, welche aufgrund ihrer Herkunft schlechte Chancen auf dem Wohn- und Arbeitsmarkt haben, wird Wohnraum zur Verfügung gestellt. Auch Sportmannschaften werden im Hinblick auf die integrative Funktion gefördert.

Ein ausgeprägt lokales CSR-Engagement fällt deutlicher bei denjenigen Unternehmen auf, welche eher in einer ländlichen Region angesiedelt sind. Viele der Mitarbeiterinnen und Mitarbeiter wohnen in der Region, manchmal über Generationen hinweg, und verstärken so diesen Bezug (z.B. Op1, Op3, Op4). In einem stärker urbanen Umfeld konnte die starke Orientierung auf das lokale WirkungsfeldWirkfeld weniger beobachtet werden (z.B. Op7, Op14, Op15). Weitere und breiter angelegte Studien müssen zeigen, ob und inwiefern sich dieser Zusammenhang statistisch sichern lässt.

Globale WirkungsfelderWirkfelder

Während das interne WirkungsfeldWirkfeld bei KMU und FamU sehr dominant ist und der lokale Fokus einen mittleren Aktivitätsgrad aufweist, so ist das globale WirkungsfeldWirkfeld vor allem dann besetzt, wenn die Unternehmung durch Geschäftsprozesse mit den entsprechenden Ländern in Verbindung steht. Eine besondere Herausforderung zeigt sich dabei beim Aufbau eines wirksamen CSR Controlling:

> „In der Textilbranche sind wir auf die internationalen Handlungsbeziehungen angewiesen, insbesondere in Indien. Es ist aber ein großes Problem, all die vielen kleineren und größeren Firmen im Anbau von Baumwolle oder in der Produktion, z.B. in der Spinnerei oder Färberei, so weit weg von der Schweiz kontrollieren zu können." (Op10)

Die Zusammenarbeit mit einer unabhängigen NGO und das Entwickeln von branchenspezifischen Standards ist ein gangbarer Weg. Trotzdem: Die Kontrolle der konkreten Umsetzung der sozialen und ökologischen Standards vor Ort ist und bleibt schwierig, insbesondere für KMU.

Diese Herausforderung führte beim Beispiel aus der Textilbranche zu einem neuen und innovativen Lösungsansatz. Um die Arbeits- und Umweltschutzbedingungen innerhalb der Produktionskette effizient zu überprüfen, wurde eine spezielle Website (www.respect-inside.org) eingerichtet. Hier wird offengelegt, welche Firmen entlang der Produktionskette mitarbeiten. Damit können die Produkte nicht nur zurückverfolgt werden. Der Einfärber, Schneider oder Packer hat die Möglichkeit und Chance, sich mit seinen eigenen Informationen im Internet darzustellen. Damit wird seine Leistung sichtbar, er ist direkt verantwortlich und kann auch direkt verantwortlich gemacht werden. Der Kunde und die Kundin werden aber mit der transparenten Information ebenso direkt in die Verantwortung genommen. Jedes Produkt ist mit einem DNA-Code ausgezeichnet, der die persönliche Rückverfolgung entlang des Produktionsprozesses mit den Angaben der einzelnen Firmen zu den sozialen und ökologischen Aktivitäten ermöglicht.

Dieses Beispiel entspricht nicht einem durchschnittlichen KMU-Profil in globalen CSR-Handlungsfeldern, zeigt aber eindrücklich das Potenzial von innovativen Lösungen bei Fair Trade im KMU-Bereich auf.

Unternehmenskultur und Vertrauen

Bei der Frage nach den Ergebnissen bzw. dem Outcome der CSR-Aktivitäten innerhalb und außerhalb des Unternehmens antworten die meisten Führungspersönlichkeiten mit Vermutungen und erläutern diese an Einzelfällen. Das Quantifizieren und die Wirkungsmessung sind bei sozialen Aspekten deutlich schwieriger zu fassen als ökologisch ausgerichtete CSR-Initiativen. Mit der weiter oben skizzierten *sozial geprägten Austauschorientierung* steht der direkte Nutzenaspekt weniger im Zentrum, vielmehr werden sog. weiche oder unsichtbare Faktoren als Ergebnisse genannt wie Vertrauen oder Unternehmenskultur. Diese Nennungen finden sich in den meisten Interviews an erster Stelle und sind im Kontext des stark gewichteten internen Wirkungsfelds zu sehen. Das Betriebsklima und die erhöhte Motivationsbereitschaft der Belegschaft stehen aus Sicht der befragten Akteure in einem Zusammenhang mit dem CSR-Engagement. Im Weiteren führe die starke und positive Identifikation mit dem Unternehmen, so die Annahme, zu einer erhöhten Leistungsbereitschaft. Verschiedentlich wurde auf dieser Grundlage der positiven Unternehmenskultur auch auf ein spezifisches Innovationsklima verwiesen (Op1, Op3, Op7, Op11, Op14) – dies wird im folgenden Zitat in Abgrenzung zu internationalen Firmen erläutert:

> „In globalen Firmen ist der Overhead enorm, die Anonymität relativ hoch, politisches Kalkül kann den Arbeitsalltag erschweren, und die Kommunikation ist nicht immer ganz einfach. Im Gegensatz dazu wird unsere Struktur mit dem persönlichen und kommunikativen Austausch sehr geschätzt. Es wird als Vorteil erachtet, dass die Leute viel Vertrauen genießen. Wir lassen unsere Mitarbeiter überdurchschnittlich am Erfolg partizipieren und ermöglichen ihnen große Freiheiten und Freiräume. Die hohe Motivation ist dann die Basis für das gute Innovationsklima." (Op1)

Im Personalbereich lässt sich das Ergebnis gegen außen im Rekrutierungsprozess ablesen:

> „Seit wir den Nachhaltigkeitspreis gewonnen haben, bekommen wir Blindbewerbungen von Leuten, die bei uns arbeiten möchten. Durch die Berichte in den Medien haben diese Bewerbungen zugenommen. Da gibt es auch einen ökonomischen Aspekt, zumindest die hohen Inseratekosten können wir uns jetzt sparen." (Op2)

Diese positiven Ergebnisse im Hinblick auf die Konkurrenz im Rekrutierungsmarkt wird teilweise sehr direkt an die CSR-Aktivitäten gekoppelt bzw. das verantwortliche Engagement wird umgekehrt mit dieser Zielsetzung begründet:

> „Wir haben in unserer Branche Probleme mit dem Nachwuchs und wir sind interessiert daran, ein guter und sozialer Arbeitgeber zu sein. Wir müssen fast Bittarbeiten für eine Bewerbung machen. Darum wollen wir uns auch positiv positionieren. Seit wir uns auch stark ökologisch ausrichten, melden sich Leute bei uns und sagen: Ihr seid umweltorientiert, ich möchte zu euch arbeiten kommen." (Op3)

Interessant ist bei diesem Beispiel, dass ein deutlicher Vorteil gegenüber großen Unternehmen beobachtet wird:

„Wir haben oft Bewerbungen aus Großunternehmen, welche betonen, dass sie das Commitment zu der gesellschaftlichen Nachhaltigkeit vermissen und sich dann blind bei uns bewerben." (Op3)

Messbarkeit und Controlling

Neben den weichen Faktoren in der Wirkung von CSR-Aktivitäten verweisen einige der interviewten Führungspersönlichkeiten auf die Wichtigkeit der Messbarkeit und das Controlling:

„Betriebliches Controlling und Reflexionsprozesse bezüglich der Leistungen des Unternehmens in den verschiedenen Dimensionen des CSR erhalten besondere Bedeutung." (Op14)

Sowohl intern wie extern werden unterschiedliche Instrumente eingesetzt, um zu überprüfen, ob die anvisierten Ziele auch erreicht werden konnten:

„Ich habe die Erfahrung gemacht, dass nicht nur die Strategie wichtig ist, sondern ebenso die Überwachung. Hier bin ich als CEO gefordert. Um eine CSR-Entwicklung umsetzen und verankern zu können, braucht es Messinstrumente. Ohne diese kann man die Ziele nicht erreichen. Firmen oder Marken, die sich zu ihrer gesellschaftlichen Verantwortung bekennen, sollten diese auch belegen können." (Op10)

Letztlich geht es darum, CSR-Prozesse – wie andere Geschäftsprozesse auch – zu planen, umzusetzen und auf ihre Zielerreichung und Wirkung hin zu überprüfen.

Von den untersuchten Betrieben stellen fünf in einem CSR-Report ihre verschiedenen Kennzahlen und Maßnahmen im sozialen und ökologischen Bereich gegen außen dar. Dieses Instrument ist bei den KMU-Betrieben noch nicht sehr weit verbreitet und stellt vor allem in den Anfängen einen erheblichen Aufwand dar. Während einige Angaben wie beispielsweise Anzahl der Weiterbildungstage, Kennwert zur Mitarbeiterzufriedenheit oder die Spanne zwischen dem höchsten und tiefsten Lohn Indizien für mögliche Wirkungszusammenhänge sein können, so ist wie bei den Nutzenerwartungen kurz ausgeführt eine direkte Ableitung bei sozialen und gesellschaftlichen CSR-Aktivitäten schwierig. Ein reduzierter Energie- oder Ressourcenverbrauch und Auswirkungen auf die Umweltbelastung können in der Regel klarer benannt werden.

So werden beispielweise oftmals die Absenzen aufgelistet, um einen direkten Zusammenhang zu internen CSR-Aktivitäten aufzuzeigen. Dabei kann bei KMU ein einzelner schwerer Krankheitsfall die absoluten Zahlen stark beeinflussen. Zudem fehlen in den ersten CSR-Berichten die Aussagen über einen längeren Zeitraum und damit auch differenzierte Interpretationsgrundlagen. Eine ausschließliche Quantifizierung kann für die CSR-Verantwortlichen auch ein gewisses Frustrationspotenzial beinhalten, wenn die Ergebnisse des Efforts nur hinter der Kommastelle zu finden sind. So verweist der Verantwortliche aus dem Beispiel Metallbau (Op3) auf die Messung der Mitarbeiterzufriedenheit, welche wohl von 2.75 auf 2.91 zwischen 2007 und 2009 bei einem Höchstwert von 4 gesteigert werden konnte. Seiner Ansicht nach sind aber die vielen CSR-Aktivitäten in diesem Zahlenwert nur beschränkt abgebildet.

Zusammenfassend lässt sich festhalten, dass bei der grundlegend positiven Haltung gegenüber der Wirkungsmessung von CSR-Aktivitäten im sozialen Bereich von den interviewten Führungsverantwortlichen auch gewisse Vorbehalte angebracht werden. In einem Gespräch wurde auf die Analogie zum Human-Resources-Bereich verwiesen (Op7), in dem die genaue Messung im Einzelnen ebenso schwierig ist. Aber auch mit diesen Schwierigkeiten der Messbarkeit bezweifele heute niemand die strategische Bedeutung des HR-Bereichs. Entwicklungsarbeit wird nötig sein, um die Wirkungen von CSR-Konzepten genauer fassen zu können. Denn trotz der Herausforderungen ist nicht zu unterschätzen, welcher Entwicklungsprozess durch die Wirkungsmessung, beispielsweise mit dem Instrument des CSR-Berichts, ausgelöst wird. Eindrücklich kann dies in der nachfolgenden Falldarstellung aus der Optikbranche (Op2) aufgezeigt werden.

Strukturveränderungen

Die Einführung von CSR in ein Unternehmen kann als Prozess der Organisationsentwicklung verstanden werden, welcher Einfluss auf die Organisation als Ganzes hat und Wechselwirkungen zwischen verschiedenen Wesenselementen (Glasl, Kalcher & Piber, 2005) zeigt. Nicht nur bei der Kultur bzw. Identität und bei den Prozessen lässt sich das ablesen, auch auf der Strukturebene lassen sich die Auswirkungen feststellen. In den Experteninterviews wird dies an verschiedenen Beispielen deutlich. Sehr direkt wird in der KMU Raumentwicklung (s. Abbildung 14.1) die Verbindung von Motivation und Unternehmensstruktur hergestellt:

> „Das Mitbestimmungsmodell wurde aus der Überzeugung gewählt, dass ein großes Engagement der Mitarbeiterinnen und Mitarbeiter nur dann zum Tragen kommt, wenn die Bestimmungsmacht auch geteilt wird. Die Eigenverantwortung wird in einem solchen Unternehmensmodell ganz, ganz groß geschrieben. Wir haben von dieser Mitbestimmung, dem Verteilen von Macht und der Aufteilung von Verantwortung, sehr profitiert." (Op7)

Bei diesem Beispiel gibt es nicht nur vollständige Lohntransparenz, die Mitarbeitenden bestimmen in einem offenen Prozess auch ihre Löhne selber und sind am Gewinn beteiligt. Die Wahl der Unternehmensform setzt wichtige Parameter bezüglich Transparenz und Beteiligung der Mitarbeiter und Mitarbeiterinnen an der Unternehmensverantwortung und am finanziellen Gewinn. Das Beispiel aus der Kunststoffindustrie wählte bereits in den 60er Jahren ein innovatives Beteiligungsmodell:

> „Die Einführung der Erfolgsbeteiligung hatte aber nicht einfach nur eine individuelle Partizipation zum Ziel. Der Berechnungsmaßstab war ein kollektiver. Die Frage war: Was hat die Belegschaft als Ganzes geleistet, und nicht, was hat jemand individuell zum Erfolg beigetragen. Das stärkt das Zusammengehörigkeitgefühl in der Unternehmung enorm. Diese Erfolgsbeteiligung pflegen wir heute noch. Zudem wurden die Mitarbeiter am Aktienkapital beteiligt. Heute sind rund 30% des Aktienkapitals in den Händen der

> Mitarbeiter. Schließlich sind die Mitarbeiter paritätisch im Verwaltungsrat vertreten. Die Mitarbeiter nehmen mit drei Vertretern im Gremium von sechs Verwaltungsräten Einsitz." (Op1)

Das Unternehmen aus dem Metallbau setzte ebenfalls sehr früh an den Strukturen an und führte den Monatslohn für die Belegschaft ein, was in den 60er Jahren im Branchenverband auf großen Widerstand stieß. Üblich war (außer im Büro) die Bezahlung im Stundenlohn.

Die enge Verbindung zwischen einer CSR-Strategie und den gewählten Organisationsstrukturen sind bei denjenigen Beispielen besonders ausgeprägt, bei denen die Geschäftstätigkeit von allem Anfang an auf Nachhaltigkeit ausgerichtet ist:

> „Unsere Vision ist eine Welt, in der sich Wirtschaft, Gesellschaft und Umwelt nachhaltig entwickeln können – mit Forschung, Beratung und Evaluation möchten wir dazu beitragen. Wir sehen unsere Geschäftstätigkeit explizit im Bereich der Fragestellungen von Corporate Social Responsibility." (Op14)

Konsequenterweise wurde bei diesem kapitalextensiven Beispiel die Aktiengesellschaft als Organisationsform gewählt, bei der ausschließlich die Mitarbeiter Aktionäre sind.

Als letztes Beispiel soll das KMU aus der Hotelbranche kurz skizziert werden. Das Unternehmen wurde als eine der ersten gemeinnützigen Aktiengesellschaften anerkannt und fand damit eine innovative Unternehmensform für seine CSR-Zielsetzung:

> „Wir haben die regulären Strukturen einer Aktiengesellschaft, und wir haben ganz normale AG-Statuten. Bis auf einen Punkt: Der Gewinn wird nicht ausgeschüttet – wir bezahlen unseren Aktionärinnen und Aktionären keine Dividenden, sondern reinvestieren den Gewinn. Damit wollen wir primär die bestehenden Arbeitsplätze sichern und künftig auch neue schaffen. Je erfolgreicher das Unternehmen arbeitet, desto größer wird sein sozialer Nutzen – dieser Mechanismus zeichnet unsere AG aus." (Op15)

Während bei dieser Frage eine sehr innovative Lösung entwickelt wurde, ist bei der Wahl der Arbeitsbedingungen der herkömmliche Gesamtarbeitsvertrag favorisiert worden:

> „Allerdings gibt es eine Abweichung, wie das erwähnte Bonusmodell. Es ist doch sinnvoll, die Mitarbeiter am Erfolg zu beteiligen. Dabei ist allerdings klar der Erfolg des Hotels als Ganzes ausschlaggebend und nicht das Resultat von Teilfunktionen. Ein Mitbestimmungsmodell haben wir nicht. Da sind wir ganz traditionell." (Op15)

Deutlich wird hier, dass sich die verschiedenen Formen und Strukturelemente im Spannungsfeld von wirtschaftlichem Erfolg und sozialem Engagement bewegen. Eindeutige und durchgängige Lösungsvarianten gibt es nicht. Aussagen sind im Hinblick auf Gründungskontext, Branchenregelung, CSR-Motive und Handlungsfelder zu differenzieren. Die Entscheidungsprozesse bei Strukturfragen sind von der Komplexität sehr unterschiedlicher Perspektiven geprägt.

Fazit der Interviews

Die explorative Annäherung an die Themen KMU und CSR mit Dokumentenrecherche und Interviews bestätigt in vielen Punkten die eingangs diskutierten Forschungsergebnisse aus den anderen Ländern (Fassin, 2008; Jenkins, 2004; Lepoutre & Heene, 2006; Murillo & Lozano, 2006). Ein implizites CSR-Verständnis, welches stark durch die Führungspersönlichkeiten in den KMU und FamU und durch die formellen und vor allem auch informellen Werte und Normen der Organisationen geprägt ist, findet sich auch bei den Schweizer Beispielen. Zusammenfassend lassen sich auf der Grundlage des vorliegenden Textes folgende Punkte festhalten.

Die Motivation der Eigentümer und Geschäftsleitungen changiert im komplexen Wechselspiel von wirtschaftlichen und gesamtgesellschaftlichen Fragen. Die persönliche Einstellung der Inhaber zu Themen von Verantwortung und Engagement hat einen direkten und unmittelbaren Einfluss auf die Umsetzung im Unternehmen. Nicht strategische Überlegungen stehen an erster Stelle, sondern das intuitive Verständnis von sozialen Grundwerten und Unternehmertum. Der Kommunikation gegen außen wird eher wenig Beachtung geschenkt. Das prioritäre Wirkungsfeld sind die Mitarbeiterinnen und Mitarbeiter. Bei den Außenbeziehungen wird in der Regel das regionale Umfeld fokussiert. Globale CSR-Aktivitäten finden sich vereinzelt durch die Unterstützung von Projekten mit Finanzen oder Ressourcen in Entwicklungsländern. Eine systematische Verankerung in den Geschäftsfeldern analog verschiedenen Beispielen aus den internen Wirkfeldern findet sich nur bei Unternehmen, welche international tätig sind.

Die Wirkungszusammenhänge von CSR-Aktivitäten sind wechselseitig und komplex und zeigen bei sozialen Aspekten verschiedene Spezifika. CSR mit seiner starken Verankerung in grundsätzlichen Wertefragen kann als ganzheitlicher Entwicklungsprozess einer Organisation verstanden werden. Dazu braucht es theoretische und konzeptionelle Erkenntnisse genauso wie praktische Erfahrungen und ihre Auswertung und Überprüfung. Bei der Frage nach der Wirkung gilt es im Weiteren nicht nur ausgewählte Bereiche oder einzelne Kennzahlen in den Blick zu nehmen, sondern die Organisation als Ganzes. Verwiesen sei in diesem Zusammenhang auf den integrativen Managementansatz im Gestaltungsfeld von Strategie, Struktur und Kultur, wie er im theoretisch-konzeptionellen Teil dieser Publikation aufgezeigt wird. Für eine diskursive CSR-Verankerung mit einem ausgewogenen Zusammenspiel dieser drei Aufgabenbereiche gibt es bei den untersuchten KMU und FamU sicher noch Entwicklungspotenzial. Auf der Basis der Einschätzung der interviewten Führungspersönlichkeiten kann aber die Hypothese gewagt werden, dass bei diesen spezifischen Unternehmensformen eine verantwortliche CSR-Kultur besonders ausgeprägt entwickelt ist.

Als letzter Punkt wird die eingangs gestellte Frage nach den Entwicklungsmustern der verschiedenen Fallbeispiele aufgegriffen. Bei den untersuchten Unternehmensbeispielen fallen zwei unterschiedliche Muster bei der CSR-Entwicklung auf:

■ *Muster 1: Schrittweise (inkrementelle) CSR-Entwicklung*
Die Entwicklung eines CSR-Profils oder eine explizite Strategie der Verantwortung ist bei der Firmengründung noch kein Thema und entwickelt sich schrittweise über die Zeit. Ausgelöst wird diese Entwicklung in der Regel durch einen Wechsel in der Unternehmensführung. Vor allem KMU mit frühem Gründungsdatum (bis 1933) finden sich in diesem Cluster (Op1, Op2, Op3, Op4, Op5, Op6, Op8).

■ *Muster 2: Strategische CSR-Entwicklung*
Bei der Unternehmensgründung wird CSR mit einer ökologischen und/oder sozialen Verantwortung in die strategische Zielsetzung aufgenommen und im Leitbild oder der Vision verankert. Die Unternehmen fokussieren dabei in der Regel mit ihrem Geschäftsfeld explizit das Feld von nachhaltigen bzw. verantwortungsvollen Dienstleistungen oder Produkten und übertragen diese Anliegen auch auf die Gestaltung der Unternehmung (Op7, Op9, Op 10, Op11, Op12, Op13, Op14, Op15).

Es fällt auf, dass bei den später gegründeten Unternehmen (ab 1965) eine deutlich ausgeprägtere Verankerung in der CSR-Strategie zu beobachten ist. In weiteren Untersuchungen gilt es demnach die Hypothese zu prüfen, ob bei den KMU und den FamU eine Entwicklung von einem stark „impliziten" CSR-Konzept in Richtung einer stärker strategischen CSR-Ausrichtung als allgemeiner Trend empirisch nachweisbar ist.

Das Muster der inkrementellen Entwicklung wird im Folgenden am Fallbeispiel aus der Optikbranche detailliert vorgestellt.

Schrittweise CSR-Entwicklung bei Knecht & Müller – Ein Fallbeispiel

Knecht & Müller produziert qualitativ hochwertige Rezeptbrillengläser und gehört in diesem Bereich zu den führenden Herstellern in der Schweiz. Die Firma mit Sitz in Stein am Rhein erzielt mit rund 60 Mitarbeiterinnen und Mitarbeitern einen Jahresumsatz von 18 Millionen CHF und gilt heute als eine profilierte – mehrfach ausgezeichnete – Firma mit einem ausgewiesenen CSR- bzw. Nachhaltigkeitsprofil. In der folgenden Falldarstellung soll die schrittweise CSR-Entwicklung nachgezeichnet werden. Die Ausführungen orientieren sich an sechs publizierten Berichten zur nachhaltigen Entwicklung zwischen 1997 und 2008, an verschiedenen Zeitungsartikeln und an einem Leitfaden-gestützten Interview mit Peter Müller, dem heutigen Inhaber und Präsident des Verwaltungsrates.

Start als traditionelles KMU (1913-1986)

1913 erwirbt Herrmann Knecht aus der Konkursmasse einer Uhrenschalenfabrik die Räumlichkeiten in Stein am Rhein und gründet 1914 die Hermann-Knecht-Optik. 1922 wird die Firma der 2. Generation übergeben und entwickelt sich in der Folge zu einer der bedeutendsten Optikfirmen in der Schweiz. 1966 übernimmt Gerhard Knecht das Geschäft mit 60 Angestellten und führt es bis zur Übergabe an seinen Schwiegersohn Peter Müller im Jahr 1986. In diesen mehr als 70 Jahren ist Knecht Optik stark auf die technischen Herausforderungen rund um die Augenoptik fokussiert, verantwortliche Unternehmensführung ist kein Thema: *„Von sozialen oder ökologischen Ausrichtungen war keine Rede"*, meint der heutige Inhaber rückblickend.

Peter Müller studierte Biologie und arbeitete nach dem Studium an einem ökologischen Forschungsprojekt in Kanada mit. Er stand vor der Entscheidung, eine wissenschaftliche Karriere einzuschlagen oder den Familienbetrieb seiner Ehefrau zu übernehmen, und entschied sich für Letzteres. Er arbeitete sich während acht Jahren in den für ihn neuen Bereich ein und übernahm dann die Geschäftsleitung: *„Ich hatte das Wesentliche kennengelernt und war dann auch in meinem Kopf frei, die Ideen von meiner ersten Ausbildung anzugehen und umzusetzen."*

Das Unternehmen als Organismus – die Anfänge (1986-1992)

Im Gespräch betont Peter Müller immer wieder sein Grundverständnis, welches er seit seinem Firmeneintritt konsequent verfolgt: *„Ich habe die Firma immer als Organismus verstanden mit einem komplexen Stoffwechsel und Umwelteinflüssen. Dazu gehören auch die Schonung der endlichen Ressourcen und die Ehrfurcht vor der Würde des Menschen. Das hat meine Prinzipien, meine Ideen und meinen Führungsstil wie ein roter Faden geprägt."* In der sozial verantwortlichen Unternehmensführung legt der neue Geschäftsführer vor allem Akzente auf die Unternehmenskultur, führt regelmäßige Festanlässe im Sommer oder eine Weihnachtsfeier ein, honoriert die Mitarbeitenden am Ende des Jahres mit einem zusätzlichen Geldbetrag und gratuliert allen Mitarbeiterinnen und Mitarbeitern mit einem Geschenk persönlich zum Geburtstag. Beim letzten Beispiel zeigt sich dann allerdings schon bald das Spannungsfeld Neuerung und Routine: *„Nach dem dritten oder vierten Jahr hat man mir dann nicht mehr in die Augen geschaut, sondern wollte nur herausfinden, welches Geschenk ich übergebe. Das hat mich ein wenig geärgert, und ich habe dann ein Jahr wieder aufgehört. Ich habe gelernt, dass so etwas auch zur Gewohnheit wird. Man muss dann wieder neue Anreize schaffen und Ideen suchen, um den gleichen Effekt zu erzielen."*

Diese Aktivitäten würde man aus heutiger Sicht einem modernen HR-Management zuordnen, trotzdem sind es die ersten Schritte in die Richtung einer sozial verantwortlichen Unternehmensführung. Woher hatte Peter Müller seine Ideen, wo holte er sich Anregungen? *„Ich habe immer nach links und rechts geschielt und Pionierunternehmen einfach kopiert."*

Peter Müller kann Ende der 80er Jahre nicht an die Tradition einer ausgeprägt verantwortlichen Unternehmensführung anknüpfen. Wie beurteilt er diese Situation rückblickend? *„Auf der einen Seite könnte man sagen, es ist Pech, dass ich am Punkt null beginnen musste. Wenn ich vorher von der Einführung der Weihnachtsfeier erzählt habe, dann denkt man, die haben ja gar nichts gemacht. Das war aber einfach nicht üblich damals. Ich musste also alles selber initialisieren. Auf der anderen Seite ist es auch ein Glück, ich konnte es so institutionalisieren, wie es mir passte, ich konnte etwas Eigenes entwickeln."* Sein Schwiegervater hat ihm den nötigen Freiraum zur Entwicklung einer verantwortlichen Unternehmensführung gelassen, obwohl er anfangs vor allem die finanziellen Investitionen kritisch beurteilt hat: *„Später hat er dann auch festgestellt, dass das etwas Gutes ist. Ich habe weder von innen noch von außen Probleme bei der Entwicklung meiner Unternehmensführung gehabt."* Als Resultat dieser ersten Aktivitäten habe man eine positive Entwicklung bei der innerbetrieblichen Kultur und einen Abbau von internen Spannungsfeldern feststellen können, man habe gespürt, *„dass die Leute besser zueinander gefunden haben".*

Bei den Ersten sein – Beginn der Institutionalisierung (1993-2001)

Vor dem Hintergrund seines Erststudiums erstaunt es nicht, dass Peter Müller bei der CSR-Implementierung in einem ersten Schritt bei der Ökologie ansetzte. Er startete mit einem Abfallkonzept und erarbeitete die Grundlagen für eine Ökobilanz, welche 1993 eingeführt wurde. Unter dem Titel „Ökobilanz Logisch" erschien 1994 eine kleine Broschüre mit dem Slogan: *„Knecht Realismus: Nicht von der Substanz leben – weder ökonomisch noch ökologisch."* In verschiedenen Dimensionen – wie die Bewertung der Umweltbelastung, die Mobilitäts- oder die Produktliniebilanz – wurden die Daten erfasst und die Schwachstellen aufgelistet. Auf dieser Grundlage sind die geplanten Maßnahmen für 1995 formuliert und im Hinblick auf ihre Auswirkungen hochgerechnet. Verschiedene Punkte sind in dieser ersten Publikation bemerkenswert. Die Wirkungen der Ökobilanz werden im Hinblick auf die verschiedenen Anspruchsgruppen wie Optiker, Endverbraucher und Lieferanten differenziert und als Qualitätsmerkmal verstanden: *„Mitdenken beim Umweltschutz sollte zum Maßstab für Qualität von Produkt und Dienstleistung werden."* An verschiedenen Stellen der Ökobilanz scheint das Motiv der Vorbildfunktion und die Dialogbereitschaft auf: *„Das Erstellen von Ökobilanzen und das Arbeiten mit ihnen ist eine sehr junge Management-Disziplin. Der Erfahrungsaustausch zwischen Unternehmern und Wissenschaft ist deshalb von großer Bedeutung für die Entwicklung in die erfolgversprechende Richtung."* Im Weiteren wurde explizit betont, dass das Unternehmen nicht auf die Lenkungsabgaben wartet, sondern freiwillig eine Verhaltensänderung mit dem Ziel einer messbaren Verringerung der Umweltbelastungen einleitete und entsprechend investierte.

Der erste Umweltbericht erschien 1997, neben dem Ist-Zustand zu den ökologischen Daten wurden unter dem Titel „Umweltpolitik in zehn Bekenntnissen" neu die Leitlinien der Unternehmensleitung festgehalten. Explizit wurde das Engagement für den Schutz der natürlichen Lebensgrundlagen unterstrichen und daraus vorrangige Unternehmensziele abgeleitet: *„Unsere Umweltschutzanstrengungen richten sich nicht nach den Maßstäben der Branche, sondern allein nach der Natur und übertreffen die gesetzlichen Anforderungen deutlich."* Auf die Frage, welche Einflüsse und Inspirationsquellen prägend waren, antwortet Peter Müller heute: *„Ich bin im Grundsatz neugierig. Ich habe Fachliteratur gelesen und wollte Entwicklungen im Voraus antizipieren. Ich orientierte mich nie am Mainstream, sondern an den zukünftigen Entwicklungen."* Im zweiten Umweltbericht 2000, der sich inhaltlich und gestalterisch stark an der ersten Ausgabe orientiert, wird auf das positive Echo der Erstausgabe verwiesen. Gab es keine Widerstände? Peter Müller erinnert sich: *„Die Umweltberichte in der ersten Phase wurden von den Optikern nicht gelesen und einfach zum Altpapier gelegt. Das hat mich enttäuscht, aber ich habe es nicht persönlich genommen. Die Zeit war damals möglicherweise noch nicht reif. Es war aber mein innerer Trieb, Transparenz zu schaffen. Die Mitarbeiter und Lieferanten haben das verstanden, die Optiker nicht."*

CSR-Erweiterung – Nachhaltigkeit als Geschäftsstrategie (2002-2004)

Mit dem Nachhaltigkeitsbericht 2002 zeichnet sich eine neue Phase ab. Die Firma bekannte sich zur nachhaltigen Entwicklung und begann die ökologische Dimension explizit um die soziale Perspektive zu erweitern. Im Vorwort heißt es dazu: *„Auf dem Hintergrund der Umweltberichte haben wir unseren Ansatz zu einem Nachhaltigkeitsbericht weiterentwickelt."* Entsprechend wurden neue Instrumente eingeführt, beispielsweise eine Umfrage zur „Partnerschaftlichen Unternehmenskultur". Die Daten zur Mitarbeiterzufriedenheit wurden in der Folge bis heute erhoben und publiziert. Erstmals wurden auch Zahlen zu der Länge der Betriebszugehörigkeit oder den Krankheitstagen erhoben und transparent dargestellt. Ebenso fanden sich neue Angaben zur Höhe der Spendentätigkeit in dem Bericht. Auch die Anzahl der Stunden, welche 2002 für Gemeindearbeit oder Vereinsengagement aufgewendet wurden, sind publiziert. Die vormals 18-seitige Broschüre ist auf einen Umfang von 27 Seiten gewachsen. Auffällig ist die sorgfältige Gestaltung mit ganzseitigen Fotografien aus der Welt der Insekten.

Was war der Hintergrund dieser Weiterentwicklung? *„Die negativen Folgen der Globalisierung führten zu einem Umdenken und einem neuen Verständnis von Nachhaltigkeit. Nicht mehr das klassische Dreieck Umwelt – Wirtschaft – Soziales bestimmte unser Denken, sondern der in unserem Betreib entwickelte Nachhaltigkeitszirkel. Neben den klassischen Faktoren Effizienz und Effektivität bestimmten neue Erfolgsfaktoren wie beispielsweise Solidarität oder Gerechtigkeit unser Denken und Handeln."* Der Bericht 2002 wurde von einer externen Revisionsfirma überprüft.

Im Jahr 2003/2004 wurden zwei verschiedene Formate für die Kommunikation nach außen gewählt. Zum einen wuchs der Umfang der Berichterstattung auf 95 Seiten und erschien „entmaterialisiert" in elektronischer Form unter dem Titel: „Geschäftsbericht zur nachhaltigen Entwicklung". Betont wurde dabei, dass es sich nicht um eine Nachhaltigkeitsstrategie, sondern um eine nachhaltige Geschäftsstrategie mit einem umfassenden und integrativen Ansatz handelt. Erstmals wurden nun Finanzzahlen publiziert. Im Vorwort heißt es dazu: *„Wir konzentrieren uns dabei auf die Fragen der Verteilung der Wertschöpfung und auf die Finanzierung unserer Aktivitäten und Investitionen. Wir sind überzeugt, damit auch im finanziellen Bereich die wesentlichen Aspekte der nachhaltigen Entwicklung abzudecken. Als weiterer wichtigen Schritt publizieren wir erstmals die Kapitalstruktur, die Besitzverhältnisse sowie die Zusammensetzung des Verwaltungsrates und der Geschäftsleitung."* Auch bei der sozialen Dimension wurden weitere Daten aufgenommen, beispielsweise zur Chancengleichheit oder zur Lohnspanne im Betrieb. In diesem Jahr schloss die Firma mit der Anwendung der Richtlinien der Global Reporting Initiative (GRI) in der abschließenden Selbstevaluation direkt an die führende internationale Diskussion an.

Dieses detaillierte, manchmal fast programmatische Dokument richtete sich neben den Lieferanten explizit an Behörden, die Wissenschaft und ein interessiertes Fachpublikum und wurde auch von der lokalen Presse aufgenommen. Eine kürzere Version des Geschäftsberichts für ein breiteres Publikum erschien als kleinere Broschüre im Format einer Reclam-Ausgabe. Was hat Peter Müller bewegt, diese anderen Formen der Berichterstattung zu wählen? *„Nachdem wir in den Vorjahren nach dem Versand unserer schönen Berichte realisieren mussten, dass vor allem unsere Kunden die Berichte ‚links liegen gelassen hatten', haben wir für ein Mal die Form und das Zielpublikum gewechselt. Der ausführliche Bericht ist nur noch elektronisch erschienen. Damit wir aber eine andere Zielgruppe, nämlich die Konsumenten, informieren konnten, haben wir eine einfacher lesbare kleine Broschüre (Reclam) gedruckt."*

Nachhaltigkeit als Erfolgs- und Innovationsstrategie (2005 bis heute)

Nach den vielen Jahren der schrittweisen Weiterentwicklung der nachhaltigen Unternehmensführung zeichnete sich ab 2005 auch der Durchbruch am Markt ab. Die beiden letzten Geschäftsberichte zur nachhaltigen Entwicklung 2005/2006 und 2007/2008 erschienen in einer graphisch attraktiv gestalteten Buchform mit Hardcover, sind mit 47 bzw. 64 Seiten nicht mehr ganz so umfangreich und zeichnen sich durch eine professionelle journalistische Handschrift aus. Das einleitende Interview zum 5. Bericht stand unter dem Titel *„Nachhaltigkeit ist ein Erfolgsfaktor geworden"*. In verschiedenen Handlungsfeldern wurde der Kostenaspekt ganz konkret angesprochen. Die Einsparung von 63.000 Franken bei den Unfall- und Krankheitskosten wurde in direkten Zusammenhang zu den Präventionsaktivitäten im Betrieb gestellt. Aber auch das Unternehmen selbst profitiert direkt von dem nachhaltigen Engagement: *„Die Umsetzung einer nachhaltigen Entwicklung brachte uns das erste Mal einen großen Auftrag. Visus, eine Einkaufsgruppe von Optikern aus der ganzen Schweiz, entschied sich explizit auch aus diesem Grund für uns als exklusiven Lieferanten."* Dass sich die nachhaltige Entwicklung lohnt, wurde über einen längeren Zeitraum auch bei den Investitionen gezeigt: *„Wir haben zwischen 1995 und 2008 freiwillige Investitionen von 295.000 Franken getätigt und unter dem Strich Einsparungen von total 778.000 Franken gemacht."*

2007 erläuterte Peter Müller mit einem Blick zurück die nachhaltige Entwicklung der strategischen Ziele: *„Als wir vor 17 Jahren den Weg der nachhaltigen Entwicklung einschlugen, waren unsere strategischen und operativen Zielsetzungen noch relativ einfach. Entweder wollten wir in einer Sache mehr erreichen, etwa den Anteil der erneuerbaren Ressourcen steigern, oder wir wollten etwas minimieren, zum Beispiel die Sonderabfälle. Entsprechend sahen auch unsere Charts aus: Sie zeigten entweder eine ansteigende Kurve oder eine Kurve, die sich der Nulllinie nähert. Alles andere war nicht erwünscht. Heute haben wir in weiten Teilen ein Niveau erreicht, auf dem solch einfache Zielsetzungen keinen Sinn mehr machen und auch gar nicht mehr realisierbar sind. Wir legen deshalb unsere strategischen Ziele heute wesentlich differenzierter fest und berücksichtigen insbesondere auch die unterschiedliche Qualität ihrer Dimensionen."*

Ab 2005 zeigte sich der Erfolg von Knecht & Müller bei der verantwortungsvollen Unternehmensführung auch in der öffentlichen Anerkennung durch Fachleute immer deutlicher. Hinter der Firma Bär durfte Peter Müller 2005 den 2. Preis für die Nachhaltigkeitsberichterstattung entgegennehmen. 2007 dann wurde Peter Müller im Beisein von Bundesrätin Doris Leuthard der 1. Preis für den besten Nachhaltigkeitsbericht bei den KMU überreicht. 2009 steht der Brillenglashersteller wiederum auf dem Siegerpodest. Auch der Innovationspreis der Industrie- und Wirtschaftsvereinigung wurde 2006 an Knecht & Müller verliehen. Auf die Frage nach der Begründung antwortet Peter Müller: *„Man hat uns für etwas ausgezeichnet, was wir schon lange wissen: Nachhaltige Entwicklung ist innovativ, weil sie wirtschaftlich ist."*

Fazit der Fallstudie

Die Phasen der CSR-Entwicklung bei Knecht & Müller zeigen die Stufen einer schrittweisen Innovationstrategie von einzelnen Aktionen, über erste Konzepte und Instrumente bis hin zu einer umfassenden strategischen Verankerung. Dabei fällt die starke intrinsische

Motivation des Geschäftsführers auf: *„Weil ich überzeugt war und auch noch bin, dass das der richtige Weg ist, habe ich es nach dem Motto ‚just do it‘ einfach durchgezogen."* Dabei ist die Kontinuität im Entwicklungsprozess auffallend: Das Lernen als ständiger Prozess findet sich in den Dokumenten und im Gespräch als wiederkehrendes Muster. *„Es braucht einen ständigen Entwicklungsprozess. Ich hatte einfach immer den Wunsch, es noch besser zu machen."* Auch der aktuellste Nachhaltigkeitsbericht zeigt keinen Stillstand und schließt mit dem Bekenntnis zur Suche nach neuen und noch innovativeren Lösungen für anstehende Probleme. Ganz konkret bedeutet das beispielsweise die Stärkung der Sozialkompetenz der Mitarbeitenden, das Einrichten von zusätzlichen Lehrstellen oder die Idee eines Trinkwasserkraftwerks mit einem Potenzial von jährlich 300.000 Kilowattstunden. Bei der Frage nach weiteren Merkmalen für eine erfolgreiche CSR-Implementierung verweist Peter Müller neben der persönlichen Werteorientierung, dem unternehmerischen und gesellschaftlichen Grundverständnis und der transparenten Berichterstattung gegen außen auf die Besitzstruktur: *„Das persönliche Engagement ist wichtig, als Unternehmer und Eigentümer hat man eine andere Art zu denken als ein angestellter Manager. Man ist weniger auf den kurzfristigen finanziellen Geschäftserfolg fixiert."*

Heute hat Peter Müller die Geschäftsführung übergeben und begleitet die Unternehmung als Präsident des Verwaltungsrates. Der Entwicklungsprozess war sehr stark von seiner Wertehaltung und Person geprägt. Besteht da nicht die Gefahr, dass diese Entwicklung der Nachhaltigkeit an Bedeutung verliert? *„Am Anfang haben wir vieles einfach mit dem Gefühl gemacht, mit der Überzeugung, dass das offenbar richtig ist. Heute haben wir strukturierte Managementprozesse. So sind beispielsweise die Kriterien im Beschaffungsleitfaden aufgeführt. Aber eigentlich müssen das die Leute gar nicht mehr nachlesen, sie haben das verinnerlicht, sie wissen, das ist uns wichtig und da können wir Geld sparen."* Die Verbindung der persönlichen Werthaltung des Inhabers mit einer ökonomischen Prozesslogik ist erfolgreich in der organisationalen Routine verankert. Auch auf der Ebene der Unternehmensführung sprechen die Anzeichen für eine kontinuierliche Weiterentwicklung. Der neue Geschäftsführer wird zwar einzig nach fachspezifischen Kriterien ausgewählt, in einem zweiten Schritt wird dann der Sensibilisierungsprozess für die Thematik der Nachhaltigkeit eingeleitet. *„Ich musste ihn am Anfang schon ein wenig überzeugen, aber ich musste nicht groß kämpfen. Er trägt das mit und erzählt vor den Optikern Dinge, die aus meinem Mund kommen könnten."*

15 „Grenzgänger" und Mittlerorganisationen

Gerd Placke[1]

Corporate Volunteering bedarf einer besonderen Form des Managements

Wollen Unternehmen Corporate-Volunteering-Projekte angehen oder umgekehrt gemeinnützige Organisationen mit Unternehmen zusammenarbeiten, dann begeben sich die Partner in das komplexe Feld der intersektoralen Kooperation. Sie verlieren dann unweigerlich die alleinige Deutungsmacht über den eingeschlagenen Weg, das Vorgehen wird situativ, improvisiert und prozessorientiert. Es muss im gemeinsamen Prozess immer wieder neu überprüft werden, mit welchen Ideen, Diagnosen, Kompetenzen und Ressourcen man unter welchen Umständen welche Erfahrungen gemacht hat. Dies alles kann nur einvernehmlich vonstattengehen, wobei diese Einvernehmlichkeit nicht a priori gegeben ist, sondern durch offenen Austausch permanent hervorzubringen ist. Mithin hängt die Qualität von Corporate Volunteering von der Bereitschaft zur Kontroverse ab und hat nichts mit „gut gemeinten" Projekten zu tun, weil Corporate Volunteering die Anerkennung unterschiedlicher systemischer Voraussetzungen bei gleichzeitiger Bereitschaft zur Intervention voraussetzt (Baecker, 2008). Mit dem Begriff der Intervention ist angedeutet, dass eine Vermittlung unterschiedlicher Zugangsbedingungen und Interessen der Sache zwingend inhärent ist. Kurz: Corporate Volunteering ist alles andere als trivial.

Die Arbeit von vermittelnden Instanzen in solchen intersektoralen Kooperationen von unterschiedlichen Organisationen ist – abseits von fachlich Interessierten – im deutschsprachigen Raum noch weitgehend unbekannt (s. Nachhaltige Finanzierungsmodelle, 2005). Erst langsam bricht sich in der Debatte die Einsicht Bahn, dass wir durch organisatorische Voraussetzungen und durch die Generierung von besonderen Kompetenzen im Bereich des Engagements gesellschaftliche Rahmenbedingungen herstellen müssen, die den aktiven Austausch zwischen Unternehmen, den Gemeinnützigen und der öffentlichen Hand voranbringen. Um diese These auf eine plakative Formel zu bringen: In intersektoralen Kooperationen muss der Gedanke an ermöglichende Strukturen so selbstverständlich werden wie im Feld der Bildung. Dort wird beim Begriff der Bildung ohne Weiteres an Infrastrukturen wie „Kindergarten", „Schule" oder „Universität", „Erzieher" oder „Lehrer" gedacht!

Der Artikel beschäftigt sich mit dieser ermöglichenden intermediären Rolle und dem aus diesen Aufgaben resultierenden Selbstverständnis von „Mittlerorganisationen". Ein besonderer Blick soll im vorliegenden Artikel auf die von der Bertelsmann Stiftung angebo-

---

[1] In diesen Artikel fließen Gedanken und Passagen zweier Arbeiten des Autors ein, die sich ebenfalls mit Mittlern und deren Funktionen beschäftigen (Jakob et. al., 2008; Placke, 2010).

tene Marktplatz-Methode geworfen werden. Dieses Konzept kann eine besondere Initialzündung für eine systematische Anbahnung von intersektoralen Kooperationen im lokalen
Raum darstellen und das Phänomen überwinden, dass „Netzwerke tendenziell krisenge-
steuert" entstehen (Holtkamp, Bogumil & Kißler, 2006), Mittler mithin zu guten Rahmenbedingungen für multilaterale Zusammenarbeit beitragen und sie infrastrukturell wirken.

Grenzgänger

Da Partnerschaft konstitutiv für Corporate Volunteering ist, muss derjenige sich eingehend
Gedanken zum Management solcher Vermittlungsprozesse machen, der kooperative Zusammenarbeit in die Wege leiten will. Wehner und Endres haben diese Formen der vermittelnden Führung zwischen verschiedenen Organisationen als „Grenzgänger-Management"
bezeichnet (Endres & Wehner, 2004). Sie wollen mit diesem Begriff die „persönlichen und
organisatorischen Aufwendungen [betonen], die der Aufbau und die kontinuierliche Pflege von Netzwerkbeziehungen erforderlich machen."

Grenzgänger sind im Bild von Wehner und Endres Phänomene kooperativer Prozesse. Sie
arbeiten in ganz unterschiedlichen Abteilungen oder Bereichen von Organisationen, sind
nicht an spezifischen Berufsbildern festzumachen, sondern hauptsächlich an ihrer beruflichen Praxis zu erkennen, die zumindest zu einem Teil in der Anbahnung, Begleitung und
Auswertung von Zusammenarbeit liegt. Ihr prozessorientiertes Arbeiten besteht darin,
„dass sich ihre Aufgaben zunächst vornehmlich über *Ereignisse* definieren, die in Form von
konkreten Problemkonstellationen bzw. Störungen in der interorganisationalen Zusammenarbeit auftreten". Grenzgänger haben kein klar umrissenes Aufgabenfeld, weil sie sich
die zu lösenden Herausforderungen nicht aussuchen können, dafür aber „die *Strategien
und Methoden ihrer Bewältigung* [beherrschen müssen], die wiederum stets mit konkreten
Kooperationspartnern verknüpft sind". Sie mediieren auf einer strategischen Ebene die „fra-
gilen Räume" einer Kooperation. Darüber hinaus benötigen sie eine antizipative Kompetenz, insofern sie durch ihre Erfahrungen und Kompetenzen „ihr Wissen um Problemlösungen und Strategien wieder an die beteiligten Praxisgemeinschaften zurückfließen lassen". Sie können dann auf diese Weise Optionen für neue Handlungsmöglichkeiten aufzeigen: „Dies bedeutet, dass Grenzgänger auf eine *Rückführung prozessualer Kooperationsbe-
funde auf die strategische Ebene* hinwirken und somit das Ineinandergreifen interorganisa-
tionaler Organisationsabläufe optimieren können." Um dies bewirken zu können, bedarf
es sowohl einer hohen Erfahrungs- als auch sozialen Kompetenz. Zu betonen ist dabei
insbesondere die Fähigkeit zum Perspektivenwechsel. „Der Grenzgänger muss in der Lage
sein, nicht nur zwischen seiner Perspektive und der des Interaktionspartners zu wechseln,
er muss gleichzeitig auch zur Perspektivenübernahme und -erweiterung gegenüber Dritten, in das Ereignis involvierter, aber nicht präsenter Akteure, fähig sein" (alle Zitate: Endres & Wehner, 2004; Herv. im Original). Solche Grenzgänger geben den Prozess also nicht
vor, sie moderieren ihn, ermöglichen Räume zur praktischen Gestaltung und bilden derart
Vertrauen unter den Handelnden aus. Sie verhelfen dazu, den Prozess auf dem Pfad zu
halten und Handlungsmöglichkeiten aufzuzeigen. Wenn diese Verfahrenskompetenz nicht
vorhanden ist, können Entwicklungsgänge verfallen oder Partikularinteressen dominieren.
Das Bild eines Grenzgängers beschreibt eine vielschichtige Managementherausforderung

und stellt enorme Anforderungen an die professionelle Rollenklarheit. Dennoch ist eine solcherart disponible intermediäre Kompetenz eine substanzielle Voraussetzung für Corporate Volunteering mit Qualität und Wirkung. Weil Kooperation nur in der Kooperation gelernt werden kann und insofern eine offene Problemlösungskompetenz unabdingbar ist, hat Corporate Volunteering diesen stark subjektiven Faktor.

Grenzgängerorganisationen

Die Grenzgänger-Kompetenz muss in Partnerschaften nicht in einer Person gebündelt vorhanden sein, sondern kann auch in einer Konstellation von Personen gegeben sein, die nicht einmal aus einer einzelnen Organisation stammen müssen. Gleichfalls können interne Abteilungen einer der Partner in dieser Funktion auftreten. Darüber hinaus sind Grenzgänger auch institutionell als „Mittlerorganisationen" tätig. Dieser Terminus wird in der deutschsprachigen Debatte um die gesellschaftliche Verantwortung von Unternehmen immer mehr zu einem bevorzugten Begriff für diese spezifische Tätigkeit im Themenfeld Corporate Citizenship. Nichtsdestoweniger gibt es weitere Umschreibungen, die ebenso Gültigkeit haben: *Kümmerer, Ermöglicher, Katalysatoren, Sozial-Broker, Brückenbauer, Kooperationsmanager* oder *-anbahner, Übersetzer, Facilitatoren, Prozess-Promotoren, Schnittstellenmanager* etc. pp.[2] Ihr gemeinsamer Nenner ist es, Kooperationspartner als Dritte zu begleiten. Diese bunte Metaphorik in der Begrifflichkeit dieser „Grenzgängerorganisationen" deutet an, dass sie entsprechend des Bildes von Endres und Wehner nicht eindeutig in einem institutionellen Typus oder einem „engen" Berufsbild zu verorten sind, da die Mittlertätigkeit einen durch ein besonderes professionell aufgearbeitetes Erfahrungswissen von Personen mitbestimmten Faktor hat. Erfolgreiche intersektorale Projekte zeigen, welchen Einfluss gerade erfahrene, professionell auftretende, vertrauenswürdige und verlässliche Mittler haben, bei denen die verantwortlichen Akteure aller Beteiligten sicher sein können, dass die Projekte sowohl in der Außen- als auch in der Innendarstellung zufriedenstellend verlaufen (Jakob, Janning & Placke, 2008). In einem allgemeinen Sinne sind bei den Mittlern (sozial-)unternehmerische Fähigkeiten beim Zusammenführen von Bedarfen, Ideen, Ressourcen und Menschen bedeutsam. Unternehmerisch denken heißt in diesem Zusammenhang, dass es um eine problemlösungsorientierte „Unternehmung" geht, mit der ein gesellschaftlicher Mangel behoben wird (Bornstein, 2005) und die die Kooperationsfähigkeit und Bereitschaft zur Zusammenarbeit stärkt.

---

[2] Ich verwende im Folgenden die aufgeführten Begriffe synonym. Es fällt auf, dass in vielen Feldern gemeinnütziger und öffentlich-rechtlicher Arbeit (Community Organizing, Gemeinwesenarbeit, Regionalentwicklung, Stadt(teil)entwicklung, integrierte ländliche Entwicklung, Raum- und Umweltplanung, berufliche Orientierung, internationale Entwicklungszusammenarbeit, internationale Kulturarbeit etc.) mit Mittlerorganisationen unterschiedlicher Provenienz gearbeitet wird, die zwischen Interessen unterschiedlicher Organisationen mediieren, es allerdings noch keine fachübergreifende Debatte über die Notwendigkeit dieser Organisationsform zu geben scheint.

Dabei ist vor allem auf Kompetenzen des Projektmanagements zu setzen. Experten in den Mittlerorganisationen müssen Handlungsbedarfe identifizieren, Problemlösungen entwerfen und neue Projekte entwickeln, Akteure für deren Umsetzung gewinnen und Finanzierungsmöglichkeiten auftun. (Jakob et. al., 2008). Eine besondere Qualität liegt dabei im Aufbau weitverzweigter, stabiler Kooperationsnetzwerke.

Interne Grenzgänger oder Mittlerorganisationen bei „neuen gesellschaftlichen Kooperationen" (Bertelsmann Stiftung, 2008) einzusetzen ist demnach eine Alternative, die – je nach den besonderen Spezifika der Kooperation – sich ergänzen oder wahlweise zu sehen sind. Vordergründig ist der Einsatz von internem Personal sogar vorteilhafter, weil eine durch die betroffenen Akteure gestaltete Kooperation am wünschenswertesten erscheint. Schließlich können die Kooperationspartner bei vorhandener Grenzgänger-Management-Kompetenz am besten über das *Warum*, das *Was* und das *Wie* der Zusammenarbeit entscheiden. Da externe Mittler keine unabdingbare Notwendigkeit bei intersektoralen Kooperationsprozessen darstellen, ist ihre Zweckmäßigkeit in gesellschaftlicher Hinsicht zu sehen. Ihre Bestimmung tangiert die Frage, ob man überhaupt und wie man mehr kooperative Prozesse in unserer Gesellschaft ermöglichen will und wie man diese für das Allgemeinwohl zielgerichteter sowie wirkungsorientierter gestalten kann.

Gegenseitige Zugangswege

Bereits die Frage der Anbahnung von Beziehungen zwischen der Wirtschaft und gemeinnützigen Organisationen, die auf diese Weise das Verhältnis zwischen öffentlichen und privaten Trägern, zwischen Unternehmen, Gemeinnützigen und der Politik neu bestimmen können, bekräftigt die Bedeutsamkeit von Kooperationsanbahnern, denn die gegenseitigen Zugangswege sind durch viele Widrigkeiten verstellt: Auf der einen Seite können sich Unternehmen angesichts unzähliger lokaler Vereine, Initiativen und Selbsthilfegruppen selten einen Überblick über das äußerlich unübersichtliche Bild der gemeinnützigen Organisationen verschaffen. Auf der anderen Seite verfügen die meisten gemeinnützigen Organisationen ebenfalls nur über ein sehr eingeschränktes Wissen über Unternehmensabläufe, die Zielsetzungen privatwirtschaftlicher Akteure und die Prämissen unternehmerischen Engagements. Beide Seiten sind zudem stark auf das Geldliche festlegt. Auf Seiten der Unternehmen zeigt sich dies darin, dass sie sich vorwiegend und kompensatorisch mit Geld engagieren (Bertelsmann Stiftung, 2006; Braun & Kukuk, 2008; Gentile, Lorenz & Wehner, 2009). Ebenso die gemeinnützigen Organisationen: Sie sind aus Mangel an Ressourcen häufig auf den Transfer von Spendenzahlungen fixiert (Jakob & Janning, 2007).

Für an inhaltlicher Kooperation Interessierte gibt es also erhebliche Hindernisse, Qualität im jeweils anderen Bereich einschätzen zu können und Kriterien zu entwickeln, mit wem es opportun sein könnte zusammenzuarbeiten. Gegenwärtig scheinen beide Seiten zu stark auf Kriterien des Sponsorings fixiert zu sein – auf „Marken", auf „Größe", während es mehr darauf ankäme, zuvorderst danach zu suchen, mit wem man abseits des Pekuniären inhaltlich effizient und effektiv Problemlösungsbeiträge liefern kann (Drews, Hadem & Schrader, 2009). Dies umso mehr, da durch erfolgreiche Kooperationen Wahrnehmungen, Verhaltensweisen und Handlungsroutinen von Individuen und Organisationen beeinflusst werden, die erheblichen Einfluss auf die jeweilige Identität haben und damit vermittelt auf gesellschaftliche Entwicklung sowie den sozialen Zusammenhalt insgesamt (Jakob et al., 2008).

Zu beklagen ist auch, dass solche spezifischen Kooperationsmanagement-Kenntnisse mehr als nur bisweilen in geringen Dosen durch nützliche Vorerfahrungen im bürgerschaftlichen Engagement einzelner Beteiligter einfließen und auf diese Weise durch intuitives Vorgehen Ergebnisse zuwege gebracht werden. Reinhard Lang (2007) beklagt deswegen zu Recht, dass die Grundvoraussetzungen für freiwillige Zusammenarbeit – Vertrauensaufbau und Kompetenz – zu selten Begleiter beim Einstieg in solche Projekte sind.

In all diesen Hinsichten können Mittlerorganisationen Wirkung entfalten, da sich das gemeinschaftliche gesellschaftliche Engagement von Unternehmen und gemeinnützigen Organisationen im Bereich des Corporate Volunteering in einem „vorparadigmatischen Zustand" befindet: Angesichts der für Deutschland relativ neuen Debatte um die gesellschaftliche Verantwortung von Unternehmen und angesichts der beschriebenen Widrigkeiten können noch keine vorherrschenden Handlungsmuster freiwilligen Arbeitnehmerengagements existieren, die einen gewissen, allgemein anerkannten Konsens über Annahmen und Vorstellungen widerspiegeln und die es ermöglichen, für eine Vielzahl von Fragestellungen Lösungen anzubieten. Weil das gegenwärtige Zustandekommen von lokaler oder regionaler Zusammenarbeit eher akzidentell geprägt ist, können Mittlerorganisationen als „Infrastruktureinrichtungen" (in Anlehnung an den Begriff der Entwicklungsagenturen nach Olk, 2009) hier eine bedeutsame Rolle in mehrerer Hinsicht spielen: Sie bieten Orientierung an und sind im Idealfall Berater, Begleiter, Kommunikatoren und Promotoren für neue Kooperationsformen und auf diese Weise Entwicklungsagenturen (unternehmerischen) bürgerschaftlichen Engagements. Sie bringen die notwendige Kompetenz für die intersektorale Kooperation mit, fokussieren das Voranbringen effektiven Projektmanagements in der Partnerschaft, betonen das Nichtmonetäre und fördern die gegenseitigen Zugangswege abseits der eingefahrenen sozialpartnerschaftlichen Initiativen. Sie wirken lokal oder regional, tragen die Anliegen der Akteure an die kommunale politische Verwaltung heran und leisten – last but not least – Öffentlichkeitsarbeit zum Thema. Sie könnten dann Katalysatoren für Qualitätsmerkmale und beispielhafte Projekte sein, wie es in den Niederlanden und in Großbritannien der Fall gewesen ist (Kinds, 2008).

Die Landschaft der Mittlerorganisationen

In der Bundesrepublik gibt es vornehmlich fünf Typen von Mittlerorganisationen, die im Bereich von Corporate Citizenship und Corporate Volunteering aktiv sind:

1. *Lokale Anlaufstellen der Engagementförderung* (Freiwilligenagenturen, Bürgerbüros und -zentren sowie vergleichbare Einrichtungen), die neben ihrer allgemeinen Engagementberatung auch Corporate-Citizenship-Projekte entwickeln und durchführen. Sie agieren auf der Grundlage verschiedenster Trägermodelle, die von der Trägerschaft durch einen einzelnen Wohlfahrtsverband, über Verbandszusammenschlüsse zur Etablierung einer Freiwilligenagentur bis hin zu unabhängigen Vereinen reichen. Auch ein-

zelne Stiftungen und Kommunen können Träger dieser Strukturen sein (Enquete-Kommission, 2002);

2. *lokale oder bundesweite Netzwerke* („Unternehmen: Partner der Jugend" etc.), die in Kooperation mit anderen Akteuren Partnerschaften zwischen Unternehmen und Non-Profit-Organisationen vor Ort befördern;

3. *Stiftungen.* Insbesondere den unternehmensnahen Stiftungen geht es darum, durch Projekte Entwicklungen anzustoßen, sodass sich Partnerschaften zwischen Unternehmen und Non-Profit-Organisationen langfristig etablieren können;

4. lokal oder regional agierende *Bürgerstiftungen;*

5. *privatgewerbliche Anbieter* wie Unternehmens- und Organisationsberatungen (Public-Affairs-Berater, Kommunikationsagenturen, s. Jakob et al., 2008).

Dieses Bild weist noch einmal auf, dass Mittlerorganisationen – mit der Ausnahme gewerblich tätiger Berater – einen Sammelbegriff für spezifische Geschäftsmodelle von Brücken bauenden Organisationen im Bereich des bürgerschaftlichen Engagements von Unternehmen darstellen, die vor dem Hintergrund unterschiedlicher lokaler Voraussetzungen wirken. Es gibt nicht *die* Mittlerorganisation, sondern nur förderlich oder weniger genügend arbeitende Mittler. In diesem Themenfeld spielt die Organisationsform kaum eine Rolle. Selbst wenn organisationelle Voraussetzungen wie das Absehen von den eigenen Organisationsinteressen manche bereits tätige Mittlerorganisationen bevorzugt, sogar die vermeintlich weit reichende Unterscheidung zwischen gewerblichen und gemeinnützigen Mittlerorganisationen muss kaum Konsequenzen für die Praxis des Mittelns aufweisen. Deswegen wird der bundesrepublikanische Organisationstypus „Mittlerorganisation" auch zukünftig vielfältig und diffus bleiben: Dies ist im Sinne eines stabil strukturierten Geschäftsfelds und einer möglichen Skalierung des Geschäftsmodells – auch in andere Länder – sicherlich von Nachteil. Aber es kann wünschenswert sein, dass die Zunahme an Kooperationsmöglichkeiten im lokalen und regionalen Umfeld zu einer weiteren Ausdifferenzierung im Bereich der Mittlerorganisationen führt, weil die Nähe zum Aktionsfeld für die Mittler eine Möglichkeit darstellt, besondere Qualitäten zu entwickeln. So zeichnet sich ab, dass z.B. Stadtteilbüros im Rahmen von Quartiersmanagement und ähnlich ausgerichtete Organisationen im Kontext des Programms „Stadtteile mit besonderem Erneuerungsbedarf: Soziale Stadt" das Thema für sich entdecken. Denkbar wäre auch, dass lokale Agenda-21-Büros ihr bisweilen skeptisches Unternehmensbild in Hinsicht auf gesellschaftliche Verantwortungsübernahme relativieren und sich als Netzwerke für neue Kooperationen im Sinne der Idee einer nachhaltigen Stadt- und Regionalentwicklung profilieren. Auch Fachdienste zur Integration von benachteiligten Personen ins Berufsleben sind prädestiniert für solche Mittlertätigkeiten, da sie sowohl über Einsichten in die Arbeitswelt und Betriebsabläufe als auch über Wissen im Umgang mit sozialen Problemen verfügen. Für etablierte Mittler im gemeinnützigen Bereich kommt erschwerend hinzu, dass zunehmend private Anbieter auf den Plan treten (Jakob et al., 2008).

Mittler sollten unabhängige Organisationen darstellen, sie sind aber keine „neutralen" Institutionen, denn insbesondere als gemeinnützige Mittler agieren sie mit einem besonderen Interesse an lokaler Engagementförderung. Unabhängig müssen sie in mentaler und unabhängig sollten sie in organisatorischer Hinsicht sein: Frei beispielsweise von direktiven Einflussnahmen von Seiten der sie tragenden kommunalen Selbstverwaltung oder Wohlfahrtsverbände, weil es beim Aufbau von diesen kooperativen Strukturen nicht darum gehen kann, deren Steuerungslogiken oder manifeste Interessen zu übernehmen. Auch gewerbliche Mittler sollten jeden Eindruck vermeiden, überwiegend die Wünsche ihres Auftraggebers durchzusetzen. Die Haltung der Mittler ist ebenso keine „parteiliche", etwa für mehr Partizipation aller gesellschaftlichen Sektoren. Oliver Fehren (2006) hat anhand der Gemeinwesenarbeit diese Chimäre offengelegt und die notwendige Haltung in diesem Feld unter Bezug auf Hinte folgendermaßen beschrieben: „Soziale Arbeit als intermediäre Instanz findet statt mit einer ‚je nach Bedarf konfrontierenden, integrierenden oder moderierenden Haltung'" (Fehren, 2006).

Noch einmal: Bei aller Unabhängigkeit lebt die Funktion der Brückenbauer von einem durch Erfahrungen gespeisten eindeutigen Rollenverständnis eingedenk der Verbindung zu den Ebenen, denen sie entstammen. Beispielsweise ist die Nähe eines Mittlers zu einem Gemeinwesen-orientierten Ansatz eine wesentliche Quelle für gehaltvolle Arbeit. Sie liefert Beiträge für die notwendige Sensibilität in der Vorgehensweise. Erfahrungen mit lokaler Engagementförderung bestätigen zudem, dass kommunale Anlaufstellen vor dem Hintergrund eines verwaltungsmäßigen Ansatzes, der auf ganzheitlicher Entwicklung zwischen verschiedenen Systemen und Strukturen beruht, nachhaltige Ergebnisse beim Unternehmensengagement erzielen können (Jakob, 2010). Demgegenüber entstehen Bürgerstiftungen meist durch lokale Eliten, mit einer bestimmten Initialidee, die durch Geld- und Zeitspenden realisiert werden. In der Regel haben sie einen besonderen Zugang zu den kommunalen Entscheidungsträgern, zu Menschen, die über Einfluss und Geld verfügen und zu ortsansässigen Unternehmen. Privatwirtschaftliche Anbieter wiederum fokussieren die Nutzenanfragen ihrer Auftraggeber. Auch dies hat mit den oben angedeuteten Einschränkungen ebenso eine Berechtigung, weil sie vor dem Hintergrund ihrer gewerblichen Rationalität, mit der sie Vermittlungsprozesse leisten, sehr gut die Herangehensweise der beteiligten Unternehmen nachvollziehen können.

„Lesarten" unterschiedlicher Vermittlungsansätze

An dieser Stelle drängt sich die Frage auf, wie man jenseits der organisatorischen Unterschiede das Verhältnis zwischen der vermittelnden Instanz – sei sie in einer Person oder in einer Organisation gebündelt – und den Partnerschaftsakteuren beschreiben kann. Das englische Brokering Guidebook (The Brokering Guidebook, 2005) macht hier einen interessanten Vorschlag. Es kategorisiert diese Beziehungen auf unterschiedliche Handlungstypen und hebt deren Implikationen hervor, die die jeweilige Entscheidung für eine Form der Vermittlung mit sich bringen (**Tabelle 15.1**).

So gibt es „Animateure" und „Pioniere", wenn Mittler von extern arbeiten, und „Koordinatoren" und „Innovatoren", wenn sie aus einer der beteiligten Organisationen heraus handeln. Externe Animateure können demnach angemessen sein, nachdem eine Partnerschaft etabliert ist und der Mittler als jemand agiert, der Vereinbarungen mit umsetzt, die

eingangs der Partnerschaft getroffen worden sind. Dieser „reaktiven" Form des Brücken-
baus steht die proaktive Pionier-Organisation gegenüber, die ihre Energie einsetzt, um
die Partnerschaft mit eigenen Ideen zu initiieren und voranzubringen. Wenn die Zusammenarbeit bereits eine starke Identität hat und auch beteiligte Mitarbeiter der kooperieren-
den Organisationen sie führen, kann ein interner Koordinator für eine gute Ablaufkoordi-
nation und Kommunikation sorgen. Die Rolle des vierten Typs – des Innovators – ist die
derjenigen Person, die immer wieder aus einer der beteiligten Organisationen heraus die
Initiative ergreift, um eine Partnerschaft neu zu beleben oder auszubilden. Hier übernimmt eine Organisation der Partnerschaft implizit die notwendigen Führungsaufgaben.

Tabelle 15.1   Quelle: Handlungstypen der Vermittlungstätigkeit nach The Brokering
                     Guidebook (2005); eigene Übersetzung.

Reaktiv	**Externe Mittler**	*Proaktiv*
Animator Unabhängiger Berater oder externe Orga-nisation, welche(r) von den Partnern mit der Implementierung der getroffenen Ent-scheidungen beauftragt wird	**Pionier (Entrepreneur)** Unabhängiger Berater oder externe Orga-nisation, welche(r) die Idee einer Partner-schaft hervorbringt und diese oft selbst initiiert	
Koordinator Personalmitglied oder Fachabteilung einer der Partnerorganisationen, der für die Koordination der Partnerschaft zuständig ist	**Innovator** Personalmitglied oder Fachabteilung in einer der Partnerorganisationen, die die Partnerschaft startet und vorantreibt	
Reaktiv	**Interner Mittler**	*Proaktiv*

Selbst wenn die Vermittlung in der Praxis der Zusammenarbeit wohl auch eine Mischung
aus diesen Momenten darstellen kann, diese Deutung von dominierenden Handlungsmus-
tern markiert die Vor- und Nachteile für die Entscheidung zugunsten eines Mittlermodells:
Die „animierende" Mittlerorganisation hat als unabhängige Einheit eine große Freiheit zu
agieren und kann als anerkannte Spezialistin die notwendige konstruktive Irritation in den
Prozess hineingeben, sie unterliegt aber auch der Gefahr, ein inadäquates Verständnis für
die Motive der Handelnden zu entwickeln, so die Autoren des Guidebooks (The Brokering
Guidebook, 2005). Überdies könnte es problematisch sein, dass sie von den Partnern für
solche Aufgaben benutzt wird, die sie selber in die Wege leiten und umsetzen sollten.
Auch die als Pionier tätige Mittlerorganisation ist frei von den Beschränkungen, die ein
interner Mittler zu gewärtigen hätte; er kann seine Kreativität und Innovationskraft in den
Prozess hineingeben. Schwierig könnte es für diese Form des Mittelns werden, wenn eine

derartige Mittlerorganisation mehr Wert auf die Innovation als auf die langfristige Implementierung der Prozesse legt. Darüber hinaus besteht bei ihr die Gefahr, die mittelnde Funktion durch eine bestimmende Wegweisung zu ersetzen, sprich: die Akteure inhaltlich zu überfordern. Der nach diesem Bild interne Koordinator kann ein gutes Gespür für organisationelle und systemische Ablaufprozesse entwickeln, wobei er einen sehr guten Zugang zu Ressourcen haben kann. Allerdings beeinträchtigt diese Rolle seine Möglichkeiten zur Überzeugung der Aktiven: Für die Komplexität, die die Vermittlung von Interessen in solchen Abläufen erfordert, kann es sein, dass diese mandatorische Beschränkung auf Moderation und Koordination nicht ausreichend ist. Schließlich kann auch der Innovator seiner Rolle als „Intrapreneur"(im Sinne unternehmerischen Handelns) sehr gut gerecht werden. Allerdings kann es auch hier sein, dass er in der Wahrnehmung der Partner – sowohl intern als auch extern – eine große Macht besitzt, um Abläufe zu dominieren. Dies könnte die partnerschaftliche Äquivalenz in Frage stellen. Wenn er seine Möglichkeiten überdehnt, unterliegt er der Gefahr versetzt zu werden (The Brokering Guidebook, 2005).

Die Marktplatz-Methode als Beispiel
„Gute Geschäfte" als lokaler oder regionaler Ansatz für einen kooperativen Zugang zu Corporate Citizenship durch Intermediäre

Die sogenannte *Marktplatz-Methode* ist ein ursprünglich niederländisches Konzept (s. www.beursvloer.com), mit dem Beziehungen zwischen Unternehmen und gemeinnützigen Organisationen in die Wege geleitet werden. Durch die Bertelsmann Stiftung[3] für die Bundesrepublik adaptiert, finden seit 2006 auch hier Marktplätze statt. Die Methode hat sich seitdem zu einem erfolgreichen Modell zur Anbahnung von solchen Partnerschaften entwickelt, auch wenn Corporate Volunteering bei diesem Ansatz nur eine von mehreren Möglichkeiten darstellt, Austauschprozesse zu generieren. Bislang haben (Stand 2011) über 150 Marktplätze an über 65 Standorten stattgefunden, auf denen weit über 7500 Kooperationen zwischen Unternehmen und Gemeinnützigen im lokalen Umfeld erfolgreich umgesetzt worden sind.

Die Idee des Marktplatzes ist denkbar einfach: Bei dem Konzept kommen Vertreter von Unternehmen und gemeinnützigen Organisationen für ca. zwei Stunden an einem Ort zu einem „Stehempfang" zusammen. Innerhalb dieser Zeit verhandeln sie dann mit Vertretern der jeweils anderen Seite über mögliche gemeinsame Projekte. Das Konzept bringt auf diese Weise die Nachfrage nach Unterstützung und das Angebot bürgerschaftlichen Enga-

---

[3] Die Bertelsmann Stiftung engagiert sich in der Tradition ihres Gründers Reinhard Mohn für das Gemeinwohl. Sie arbeitet gemäß ihrer Satzung ausschließlich operativ und nicht fördernd. Das Stiftungsprogramm „Gesellschaftliche Verantwortung von Unternehmen" ist ein Akteur in der deutschen Debatte um „Corporate Social Responsibility". Im Fachteilgebiet „Lokale Partnerschaften" unterstützt die Stiftung als Mittlerorganisation lokale Akteure bei der Anbahnung und Begleitung gesellschaftlicher Kooperationen.

gements zueinander. Unternehmen, kommunale Institutionen, Service Clubs, Schulen, Wohlfahrts-, Kultur-, Umwelt- und andere gemeinnützige Organisationen kommen so in *informeller* Weise ins Gespräch, dass am Ende zahlreiche und vielfältige *formelle* Engagementvereinbarungen getroffen sind. Der Charme der Marktplatz-Methode besteht darin, dass den Formen und Inhalten der vereinbarten Engagements zwischen Unternehmen und Gemeinnützigen nur eine Grenze gesetzt wird: Alles ist möglich, mit der einen – für den Erfolg der Methode entscheidenden – Ausnahme, dass Geld tabu ist. Unternehmen können mit nicht-monetären Dingen – mit Sachleistungen (Räumlichkeiten, Fahrzeugen, Werkzeugen etc.), mit Personalzeit (dem unentgeltlichen Einsatz von Mitarbeitern) und mit ihrer Kompetenz (also unentgeltliche fachliche Leistungen) – Unterstützung liefern. Dabei handelt es sich bei den ausgehandelten Arrangements nicht um so etwas wie „Transfer-Einbahnstraßen" (Drexler & Endres, 2007), weil auch die Non-Profit-Organisationen den Unternehmen mit den ihnen eigenen Aktivposten außergewöhnliche Gegenofferten machen.

Auch beim Projektmanagement von „Gute Geschäfte" (s. www.gute-geschaefte.org) gibt es keine spezifische Organisationsform, die die Initiative zur Vorbereitung und Gestaltung von Marktplätzen übernimmt. Vielfach sind es erfahrene Mittlerorganisationen, die nach neuen Entwürfen zur Förderung unternehmerischen bürgerschaftlichen Engagements Ausschau halten. Aber ebenso Wohlfahrtsverbände und kommunale Anlaufstellen für bürgerschaftliches Engagement wie auch einzelne Vereine, wie auch (in weniger Fällen) Handelskammern, Unternehmen, Serviceclubs (Rotarier etc.) und andere Akteure aus der Wirtschaftswelt haben bislang nach der Anregung durch die Bertelsmann Stiftung diese Idee zum Einstieg in die Brückenbauer-Tätigkeit umgesetzt. Als Initiatoren und Entwickler regen sie das Marktplatz-Projekt vor Ort an, bauen an manchen Orten erste übergreifende Netzwerke auf und werben in der Öffentlichkeit für die neu entstehenden Kooperationen. Sie stellen für Unternehmen Übersichtlichkeit über den gemeinnützigen Bereich her und bereiten die gemeinnützigen Organisationen auf die nicht-monetäre Zusammenarbeit mit Unternehmen vor. Dieses Kooperationsmanagement führt dann aufgrund der unterschiedlichen lokalen Voraussetzungen zu ganz unterschiedlichen Ergebnissen in der Gestaltung eines Marktplatzes. Jede Wirtschaftsregion, jede Stadt, jede Landesregion hat daher einen jeweils besonderen Marktplatz, der im Grunde genommen schon beim nächsten Mal am gleichen Ort und sowieso nirgendwo anders auf die exakt gleiche Weise repetiert werden kann (für ausführliche Berichte s. Placke, 2010).

Im „Gute Geschäfte"-Konzept paart sich eine Idee mit dem Arrangement eines offenen sowie gleichzeitig originellen wie seriösen Settings. Derart können unkompliziert direkte Kontakte zu Akteuren anderer gesellschaftlichen Sektoren hergestellt werden. Dies ist eine besondere Qualität in unserer „selbstreferenziellen" Gesellschaft. Und so gibt es kaum negative Resonanzen im Rückblick auf einen Marktplatz, selbst bei denjenigen nicht, die keine Vereinbarungen für sich abschließen konnten. Solche Statements stellen allerdings eine „ex post"-Aussage dar. Die Vermittlung des Konzeptes ist gerade vor der lokalen Premiere eine große Herausforderung, weil manche individuellen Erfahrungen dagegen sprechen, dass Beziehungsanbahnung so funktionieren kann. Vielen – gerade Unternehmern – erscheint dieses Format fremdartig und löst bei ihnen Unsicherheit aus, weil sie nicht abschätzen können, wie man sich in der konkreten Situation verhalten soll. Auch der Hinweis, dass im Projektmanagement vorbereitende Treffen vorgesehen sind, hilft hier bisweilen nicht.

Woran erkennt man unter diesen Prämissen einen qualitativ hochwertigen Marktplatz? Gute Marktplatz-Organisatoren haben die Kraft zur Einbindung. Sie gewinnen Bürgermeister und andere hochrangige Persönlichkeiten der kommunalen Szene durch direkte Ansprache als Botschafter oder Schirmherren. Sie setzen zudem auf Trisektoralität im entstehenden Netzwerk, d.h. auf die verbindliche Teilnahme sowohl von kommunalen wie von gemeinnützigen und gewerblichen Akteuren. Dies herzustellen ist eine Kunst! Für das eigentliche Marktplatz-Ereignis erweist es sich vor allem als Schwierigkeit, die verbindliche Teilnahme von Unternehmen sicherzustellen. So haben einige Mittlerorganisationen die Erfahrung gemacht, dass Unternehmen auch nach vorheriger Zusage beim Marktplatz nicht erscheinen. Dies hatte dann zur Folge, dass die Zahl der gemeinnützigen Organisationen beim Marktplatz überwog und es an Akteuren aus der Wirtschaft mangelte. Gute Marktplätze erkennt man also an einem ausgewogenen Verhältnis zwischen gewerblich und gemeinnützig Tätigen, da die Koordinatoren im Vorlauf bei Unternehmen Enthusiasmus und freiwillige Selbstverpflichtung hervorgerufen haben. Zudem lässt sich hinzufügen, dass ertragreiche Marktplätze sich durch eine hohe Vereinbarungsquote im Bereich Corporate Volunteering auszeichnen, weil dies unter anderem einen Hinweis darauf gibt, dass es in der betreffenden Kommune viele Unternehmen gibt, die bereits Erfahrungen mit Gemeinwohlorganisationen vorweisen können und sie sich in diese komplexe Kooperationsform zu begeben wagen – ggf. durch die Begleitung einer qualifizierten Mittlerorganisation, die im Idealfall zu den lokalen Organisatoren des Marktplatzes gehören.

Im Blick auf das Management von „Gute Geschäfte" handelt es sich für die Mittlerorganisationen demnach um ein Projekt zur Entwicklung von Kompetenzen, die sie in ihrem Arbeitsalltag benötigen. Die Organisatoren sind dabei *Wellenbrecher* für eine neue Kultur von mehrsektoralen Lösungsansätzen. Sie sollen für sich psychologischen und materiellen Nutzen durch ihre Marktplatz-Tätigkeiten generieren können. Die psychologische Ebene besteht darin, sich durch „Gute Geschäfte" als lokale Entwickler gemeinwohlorientierter Aktivitäten verstärkt Anerkennung zu verschaffen. Der materielle Nutzen soll erreicht werden, indem angeregt wird, durch die Durchführung von Marktplätzen ein Geschäftsmodell zu entwickeln (Placke, 2010). „Gute Geschäfte" hat den Anspruch, einen gesellschaftlichen Wandel mit anzustoßen und zu einem Paradigma von gesellschaftlicher Verantwortungsübernahme von Unternehmen zu werden, deren Fehlen weiter oben beklagt wurde. „Gute Geschäfte" liefert mit dem Mittel „zielgerichteten Experimentierens" (Antal Dierkes, & Oppen, 2007) Beiträge zu einer Engagement freundlichen Atmosphäre. Diese Atmosphäre soll kommunal Verantwortliche davon überzeugen, dass Investitionen in Engagement fördernde Infrastrukturen – also in Institutionen und in eine spezifische Kompetenz des „Brückenbauens" – sich lohnen.

Nachbemerkung zum aktuellen Stand (August 2011) des Projektes: Die Bertelsmann Stiftung hat die Marktplatz-Methode in Deutschland entwickelt, mit umfangreichen Maß-

nahmen für deren Verbreitung gesorgt und so mit lokalen Initiativen ermöglicht, kommunale Plattformen für die praktische Vereinbarung von Unternehmensengagement aufzubauen und zu verstetigen. Mit dem 1. Dezember 2010 hat die Bertelsmann Stiftung aufgrund des Erfolges der Methode diesen bewährten Service und die operative Arbeit in die
Hände von UPJ, einem Netzwerk engagierter Unternehmen und gemeinnütziger Mittlerorganisationen in Deutschland, das schon seit Jahren in diesem Feld aktiv ist und vielfältige Kompetenzen aufgebaut hat, übergeben. Auf diese Weise soll die Methode weiter etabliert und verstärkt in Ländern und Kommunen in die Breite getragen werden, wenn sie ein
Interesse an der Entwicklung von Engagement und Eigeninitiative haben, sofern sie dies
als Standortfaktor erkannt haben. So unterstützt UPJ mit der Servicestelle „Gute Geschäfte" bundesweit alle Kommunen, gemeinnützigen Organisationen und Unternehmen, die
einen Marktplatz in ihrer Stadt durchführen wollen – mit Informationen, Qualifizierung,
Beratung und mit einer Toolbox, die alle erforderlichen Materialien und Checklisten verfügbar macht, die sich bereits in der Praxis vieler Marktplätze bewährt haben. Begleitet
und unterstützt wird die Servicestelle „Gute Geschäfte" von einem Beirat, bestehend aus
der Bertelsmann Stiftung und den Unternehmen KPMG und RWE, die sich auch bisher
aktiv an der Entwicklung und Verbreitung der Marktplatz-Methode beteiligten.

Die Situation von gemeinnützigen Mittlerorganisationen in der Bundesrepublik – mit einem Blick nach vorn

Die Erfahrungen in der Bundesrepublik zeigen: Gemeinnützige Mittlerorganisationen
können dann erfolgreich sein, wenn sie proaktiv sind und der Wirtschaft, den Gemeinnützigen oder der kommunalen oder regionalen Verwaltung anziehende Angebote unterbrei-
ten. In dieser Hinsicht mögen zahlreiche Projekte an unterschiedlichen Orten der Bundesrepublik als Beispiele dienen: Das vorgestellte „Marktplatz"-Konzept, lokale bzw. regionale Unternehmensaktionstage („Day of Caring"), „Runde Tische" für Unternehmensengagement, das Programm „Seitenwechsel" u.a.m. Dennoch werden sie – um noch einmal ein
Bild des Brokering Guidebooks (2005) heranzuziehen – kaum als Animateure oder Mode-
ratoren von Prozessen zu Rate gezogen. Wenn sie diese Funktion externalisieren, greifen
Unternehmen eher auf gewerbliche Berater zurück (s. Nachhaltige Finanzierungsmodelle
(2005), die den notwendigen „Stallgeruch" der Wirtschaft mitbringen, eine vielfältige Bera-
tungspraxis vorweisen und im Zweifelsfall über entsprechende personelle Ressourcen
sowie eine (vermeintliche) organisatorische Stabilität verfügen.

Man kann diesen Sachverhalt auch vornehmer ausführen: Unternehmen wie auch Kommunalverwaltungen haben noch kein entwickeltes Verständnis für die Vorzüge des Einsatzes von (Gemeinwohl-orientierten) Dritten. In diesem Land, in dem von der Mentalität
des Gesellschaftlichen her schon immer eine geringe Kooperationsbereitschaft vorherrscht,
werden die Arrangements von Sozial- und Kollektivgütern eher beim Staat gedacht als in
der angelsächsischen Tradition, wo die Bürger stärker die Sicht pflegen, Dinge vollständig
selbst zu organisieren (s. ein Interview mit Priddat, 2010). Auf Seiten der Wirtschaft
herrscht ein Selbstverständnis von Führung und Unternehmertum vor, das sich im Bereich
des Engagements als autonom, kreativ und philanthropisch darstellt: Unternehmen sind
noch nicht in hinreichender Weise in die Fragestellungen der Gemeinwesenentwicklung

integriert. Vorbehalte gibt es ebenso in den Kommunalverwaltungen gegenüber Mittlern. Sie müssen wohl kritisch gegenüber neuen Konzepten der professionellen Engagementförderung sein, wenn sie mehr oder minder permanent mit Finanzknappheit und drohenden Haushaltssicherungsprogrammen konfrontiert sind.

Gleichwohl darf man im Einzelfall der Qualität von gemeinnützigen Mittlern in Deutschland durchaus vorsichtig gegenüberstehen, denn sie ist als divers zu bezeichnen. Eine optimistische und durchaus als subjektiv zu bezeichnende Schätzung von soliden gemeinnützigen Mittlern in der Bundesrepublik wird wohl eine Zahl um die drei Dutzend ergeben. Diese Organisationen haben Erfahrungen in der Beratung, hinreichende praktische Kenntnisse in der Begleitung sowie Evaluation und passende Produkte für unterschiedliche Bedarfe. Darüber hinaus gibt es zahlreiche Anbieter einzelner Maßnahmen, mit denen sich Brückenbauer an das Feld des Corporate Citizenship heranarbeiten.

Für die meisten Mittlerorganisationen – und nicht nur für diejenigen, die nur erste Erfahrungen vorweisen können, besteht die Anforderung, mehr Wissen und Können zu erwerben und ein professionelleres Portfolio zu entwickeln. Diese Professionalität könnte auch dazu beitragen, dass in Deutschland solche Mittler-Dienstleistungen auf der Basis marktgerechter Preise bezahlt werden. Kromminga und Lang (2010) haben diese Situation jüngst passend zusammengefasst. „Trotz noch bestehender Unsicherheiten in Bezug auf Qualität und Preisgestaltung auf Seiten der Mittler und einem tief sitzenden und weit verbreiteten Unverständnis bei den Unternehmen, ‚etwas Gutes zu tun‘ als Managementaufgabe zu betrachten und für Dienstleistungen zu bezahlen, wächst jedoch die Einsicht, dass wirkungsvolles Engagement gewisser Voraussetzungen bedarf.“

Eine verbesserte Ressourcenausstattung ist mithin eine unabdingbare Voraussetzung, damit die Mittlerorganisationen mit Qualität arbeiten und innovativ tätig werden können. Wenn an dieser Stelle die Forderung nach mehr finanzieller Unterstützung durch öffentliche Mittel gestellt wird, geht es dennoch keineswegs um eine Vollfinanzierung durch öffentliche Gelder (Jakob et al., 2008). Notwendig sind vielmehr komplexe Varianten von Mischfinanzierungen, die sich entsprechend der laufenden Projekte verändern und von den Einrichtungen immer wieder neu gestaltet werden müssen. Eine essenzielle Anforderung an die Mittlerorganisationen besteht darin, durch ein entsprechendes Portfolio zusätzliche Mittel aus verschiedenen Quellen (Projektförderungen, Mitgliedsbeiträge, Spenden, Engagement, Honorare etc.) zu akquirieren (Jakob et al., 2008). Das entspricht ihrer Rolle als „Entrepreneure der Kooperation“ und ist ein Ausdruck ihres unternehmerischen Handelns. Eine „a-priori-Vollfinanzierung“ entspräche kaum dieser Haltung. Es bestünde die Gefahr, dass Mittler sich dann peu à peu zu „Bürokraten der Kooperation“ verwandelten.

Die Herausforderung für Mittler besteht darin, bereits ohne diese Unterstützung unternehmerische Wege zu beschreiten, die auf mittlere Sicht eine stabilere Ressourcenausstattung ermöglichen. Kromminga und Lang (2010) geben hier Hinweise in geschäftlicher Hinsicht: Es geht darum, Konzepte, Methoden und Geschäftsmodelle zu erproben; sowohl neue zu entwickeln als auch bestehende zu adaptieren. Inhalte eines solch erweiterten Portfolios könnten etwa „Kollegiale Beratungsangebote" für Unternehmen mit starkem regionalem Bezug sein. Das könnte den großen Bedarf an vertraulichem Erfahrungsaustausch bei den Grenzgängern in Unternehmen bedienen, weil sich viele im neuen Feld des partnerschaftlichen Miteinanders mit Akteuren anderer Sektoren unsicher fühlen. Mentoring ist daneben eines der wichtigen Zukunftsthemen für Corporate Volunteering und könnte als eigenständiges Angebot ausgebaut werden.

All diese anspruchsvollen Zukunftsvorstellungen deuten an, dass es einen Entwicklungsbedarf im (lokalen) gesellschaftlichen Diskurs gibt, an dem sich Mittler initiativ beteiligen sollten. Während man sich bislang weitgehend darauf konzentrierte, die Motivlagen und Nutzenanfragen der Wirtschaft zu eruieren, geht es jetzt weit mehr um Fragen wie: Worin besteht der „Social Case" und der „Civic Case" in intersektoralen Projekten (Dresewski & Lang, 2005; Lang, 2010)? Was ist die Rolle der gemeinnützigen Seite in diesen Prozessen, wie kann diese selbstbewusster auf Unternehmen zugehen? Was ist wirkungsorientiertes Engagement, das den Teufelskreis kompensatorischer Hilfe durchbricht?

Neben den Möglichkeiten müssen in Zukunft auch die Grenzen intersektoraler Kooperationen eruiert werden: Wie soll sich zukünftig das Verhältnis von Sozialstaat, Markt und Zivilgesellschaft gestalten? Welche Einflussmöglichkeiten sollen Unternehmen in Teilbereichen auf die gesellschaftliche Entwicklung erhalten, in denen sie bislang wenig präsent waren? Wie sind die Nutzeneffekte einer Zusammenarbeit gegenüber möglicherweise schädlichen Effekten zu gewichten? Um diese Dialoge in Gang zu setzen, müssen Mittler weit mehr als bisher die lokalen Verantwortlichen an einen Tisch und in Aktion bringen, damit aus dem aktuellen Nebeneinander ein Miteinander werden kann.

Zu ergänzen ist diese geschäftlich-inhaltliche Sichtweise noch durch eine weitere Komponente: Im Blick auf alle drei Sektoren ist noch zu fragen, worin für Mittler langfristige Strategien bestehen könnten, die Praxis lokalen unternehmerischen Engagements in der Zusammenarbeit zu verbessern? Man kann fünf Punkte nennen, die jeweils die einzunehmende Haltung der Mittlerorganisationen berühren (Boccalandro, 2010):

1. *Führungsqualitäten beweisen*
   Was Wehner und Endres mit dem Begriff „Grenzgänger-Kompetenz" umschreiben, ist weitgehend kongruent mit dem, was die Common-Purpose-Gründerin Julia Middleton „leading beyond authority" nennt und ganz allgemein in den gegenwärtigen Zeiten umfassender ökonomischer Herausforderungen zu einer wesentlichen Handlungsweise wirtschaftlichen Erfolgs werden wird: Als eine Form des Managements, in dem in großem Maße jenseits der Grenzen formaler Autorität gearbeitet wird und man mit Herausforderungen konfrontiert ist, die nicht mit Anweisungen gelöst werden können (Heuberger, 2009).

2. *Effektiv managen*
   Projektmanagement hat im intermediären Schaffen eine herausgehobene Stellung, weil die verschiedenen Handlungslogiken der Akteure durch Moderation in Kongruenz ge-

bracht werden müssen. Der jenseits von formaler Autorität Führende darf dabei den Prozess nicht streng vorgeben, schließlich ist den Anderen die Offenheit des Prozesses in der Regel nicht vertraut: sie lernen erst in der Kooperation die Kooperation. „Starkes, bedachtes Projektmanagement" überwindet diese durch viele Gefährdungen gekennzeichnete Situation.

3. *Dem Unternehmen, den Gemeinnützigen und der öffentlichen Hand nützen*
Die Betonung des „benefits" ist das Mantra intermediären Handelns. Mittlertätigkeit ist insofern eine Herausforderung für den Sozialsektor, weil sie die klassische Form der Verpflichtung zum Sozialen in eine Investition übersetzt (Priddat, 2009). Wenn Mittler zeigen, wie Engagement den investiven Zwecken der Unternehmen, der Gemeinnützigen sowie der Politik dient, dann können sie sich *unersetzlich* machen.

4. *Geld hat eine nachrangige Funktion*
Spenden und Sponsoring werden in unserer Gesellschaft als Beitrag zur Lösung gesellschaftlicher Themen überschätzt und die Möglichkeiten der Zusammenarbeit über Arbeitskraft, der Mitarbeit von Freiwilligen, Zugängen zu Netzwerken, Sachleistungen, Kreativität und anderes mehr werden unterbewertet. Wenn Mittler in dieses Nicht-Monetäre investieren, in Know-how und in gutes Projektmanagement, können sie ein Alleinstellungsmerkmal entwickeln, weil sie dann die sozialräumlichen Verwirklichungsmöglichkeiten von Organisationen verbessern, was die „Quantität des Geldes als seine Qualität" (Simmel, 1900) so nicht vermag, weil es letztlich inhaltsleer ist.

5. *Sich selbst treu bleiben*
Mittler sind Dienstleister, aber sie erschöpfen sich nicht darin. Sie agieren vor dem Hintergrund einer impliziten unabhängigen Funktion. Mittler sollten sich sperrig zeigen gegenüber manchen Anforderungen beteiligter Institutionen. Als Gegenstrategie könnte eine Form sozialer Unerschrockenheit dienen, wenn sie ihre Umwelt mit zielgerichteten und intelligenten Zumutungen konfrontieren.

Auf diese Weise könnten die Management-Qualitäten der lokalen und regionalen Mittler dazu beitragen, dass intersektorale Kooperationen zu einer weit größeren Zukunftsressource werden, als sie es gegenwärtig sind.

16 16 Jahre SeitenWechsel: Blick zurück nach vorne!

Tony Ettlin

Der SeitenWechsel (SW) als Lernfeld und Kompetenzschärfung für Führungskräfte

Seit 1994 arbeiten Führungskräfte von Unternehmen in der Schweiz und in Deutschland eine Woche lang in Gefängnissen, Altersheimen, Drogenstationen, Gassenküchen, Asylantenzentren, Behindertenheimen und anderen sozialen Institutionen. Sie machen dabei Erfahrungen in anderen Arbeitswelten, kommen mit Menschen aus Randgruppen der Gesellschaft in Kontakt und erleben Situationen, die sie physisch, psychisch und emotional mehr fordern als ihre normale Führungstätigkeit. Auch wenn der Einsatz keine Führungstätigkeit beinhaltet und das Thema Führung nur in Gesprächen mit den Leitenden der Institution besprochen wird, bewerten die meisten der bisher 2500 Teilnehmenden den SeitenWechsel als wichtige Erfahrung im Gebiet der sozialen Kompetenz. Der Verzicht auf eine Führungstätigkeit ist ein bewusstes Element des Programms. Durch das Aussteigen aus der gewohnten Position und den „Abstieg" in eine ausführende Tätigkeit soll ein zusätzlicher SeitenWechsel und eine weitere Erfahrungsebene erlebbar gemacht werden.

Die SeitenWechsler transferieren die gemachten Erfahrungen in ihre Führungstätigkeit, indem sie reflektieren, wie sie mit ihren Mitarbeitenden und Geschäftspartnern umgehen und welche Kommunikationskultur in ihrem gewohnten Umfeld existiert. Dies kommt in einer Aussage eines Teilnehmers zum Ausdruck: „Nach dieser Woche achte ich viel mehr auf die emotionalen Signale, die die Mitarbeitenden aussenden, und ich habe auch den Mut, diese anzusprechen." Der SeitenWechsel ist in erster Linie ein Lernfeld für die Entwicklung der eigenen Persönlichkeit und wird von der Mehrheit der Teilnehmenden als eine einmalige, eindrückliche Erfahrung beschrieben, die sie nicht so schnell vergessen.

Das Seitenwechsel-Programm, das in der Schweiz von der Schweizerischen Gemeinnützigen Gesellschaft getragen wird, entstand aus einem Projekt im Rahmen der 700-Jahr-Feier der Eidgenossenschaft. Es ging in der ersten Durchführung um einen Brückenschlag zwischen der Wirtschaft und den sozialen Einrichtungen. Bei der Auswertung der Erfahrungen erkannten wir (der Autor war von Anfang an Mitglied der Projektgruppe und ist als Unternehmensberater tätig), dass dieser Austausch ein Lernfeld für die Management-Entwicklung bietet. In den 90er Jahren wurde die Bedeutung der sozialen Kompetenz für Führungskräfte immer mehr erkannt und oft in Seminaren thematisiert. Im Wissen, dass soziale Kompetenz nicht durch theoretische Seminarübungen erworben werden kann, faszinierte uns der Erfahrungs-Lernansatz, den der SeitenWechsel bot.

Der SeitenWechsel wurde folglich bewusst als Lernprojekt definiert und nicht in erster Linie als Corporate-Volunteering-Aktion. Der Slogan „Lernen in anderen Arbeitswelten" bringt dies zum Ausdruck. Natürlich lag den Projektinitianten und der Schweizerischen Gemeinnützigen Gesellschaft als Trägerschaft der Effekt der sozialen Verbindung am Herzen. Aber diese Brücke zwischen den gesellschaftlichen Bereichen Wirtschaft und

Soziales sollte durch den Nutzen der Management-Entwicklung gestärkt werden. So gewann das Programm auch eine zusätzliche Attraktivität für die Unternehmen, und der Preis von 2500 Franken pro Teilnehmendem war im Vergleich zu Management-Seminaren vertretbar. Die folgenden Aussagen fassen die Erfahrungen des Autors als Mitglied der Projektgruppe, die später zu einer strategischen Kommission der *SGG* umgewandelt wurde, zusammen. Er hat die Entwicklung des SeitenWechsels in verschiedenen Funktionen verfolgen können und mitgestaltet. Die Diskussionen und Workshops in der strategischen Kommission, der Kontakt mit Managern in der Akquisitionsphase, die Mitarbeit in Projekten, Tagungen und bei Auswertungsveranstaltungen und die ständige Begleitung der Programmleitung bei der Hege und Pflege „unseres Kindes" haben den Erfahrungsschatz angehäuft, der ergänzt wird durch eine Auswahl von Auswertungsresultaten.

Nutzenaspekte bei den unterschiedlichen Akteuren

Schwergewicht persönlicher Erfahrungen
Eine wichtige Komponente des Lernprogramms war die Auswertung der Erfahrungen aller Beteiligten. Mit Fragebogen und Interviews werden die Erwartungen und Ziele vor dem Einsatz erhoben und die Erfahrungen ausgewertet. In den Auswertungsresultaten, die über einen Zeitraum von 10 Jahren gesammelt wurden, kommt die tiefgreifende persönliche Erfahrung zum Ausdruck: Der persönliche Nutzen eines SeitenWechsel-Einsatzes für die Führungskräfte wird also mehrheitlich positiv beurteilt, sowohl von den Seitenwechslern selbst als auch aus der Sicht der sozialen Institutionen (**Abbildung 16.1**).

Abbildung 16.1   Einschätzung des persönlichen Nutzens

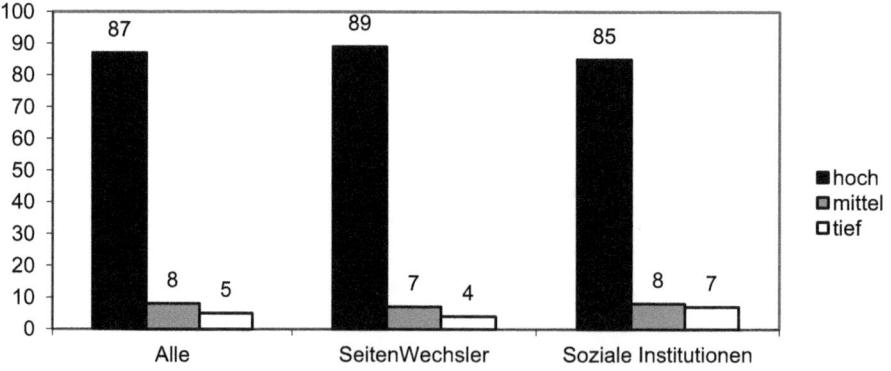

N = 642

Der Nutzen für die Klienten wird etwas tiefer eingeschätzt. Diese Wirkung ist nicht die Hauptzielsetzung des SeitenWechsels, wurde aber immer beobachtet, um den Befürchtungen der Einseitigkeit und der Gefahr des Ausnutzens begegnen zu können (**Abbildung 16.2**).

Abbildung 16.2   Einschätzung des Nutzens für die Klienten

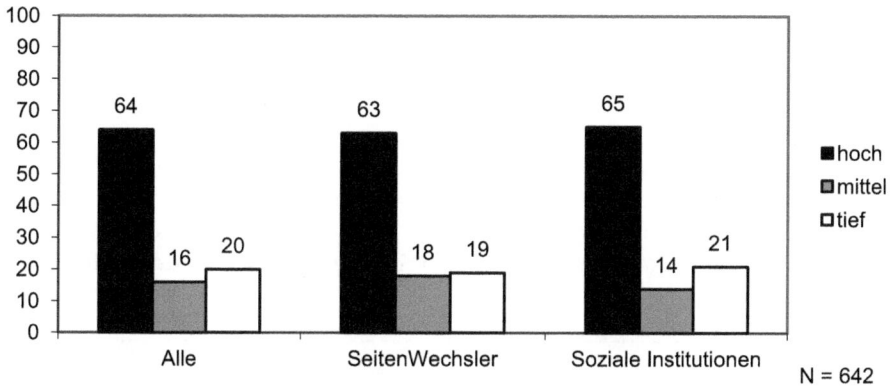

Nutzen für die Unternehmen
Die Frage stellt sich aber, welches Interesse ein Unternehmen daran hat, seine Führungskräfte eine ganze Woche für einen Einsatz in einer sozialen Institution zur Verfügung zu stellen.

Das SeitenWechsel-Programm definiert sich als Lernfeld für soziale Kompetenz und sieht sich in diesem Sinne als Teil der Management-Entwicklung. Neben dem Erwerb von Kenntnissen über gesellschaftliche Bereiche, die im normalen Arbeitsalltag der Unternehmen nur am Rande eine Bedeutung haben, sollen die Führungskräfte im SeitenWechsel-Einsatz durch konkrete Erfahrungen ihre Fähigkeiten erweitern, ungewohnte und überraschende Situationen zu meistern. Darauf weist der Slogan „SeitenWechsel – managing the unexpected" hin. In der Annahme, dass diese Fähigkeit zum wichtigen Repertoire von Führungskräften gehört, bietet der Seitenwechsel ein Lernfeld an, wo die Teilnehmenden echten Herausforderungen gegenüberstehen, auf die sie sich nur bedingt vorbereiten können. Sie erleben ihre eigene Handlungsfähigkeit oder vielleicht auch Hilflosigkeit und Ohnmacht im Umgang mit Menschen, die nicht so funktionieren wie die Mitarbeitenden eines Wirtschaftsbetriebs. Sie beobachten aber auch die Arbeitsweise, Kommunikation und Haltung der Mitarbeitenden und Führungspersonen der sozialen Institutionen. Wenn all diese Erfahrungen reflektiert und verarbeitet werden, soll daraus – so die Hoffnung und das Ziel des SeitenWechsels – ein Gewinn für die Führungsarbeit im Unternehmen resultieren. Dieser Effekt kommt in den Selbsteinschätzungen recht positiv zum Ausdruck (**Abbildung 16.3**). Die Wirkung in der Realität des Führungsalltags des Unternehmens ist schwer abzuschätzen. In einer telefonischen Befragung von 100 SeitenWechslern zwei Jahre nach dem Einsatz hat die Mehrheit beschrieben, dass die SeitenWechsel-Erfahrung immer noch sehr präsent sei und in schwierigen Führungssituationen oft aufblitze. Es war aber auch eine gewisse Resignation zu spüren, dass sich die Realität im Unternehmen nicht markant verändert habe. Der SeitenWechsel wurde als wertvoller persönlicher Erfahrungsschatz bewertet, der ihnen nicht mehr genommen werden könne.

Nutzen für die sozialen Institutionen
Auch die sozialen Institutionen sollen durch den Einsatz von wirtschaftserfahrenen Führungskräften profitieren. Schließlich ist jeder Einsatz eine Zusatzbelastung für den Betrieb (für den die Institutionen einen Entschädigungsbeitrag als symbolisches Entgelt erhalten) und das Programm kann nur erfolgreich sein, wenn alle Beteiligten einen Nutzen für sich darin sehen.

Die folgenden Auswertungen zeigen, dass sowohl die Mehrheit der SeitenWechsler als auch die Verantwortlichen der sozialen Institutionen für beide Seiten einen positiven Effekt sehen. Der Nutzen für den Wirtschaftsbetrieb wird aber eher höher eingeschätzt, vor allem aus der Sicht der sozialen Institutionen (**Abbildung 16.3** und **Abbildung 16.4**).

Abbildung 16.3   Einschätzung des Nutzens für den Wirtschaftsbetrieb

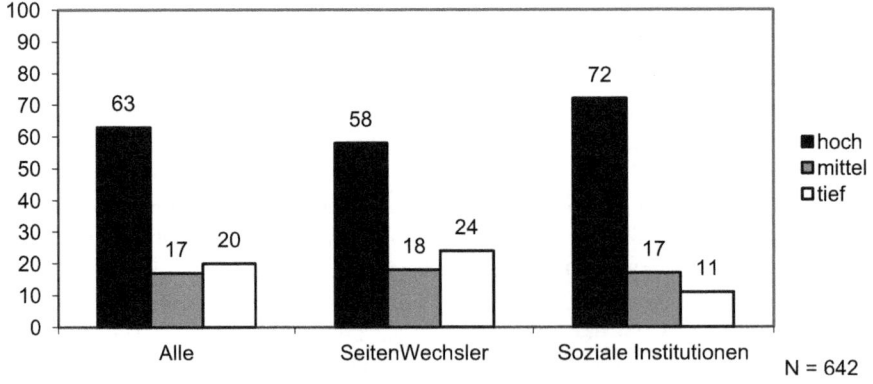

Das ist ganz im Sinne der Übungsanlage. Die SeitenWechsler sollen ja soziale Kompetenzen im Rahmen der Management-Entwicklung des Unternehmens erwerben und diese gewinnbringend ins Unternehmen transferieren. Aus der Sicht der sozialen Institutionen besteht der Nutzen für ihre Organisation vor allem in einer indirekten Wirkung: Durch den Einsatz von SeitenWechslern erhoffen sie sich ein besseres Verständnis und mehr Solidarität von der Wirtschaftsseite. Sie begreifen das SeitenWechsel-Engagement als Investition in eine ausgewogenere und sozialere Gesellschaft. Oft werden aber auch die konkrete Hilfeleistung und die Bereicherung des Alltags der Insassen oder BewohnerInnen als Gegenwert gesehen für den Betreuungs- und Organisationsaufwand, den die Institution leisten muss.

Abbildung 16.4 Einschätzung des Nutzens für die Sozialen Institutionen

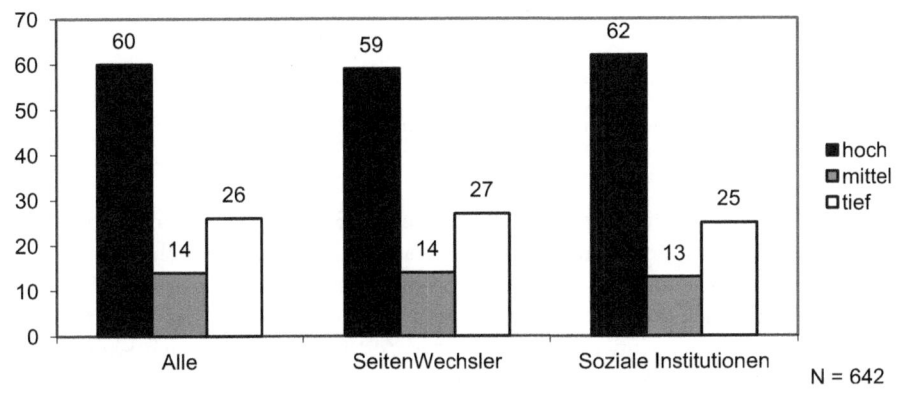

Voraussetzungen und Spannungsfelder auf dem Weg zum Lernfeld

Und doch muss die Frage gestellt werden, und sie wird auch oft von Firmenverantwortlichen gestellt: „Warum lohnt es sich für ein Unternehmen, Führungskräfte eine Woche lang für einen Seitenwechsel freizustellen?" Der unbestrittene Erfahrungszuwachs, der einen positiven Beitrag zu einer besseren Führungskultur ausmachen soll und so dem Unternehmen Nutzen bringt, setzt ein entsprechendes Verständnis der sozialen Kompetenz als Kernelement der Führungsfähigkeit oder gar einen Glauben an die Zusammenhänge zwischen einer reifen Persönlichkeit und Führungserfolg voraus. Auch wenn die meisten Unternehmensleiter diese Zusammenhänge sofort bestätigen, zeigt sich in den Argumentationen gegen einen Seitenwechsel dann oft die Brüchigkeit dieses Fundaments. Es entzündet sich eine mehr oder weniger offene Diskussion darüber, ob das Gelernte transferierbar sei und ob das „Richtige" gelernt werde.

Spannungsfelder auf der Unternehmensseite

An der Frage, was das „Richtige" ist, scheiden sich die Geister der verantwortlichen Manager und es zeigen sich die Widersprüche und Spannungsfelder. Als Vertreter des SeitenWechsels habe ich schon erlebt, dass sich die Frage „SeitenWechsel ja oder nein?" in der

Geschäftsleitung zu einer Grundsatzdiskussion über die Unternehmenskultur und die Management-Ausbildung als Instrument der Kulturentwicklung ausgeweitet hat. Natürlich sind in den Leitbildern der Unternehmen Aussagen zu finden, die die Werte betonen, die der SeitenWechsel fördert (gesellschaftliche Verantwortung, Mensch im Mittelpunkt, soziale Kompetenz, Mitarbeiter-orientierte Führung etc.). Über die Art, wie diese im Unternehmen gelebt werden und wie sie zu fördern wären, darüber herrscht aber oft Uneinigkeit. Die Unterschiede betreffen verschiedene Ebenen, wie:

- das Verständnis der Werte, die im Leitbild postuliert werden

- Vorstellungen, was das in der Umsetzung konkret bedeuten könnte

- Wahrnehmungen, wie die Werte gelebt werden

- Ansichten, welche Werte gezielt gefördert werden sollen

- Bewertungen der Zusammenhänge zwischen Werten, Verhalten und Erfolg

- Ansichten, wie und wo soziale Kompetenz gelernt werden könnte.

Die Liste ließe sich noch verlängern. Die Erfahrungen im SeitenWechsel-Programm zeigen, dass diese Vielschichtigkeit ein Hauptgrund ist, warum Unternehmen sich schwertun mit der Entscheidung, ein so einfaches und nahe liegendes Angebot wie den SeitenWechsel in ihr Management-Entwicklungs-System aufzunehmen. Die rationalen Begründungen für einen negativen Entscheid sind dann oft auf der Zeit/Kosten-Linie, auch wenn andere Management-Seminare, die mehr kosten und mehr Zeitaufwand erfordern, ihren konkreten Nutzen ebenso wenig ausweisen können.

Kommt es jedoch zu einem positiven Entscheid, gibt es erfahrungsgemäß unterschiedliche Motivationen, hinter denen sich Erwartungen verstecken, die eventuell nicht erfüllt werden. Sie lassen sich anhand von drei Bildern beschreiben:

1. **Einschleifen oder entwickeln**
   Die Unternehmensführung erwartet von der Management-Entwicklung, dass die Führungskräfte auf die bestehende Unternehmenskultur „eingeschworen" oder gar „eingeschliffen" werden. Konformität ist das Lernziel.

   Der SeitenWechsel-Einsatz, oft als Teil der Management-Entwicklung konzipiert, bringt aber die Führungspersonen mit anderen Unternehmenskulturen und „fremden" gesellschaftlichen Bereichen in Berührung. Sie lernen Schattenseiten der Marktwirtschaft kennen, vergleichen die Werte, die im Unternehmen gelebt werden, mit den Werten der sozialen Einrichtungen und kommen dabei vielleicht zum Schluss, dass es in der eigenen Firma Korrekturbedarf gibt. Die kritische Haltung kann sich auch gegen das Management oder bestimmte unternehmerische Haltungen richten. Statt Konformität ist kritische Distanz und Widerstand entstanden.

2. Verantwortung oder Feigenblatt

Die Unternehmensleitung verspricht sich vom SeitenWechsel-Engagement einen Marketing-Effekt. Man möchte in der Öffentlichkeit oder bei den Kunden als sozial engagiertes Unternehmen wahrgenommen werden. Der SeitenWechsel als Teil der Management-Entwicklung ist der Tatbeweis: „Wir schicken unsere Führungskräfte ins soziale Feld und beweisen damit, dass wir unsere soziale Verantwortung ernst nehmen." Diese Kommunikationsstrategie birgt das Risiko, dass das SeitenWechsel-Engagement als Feigenblatt für die unternehmerische Tätigkeit gesehen wird und zum Verdacht führen kann, dass die Firma etwas zu verbergen oder wiedergutzumachen hat.

3. Work-Life-Integration!?

Der SeitenWechsel wird als Ausflug in die soziale Welt verstanden und deklariert. Die Reflexion und die Transferfrage rücken in den Hintergrund. Die Führungskräfte sollen durch die Auszeit unter dem Motto „Etwas anderes kennenlernen" genießen und dann gestärkt an ihre Arbeit zurückkehren. Das Lernen bleibt auf der persönlichen Ebene und wird nicht bewusst in das Unternehmen transferiert. SeitenWechsler, die den Einsatz ernst nehmen und durch die gemachten Erfahrungen zum Nachdenken angeregt werden, fühlen sich vom eigenen Management nicht verstanden.

Diese Spannungsfelder tauchen in den Auswertungsrunden, die nach dem SeitenWechsel-Einsatz durchgeführt werden, in mehr oder weniger expliziter Form auf. Sie sind Ausdruck einer kritischen Haltung dem eigenen Unternehmen und dem Management gegenüber, aber auch einer realistischen, eher skeptischen Einschätzung der Langzeitwirkung des SeitenWechsels. Oft wird das von den Teilnehmenden so zusammengefasst: „Wir schätzen die Möglichkeit, die das Unternehmen uns bietet, und anerkennen die positive Haltung eines sozialen Engagements des Managements. Wir haben auch viel profitiert. Wir bezweifeln aber, dass das, was wir gelernt haben, wirklich im Sinne des Managements ist!"

Diese Erfahrungen könnten dazu führen, dass die Programmverantwortlichen resignieren. Das eigentliche Ziel, nämlich die Entwicklung der sozialen Kompetenz der Führungskräfte, scheint nicht erreicht zu werden. Der SeitenWechsel scheint für andere Ziele „missbraucht" zu werden. Dass dies nicht geschieht, hat mit den vielen kleinen, aber nicht weniger eindrucksvollen persönlichen Schilderungen zu tun, die die Programmleitung bei den Auswertungsrunden zu hören bekommt. Man könnte den Eindruck so zusammenfassen: „Was immer die Ziele und die Motivation des Managements sind, sie ermöglichen auf jeden Fall eindrückliche, nachhaltige Erfahrungen, die das Denken und Handeln der Führungskräfte positiv beeinflussen." Und das ist doch ein überzeugendes Argument, um weiterzumachen.

Spannungsfelder bei den Teilnehmenden

Neben den Spannungsfeldern auf der Unternehmensseite gibt es auch bei den Teilnehmenden potenzielle Widersprüche. Auch dazu drei Erfahrungsbilder:

1. Strategische Orientierungslosigkeit

Die Teilnehmenden verstehen die Lernziele nicht, die die Unternehmensleitung mit dem SeitenWechsel verbindet. Sie sehen den SeitenWechsel-Einsatz als exotische

Übung, die mit ihrem Führungsalltag nichts zu tun hat. Der Transfer in den Unternehmensalltag fällt ihnen schwer.

2. **Instrumentalisierungsgefahr/-vermutung**
   Die Führungskräfte fühlen sich durch die Marketing-Verbindung des SeitenWechsels instrumentalisiert. Sie erleben den Einsatz als eine intensive persönliche Erfahrung und stören sich an der „Vermarktung" ihrer Erfahrungen und Gefühle.

3. **Wer bin ich: Citoyen oder Bourgeois?**
   Die Teilnehmenden erleben den Graben zwischen der Unternehmenswelt und der sozialen Welt als so breit und tief, dass sie Mühe haben, ihre eigene Position zu definieren. Sie bringen ihre Identität als Führungsperson in der Wirtschaft nicht mit dem Selbstverständnis als Mitglied der Gesellschaft zusammen.

Diese Spannungsfelder können zu zynischen Haltungen entweder dem eigenen Unternehmen gegenüber oder gegen die gesellschaftlichen Realitäten führen. Während die zynischen Aussagen eher vor dem Einsatz zu hören sind und durch die Erfahrung weggewischt werden, kommen in den Auswertungsrunden nachdenkliche Stimmungen zum Ausdruck. So werden die aktuellen gesellschaftlichen Verhältnisse kritisch kommentiert und die Rolle der Wirtschaft (und besonders der Banken) hinterfragt. Das führt bei einzelnen Führungskräften zu Identitätsfragen, die ein Überdenken und Korrigieren der eigenen Werte auslösen. Nach unserem Wissen hat der SeitenWechsel-Einsatz bei einzelnen Teilnehmenden zu einer Umorientierung geführt, z.B. zum Ausstieg aus der Wirtschaft und Einstieg in eine soziale Institution.

Spannungsfelder bei den sozialen Institutionen
Bei den sozialen Institutionen waren von Anfang der SeitenWechsel-Geschichte an drei Lager festzustellen:

4. **SW als Chance**
   Soziale Institutionen, die die Idee sofort gut fanden, weil sie die Verbindung zur Wirtschaft suchten und das Bild einer Gesellschaft vor Augen haben, die eine Gemeinschaft bildet und deren Teile voneinander abhängig sind. Die VertreterInnen dieser Institutionen zeigten keine Berührungsängste gegenüber der Wirtschaft und traten mit einem gesunden Selbstbewusstsein auf.

5. **Instrumentalisierung durch SW**
   Soziale Institutionen, die der Idee skeptisch gegenüberstanden, weil sie die Instrumentalisierung für geschäftliche Zwecke befürchteten. Hier war eine reservierte und distanzierte Haltung gegenüber der Idee und den Führungskräften der Wirtschaft spürbar, insbesondere gegenüber den Banken.

6. **Fehlende Nachhaltigkeit von SW**
   Soziale Institutionen, die skeptisch waren, weil sie ihre BewohnerInnen, KlientInnen oder PatientInnen vor dem Voyeurismus und unprofessionellen Umgang mit ihrer Situation schützen wollten.

Alle drei Positionen haben ihre Berechtigung. Die positive Erfahrung im SeitenWechsel-Programm zeigt, dass mit einem bewussten Umgang mit diesen Schwierigkeiten der positive Effekt schließlich überwiegt. Die Vorurteile haben sich zum großen Teil als nicht zutreffend erwiesen und es wird von der Seite der sozialen Institutionen immer wieder betont, dass dies ein wichtiger Nutzen sei, den sie aus dem SeitenWechsel-Programm ziehen würden.

Künftige Desiderate: Echtes soziales Lernen statt Alibi-Übungen!

Die Spannungsfelder, die sich im SeitenWechsel-Einsatz zeigen, sind wohl exemplarisch für alle Arten von Corporate Volunteering. Aber gerade darin liegt der Nutzen dieser Art von Begegnungen, sowohl für die beteiligten Führungskräfte als auch für die jeweiligen Institutionen im Kooperationsprozess. Durch das bewusste und sorgfältige Be- und Überschreiten von gesellschaftlichen Grenzen eröffnen sich beidseitig Lernfelder, die in keiner Seminarsituation oder einer Einrichtung einer Unternehmensstiftung so real erlebt werden können und sich auch sonst nur selten im Alltag ergeben. Sie lassen sich wie folgt zusammenfassen:

- Erleben von Strategie, Strukturen, Abläufen, Kommunikation, Unternehmenskultur und anderen Organisationsdimensionen und Vergleich mit der eigenen Organisation – eine Art Benchmarking
- Kennenlernen einer anderen Arbeitswelt und eines Teils der Gesellschaft, den man bisher nicht oder nur aus der Distanz wahrnahm
- Zusammenhänge erkennen zwischen Wirtschaft, Gesellschaft, sozialen Problemen und den Institutionen, die sich damit beschäftigen
- Umgang mit Herausforderungen in einem neuen, ungewohnten Umfeld (z.B. Betreuung von Behinderten, Gespräche mit Asylanten oder Gefängnisinsassen, Arbeit mit Drogenabhängigen etc.)
- Erweitern des eigenen Handlungsrepertoires in Konflikt- und Belastungssituationen
- Überprüfen und Verändern der eigenen Weltsicht und der persönlichen Werte
- Entdecken der eigenen Vorurteile und Umwandeln der bisherigen Bilder in Erfahrungswerte.

Um diese Lernfelder zu nutzen und den von allen Beteiligten erwarteten Effekt zu erzielen, braucht es eine bewusste Auseinandersetzung mit den Spannungsfeldern, eine systematische Reflexion des Erlebten und eine begleitete Umsetzung in den Alltag. Dieser bewusste Umgang mit den Erfahrungen setzt im besten Fall eine Überprüfung der unternehmerischen und persönlichen Werte in Gang und kann zu einer differenzierteren Unternehmenskultur beitragen. Wenn das passiert, sind Corporate-Volunteering-Aktionen keine Alibi-Übungen und werden von Mitarbeitenden, Kunden und Öffentlichkeit als Ausdruck echter sozialer Verantwortung wahrgenommen.

Auf der Unternehmensseite kann das Management zu einem positiven Ergebnis beitragen, indem es auf folgende Punkte achtet:

- klare Deklaration der Motive und Ziele, die mit dem SeitenWechsel-Engagement verbunden werden

- Mut, die Wertediskussion, die ausgelöst werden könnte, offen und konstruktiv zu führen

- Einbettung in ein längerfristig angelegtes Management-Entwicklungskonzept mit entsprechenden Auswertungs- und Transfermaßnahmen

- kritische Rückmeldungen und Positionen der SeitenWechsler aufnehmen

- Die Frage „Was können wir von der sozialen Branche und von der Grenzüberschreitung lernen?" immer wieder als Benchmark-Gelegenheit nutzen

- als Top-Management mit dem guten Beispiel vorangehen, selber einen SeitenWechsel machen und über die eigenen Erfahrungen sprechen.

Die sozialen Organisationen können zum guten Gelingen des SeitenWechsels beitragen, wenn sie:

- den Dialog mit den SeitenWechslern offen führen und sich nicht davor scheuen, die kritischen Bilder der „Gegenwelt" anzusprechen

- die Qualitäten ihrer Führungs- und Unternehmenskultur selbstbewusst vertreten. Davon lernen die SeitenWechsler oft am direktesten

- den SeitenWechsel-Einsatz sorgfältig planen und organisieren, um echte Arbeitssituationen zu ermöglichen und das Ganze nicht zu einem Besuchsprogramm verkommen zu lassen

- durch Neugier und Selbstkritik offen sein für das Lernen von den andern. Das kann übrigens auch im SeitenWechsel in die Wirtschaft, den es seit 2000 gibt, intensiv praktiziert werden (Führungskräfte der sozialen Institutionen verbringen eine SeitenWechsel-Woche in einem Unternehmen).

Ausblick in die Zukunft des SeitenWechsels

Die Erfahrungen von 16 Jahren SeitenWechsel haben gezeigt, dass der Erfolg des Programms von folgenden Faktoren abhängig ist:

- Von den ständigen Akquisitions- und Überzeugungsbemühungen durch die Programmleitung und die Kommission, die als strategisches Steuergremium eingesetzt ist. Der SeitenWechsel ist kein Selbstläufer. Jede Unternehmung braucht intensive Betreuung und Information, bis der Entscheid gefallen ist, und auch während der Durchführung. Meistens dauert der Akquisitionsprozess zwei bis drei Jahre vom Erstkontakt bis zum ersten Einsatz.

- Von einem unerschütterlichen Glauben der Beteiligten, dass es sich um eine gute Sache handelt und dass sich der Einsatz lohnt, auch wenn die Wirkung nicht kurzfristig und messbar erkennbar ist.

- Von SeitenWechsel-Infizierten innerhalb der Unternehmung. Wo sich nicht eine Einzelperson oder eine Gruppe von Überzeugungstätern findet, hat man meist keine Chance. Der SeitenWechsel braucht interne „Anwälte", die im Topmanagement oder in der HR-Leitung Einfluss haben. Dies zeigt sich besonders bei Personalwechseln. Wenn eine Verbündete weggeht, beginnt der Akquisitionsprozess oft wieder von neuem.

- Von den Erfahrungsberichten und dem Netzwerk der SeitenWechsler. Je mehr sie über ihre Erfahrungen berichten, desto mehr werden andere ermutigt, den Schritt zu machen.

- Von der offenen, interessierten Haltung der sozialen Institutionen, damit sie den Ertrag sehen, der den Aufwand rechtfertigt.

- Von einer Trägerschaft, die hinter dem Programm steht und es finanziell absichert. Der SeitenWechsel ist seit einigen Jahren selbsttragend, hat aber von der SGG eine Defizitgarantie.

Der SeitenWechsel ist zu einem zentralen Angebot der Schweizerischen Gemeinnützigen Gesellschaft geworden und seine Fortführung ist nicht in Frage gestellt. Durch den Rückgang der Teilnehmerzahlen bei der UBS, dem wichtigsten Partner seit den Anfangszeiten, ist die Programmleitung noch stärker gefordert, neue Firmen zu akquirieren. Das wirtschaftliche Umfeld macht es auch nicht leichter, Unternehmen von der Notwendigkeit dieser Investition zu überzeugen. Die Tendenz, in wirtschaftlich schwierigen Zeiten bei der Personalentwicklung und Ausbildung zu sparen, ist immer noch vorhanden. Andererseits führen gerade die aktuellen wirtschaftlichen Entwicklungen eindrücklich vor Augen, dass die Bereiche der Gesellschaft untrennbar miteinander verbunden sind und dass soziale Kompetenz mehr denn je gefragt ist.

Das SeitenWechsel-Programm wird in der Schweiz seit 1994 und in Deutschland seit 2000 durchgeführt. In der Schweiz ist die Schweizerische Gemeinnützige Gesellschaft die Trägerorganisation, in Deutschland die Patriotische Gesellschaft von 1765, Hamburg. Mehr als 2500 Führungskräfte aus der Wirtschaft und der öffentlichen Verwaltung haben seither eine Woche lang in einer sozialen Institution ihrer Wahl mitgearbeitet. Sie haben dabei emotionale und intellektuelle Erfahrungen gemacht, die ihren Horizont erweiterten und Lernmöglichkeiten für ihre soziale Kompetenz boten. Das Projekt wurde von Anfang an wissenschaftlich begleitet. Die Auswertungsresultate und Erfahrungsberichte belegen einen eindrücklichen Lernprozess auf individueller und kollektiver Ebene.

17 Organisationale Einbettung freiwillig Tätiger – ein Fallbeispiel

Patrick Jiranek, Stefan T. Güntert, Theo Wehner[1]

In diesem Buch geht es um die sich wandelnde Rolle von Unternehmen in der Gesellschaft. Bürgerschaftliches Engagement wird als Ressource und verpflichtendes Element unternehmerischer Verantwortung thematisiert. Dabei wird das Verständnis unternehmerischer Verantwortung breiter gefasst und die Frage behandelt, wo die Ressource Freiwilligkeit entdeckt wird und was dies für ein unternehmerisches Selbstverständnis bedeutet. Während der Beitrag von van Schie, Wehner und Güntert (in diesem Buch) den konzeptionellen Bezug von Volunteering zu Corporate Volunteering zum Inhalt hat, geht es im Folgenden um die theoretisch begleitete, praktische Umsetzung der Rekrutierung und Einbettung von freiwillig Tätigen in eine Organisation. Dieser Beitrag erhebt nicht den Anspruch, generalisierbare Erkenntnisse zu liefern, sondern ist als Fallstudie zur Einbettung von freiwillig Tätigen in einen Spital- und Pflegeverbund zu verstehen. Er soll ein praxisbezogenes Grundverständnis von arbeits- und organisationspsychologischen Aspekten zur Integration von freiwilliger Tätigkeit auf Seiten der Verantwortlichen sowohl in Profit- als auch in Non-Profit-Organisationen vermitteln. Mit dem Fokus auf die Motive der Freiwilligen und der daran orientierten Gestaltung organisationaler Rahmenbedingungen werden zwei zentrale Themen der Freiwilligenforschung vertieft und praxisbezogen dargestellt.

Falldarstellung und die Rolle von freiwilliger Tätigkeit

Aus dem Zusammenschluss zweier von Frauen ins Leben gerufenen Institutionen, der im Jahr 1858 gegründeten Stiftung Diakoniewerk Neumünster und der 1899 entstandenen gemeinnützigen schweizerischen Pflegerinnenschule, geht die gegenwärtige Stiftung hervor. Im Januar 1998 (Knellwolf, 2007) fusionieren die beiden Institutionen zur heutigen Stiftung Diakoniewerk Neumünster (im Folgenden Stiftung/DWN), die sich in fünf Schwerpunktbereiche untergliedert (**Abbildung 17.1**). Das DWN beschäftigt gegenwärtig ca. 1100 Angestellte bzw. Mitarbeitende, integriert aktuell 148 freiwillig Tätige und versteht sich als gemeinnütziges Werk, das nicht primär gewinnorientiert arbeitet. Im Hinblick auf die Freiwilligen prägt ein starkes Lokalkolorit die Bindung an die jeweiligen regionalen Schwerpunktbereiche. Das heißt, obwohl in der Folge von freiwillig Tätigen im

---

[1] Die Zusammenarbeit mit der Stiftung Diakoniewerk Neumünster erschloss uns ein wertvolles Lern- und Gestaltungsfeld in der Freiwilligkeits-Forschung. Unser besonderer Dank gilt Herrn Dr. Werner Widmer, dem Stiftungsdirektor, für die strategische Positionierung der Freiwilligenarbeit und seinen dezidierten Wunsch nach wissenschaftlicher Begleitung, und Frau Manuela Gasser, der Leiterin der Stabsstelle für Freiwilligenarbeit, für die großartige Zusammenarbeit und den fruchtbaren Austausch von Wissenschaft und Praxis.

DWN die Rede ist, fühlen sie sich grundsätzlich stärker lokal zugehörig, d.h. bspw. eher zum *Spital Zollikerberg* oder zum *Alterszentrum Hottingen* als zur Stiftung als Ganzem.

Abbildung 17.1 Organigramm DWN. Gestrichelte Außenlinien kennzeichnen die fünf Schwerpunktbereiche.

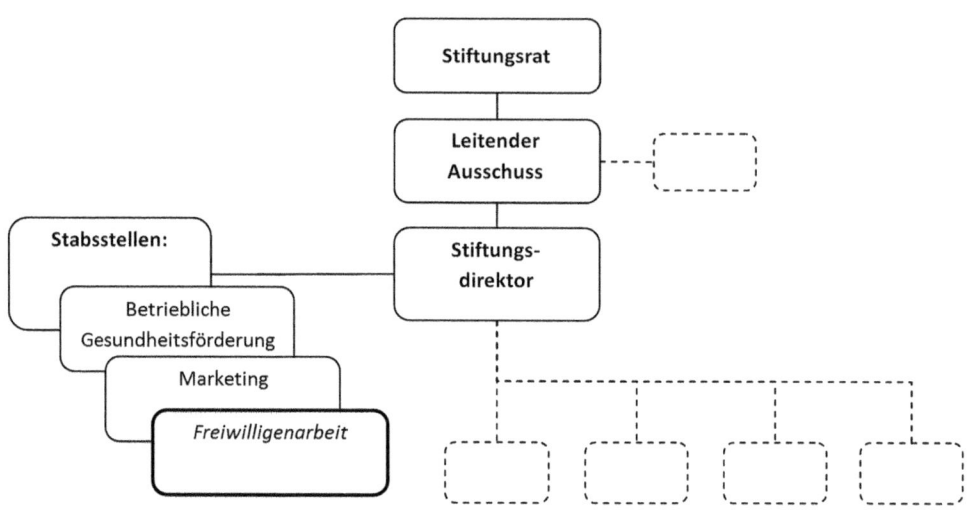

Die Einführung, Koordination und Betreuung von freiwillig Tätigen in der Organisations- und Arbeitswelt der Stiftung wird nach der Jahrtausendwende immer zentraler zum Thema. Ab dem Jahr 2001, mit der Wahl eines neuen Stiftungsdirektors, kommt die Idee auf, freiwillige Tätigkeit gewichtiger auszubauen. Die Stiftungsdirektion gründet hierfür die Stabsstelle *Freiwilligenarbeit* unter Leitung eines Freiwilligenkoordinators, und ab 2003 werden die Aktivitäten der Stabsstelle durch die Forschungsgruppe Psychologie der Arbeit in Organisation und Gesellschaft (PdA) der ETH Zürich begleitet. Die Inanspruchnahme wissenschaftlicher Begleitung des Vorhabens kann bereits als Zeichen gedeutet werden, dass die Stiftungsleitung eine hohe Sensibilität im Hinblick auf die Integration von freiwilliger Tätigkeit in die Organisationsstruktur und -kultur hat. Dies wurde bereits durch die Gründung der Stabsstelle *Freiwilligenarbeit* untermauert (**Abbildung 17.1**). Im Folgenden sollen die wichtigsten Phasen der Integrationsbegleitung hinsichtlich freiwilliger Tätigkeit durch PdA abgebildet werden (**Abbildung 17.2**).

Laut Leitbild des DWN ist es neben dem ökonomischen Bestreben ein gesellschaftliches und unternehmerisches, d.h. strategisch verankertes Anliegen, freiwillige Tätigkeit strukturell zu integrieren. Dazu beitragen sollen verschiedene Maßnahmen und Veranstaltungen, wie bspw. Vorträge, Workshops und Befragungen, basierend auf arbeits- und organisationspsychologischer Grundlage. Um das Thema eingangs im DWN publik zu machen, wurde seitens PdA ein Vortrag zum Thema freiwilliger Tätigkeit gehalten. In der anschließenden Sensibilisierungs- und Initiierungsphase wurden dazu Gespräche geführt und die Integration von freiwilliger Tätigkeit thematisiert (**Abbildung 17.2**).

Laut Stiftungsdirektion basiert diese Integration auf drei selbst vorgebrachten Grundsätzen:

■ Klienten müssen/sollen von freiwilliger Tätigkeit profitieren.

■ Anspruchsvolle und interessante Tätigkeiten sollen für Freiwillige entstehen.

■ Bezahlte Arbeit darf durch freiwillige Tätigkeit nicht ersetzt werden.

Abbildung 17.2   Zeitstrahl zur Einführung freiwilliger Tätigkeit in den Spital- und Pflegeverbund

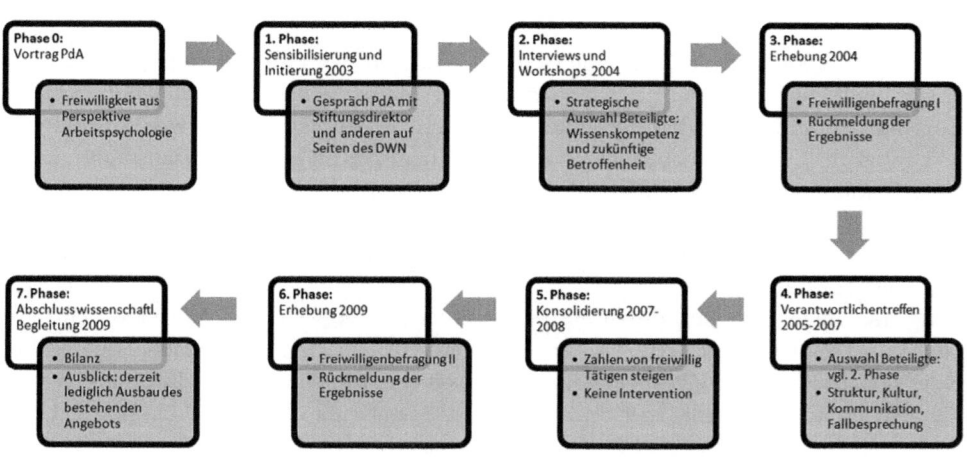

Im Hinblick auf den ersten Grundsatz wird deutlich, was in pflegerischen und klinischen Einrichtungen oberstes Gebot ist: Klienten oder Patienten sollen vom Pflege- und Therapieangebot profitieren. Aus diesem Grund steht auch im Zusammenhang mit freiwilliger Tätigkeit die Klientenzufriedenheit im DWN an erster Stelle. Dies spiegelt die Effektivitätserwartung hinsichtlich des Konzepts freiwilliger Tätigkeit wider.

Im zweiten Grundsatz werden arbeitspsychologische Aspekte von Tätigkeitsinhalten relevant. Dementsprechend sollen Freiwilligen keine „Resttätigkeiten" zugewiesen werden, sondern Sinn generierende und fordernde Aufgaben.

Der dritte Grundsatz vervollständigt die Ganzheitlichkeit der Integration freiwilliger Tätigkeit. Demnach ist bei der organisationalen Einbettung sicherzustellen, dass es nicht zu einem Ersetzen von bezahlter Arbeit durch freiwillige Tätigkeit kommt. Der Grundsatz ist zur Vermeidung von Konflikten relevant, da durch dieses Abstecken von Terrain den bezahlten Arbeitskräften die Angst genommen wird, dass ihre Stelle durch unbezahlte Arbeit ersetzbar wird oder dass sie wertvolle Aufgaben verlieren könnten. Es bleibt an dieser Stelle jedoch anzumerken, dass es einen Einzelfall gab, bei dem dieser Grundsatz aufgrund ökonomischer bzw. dienstleistungsrelevanter Überlegungen nicht eingehalten werden konnte. In diesem Fall wurde für freiwillig Tätige ein Betätigungsfeld geschaffen, das in seinen Grundzügen mit einer Tätigkeit vergleichbar war, die früher bezahlt wurde.

Corporate und Individual Volunteering: Theorie und Praxis

Stellt man sich bei der Suche nach freiwillig Tätigen, sei es im Corporate Volunteering (CV) oder im sogenannten Individual Volunteering[2] (IV), die Frage danach, wie potenzielle Freiwillige für ein Aufgabengebiet gewonnen werden sollen, kommt den Motiven der Freiwilligen eine wichtige Bedeutung zu. Besteht seitens einer Profit-Organisation die Absicht, den Motiven von Freiwilligen gerecht zu werden, erfordert dies eine Passung der Motive an die Tätigkeit.

Ein aufmerksamer Blick auf die Unterschiede zwischen den Kategorien der Freiwilligkeit macht deutlich: Einerseits unterscheiden sich die Motive von Individual Volunteers und Corporate Volunteers, andererseits auch die aufgewendete Zeit in der jeweiligen freiwilligen Tätigkeit. Junge Schulabgänger, die sich vor dem Antritt einer Berufsausbildung oder eines Studiums bspw. freiwillig sozial engagieren, machen dies aufgrund einer anderen Motivation und mit einer, über das Jahr betrachteten, anderen zeitlichen Intensität als 50-Jährige, die sich vier Stunden wöchentlich in einem Mehrgenerationenhaus als Lesepaten engagieren. Junge Menschen nutzen unter anderem die Laufbahn fördernde Wirkung freiwilliger Tätigkeit durch ein Signalisieren der eigenen Tätigkeitsbereitschaft im Lebenslauf (Hustinx et al., 2010). Ältere Personen erleben sich in ihrer Rolle häufig als Teil eines sozialen Ganzen und sehen in ihrer Tätigkeit eher die Weiter- bzw. Rückgabe eigener Fähigkeiten an die Gesellschaft im Sinne von Generativität als Entwicklungsaufgabe im Erwachsenenalter (Erikson, 1973). Es gibt so gesehen nicht das *eine* Freiwilligkeitsmotiv, sondern, bedingt durch die Funktion, die Freiwilligkeit erfüllen soll, viele verschiedene Formen (Wilson, 2000). Demzufolge ist freiwillige Tätigkeit im Kern als multikausal bzw. multifunktional motiviert zu verstehen.

Ein wichtiger Aspekt bei CV ist, dass Angestellte, die freiwillige Tätigkeiten während der Arbeitszeit ihres Angestelltenverhältnisses absolvieren, vergleichsweise seltener persönliche Freizeit opfern als Individual Volunteers. Vielmehr wird häufig seitens der Unternehmen bezahlte Arbeitszeit zur Verfügung gestellt und Freiwilligkeit auf diese Weise häufig indirekt bezahlt (Basil et al., 2009). Entsprechend kann die Rekrutierungsstrategie für CV nicht einfach auf die Rekrutierung von Individual Volunteers, die ihre Freizeit für die

---

[2]   Individual Volunteering bezieht sich auf freigemeinnützige Tätigkeit einzelner Personen, die aus persönlichem Antrieb ohne arbeitgeberorganisierten Hintergrund zur freiwilligen Tätigkeit kommen und ist ein Begriff, den wir wählen, um ihn dem Corporate-Volunteering-Begriff gegenüberzustellen.

Tätigkeit zur Verfügung stellen, übertragen werden. Dennoch kann CV von den Erkenntnissen des vorliegenden Praxisbeispiels profitieren, denn wenn nachvollziehbar ist, wie individuelle Freiwillige am effektivsten rekrutiert werden, kann auch innerhalb einer Profit-Organisation für entsprechende CV-Programme geworben werden, im Optimalfall unter Vermeidung einer Abwehrreaktion auf Seiten der Mitarbeitenden. Wird bspw. in Seminaren oder Arbeitsgruppen den Angestellten deutlich gemacht, dass es verschiedene, gleichberechtigte Motive für freiwillige Tätigkeit gibt, so kann dies die Initialzündung sein, möglicherweise in der Erwerbsarbeit brachliegende Bedürfnisse durch freiwillige Tätigkeit zu erfüllen. Es ist denkbar, dass ein Sachbearbeiter, der primär mit administrativen Arbeiten zu tun hat, in seiner Zeit jenseits der Erwerbsarbeit Tätigkeiten mit stärker sozialen und gestalterisch-kreativen Inhalten z.B. im Kontext einer Behindertenwerkstatt nachgeht. Demnach würde durch innerbetriebliche Veranstaltungen zu freiwilliger Tätigkeit ein Reflexionsprozess hinsichtlich der eigenen Erwerbsarbeit bei Mitarbeitenden in Gang gesetzt und die persönlichkeitsförderliche Wirkung freiwilliger Tätigkeit unterstützt. Das V (Volunteering) wird zum Ausgangspunkt und nicht das C (Corporation), was für die selbstbestimmte und intrinsische Motivation (Deci & Ryan, 2000) von Engagement entscheidend sein kann (s. Peterson, 2004b; Lorenz, Gentile & Wehner, in diesem Buch.).

Die Integration freiwillig Tätiger
Beschließen Verantwortliche eines Unternehmens, freiwillig Tätige in verschiedene Arbeitskontexte ihrer Organisation zu integrieren, steht an erster Stelle die Überlegung, welche Aufgaben übernommen werden sollen. Eine anschließende Frage könnte sein, welche Freiwilligen angesprochen werden, also entweder Corporate oder Individual Volunteers. Dies beeinflusst die Wahl der Strategie und somit den Prozess der Rekrutierung. Im Hinblick auf die Rekrutierung von Corporate Volunteers liegt in der arbeits- und organisationswissenschaftlichen Literatur, im Gegensatz zum Individual Volunteering, ein Schwerpunkt auf der Anwerbung von in einem Angestelltenverhältnis stehenden Freiwilligen aus dem organisationalen Kontext. Beim top-down implementierten CV ist bspw. darauf zu achten, Werbung für Einsätze nicht zu offensiv anzulegen, um Reaktanz auf Seiten der Mitarbeitenden zu vermeiden (Clary & Snyder, 2002). Den negativen Einfluss von obligatorischen Freiwilligenprogrammen (an US-amerikanischen Universitäten sind solche Programme teilweise verpflichtend) auf die intrinsische Motivation konnten die Autoren Stukas, Snyder und Clary (1999) bei einer studentischen Population nachweisen: Stärkere Wahrnehmung von externaler Kontrolle hinsichtlich freiwilliger Arbeit führte zu geringeren Absichten, zukünftig freiwillig tätig zu sein. Eine andere Ausgangssituation besteht bei Individual Volunteers, die aus persönlichen Gründen und offensichtlich aus *freien Stücken* freiwillige Betätigung suchen. Im vorliegenden Praxisbeispiel zu Freiwilligkeit im DWN geben 44 Prozent in der ersten Freiwilligenbefragung an, dass sie aktiv nach einer Tätigkeit gesucht haben, während nur sechs Prozent durch die Mitarbeitenden des DWN angefragt wurden. Diesen Freiwilligen eine Tätigkeit zu bieten, die ihre Motive und die drei oben genannten Grundsätze erfüllt, stand im Zentrum der Rekrutierungsstrategie.

Blickt man in die Freiwilligenforschung, lassen sich drei Faktoren ausmachen, die für die Integration von Freiwilligen zentral sind (Peloza et al., 2009):

▓ Charakteristika des Individuums

▓ Charakteristika der Tätigkeit

▓ Charakteristika des organisationalen und sozialen Kontexts

Im Hinblick auf die Charakteristika des Individuums steht die Frage im Mittelpunkt, weshalb Freiwillige ihre Zeit und Energie bereitstellen, um diversen Tätigkeiten nachzugehen. Eng verbunden mit dieser Frage ist die theoretische Konzeption von Funktionen, die Freiwilligkeit erfüllt, bzw. die Motivation des Engagements (Clary, Snyder & Ridge, 1992). Um geeignete Freiwillige rekrutieren zu können, ist es folglich wichtig zu wissen, was für Beweggründe (s. van Schie, Wehner & Güntert, in diesem Buch) Individuen haben. Wird bspw. deutlich, dass Personen mit höherem Schulabschluss zwischen 20 und 25 Jahren in erster Linie freiwillig tätig werden, um praktische Erfahrungen zu sammeln, die sie in ihrer Schullaufbahn noch nicht machen konnten, so ist die Identifizierung des Motivs Verständnis (understanding) bzw. Karriere (career) als handlungsleitende Komponente auf Seiten der potenziellen Freiwilligen entscheidend für die Rekrutierungsstrategie bzw. für die Wahl der avisierten Zielgruppe.

Charakteristika der Aufgabe können sich auf die Tätigkeitsinhalte beziehen und spiegeln sich bspw. in *Sinnhaftigkeit, Anforderungsvielfalt* und *Autonomie* wider. Kurz gesagt geht es in diesem Punkt um die humane sowie persönlichkeitsförderliche Gestaltung von Arbeitsplätzen und -tätigkeiten (Ulich, 2005). Betrachtet man diesen Faktor im Hinblick auf das DWN, so wurde mit Beratung durch PdA eine Checkliste für die Schaffung freiwilliger Tätigkeiten angefertigt, in der klare Kriterien aufgeführt sind, die freiwillige Tätigkeit erfüllen soll. Auf diese Weise sollte der bereits oben erwähnten Zuweisung von Resttätigkeiten durch Mitarbeitende für freiwillig Tätige vorgebeugt werden. An erster Stelle dieser Liste steht: „Bringt dem Kunden einen Zusatznutzen", danach: „Bringt den freiwillig Tätigen direkt in den Kontakt mit Kunden". Sind diese Kriterien erfüllt, sollen sie dazu führen, dass freiwillig Tätige in der Interaktion mit den Klienten u.a. Sinnhaftigkeit im eigenen Handeln erleben.

Bezüglich der Charakteristika des Kontexts stellt sich folgende Frage: Wie reagiert die Umwelt auf Freiwillige bzw. wie stark wird deren Arbeit wertgeschätzt und wie ist freiwillige Tätigkeit im organisationalen Kontext verankert? Neben der Rekrutierung spielt auch die Verhinderung von Wechselbereitschaft der freiwillig Tätigen eine Rolle. D.h. es geht konkret um die Frage, was Non-Profit-Organisationen und Profit-Organisationen, die freiwillig Tätige neben bezahlten Mitarbeitenden einbetten wollen, leisten müssen, um freiwillig Tätige in der Organisation zu halten. Bereits eine Sensibilität für die verwendeten Begrifflichkeiten kann entscheidend sein. Die persönliche Redefinition durch Freiwillige ändert deren Konnotation von Begriffen und kann zu Reaktanz führen. Es gibt Gemeinsamkeiten und Unterschiede zwischen den freiwillig Tätigen und Angestellten, auf die beide Gruppen Wert legen. Während die Ankündigung eines Mitarbeitergesprächs für freiwillig Tätige ein rotes Tuch bedeuten kann, können Angestellte darin eine Form von Wertschätzung und Partizipation bzw. dies als Teil ihrer Stellenbeschreibung sehen: Sie werden in einem formalen Rahmen gehört, während freiwillig Tätige ihre Autonomie – sie fühlen sich nicht als Mitarbeiter – durch Konkretisierung von Arbeitsinhalten schwinden sehen; gegenüber einem angebotenen Feedbackgespräch könnten freiwillig Tätige hingegen u. U. aufgeschlossen sein. Eine Koordination, Betreuung und eventuelle Zusammenarbeit mit den Freiwilligen, aber auch die Wertschätzung durch die bezahlten Mitarbeitenden und die Leitungspersonen ist in dieser Kategorie entscheidend für den Erfolg der organisationalen Einbettung freiwilliger Tätigkeit. Im Hinblick auf das Praxisbeispiel DWN wird deutlich: Aufgrund der Zweckdienlichkeit des freiwilligen Engagements ist es das Ziel, das den Freiwilligen eine klare Richtlinie bietet, nämlich Kunden- bzw. Klientenzufriedenheit zu generieren. So wird neben der Anerkennung durch Mitarbeitende auch die Anerkennung durch Patienten und durch das soziale Umfeld der Freiwilligen zu einem wichtigen Motivator freiwilligen Engagements.

Methodik, Ergebnisse und abgeleitete Maßnahmen

Mögliche Maßnahmen zur Integration von Freiwilligen – in Abstimmung mit angestellten Mitarbeitenden – in den organisationalen Kontext werden im folgenden Abschnitt aus Methodik und Ergebnissen der vorliegenden Fallstudie abgeleitet.

Aufgrund der Tatsache, dass in der Begleitstudie ausschließlich subjektive Wahrnehmungen der freiwillig Tätigen im organisationalen Kontext interessieren, wurde als Messinstrument eine querschnittliche Fragebogenstudie zu zwei Erhebungszeitpunkten, in den Jahren 2004 und 2009, gewählt. Die Fragebogenstudie wurde anderen Designs, wie beispielsweise dem halbstandardisierten Interview, aufgrund von Argumenten der Ökonomie, Objektivität und Durchführbarkeit vorgezogen. Die Themen der Befragung lassen sich kurz wie folgt zusammenfassen:

Mit 47 Prozent der Teilnehmer zwischen 50 und 65 Jahren sowie ebenfalls 47 Prozent über 65 Jahre tendiert die Altersverteilung in der ersten Freiwilligenbefragung in Richtung 50 Jahre und älter. Lediglich 6% der Stichprobe sind jünger als 50 Jahre. Eine ähnliche Altersverteilung (unter 50 Jahre: 5%; 50-65 Jahre: 40%; über 65 Jahre: 55%) kennzeichnet auch die zweite Freiwilligenbefragung, an der 92 Prozent weibliche und acht Prozent männliche Probanden teilnahmen. Das für den sozialen Sektor typische Verhältnis von Frauen zu Männern (s. Farago, 2007) kennzeichnet die Geschlechterverteilung in beiden vorliegenden Stichproben. Im Hinblick auf die Erwerbstätigkeit der Befragten lässt sich für beide Stichproben feststellen, dass knapp ein Drittel (29%) neben der freiwilligen Tätigkeit erwerbstätig waren, wohingegen zwei Drittel (71%) angaben, nicht erwerbstätig zu sein.

Die erste (N_1=36) wie die zweite Befragung (N_2=71) zielten ab auf die Motive der freiwillig Tätigen, das eigene Tätigkeitserleben sowie Rahmenbedingungen, Nutzen und Anerkennung der freiwilligen Tätigkeit. Was das eigene Tätigkeitserleben anbelangt, so gibt ausnahmslos jeder *sinnvolles Leisten* als oberstes Prinzip an. *Eigenverantwortliches Entscheiden* hingegen nimmt die unterste Position ein, was zeigt, dass der Autonomieanspruch nicht bzgl. eines Handlungs- und Entscheidungsspielraums, sondern gegenüber der Bewertung der Tätigkeit sowie auch gegenüber der zeitlichen Bindung besteht.

Eines der zentralen Ergebnisse der ersten Freiwilligenbefragung ist die wahrgenommene Diskrepanz zwischen der Anerkennung und dem Nutzen von freiwilliger Tätigkeit aus der Perspektive der angestellten Mitarbeitenden. Es entspricht der Wahrnehmung der Freiwilligen, dass ihre Arbeit von den angestellten Mitarbeitenden nicht in dem Maße wertgeschätzt wird, wie es vergleichsweise von anderen Personengruppen der Fall ist. Konkret heißt das, dass bspw. Patienten, deren Angehörige und die Führungskräfte im DWN mehr anerkennen und wertschätzen, was Freiwillige leisten, als die Mitarbeitenden, und das, obwohl Letztere von freiwilliger Tätigkeit nach Ansicht der Freiwilligen am ehesten neben den Klienten profitieren. Erhalten Freiwillige neben der Rückmeldung aus der Tätigkeit selbst (*feedback from the job itself*) keine Anerkennung von Mitarbeitenden oder Vorgesetzten, was Hackman und Oldham (1975) *feedback from agents* nennen, resultiert den Autoren zufolge hieraus ein geringeres Motivationspotenzial aus der Tätigkeit als arbeitspsychologische Konsequenz und höhere Fluktuation und Abwesenheiten im Hinblick auf manifestes Verhalten. Diese theoretischen Annahmen der Autoren bezogen sich ursprünglich nur auf bezahlte Tätigkeit (Hackman & Oldham, 1975). Die ersten Anwendungen des Instruments auf den Kontext freiwilliger Tätigkeit zeigen, dass Autonomie und Rückmeldung aus der Tätigkeit (Dailey, 1986) bzw. die wahrgenommene Wichtigkeit von freiwilliger Arbeit (Boezeman & Ellemers, 2007) Bindung an die Organisation am besten vorhersagen (Güntert & Wehner, eingereicht).

Um der wahrgenommenen Diskrepanz zwischen Anerkennung und Nutzen von freiwilliger Tätigkeit auf praktischer Ebene zu begegnen, wurde in Folge der ersten Freiwilligenbefragung das Thema Anerkennung neben der Rekrutierung von Freiwilligen in einem Workshop in den Fokus gerückt. Außerdem wurden infolge der ersten Freiwilligenbefragung drei bis sechs Mal jährlich Verantwortlichentreffen von 2005 bis 2007 durchgeführt, in denen Mitarbeitende des DWN Erfahrungen und Probleme bei der Begleitung und Koordination der Freiwilligenarbeit einbringen konnten. Die Kernthemen umfassten strukturelle, kulturelle und Kommunikations-Themen sowie Fallbesprechungen (**Abbildung 17.2**). Auf Grundlage dieses partizipativen Ansatzes konnten u.a. neue Aufgaben für Freiwillige erschlossen (z.B. die Betreuung von Patienten mit Demenzerkrankungen) und Regeln für den Umgang mit kritischen Situationen aufgestellt werden (etwa Regeln für den Umgang mit inhaltlich überforderten Freiwilligen).

Insgesamt gesehen bildeten die Verantwortlichentreffen das Gefäß für die Teilhabe an der Gestaltungsform. Neben den genannten Kernthemen wurde hier diskutiert, was skeptische Stimmen sagen, wo Konfliktfelder liegen, ob Freiwillige als Bereicherung oder als Bedrohung wahrgenommen werden. Somit fand eine Auseinandersetzung mit dem Kernproblem mancher Mitarbeitenden statt: Arbeitsplatzsicherheit im Zuge der Einführung von freiwilliger Tätigkeit. Durch Abgrenzung von Kompetenzen und Verantwortlichkeiten wurde versucht, Klarheit hinsichtlich der jeweiligen Zuständigkeiten herzustellen. Anhand von Checklisten wurde spezifiziert, wie Tätigkeiten konkret aussehen müssen, damit sie

Freiwillige ansprechen. Somit fand im Prozess der aktiven Auseinandersetzung mit den offenen Fragen eine Perspektivenübernahme und Reflexion zu den Rollen der Freiwilligen bzw. der Mitarbeitenden und der jeweiligen Tätigkeitsmerkmale statt. Außerdem wurden die Mitarbeitenden nicht vor vollendete Tatsachen gestellt, sondern es wurde ihnen Kontrolle über und Einfluss auf den Prozess der Einführung von freiwillig Tätigen eingeräumt. Im Sinne einer Verfahrensgerechtigkeit (Tyler & Caine, 1981) erhielten die Mitarbeitenden Entscheidungs- und Prozesskontrolle (Thibaut & Walker, 1978), was den konstruktiven Umgang mit eigenen Ängsten und Befürchtungen ermöglichte. Im folgenden Abschnitt werden die Ergebnisse der beiden Erhebungen weitergehend interpretiert.

Interpretation der Erhebungsresultate
Interpretiert man die Entwicklung von freiwilliger Tätigkeit im DWN anhand der erhobenen Daten, kann davon ausgegangen werden, dass sich die Wahrnehmung von Freiwilligkeit seitens der Mitarbeitenden geändert hat. Das äußerte sich einerseits in der stärkeren Anfrage und der gestiegenen Einsätze von freiwillig Tätigen, was auf eine stärkere Akzeptanz des Freiwilligenangebots durch die Mitarbeitenden schließen lässt. Auch wenn diese Interpretation vor dem Hintergrund des relativ hohen Freiwilligenzuwachses und einzelner Freiwilligenaustritte zwischen dem ersten und zweiten Erhebungszeitpunkt noch mit Vorsicht zu lesen ist, so bestärken Erfahrungsberichte von DWN-Verantwortlichen wie bspw. der Freiwilligenkoordinatorin, dass die Wertschätzung freiwilliger Tätigkeit durch Mitarbeitende gestiegen ist.

Im Hinblick auf die zentralen Ergebnisse der beiden fünf Jahre auseinander liegenden Befragungen wird deutlich, dass bei einer gleichbleibend hohen Zufriedenheit die Bindung der freiwillig Tätigen an die Stiftung zugenommen hat, ein Zuwachs an Freiwilligen zu verzeichnen ist: die Anzahl der freiwillig Tätigen hat sich vervierfacht! Außerdem wurde die Einführung von Innovationen wie bspw. eine mobile Bibliothek und das Demenzzentrum durch Freiwillige in der Umsetzung unterstützt. Neben der Anzahl der Freiwilligen haben auch die Dauer der Tätigkeit und die Einsätze pro Monat zugenommen. Demnach liegt laut der Freiwilligenkoordinatorin der Durchschnittswert der durch Freiwillige geleisteten Zeit über dem von der Dachorganisation der Fach- und Vermittlungsstellen für Freiwilligenarbeit in der Deutschschweiz (Benevol, 2007) angegebenen Wert von vier Stunden wöchentlich.

Wie bereits oben erwähnt, ist Sinnhaftigkeit für Freiwillige ein wichtiges Merkmal ihrer Tätigkeit. Wird, wie es zum ersten Erhebungszeitpunkt laut der Koordinatorin häufig der Fall war, freiwillige Tätigkeit nicht angefordert, so kann man daraus schließen, dass Freiwillige dadurch in ihrem Selbstverständnis gekränkt werden. Geht man wie Peters et al. (2008) für eine gelungene organisationale Einbettung von freigemeinnütziger Arbeit davon aus, dass der „Sinn und Nutzen der selbst erbrachten freigemeinnützigen Arbeit nicht gestört" werden sollte, führt die Ignoranz des freiwilligen Tätigkeitsangebots zum genauen Gegenteil von dem, was man erreichen möchte: Die sich freiwillig zur Verfügung stellenden Personen erleben Abweisung und sind entsprechend frustriert und demotiviert. In den Workshops wurde auf dieses Problem aufmerksam gemacht. Durch die Bekanntmachung des Nutzens für DWN ist zu vermuten, dass freiwillige Tätigkeit als unterstützende

Ressource (auch ad hoc und kurzfristig) Bestandteil des organisationalen Selbstverständnisses der Mitarbeitenden geworden ist. Die Koordination hatte hierauf einen besonderen Einfluss, da sie insofern erweitert wurde, dass neben den Bedürfnissen der Freiwilligen auch die Belange und Bedenken der Mitarbeitenden in den Bereich der Freiwilligen-Koordination fielen. Das heißt konkret: Allparteiliche Koordination im Sinne eines psychologischen Mediationsansatzes (s. Montada & Kals, 2007) mit der präventiven Auflösung potenzieller bzw. latenter Konflikte. Hatten die Angestellten bspw. Bedenken hinsichtlich der Integration von Freiwilligen in ihre Arbeitsabläufe, so wurden diese in den oben beschriebenen Verantwortlichentreffen oder in persönlichen Gesprächen weitgehend auszuräumen versucht. Ein offener Umgang mit Unklarheiten und Ängsten war von Beginn die Regel und nicht die Ausnahme. Zudem wurde der Handlungsspielraum der Stabsstelle Freiwilligenarbeit kontinuierlich erweitert. Dies ging schließlich so weit, dass seitens der Freiwilligenkoordination faktisch Führungsaufgaben bspw. in Form von konzeptionellem Coaching übernommen wurden.

Abgeleitete Maßnahmen
Den dargestellten Erkenntnissen und den geführten Gesprächen mit DWN-Verantwortlichen folgend sind zusammengefasst folgende Maßnahmen und Rahmenbedingungen im organisationalen Kontext des DWN entscheidend für eine erfolgreiche organisationale Einbettung Freiwilliger:

- *Ausweitung der Rollenverantwortlichkeit* der Freiwilligenkoordination: von rein administrativer Koordination über Mediation latenter Konflikte zwischen Freiwilligen und Mitarbeitenden bis hin zu konzeptionellem Coaching und Weiterbildung. Handlungsspielraum der Koordinationsperson erhöhen: *Allparteilichkeit* bzw. *Janusköpfigkeit* im Sinne einer Zuwendung in Richtung der freiwillig Tätigen *sowie* der Mitarbeitenden sicherstellen; *Führungs-, Weiterbildungs- und Managementverantwortlichkeit* der Freiwilligenkoordination ausbauen.

- *Prozedurale Fairness*: Mitarbeitenden im Prozess der Freiwilligeneinführung sowohl *Entscheidungs- als auch Prozesskontrolle* gewähren. Das heißt, Mitarbeitenden im Verfahren der organisationalen Einbettung von freiwillig Tätigen eine Stimme gewähren.

- *Ansprechende Tätigkeitsinhalte*: Keine Resttätigkeiten für Freiwillige, sondern *sinnstiftende* Tätigkeiten mit erhöhtem Handlungsspielraum. Das heißt, freiwillig Tätigen nicht nur das zuweisen, was Mitarbeitende nicht machen wollen, sondern u.a. das, was sie nicht machen können, bspw. aufgrund von Zeitmangel oder besonderer zeitlicher Bindung (Nachtwache).

- *Beachtung der Befindlichkeit* bei Mitarbeitenden und freiwillig Tätigen: *Redefinition* von Begrifflichkeiten antizipieren und akzeptieren. Das heißt, freiwillig Tätige und Mitarbeitende bspw. im Hinblick auf die Kommunikation von Personal- und Organisationsmaßnahmen nicht über einen Kamm scheren, sondern die Perspektiven der Freiwilligen übernehmen.

- *Organisationale Einbettung*: *Commitment der Unternehmensleitung* ist hoch, freiwillige Tätigkeit wird reflektiert und gewollt. Das heißt, die oberen Führungsebenen einer Organisation setzen sich aktiv mit dem Thema freiwillige Tätigkeit sowie deren Chancen und Risiken im Rahmen von Workshops auseinander.

Ausblick

Kann man den hier beschriebenen Prozess organisationaler Einbettung freiwillig Tätiger als Blaupause für andere Non-Profit- und Profit-Organisationen ansehen? Die Antwort auf diese Frage ist nicht eindeutig zu geben. Da sich bereits jede Non-Profit-Organisation durch zugrunde liegende Strukturen, Finanzierungsformen und -modelle unterscheidet, relativiert sich die Generalisierung hinsichtlich optimaler Gestaltungsmöglichkeiten über andere vergleichbare Organisationen hinweg. Es zeichnet sich ab, dass das Thema Ökonomie freiwilliger Tätigkeit zukünftig an Bedeutung gewinnen und durch den demographischen Wandel von Jahr zu Jahr dringlicher wird. Sowohl Weiterbildung als auch die Einführung, Koordination und Betreuung von Freiwilligen muss in diversen Organisationen bezahlt werden. Im Hinblick auf das DWN wurden die diversen Koordinationsleistungen anfangs mehrheitlich seitens der Stiftung finanziert. Inzwischen müssen die Betriebe diese Kosten selbst tragen. Die Freiwilligenkoordination des DWN spricht von über CHF 60, die freiwillig Tätige pro Stunde, unter Berücksichtigung von Weiterbildung, Betreuung und Koordination, kosten. Ob diese Quantifizierung über einen Stundenlohn der ursprünglichen Idee von Freiwilligkeit dienlich ist bzw. ihr gerecht wird, bleibt nicht nur für die Verantwortlichen der Stiftung zu klären. Zumindest die Kommunikation im Sinne der oben genannten Sensibilität bezüglich Begrifflich- und Befindlichkeiten der freiwillig Tätigen müsste genau bedacht sein.

Als problematisch für das ursprüngliche Konzept freiwilliger Tätigkeit im DWN stellt sich gegenwärtig ein immer stärker aufkommender Spardruck dar: Es kommt wiederholt die Frage auf, bis wohin man sich bspw. Weiterbildung von Freiwilligen leisten kann. D.h., übernimmt man unausgebildete Freiwillige, die im Gegensatz zu bezahlten Mitarbeitenden keine Ausbildung mit in den Betrieb bringen, so entstehen dadurch u. U. Mehrkosten durch notwendige Weiterbildung. Ungeachtet dessen bliebe in diesem Kontext zu klären, was dieselbe Leistung auf dem freien Markt kosten würde. Schließlich stehen freiwillig Tätige auf Abruf für anfallende Tätigkeiten zur Verfügung. Außerdem ist diese ökonomische Überlegung nur dann relevant, wenn tatsächlich ein professionelles Angebot wie bspw. medizinische Betreuung von Personen unentgeltlich ausgeführt werden muss oder soll. Ist dies nicht der Fall, so ist eine Professionalisierung nicht notwendig oder vielleicht sogar kontraproduktiv, wenn bspw. die Beschäftigung mit Patienten auf Grundlage standardisierter Verhaltensmuster, Rollen und Erwartungen geschieht und dadurch an Authentizität einbüßt. Somit würde graduell intuitives Handeln aus der persönlichen Fürsorge verdrängt. Dies lässt gravierende Zweifel aufkommen an der Notwendigkeit, freiwillige Laien im sozialen Sektor zu professionalisieren (s. Guirguis-Younger, Kelley & McKee, 2005). Denn obwohl bspw. in angelsächsischen Ländern die Professionalisierung von Freiwilligkeit vorangetrieben wird, ist in der freiwilligen Tätigkeit u.a. durch die vorhandene Autonomie mehr Raum für eine persönliche Zuwendung. In der Sterbebegleitung werden freiwillig Tätige nach dem Tod der betreuten Person für drei bis vier Monate nicht eingesetzt, um einen persönlichen Abschied bzw. Trauerprozess zu ermöglichen. Dieser

Prozess ist in Folge der persönlichen, „unprofessionellen" emotionalen Bindung an den Patienten/die Patientin auch notwendig.

Wenn folglich von Blaupause zur organisationalen Einbettung von Freiwilligkeit in Profit- sowie Non-Profit-Organisationen die Rede ist, dann sollten als strategische Ausgangspunkte die drei Grundsätze der Stiftungsdirektion hervorgehoben werden, wonach freiwillige Tätigkeit einen Nutzen für Klienten generieren muss, nicht die bezahlte Arbeit verdrängen darf und interessante Tätigkeitsinhalte für Freiwillige im Sinne humaner Arbeit bieten muss. Neben diesen Grundsätzen sollten die oben genannten Maßnahmen Handlungsempfehlungen für zukünftige Vorhaben zur organisationalen Einbettung freiwilliger Tätigkeit darstellen.

18 CSR in der Praxis – Fairtrade im Fokus unternehmerischer Verantwortung

Annika Straßburger

Die Diskussion um die gesellschaftliche Verantwortung von Unternehmen wird häufig unter dem Stichwort „Corporate Social Responsibility", kurz „CSR" geführt. Sie ist vielschichtig und wirft Fragen für Wirtschaft und Gesellschaft auf, deren Klärung in vielen Fällen noch aussteht: Was umfasst sie genau und welche Instrumente stehen zur Verfügung? Wo soll sie ansetzen und wie ist sie in Unternehmensalltag und -struktur integriert? Was ist ihre Zielsetzung und wie darf, soll oder muss man sie gegenüber Kunden, Mitarbeitern, Geschäftspartnern und anderen Stakeholdern kommunizieren? Die Bandbreite und Komplexität dieser Fragestellungen reicht von der Optimierung einer bereits implementierten, komplexen CSR-Strategie eines Großkonzerns bis zu der grundsätzlichen Überlegung eines Familienunternehmens: Was bedeutet CSR bei uns im Betrieb und wie und wo sollen wir damit starten?

Zwei Unternehmen – die Unternehmensgruppe J.J. Darboven und die Privatrösterei Vollmer Kaffee – sollen hier auf dem Weg zu ihrer individuellen CSR-Lösung betrachtet werden – bewusst als Praxisbeispiele, sowohl aus interner Perspektive als auch externer. Sie gehören einer Branche an, die aufgrund ihrer engen Verzahnung mit dem internationalen Handel mit Entwicklungs- und Schwellenländern und ihrer oligopolistischen Struktur schon lange vor anderen Industrien das Thema Verantwortung aufgriff und handelte: die Kaffeebranche. Um die praktischen CSR-Ansätze vor dem Hintergrund eines einheitlichen Bewertungsmaßstabs zu analysieren, werden zunächst die Definition einer „Guten" im Sinne von stringenten und tragfähigen CSR und ihre Abgrenzung zu den bisher diskutierten Ansätzen unternehmerischen Engagements (Corporate Citizenship und Corporate Volunteering) vorgenommen. Eine kurze Übersicht der beiden Unternehmen sowie des Fairen Handels als zentrales Element ihres nachhaltigen Engagements soll die Grundlage dafür schaffen, sie anhand ihrer CSR-Umsetzung zu vergleichen und ein differenziertes Bild des jeweiligen Status quo dieser Umsetzung zu zeigen. Die dargelegten Praxisbezüge basieren dabei u.a. auf Erfahrungen der Autorin als frühere Mitarbeiterin und CSR-Beauftragte beider Unternehmen.

Klärung und Abgrenzung des Konzeptes Corporate Social Responsibility (CSR)

Aufgrund der anhaltenden Diskussion um die gesellschaftliche Verantwortung von Unternehmen ist eine Definierung des Begriffs der *Corporate Social Responsibility (CSR)* bislang nicht abschließend erfolgt. Derzeit zugrunde gelegte Definitionen implizieren häufig bereits eine bestimmte Motivation bzw. Zielsetzung des Unternehmens (betriebswirtschaftlicher Vorteil vs. gesellschaftlicher Nutzen) und die Diskussion um die moralische Zulässigkeit derselben. Da das Abstellen auf mögliche Zielkomponenten zur Formulierung einer allgemein gültigen Definition wenig hilfreich scheint, soll diese hier anhand der Abgrenzung zu dem Konzept der *Corporate Citizenship (CC)* erfolgen. Letzteres definiert die Rolle des Unternehmens als „Guter Bürger" anhand seines vielseitigen, freiwilligen Engagements in seinem gesellschaftlichen Umfeld. Beide Konzepte stellen die konkrete Umsetzung von Nachhaltigkeit – als abstraktes politisches Leitbild oder ethischer Grundwert – auf Managementebene dar.

Abbildung 18.1　　Abgrenzung CSR und CC nach Wirkungsbereich und Verpflichtungsgrad

Bezüglich der Unterscheidung von CSR und CC lassen sich zwei Grundauffassungen identifizieren. Die eine begreift Corporate Citizenship als übergeordnetes Dachkonzept, dessen notwendiger, aber nicht einziger Bestandteil CSR ist. Die zweite Grundauffassung betont zwar ebenfalls die Verankerung beider Konzepte im Management, sieht aber CSR als das umfassendere Konzept gegenüber CC an. Eine praktisch ansetzende und einleuchtende Differenzierung, die eine Diskussion um ein Über- oder Unterordnungsverhältnis beider Konzepte zudem umgeht, orientiert sich am unterschiedlichen Wirkungsbereich von CC bzw. CSR sowie am jeweiligen Grad der Verpflichtung in Abgleich mit den Erwartungen der Gesellschaft (Pommerening, 2005):

CSR bezieht sich auf die systematische Wahrnehmung von Verantwortung *innerhalb* der eigentlichen Geschäftstätigkeit, während Corporate Citizenship unternehmerisches Engagement umfasst, welches über diese *hinausgeht* (**Abbildung 18.1**).

Der jeweilige Verpflichtungsgrad fußt bei beiden Konzepten auf nationalen und internationalen Gesetzen, deren Einhaltung als unabdingbare *Pflicht* erwartet wird. Darüber hinaus existieren seitens der Stakeholder zusätzliche *Ansprüche*, denen Unternehmen mit einer freiwilligen Selbstverpflichtung im Rahmen von Corporate Social Responsibility begegnen sollen. Aktivitäten als Corporate Citizen (s.u.) kommen dem gesellschaftlichen *Wunsch* nach, dass Unternehmen sich auch für das Gemeinwesen engagieren sollen. CC weist somit einen deutlich geringeren Verpflichtungsgrad auf als CSR.

Im Idealfall sollte ein proaktives und verantwortungsbewusstes Unternehmen beide Konzepte realisieren. Die Praxis zeigt, dass eine steigende Anzahl an Unternehmen auch für CC eine langfristige Strategie entwickelt und die entsprechenden Maßnahmen nicht mehr vereinzelt oder losgelöst vom Kerngeschäft sind, sondern sich an den strategischen Unternehmenszielen und -bedürfnissen ausrichten.

In Anlehnung an die vorhergehenden Überlegungen kann für den vorliegenden Beitrag Corporate Social Responsibility also definiert werden als ein freiwilliger Management-Ansatz, der über die Einhaltung gesetzlicher Vorgaben hinaus soziale, ökologische und ökonomische Belange systematisch und im Austausch mit Stakeholdern in alle Bereiche der Unternehmenstätigkeit und entlang der gesamten Wertschöpfungskette integriert.

Instrumente der CSR: Einordnung und Wirkung ethischer Warenzeichen
In den vorhergehenden Beiträgen und Praxisbeispielen wurde bereits detailliert auf verschiedene Ansätze des Corporate Volunteering im Rahmen von CC eingegangen. Während Unternehmen einerseits u.a. mittels Spenden, Sponsoring, Stiftungen und dem ehrenamtlichen Einsatz von Mitarbeitern als „Good Citizens" tätig werden können, stehen ihnen für eine freiwillige Selbstverpflichtung zur Befolgung sozialer und ökologischer Prinzipien im Rahmen von CSR andere Instrumente zur Verfügung. Diese lassen sich in Richtlinien, Verhaltenskodizes, Standards und Label gliedern.

Ein *Verhaltenskodex (Code of Conduct)* stellt ein „freiwilliges Übereinkommen zu Verhaltensregeln (mit Pflichten und Rechten) von Institutionen (Unternehmen, Staat, NGOs, Kirchen) oder von Einzelpersonen dieser Institutionen" (Stückelberger, 2001, S.91) dar. Unternehmen können sich entweder den Richtlinien oder Leitfäden bestehender Initiativen anschließen oder im Dialog mit ihren Stakeholdern einen branchen- bzw. firmeneigenen Kodex entwickeln. Während firmeneigene Kodizes vor allem das Unternehmen als „guten" Arbeitgeber konkretisieren, umfassen Prinzipien firmenübergreifender Kodizes auch die globale Verantwortung der Unternehmen z.B. in Beschaffung, Produktion, Abfallentsorgung, Investition etc. Verhaltenskodizes haben unterschiedliche Verbindlichkeit und Reichweite. Aufgrund fehlender externer Kontroll- und Sanktionsmechanismen der Selbstverpflichtung werden jedoch insbesondere firmeninterne Kodizes häufig als oberflächlich und unglaubwürdig wahrgenommen (Pommerening, 2005).

Standards bieten gegenüber Leitfäden und Verhaltenskodizes Unternehmen einen höheren Verpflichtungs-, Konkretisierungs- und Vertrauensgrad, da sie allgemeine Handlungsprinzipien auf überprüfbare Bewertungskriterien hin vereinheitlichen und somit eine

Zertifizierung durch unternehmensexterne, private, staatliche oder supranationale Institutionen ermöglichen (Glombitza, 2005).

Ethische Warenzeichen (auch *Siegel* oder Label genannt) schließlich sind visuelle und verbale Signale für einzelne Produkte oder ganze Organisationen, die den Konsumenten die freiwillige Selbstverpflichtung eines Unternehmens zur Einhaltung bestimmter Umwelt-, Arbeits- und Sozialstandards anzeigen (Piepel, 2000).

In Bezug auf die hier zu betrachtenden Unternehmensbeispiele steht die Einhaltung der Standards der Fairtrade Labelling Organizations International (FLO) sowie die Visualisierung derselben durch on-package Kommunikation, insbesondere durch Verwendung des international einheitlichen Fairtrade-Siegels, im Fokus.

Anforderungen an eine tragfähige CSR

Ziel dieses Beitrags ist die Analyse, Bewertung sowie der kriteriengeleitete Vergleich der CSR-Performance zweier Praxisfälle: der Unternehmensgruppe J.J. Darboven und der Privatrösterei Vollmer Kaffee, die sich beide als Röstunternehmen für qualitativ hochwertigen und fair gehandelten Kaffee einsetzen.

Die Vielzahl an Medienberichten, Foren, Workshops und Analysen zu CSR zeigt, dass Unternehmen bei der Planung und Realisierung von CSR-Aktivitäten eine Reihe von Aspekten und Argumenten in Betracht ziehen müssen, um Kritik aufgrund unzureichenden oder inkonsequenten Engagements, widersprüchlicher CSR-Ansätze, einer unklaren oder unvollständigen CSR-Kommunikation sowie wegen scheinbar unrentabler bzw. erst langfristig wirtschaftlich erträglicher Maßnahmen bei der Wahrnehmung unternehmerischer Verantwortung vorzubeugen. Vielfach bleiben CSR-Initiativen noch vereinzelte Projekte, losgelöst von der Unternehmensstrategie, und werden darum nicht nachhaltig fortgesetzt oder werden nicht, nicht angemessen oder nicht nachvollziehbar kommuniziert. Folglich werden sie häufig auch von Stakeholdern nicht entsprechend positiv wahrgenommen. Im Abgleich mit der bereits formulierten Definition können vor diesem Hintergrund grundlegende Anforderungen an eine tragfähige CSR-Strategie formuliert werden, die in der Umsetzung und Bewertung unternehmerischen Engagements Orientierung geben und für die folgende Analyse einen einheitlichen Vergleichsmaßstab bieten[1]:

- Sinnhafter Bezug der CSR-Maßnahmen zum Unternehmen bzw. dessen Geschäftstätigkeit

- Nutzung und Förderung von Unternehmensnetzwerken

- Herbeiführung einer Win-Win-Situation für Unternehmen und Stakeholder

---

[1]   Für die ausführliche Diskussion und Herleitung der CSR-Anforderungen siehe Straßburger (2008).

- Überprüf- und Messbarkeit der Maßnahmen (Kriterien, Standards, konkrete Ziele, Input- bzw. Output-Analyse)

- Integration von CSR in die Unternehmensstrategie

- Freiwilligkeit der CSR-Maßnahmen

- Kontinuität in Entwicklung und Umsetzung

- Angemessene Kommunikation

- Institutionalisierung von CSR im Unternehmen und Stringenz in der nachhaltigen Unternehmensausrichtung.

Für eine glaubwürdige und effiziente CSR wird es zunächst als unabdingbar erachtet, dass hierbei ein *sinnhafter Bezug* zum Unternehmen besteht. Je enger die adressierte Thematik mit dem Kerngeschäft verwoben ist, desto eher lässt sich eine auf Eigenerfahrung und Wissen gestützte, höhere Kompetenz des Unternehmens bei der Problemlösung ableiten. Die Nutzung möglichst vieler seiner internen und externen *Netzwerkstrukturen* erhöht die Erfolgschancen von CSR und damit den gesellschaftlichen Problemlösungsbeitrag (Habisch, 2006b). Eine eindeutige inhaltliche und strategische Fokussierung der CSR auf Kernthemen des Unternehmens schafft einen realistischen Erwartungshorizont bei den Stakeholdern und überlässt anderen (z.B. staatlichen) Akteuren weiterhin die ihnen originär zugewiesenen Rechte und Pflichten. Die so vorgenommene Konkretisierung von CSR ermöglicht eine Berücksichtigung der Unternehmensgröße und des damit einhergehenden möglichen Wirkungsradius der jeweiligen Maßnahmen. Sie beugt somit einer scheinbaren Wettbewerbsverzerrung entsprechend der kritischen Ansicht, nur Großkonzerne würden über die erforderlichen CSR-Budgets verfügen, vor. Auch kleine Unternehmen können in ihrem Tätigkeitsfeld gesellschaftliche Verantwortung übernehmen und davon profitieren, ja müssen es sogar, um auch zukünftig im Wettbewerb zu bestehen.

Angesichts des steigenden Wettbewerbs kann von einem Unternehmen eine rein altruistische oder sogar geschäftsschädigende Motivation zur Durchführung von sozialen oder ökologischen Aufgaben auch im Hinblick auf den Shareholder-Ansatz nicht gefordert werden. Bezogen auf die Diskussion um einen unternehmerischen und gesellschaftlichen Nutzen muss eine tragfähige CSR-Strategie somit immer zu einer *Win-Win-Situation* führen. Diese ermöglicht es der Organisation, auch bei ihrem gesellschaftsorientierten Engagement in der Rolle als ökonomische Einheit zu verbleiben, um so eine Identitätssteigerung – statt einer Persönlichkeitsspaltung zwischen wirtschaftlichen und sozialen Interessen – zu implizieren. Damit CSR beim Unternehmen eine Gewinnsituation kreiert und Anreizstrukturen schafft, ist bezüglich ihrer Verbindlichkeit das Kriterium der *Freiwilligkeit* und damit einhergehende Profilierungschancen gegenüber Mitbewerbern unerlässlich. Des Weiteren muss insbesondere im Hinblick auf die öffentliche Darstellung das Kriterium einer *angemessenen Kommunikation* erfüllt sein. Diese umfasst:

- die interne Information und Schulung der Mitarbeiter, sodass diese Definition, Bedeutung und Chancen von CSR sowie die individuelle Umsetzung verstehen und nach außen hin vertreten können, CSR somit nicht auf die Marketingabteilung und Unternehmensspitze begrenzt bleibt,

■ eine mit den CSR-Instrumenten kohärente Werbung für das Unternehmen und seine Produkte,

■ die Integration der CSR-Kommunikation in die Gesamtunternehmenskommunikation, damit eine selektive, ereignisabhängige Berichterstattung vermieden wird (Grewe & Löffler, 2006), die sehr einfach als „Imagepolierung" deklassiert werden könnte,

■ die Erläuterung der Motivation zu der jeweiligen CSR-Maßnahme, die ein offenes Bekenntnis und nicht nur heimliches Kalkül zum eigenen Vorteil impliziert und somit eventuelle Vorwürfe hinsichtlich eines „sozialen Feigenblattes" von vornherein entkräftet (Habisch, 2006a),

■ eine wahrheitsgemäße Vermittlung konkreter und seitens eines externen Dritten überprüfter Prozesse und Ergebnisse (Kirchhoff, 2006), die unternehmerische Verantwortung anhand *quantitativer* oder *qualitativer Indikatoren* für Stakeholder sichtbar und messbar macht sowie eine verlässliche Zurechenbarkeit der für die Gesellschaft erbrachten Leistung zum jeweiligen Unternehmen ermöglicht (Suchanek, 2005).

Der Kommunikation und dem Streben nach Wettbewerbsvorteilen entsprechend sollte CSR nicht als vereinzelte, reaktive Maßnahme erfolgen, sondern als langfristige *Strategie* ganzheitlich ins Unternehmen integriert sein. Basis für eine erfolgreiche strategische Einbindung ist eine vorangegangene Identitätsfindung und ein Wertemanagement im Unternehmen. Ferner ist hierfür eine gleichwertige Behandlung des Verantwortungsbereichs entsprechend aller anderen Aspekte des operativen Geschäfts sowie seine *Institutionalisierung* im Management durch die personelle Durchdringung der gesamten Organisation bei gleichzeitiger Führung und Repräsentanz durch die Unternehmensleitung vonnöten. Zuletzt ist sowohl für den unternehmerischen als auch den gesellschaftlichen Nutzen trotz Freiwilligkeitsstatus' die *Kontinuität* des Engagements von hoher Relevanz. Einerseits sind CSR-Maßnahmen als Investitionen zu verstehen, die sich erst langfristig in Form von Reputationsaufbau und verbesserter Netzwerkstrukturen für Unternehmen und Gesellschaft auszahlen. Andererseits würden CSR-Projekte bei fehlenden Gewinnchancen für das Unternehmen als „Luxusgut" aufgefasst und ihre Legitimität und Fortführung anhand konjunktureller Zyklen gemessen (Habisch, 2006a). Die Anforderungen an Kontinuität und die Herbeiführung einer Win-Win-Situation bedingen sich so gegenseitig. Kontinuität muss jedoch nicht nur zeitlich, sondern auch global in Form einer konzernweiten *Stringenz* in der Umsetzung gewährleistet sein, sodass alle Unternehmenseinheiten hinsichtlich der CSR gleichgerichtet und konsequent handeln. Andernfalls könnte aufgrund der Medienmacht eine Offenlegung widersprüchlichen Handelns die Glaubwürdigkeit der CSR-Strategie und die Reputation des Unternehmens nachhaltig angreifen.

Die hier dargelegten Elemente einer tragfähigen bzw. erfolgreichen CSR-Strategie werden im vorliegenden Artikel die Basis für eine detaillierte Analyse und den Vergleich der Praxisbeispiele bieten. Zuvor soll aber eine kurze Einordnung des Marktumfelds der betrachteten Unternehmen bzw. des Fairen Handels als CSR-Basiskonzept erfolgen.

Fairer Handel

Der Kaffeesektor bietet durch die ihm zugrunde liegenden Machtasymmetrien stärker noch als andere Wirtschaftsbranchen Anlass dazu, an die gesellschaftliche Verantwortung der hierdurch begünstigten Handels- und Röstunternehmen zu appellieren. Historische, technologische, finanztechnische, produkt- und konsumspezifische Aspekte des Kaffeemarkts haben hier ein Handelssystem und ein damit verbundenes Wohlstandsgefälle entstehen lassen, welches einen Großteil der Kaffeeproduzenten in den Anbauländern in das wirtschaftliche und entwicklungspolitische Abseits stellt. Für die in den Konsumländern im Kaffeesektor tätigen Unternehmen dagegen bietet der anhaltende Wachstumstrend auf diesem Markt die Möglichkeit zu kontinuierlichen Gewinnsteigerungen. Lösungsansätze auf (inter)staatlicher Ebene[2], um dieses Gefälle abzumildern, haben bislang versagt, sodass insbesondere vor dem Eindruck der schweren Kaffeekrise um die Jahrtausendwende diese und andere gesellschaftliche Problemstellungen an die Unternehmen selbst herangetragen wurden. Diese sollten durch freiwilliges, verantwortungsvolles Handeln eine Verbesserung der Situation herbeiführen.

Das Versagen staatlicher und marktbasierter Regulierungen im Kaffeesektor war auch der Ausgangspunkt für den *Fairen Handel* (zur ausführllichen Analyse siehe Straßburger, 2008). Primäres Ziel des Fairen Handels ist es, strukturellen Ungleichgewichten im konventionellen Handel zwischen Industrie- und Entwicklungsländern entgegenzuwirken und Produzenten, besonders kleinbäuerlichen Familien und deren Selbsthilfeinitiativen, eine menschenwürdige Existenz aus eigener Kraft zu ermöglichen. Durch gerechtere Handelsbeziehungen sollen der Gewinnanteil der Produzenten auf einen angemessenen Ertrag für ihre Leistung erhöht und so ihre Lebensbedingungen insgesamt verbessert werden. Durch Anstreben langfristiger und direkter Handelsbeziehungen sowie der gezielten Verwendung der hierdurch garantierten Erlöse für Diversifizierung, Produktionsverbesserung und kommunale Entwicklung (z.B. medizinische Versorgung, Infrastruktur, Bildung) soll die Abhängigkeit benachteiligter Produzentengruppen von Handelspartnern im Norden verringert und die Binnenwirtschaft in den Produzentenländern gestärkt werden.

Faire Preise und Prämien sowie ein Anrecht auf partielle Vorfinanzierung seitens des Käufers bieten den Fairtrade-Produzentenorganisationen die Möglichkeit zur Weiterbildung und Anwendung nachhaltiger Anbaumethoden und dienen somit einerseits der Qualitätssicherung der Ware sowie andererseits der Erweiterung persönlicher und geschäftlicher Entwicklungschancen. Indem die Teilnahme am Fairen Handelssystem an die dauerhafte Einhaltung bestimmter Standards geknüpft ist, werden weiterhin demokratische Strukturen und das soziale Kapital in den Erzeugerländern gefördert, Kinder- und Zwangsarbeit ausgeschlossen und der Schutz der Menschenrechte gewährleistet. Neben diesen Zielen

---

[2] Gemeint sind Ansätze einer künstlichen Angebotsverknappung und Preisstabilisierung am Weltmarkt durch Ernteaufkäufe seitens nationaler Institute oder Quotenregelungen in interstaatlichen Abkommen (ICA) (s. Straßburger, 2008).

zielt Fairer Handel auch auf einen Bewusstseinswandel bei den Verbrauchern ab und gibt ihnen die Möglichkeit, sich durch bewusste Auswahl von gelabelten Produkten im Rahmen ihrer Konsumgewohnheiten im Alltag zu engagieren. Zusammengefasst stützt sich Fairer Handel (ohne produktspezifische Standards; siehe hierzu www.fairtrade.net oder www.fairtradedeutschland.de) auf folgende Kriterien:

Für Fairtrade-Käufer (Händler und weiterverarbeitende Unternehmen)

■ Zahlung stabiler Mindestpreise je nach Kaffeesorte, Aufbereitung und Region

■ Zahlung einer festen Fairtrade-Prämie (pro definierte Produkteinheit) für Gemeinschaftsprojekte im Ursprung und Investitionen zur Produktivitätssteigerung und Qualitätsverbesserung

■ Zusätzlicher fester Preisaufschlag (pro definierte Produkteinheit) für kontrolliert biologischen Anbau

■ auf Forderung der Produzenten ggf. Vorfinanzierung der Ernte (bis 60%) und das Bestreben, langfristige und direkte Lieferbeziehungen aufzubauen.

Unternehmen, die diese Kriterien nachweislich erfüllen, dürfen auf Basis eines Lizenzvertrags für die fair gehandelten Produkte das Fairtrade-Siegel verwenden.

Für Fairtrade-Produzenten[3]

■ Zusammenschluss in demokratischen und transparenten Organisationen (z.B. Kooperativen), die sich für eine nachhaltige Entwicklung von Ökologie, Bildung und Frauenförderung einsetzen

■ Verbot von Zwangs- und illegaler Kinderarbeit

■ Förderung umweltschonender Anbauweisen (weitgehender Verzicht auf Pestizide, Erosions- und Trinkwasserschutz, Wasseraufbereitung und Wiederverwendung).

Um ein ausreichendes Angebot zu ermöglichen und möglichst viele Endverbraucher zu erreichen, mussten insbesondere bei Entstehen der nationalen Fairtrade-Siegelinitiativen Anfang der 90er Jahre kommerzielle Röstunternehmen und Weiterverkäufer überzeugt werden, fair gehandelte Produkte in ihr Warenangebot aufzunehmen. Die Motivation für diese Unternehmen, in den Fairen Kaffeehandel einzusteigen, war bzw. ist dabei meist mit der Intention begründet,

■ neue Marktsegmente zu identifizieren bzw. zu erschließen,

■ die bestehende Produktpalette zu differenzieren bzw. zu diversifizieren,

---

[3] Für Kaffee können sich unter Einhaltung der produktspezifischen Kriterien ausschließlich Kleinbauern und -bäuerinnen zertifizieren lassen und ihr Produkt zu Fairtrade-Konditionen verkaufen.

■ gezielt geäußerte Nachfrage von bereits bestehenden Kunden zu befriedigen,

■ das persönliche Engagement einzelner Mitarbeiter zu unterstützen,

■ die Reputation des Unternehmens zu stärken und/oder

■ aus echter Überzeugung, persönlicher Erfahrung o.ä. heraus die Situation der Produzenten in den Erzeugerländern verbessern zu wollen.

Bereits zu Beginn der Fairhandelsinitiativen war Kaffee ein elementares Produkt und bleibt es trotz der stetigen Ausweitungen des fair gehandelten Produktportfolios bis heute. Im Jahr 2011 – knapp zwei Jahrzehnte nach Begründung der Siegelinitiativen des Fairen Handels – lässt sich in Deutschland ein grundsätzliches Bekenntnis zu Fairtrade sowie Engagement fast aller namhaften Kaffeeröster konstatieren. Insbesondere in den Jahren 2006 bis 2010 hat die Mehrheit dieser Unternehmen Eigenmarken mit Fairtrade-Siegel auf den Markt gebracht oder ihre bereits bestehende Unterstützung (bzw. Produktpalette) durch andere Maßnahmen intensiviert und ausgeweitet. Die konsequente Verankerung des Fairtrade-Ansatzes in der Unternehmensstrategie und -philosophie weist entsprechend der oben angeführten Intentionen dabei jedoch bei den einzelnen Unternehmen große Unterschiede auf. Zwei Beispiele sollen dies im Folgenden verdeutlichen.

Einführung der Praxisbeispiele

Die Unternehmensgruppe J.J. Darboven

Das Beispiel der Unternehmensgruppe J.J. Darboven zeichnet sich bezüglich seines Engagements für Fairtrade durch mehrere Besonderheiten aus: Allein durch seine Größe hob sich der hanseatische Kaffeekonzern insbesondere in den 90er Jahren von den meisten anderen Lizenznehmern des TransFair e.V.[4] mit deutlichem Abstand ab: Mit inzwischen 13 Tochterunternehmen in acht europäischen Ländern, traditionsreichen und bekannten Marken wie Eilles Gourmet Café, IDEE KAFFEE, Alberto, Café Intención und Mövenpick und einem Jahresumsatz von mehr als 250 Millionen Euro (J.J. Darboven GmbH & Co. KG, 2004) war das Röstunternehmen vor allem auf dem deutschen Markt lange der Gigant und Pionier unter den kommerziellen Anbietern fair gehandelter Kaffees. Unter der Leitung von Albert Darboven ist die Firma nach wie vor ein familiengeführtes Traditionsunternehmen, welches sowohl die Gastronomie als auch den Lebensmitteleinzelhandel mit Qualitätskaffees beliefert. Die fair gehandelte Kaffeemarke Café Intención ist in den vergangenen Jahren zu einer zentralen Marke des Unternehmens geworden, welche in den verschiedensten Geschäftssegmenten erfolgreich vertrieben wird: Unter den Käufern des fair gehandelten Darboven-Kaffees befanden sich z.B. die Fluglinie Air Berlin, McDonalds

---

[4] Seit 1992 ist der gemeinnützige Verein TransFair e.V. als nationale Siegelinitiative für den deutschen Fairtrade-Markt zuständig. Sein Aufgabenspektrum umfasst Siegelmarketing, Pflege und Erweiterung des Produktsortiments, Erschließung neuer Vertriebswege im Groß- und Einzelhandel sowie eine umfangreiche Informations-, Öffentlichkeits- und Lobbyarbeit bei Verbrauchern, politischen und sozialen Einrichtungen in Deutschland.

Schweiz, große und überregionale Bäckereiketten, zahlreiche deutsche Universitäten und große gastronomische Einrichtungen, aber auch namhafte Supermarktketten.

Bereits 1993, ein Jahr nach der Gründung der deutschen Siegelinitiative Tranfair e.V., begann die Kooperation mit Fairtrade. Damit war das Unternehmen einer der ersten Lizenznehmer auf dem deutschen Markt. Während andere Großkonzerne aus der deutschen Kaffeeindustrie wie Kraft Foods oder Tchibo bezüglich des Fairen Handels noch bis lange nach der Jahrtausendwende zurückhaltend waren oder diesen durch anders gestaltete soziale Projekte und Zertifizierungen (z.B. Rain Forest Alliance) ersetzten, war der fair gehandelte Kaffee von Darboven häufig der einzige, der auch im klassischen Supermarkt der Masse der Konsumenten angeboten wurde. Die Motivation zu diesem frühzeitigen und seitdem kontinuierlichen Engagement basierte dabei sowohl auf unternehmerischen als auch auf persönlichen Aspekten. So wird v.a. die Lebens- und Arbeitserfahrung der Inhaberfamilie Darboven in Lateinamerika und die dadurch entstandene Solidarität mit den dort ansässigen Kaffeebauern häufig zitiert und verschafft dem Unternehmen auch in der Werbung für Fairen Handel einen deutlichen Glaubwürdigkeitsvorsprung gegenüber anderen Organisationen. Die eigenen Erfahrungen der Inhaber in den Anbauländern und die Kenntnis der Mentalität der Handelspartner ermöglichen es Darboven zudem, nicht nur die Gründe seines Engagements authentisch zu vermitteln, sondern ebenso persönlichen Kontakt zu den Kooperativen zu pflegen und die daraus gewonnen Informationen gezielt für die Neukundengewinnung und -bindung einzusetzen.

Entgegen vieler anderer Unternehmensbeispiele wurde Fairer Handel bei Darboven schon frühzeitig nicht nur als Motiv gebendes Hintergrundsystem, sondern als Identität stiftendes Markenprodukt angeboten: Café Intención – der „Kaffee der guten Absicht". Das heutige Produktdesign der Marke sticht durch eine auffällige Farb- und Motivgestaltung im Supermarktregal hervor. Auf dem Cover ist ein Kaffeepflanzer zu sehen, der vor seinem Produkt kniet und eine letzte Selektion der besten Bohnen vorzunehmen scheint. Hierdurch wird gemäß dem Fairtrade-Ansatz an das Qualitätsbewusstsein der Kunden und den Wert des Rohstoffes Kaffee appelliert. Mit einer aktiven Qualitätspolitik und gezielter Markenführung hat J.J. Darboven einen großen Beitrag geleistet, die einstigen gesellschaftlichen Vorurteile gegenüber Fairem Handel bzw. einer geminderten Qualität fair gehandelter Kaffees abzubauen und somit das Image von Fairtrade insgesamt positiv zu beeinflussen. In Informations- und Werbematerialien sowie auf der Internetpräsenz des Unternehmens und dem Produkt selbst wird explizit darauf hingewiesen, dass Qualität und Fairer Handel sich in keinster Weise ausschließen, sondern vielmehr gegenseitig positiv beeinflussen. Das Produktsortiment wurde seit Beginn der Fairtrade-Kooperation stetig erweitert und u.a. durch eine Bio-Zertifizierung komplettiert.

Der „Gewinn" durch Fairen Handel besteht bei J.J. Darboven in dem Erwerb einer zusätzlichen Handelsmarke mit hohem Wiedererkennungswert und positiver Absatzentwicklung, aber auch in einer deutlichen Imageverbesserung des Unternehmens. Der sowohl persönlich als auch unternehmerisch begründete, enge Bezug zur Thematik, gezielte Werbemaßnahmen bei gleichzeitiger Nutzung aller externen und internen Kommunikations-

und Einflusswege in das gesellschaftliche Umfeld sowie die Konzentration auf eine sorg-fältig ausgestaltete, kommerzielle Handelsmarke mit Fairtrade-Siegel bilden ein erfolgrei-ches, praktisches Beispiel dafür, wie Fairer Handel und gesellschaftliche Verantwortung in großen Unternehmen verknüpft und gestaltet werden können. Dies wurde entsprechend belohnt: 2009 wurde Albert Darboven seitens des Transfair e.V. der erste deutsche Fair-trade-Award in der Kategorie Wirtschaft-Hersteller verliehen.

Die positiven Imagewirkungen für den Röstkonzern aufgrund dieses Engagements wer-den durch dessen vielfältige soziale, ökologische und kulturelle Aktivitäten als Corporate Citizen noch verstärkt. Die Unterstützung der Welthungerhilfe und verschiedener Um-weltprojekte, das Sponsoring von Kultur- und Sportevents sowie Projekten der Hambur-ger Stadtentwicklung und die jährliche Verleihung des Idee-Förderpreises für Jungunter-nehmer/innen sind einige Beispiele für dieses Engagement (J.J. Darboven GmbH & Co. KG, 2004).

Die Privatrösterei Vollmer Kaffee

Die Privatrösterei Vollmer Kaffee GmbH & Co.KG ist ein familiengeführtes Unternehmen, das 1936 zunächst regional im Raum Münster, heute in ganz Deutschland hochwertige Kaffees im Außer-Haus-Markt ((System)gastronomie, Hotellerie, gehobene Betriebsver-pflegung und Industrie) vertreibt. Entgegen der Unternehmensgrupe J.J. Darboven ist Vollmer derzeit nicht im Lebensmitteleinzelhandel mit Eigenmarken aktiv. Aufgrund von Größe und Unternehmensphilosophie ist das Familienunternehmen vor allem als regional verankerter Partner von inhabergeführten Betrieben etabliert, verfügt aber andererseits ebenso über internationale Lieferbeziehungen zu großen Industrieunternehmen. Seit vie-len Jahren hält Vollmer Kaffee die Marktführung im Münsterland und weitet seine Ge-schäftsaktivitäten auf Basis dieser Position überregional aus. Durch selektiven Rohstoffbe-zug von Kleinprovenienzen, traditionell-handwerklicher statt industrieller Veredelung und aktiver Kompetenzvermittlung im Rahmen der Kundenbetreuung hat sich das Unter-nehmen fest als Premiumanbieter im Segment Heißgetränke etabliert.

In Abgrenzung zu vielen anderen Kaffeeröstern erweiterte Vollmer Kaffee sein Produkt-portfolio sehr früh um nachhaltig produzierte und gehandelte Kaffees. Das 1995 begonne-ne Fairtrade-Engagement der Rösterei wurde mit der Entwicklung eines fair gehandelten Stadtkaffees eingeleitet, welches als Gemeinschaftsprojekt mit der deutschen ATO[5] Gepa und der Stadt Münster initiiert wurde. Der fair gehandelte und biologisch angebaute

---

[5] Mit der Entstehung der systematisch operierenden ATOs (Alternative Trade Organization) be-gann das Konzept des alternativen Handels, dessen weiterentwickelte Form heute Fairer Handel ist. Ziel dieses Ausgangsmodells war es, dem aus seiner Sicht ausbeuterischen, konventionellen Handelssystem ein umfassendes Alternativkonzept im Sinne eines geschlossenen Non-Profit-Netzes entgegenzustellen und durch Verkaufsarbeit sowie Thematisierung der Nord-Süd-Prob-lematik die Situation der benachteiligten Produzenten in den Entwicklungsländern zu verbessern. Wichtigster Akteur unter den ATOs auf dem deutschen Fairhandelsmarkt ist die 1975 gegründete Gesellschaft zur Förderung der Partnerschaft mit der Dritten Welt mbH (Gepa).

Münster Kaffee bildet bis heute das Kernprodukt des nachhaltigen Kaffeesortiments von Vollmer und betont dessen Rolle als regional gewachsenes Unternehmen. Über den Münster-Kaffee hinaus, der v.a. von Bäckereien und lokalen Geschäften an Endverbraucher wiederverkauft wird, hat Vollmer Kaffee heute ebenfalls ein Vollsortiment für den Außer-Haus-Markt entwickelt, welches zu 100% Fairtrade- und Bio-zertifiziert ist und auch bei Großabnehmern, z.B. in der Hotellerie, erfolgreich etabliert ist.

Als Premiumanbieter verfolgt Vollmer Kaffee auch bei den nachhaltigen Produkten eine aktive Qualitätspolitik. Der hohe Anspruch des Unternehmens definiert Nachhaltigkeit als Zusatznutzen des Produkts, welches jedoch ansonsten der Qualität der übrigen Produktpalette in nichts nachstehen darf. Das bisherige Fehlen einer fair gehandelten Eigenmarke kompensiert Vollmer insbesondere durch die Entwicklung kundenspezifischer fair gehandelter Kaffeekonzepte und Eigenlabel, die neben einer individuellen Produktzusammensetzung durch umfassendes Zubehör im Kundendesign und Informationsmedien ergänzt werden. Hierbei wird die Kommunikation bezüglich Fairtrade- und Bio-Zertifizierung des Produkts, seiner Herkunft sowie des Kundenengagements ausführlich dargelegt.

Die nachhaltige Ausrichtung des Unternehmens wurde intern mit der Schaffung eines Kompetenzbereichs Corporate Social Responsibility 2009 deutlich verstärkt und das Thema Nachhaltigkeit auch abteilungsübergreifend als Teil der Gesamtstrategie des Unternehmens institutionalisiert. Die Aufgaben der neu geschaffenen Stelle „Key Account Manager CSR" umfassten sowohl Vertriebsaktivitäten (Neukundenakquise und Betreuung von Groß- und Schlüsselkunden mit nachhaltigen Produkten) als auch Unterstützung in der nachhaltigen Beschaffung (Lieferantenkontakt und -besuche in Produzentenländern, Aufbau von Partnerschaften mit Fairtrade-Kooperativen), weitreichende Marketing- und PR-Maßnahmen (Vernetzung und Positionierung von Vollmer als nachhaltiges Unternehmen) sowie interne und externe (kundenspezifische) Nachhaltigkeitsschulungen.

Die Intensivierung seiner Fairtrade-Bemühungen seit 2009 flankierte Vollmer Kaffee erfolgreich durch eine Reihe weiterer CSR-Maßnahmen. Hierzu zählt beispielsweise die Umstellung des Fuhrparks auf emissionsarme Fahrzeuge wie auch der Wechsel zu Grüner Energie zur Versorgung der gesamten Produktion und Verwaltung des Unternehmens.

Anforderungen an eine tragfähige CSR — Bewertung und Vergleich in der Praxis

Im Folgenden soll anhand von praktischen Beispielen[6] untersucht werden, inwieweit die zuvor eingeführten Unternehmen derzeit eine tragfähige CSR-Strategie aufweisen und umsetzen. Den Bezugspunkt hierfür bilden die im Abschnitt „Anforderungen an eine tragfähige CSR" angeführten Kernkriterien eines tragfähigen CSR-Ansatzes.

---

[6] Der vorliegende Praxisbericht basiert auf öffentlich verfügbaren Informationen und persönlichen Erfahrungen und Einschätzungen der Autorin und erhebt keinen Anspruch auf Vollständigkeit.

Bezug zum Kerngeschäft

Zunächst wurde die Forderung eines zumindest sinnhaften Bezugs der CSR-Thematik zur Geschäftstätigkeit formuliert. Dies sollte gewährleisten, dass das jeweilige Unternehmen einerseits die Motivation zu einem bestimmten, sozialen Engagement glaubhaft kommunizieren kann und andererseits durch seine Expertise in diesem Themenbereich einen effizienten Problemlösungsbeitrag leistet.

Bei beiden vorgestellten Unternehmen steht ein nachhaltiges Produktportfolio (Fairtrade- und Bio-Kaffees) im Kern ihrer CSR-Aktivitäten. Als Röstunternehmen mit hohem Qualitätsanspruch ist das Angebot fair gehandelter und biologisch angebauter Kaffees unmittelbarer Teil ihrer Geschäftstätigkeit und somit ebenso integraler Bestandteil ihrer Unternehmensstrategie. Eine darüber hinausgehende, emotionale Bindung an die Fairhandelsthematik wie im Falle J.J. Darboven durch die Herkunft der Inhaberfamilie steigert den sinnhaften Bezug und die Glaubwürdigkeit zwar deutlich, ist jedoch für eine glaubhafte Kommunikation nicht unbedingt notwendig. Im Falle von Vollmer wird der sinnhafte Bezug von nachhaltigen Produkten zum Unternehmen zusätzlich mit seinem besonders hohen Qualitätsbewusstsein gestützt. In der Pressemitteilung zu CSR und Fairtrade heißt es beispielsweise:

„Kaffee ist ein äußerst empfindliches und wertvolles Gut. Sein Anbau und seine Verarbeitung sind sehr arbeitsintensiv und erfordern große Sorgfalt. Die Motivation der Menschen, die diese Arbeit erbringen – und somit auch die Qualität des Kaffees – ist untrennbar mit einer angemessenen Bezahlung ihrer Anstrengungen verbunden. Dasselbe gilt für eine gesunde Umwelt. Auch sie ist unabdingbare Voraussetzung für einen Kaffee von Spitzenqualität" (Privatrösterei Vollmer Kaffee GmbH & Co. KG, 2010, S.1).

Die umweltentlastende Umstellung des Fuhrparks von Vollmer steht aufgrund der starken Vertriebsorientierung des Unternehmens und seines Schwerpunkts auf individuelle und umfassende Kundenbetreuung und damit verbundener Wegstrecken ebenfalls in unmittelbarem Bezug zum Kerngeschäft. Maßnahmen beider Unternehmen zur Senkung des Energieverbrauchs bzw. Umstellung auf Grünen Strom betreffen aufgrund der energieintensiven Röstvorgänge ebenso unmittelbar deren Geschäftstätigkeit.

Nutzung von Unternehmensnetzwerken

Als zweites Kriterium war die Nutzung von internen und externen Netzwerken des Unternehmens zur Unterstützung der CSR-Maßnahmen genannt worden. Diese soll einen höheren Wirkungsradius und Erfolgsgrad im Vergleich zu Lösungsansätzen für gesellschaftliche Probleme seitens z.B. staatlicher Akteure bewirken.

Beide Unternehmen erfüllen auch dieses Kriterium in besonderem Maße. So leistete beispielsweise J.J. Darboven im Rahmen einer umfassenden Promotiontour gemeinsam mit dem Transfair e.V. und den Studentenwerken umfassende Aufklärungsarbeit zu Fairem Handel an deutschen Universitäten. Des Weiteren trat das Unternehmen in Zusammenarbeit mit dem katholischen Hilfswerk ADVENIAT an weitere Unternehmen heran, um diese gemeinsam von der Relevanz gesellschaftlicher Verantwortung von Unternehmen zu überzeugen und zum Handeln aufzurufen. Die Zusammenarbeit basierte hierbei auf vertraglich vereinbarten Rückvergütungen, die der Organisation ADVENIAT pro verkauftem Kilo fair gehandelten Darboven-Kaffees an das involvierte Unternehmen zugeführt und für die Finanzierung von Hilfsprojekten in Lateinamerika verwendet wurden. So profitierten alle Akteure von dieser Vernetzung und gemeinschaftlichen Vorgehensweise: J.J. Darboven (verbesserte Absatzkanäle, Imageverbesserung, Stärkung der Vernetzung), das einbezogene Unternehmen (nachhaltiger Produktbezug, Imageverbesserung), ADVENIAT (Erhalt weiterer Fördergelder, Vernetzung mit wirtschaftlichen Akteuren), die Fairhandelsorganisationen (positive und öffentlichkeitswirksame PR, verbesserter Absatz fair gehandelten Kaffees), Fairtrade-Kaffeeproduzenten sowie ADVENIAT-Fördergruppen in Lateinamerika (Unterstützung durch Fairtrade-Prämien bzw. ADVENIAT-Hilfsprojekte).

Auch Vollmer Kaffee nutzt aktiv Unternehmensnetzwerke im Rahmen seiner CSR-Strategie. Die Fairtrade-Kooperation des Unternehmens mit der Stadt Münster ist nur ein Beispiel hierfür, welches durch weitere Aktivitäten wie z.B. kontinuierliche Vortragsreihen und Schulungen bei Vereinen und Geschäftspartnern zu Nachhaltigkeit und Fairtrade ergänzt wird. Während Vollmer sich seiner regionalen Verankerung entsprechend v.a. in regionalen Netzwerken engagiert, wird bei J.J. Darboven ein eher (inter)nationaler Wirkungskreis der Unternehmensvernetzung deutlich. Die personelle Einbeziehung der Geschäftsführung und Inhaberfamilie Darboven in diese Aktivitäten ist für die Nutzung von Unternehmensnetzwerken und deren Wirksamkeit als besonders vorteilhaft zu bewerten.

Herbeiführung einer Win-Win-Situation
Das dritte Kriterium, welches für die erfolgreiche Umsetzung einer CSR-Strategie vorausgesetzt wurde, war die Herbeiführung einer gegenseitigen Vorteilssituation sowohl für das engagierte Unternehmen als auch für die von der CSR-Strategie adressierten gesellschaftlichen Stakeholder. Auf Seite der Unternehmen kann es sich bei dem erzielten Vorteil sowohl um einen rein monetären Gewinn aus z.B. nachhaltigem Warenabsatz als auch um einen immateriellen Gewinn in Form von Reputationsaufbau, Imageverbesserung und Befriedigung sozialer Bedürfnisse (Überzeugung bzw. Gewissen) handeln.

Beim praktischen Beispiel der Unternehmensgruppe J.J. Darboven lässt sich zunächst eine Umsatzsteigerung durch die nachhaltige Produktpalette als unmittelbarer Vorteil nennen. Mit der neuen Marke Café Intención konnten in der Vergangenheit (u.a. mithilfe starker Kooperationspartner, wie oben skizziert) komplexe neue Kundensegmente erschlossen werden. In den bestehenden Kundenbeziehungen konnte durch die Produktdiversifizierung und damit verbundener Konzeptansätze häufig eine höhere Kundenbindung erreicht werden. Das langjährige und proaktive Engagement der Inhaberfamilie sowie eine ausführliche Kommunikation bezüglich Neukunden und Kooperationsprojekten haben zudem das positive Image des hanseatischen Röstunternehmens gestärkt. Die Auszeichnung Albert Darbovens mit dem Fairtrade-Award 2009 rundete diese Entwicklung ab.

Bezüglich der adressierten Gesellschaftsgruppen war u.a. durch die starke Präsenz im Lebensmitteleinzelhandel und die damit verbundenen breiten Absatzkanäle der entsprechende Förderbeitrag (in Form von Prämienausschüttung) für die Fairtrade-Kaffeeproduzenten deutlich höher als beim zweiten Unternehmensbeispiel Vollmer Kaffee. Auch die Fairtrade-Organisationen selbst profitierten vor allem in den frühen Jahren von den öffentlichkeitswirksamen und absatzstarken Engagements der Firma J.J. Darboven. Zuletzt lässt sich hier ebenso eine Vorteilssituation derjenigen Endverbraucher ableiten, die einen nachhaltigen Konsum suchen und im Rahmen ihres Alltags (hier: bei der Kaufentscheidung im Supermarkt) selbst einen sozialen oder ökologischen Beitrag leisten wollen, ohne dabei auf den allgemeinen Gebrauchsnutzen des Produkts (Geschmack, Qualität, Verfügbarkeit etc.) zu verzichten.

Im Falle des Münsteraner Rösters Vollmer Kaffee profitiert das mittelständische Unternehmen von seinen CSR-Maßnahmen vor allem in Form einer Profilschärfung gegenüber Mitbewerbern als kompetenter Partner für Nachhaltigkeit und nachhaltige Produktentwicklung. Dies basiert zum einen auf dem individuellen Konzeptansatz, der, vom Produkt ausgehend, auch die Entwicklung kundenspezifischer Produktkonzepte und Kommunikationsmedien umfasst. Der Ansatz des Unternehmens geht also über eine reine Belieferung seiner Kunden mit dem nachhaltigen Kaffeeprodukt hinaus hin zu einer beratenden Tätigkeit bezüglich seiner Vermarktung, internen Kommunikation sowie Integration in die bestehenden Geschäftsabläufe des Kunden. Zum anderen flankiert Vollmer sein Fairtrade-Engagement mit weiteren Maßnahmen (s.o.) und kommuniziert dieses auch stets innerhalb eines ganzheitlichen Nachhaltigkeitsansatzes. Kunden und Geschäftspartner profitieren von einer Beratungsleistung, die über den eigentlichen Produktbezug einen umfassenden Wissenstransfer zu Nachhaltigkeit und CSR umfasst. Insbesondere in der Kundenkommunikation und Mitarbeiterschulungen hat sich diese Betreuungsleistung seitens Vollmer Kaffee bewährt. Die damit verbundene Aufklärungsarbeit und Informationsleistung (s. „Angemessene CSR-Kommunikation") kommt auch den Fairtrade-Produzenten sowie den Fairtrade-Organisationen zugute.

Grundsätzlich erfüllen also beide Unternehmen auch dieses Kriterium mit je unterschiedlicher Gewichtung, indem sie für die eigene Organisation und für verschiedene Anspruchsgruppen einen Vorteil erzielen. Bei beiden Unternehmen ist jedoch unklar, inwieweit z.B. Mitarbeiter als Stakeholder von CSR-Maßnahmen adressiert werden oder mit diesen in Beziehung stehen. Eine Ausnahme bilden hier die Vertriebsmitarbeiter, die durch ihre Tätigkeit unmittelbar mit dem fair gehandelten Produkt zu tun haben bzw. von Prämienzahlungen auf Basis des Vertriebsergebnisses profitieren. Des Weiteren liegen keine Informationen darüber vor, inwieweit die CSR-Ansätze evtl. zu einer besseren Mitarbeitermotivation oder -bindung geführt haben. Im Falle von Vollmer Kaffee konnte trotz intensiver Schulungsaktivitäten eine nachhaltige, abteilungsübergreifende und umfassende Identifizierung seitens der Mitarbeiterschaft mit der CSR-Ausrichtung nicht beobachtet werden. Auch im Falle J.J. Darboven ließ sich trotz aktiver Einbeziehung und Vorbildcharakter der Inhaberfamilie nur in Einzelfällen eine höhere Identifikation mit dem Unternehmen und/oder Fairtrade aufgrund des Engagements feststellen. Diese Ausnahmen bildeten einzelne Mitarbeiter mit einem engen Bezug zur Thematik in ihrem täglichen Arbeitsalltag. So wurde z.B. eine Marketing-Mitarbeiterin im Rahmen des Produktlaunchs Café Intención nach Lateinamerika zu Fairtrade-Produzenten entsandt. Im Folgenden stellte sie eine zentrale Schlüsselperson für die weitere Entwicklung des CSR-Ansatzes im Unternehmen dar.

Überprüf- und Messbarkeit

Hinsichtlich der Überprüfbarkeit, die für eine tragfähige CSR-Strategie gefordert wurde, hat ein Engagement für Fairtrade – Kern der hier untersuchten CSR-Ansätze – einen deutlichen Glaubwürdigkeitsvorsprung gegenüber anderen CSR-Projekten. Dieser beruht zum einen auf dem mehrstufigen und von den Unternehmern unabhängigen Kontrollsystem seitens Fairtrade: Alle Akteure entlang der fairen Handelskette werden von verschiedenen Einheiten von FLO-Cert, der unabhängigen und weltweit tätigen Kontrollinstanz der Fairtrade-Organisationen, bezüglich der Einhaltung der Fairtrade-Standards überprüft[7]. Durch die umfassende externe Kontrolle wird das CSR-Kriterium der Überprüfbarkeit als vollständig erfüllt angesehen.

Bezüglich der geforderten Messbarkeit von CSR ließen sich in den vorliegenden Praxisbeispielen verschiedene Daten als Kernindikatoren heranziehen: Zum einen ließen sich die finanziellen Kosten der Unternehmen für die Siegelnutzung (Lizenzgebühren), die als fixer Betrag pro Produkteinheit definiert sind und von ihnen an den Transfair e.V. entrichtet werden, als Förderbeitrag für die Siegelinitiative (im Sinne eines Marketingbudgets) und aufgrund deren öffentlichkeitswirksamer Kampagnen und Aufklärungsarbeit als Unterstützungsleistung des Fairhandelsgedankens insgesamt interpretieren. Ebenso ließe sich anhand des Warenabsatzes aufgrund der festgeschriebenen, pro Wareneinheit definierten Prämienausschüttung an die Produzenten ihr gesellschaftlicher Beitrag bzw. das quantitative Ergebnis ihres Engagements kalkulieren. Leider veröffentlichen nur wenige Lizenznehmer und so auch die zwei hier betrachteten Unternehmen ihre genauen Absatzzahlen fair gehandelter Produkte nicht. Dies lässt sich neben Wettbewerbsgründen in vielen Fällen auf die Tatsache zurückführen, dass konventionell gehandelte Produkte gegenüber den nachhaltigen (u.a. aufgrund fehlender Nachfrage und Preisbereitschaft seitens der Konsumenten) immer noch den Großteil des Gesamtabsatzes ausmachen, sodass eine genaue Angabe hier eher Kritik und Glaubwürdigkeitsverluste seitens Medien und Stakeholder denn Lob am Erreichten hervorrufen könnte. Des Weiteren müsste eine genaue quantitative Messung des Fairtrade-Engagements auch Investitionen in eigene Kommunikationskampagnen und ihre Wirksamkeit untersuchen sowie Entwicklungskosten individueller Marketingmaßnahmen für Kunden umfassen, die Fairtrade-Kaffee beziehen und ihn so individuell bewerben. Zuletzt könnte eine Analyse und Bewertung der Mehrkosten, die in Zeiten niedriger Kaffeepreise durch Zahlung des höheren Fairtrade-Mindestpreises zugunsten der Kaffeeproduzenten entstehen, als quantitativer Leistungsindikator herange-

---

[7]   Ausführliche Informationen zu den Kontrollmechanismen siehe www.flo-cert.net.

zogen werden. Auch diese Daten sowie eine Angabe zu Zeitspannen, in denen die Mindestpreisregelung greift, werden in der Praxis jedoch nicht kommuniziert. Somit lässt sich der konkrete finanzielle Beitrag des Fairtradeengagements für externe Stakeholder derzeit kaum bestimmen.

Aus Unternehmenssicht ließe dagegen die interne Datenlage eine Bemessung der oben genannten Kosten und Investitionen sowie Förderbeiträge weitestgehend zu. Der Versuch, z.B. eine Messung der Imageverbesserung durch Befragungen von Kunden oder Mitarbeitern vorzunehmen, blieb bei beiden Praxisbeispielen bislang ebenso unbeachtet. Berechnungen wie z.B. die Einsparung von Emissionen in Folge der Umstellung auf Grünen Strom oder einen effizienteren Fuhrpark liegen derzeit ebenfalls nicht vor. Insgesamt schöpfen beide Unternehmen die potenzielle Messbarkeit ihrer CSR-Strategie nur teilweise bzw. vor allem für den internen Gebrauch aus.

Integration in die Unternehmensstrategie
Der thematische Bezug der CSR-Maßnahmen der beiden Kaffeeröster zu ihrem Kerngeschäft wurde bereits in diesem Kapitel bestätigt. Jedoch bedarf die Frage nach einer vollständigen Integration in die Unternehmensstrategie einer differenzierten Betrachtung. Auf Produktebene ist der Nachhaltigkeitsansatz durch Fairen Handel und Bio definiert und in das jeweilige Produktportfolio vollständig integriert. So bietet das Unternehmen J.J. Darboven unter seinen Handelsmarken auch eine vollständige Markenwelt Café Intención nebst Verkaufsfördermitteln und Zubehör (z.T. ebenfalls aus Fairem Handel) an. Entsprechend der anderen Marken gelten auch hier hohe Ansprüche an Qualität und konzeptioneller Ausgestaltung des Produkts. Inwieweit jedoch gesonderte Zielvorgaben für den verstärkten Absatz nachhaltiger Produkte vorgegeben wurden, um z.B. einen bestimmten Mehrerlös in Summe X für die Kaffeeproduzenten als strategisches Ziel zu erreichen oder die CSR-Ausrichtung des Unternehmens zu forcieren, ist nicht bekannt. Betrachtet man des Weiteren z.B. die öffentliche Darstellung der Unternehmensphilosophie (J.J. Darboven GmbH & Co. KG, www.darboven.com), so wird zwar eine umweltbewusste Unternehmensführung im Röstvorgang sowie die ISO-Zertifizierung des Unternehmens angesprochen, nicht aber das Engagement für Fairtrade, das somit losgelöst und nicht als Teil der Unternehmensstrategie bzw. grundsätzlichen Unternehmensausrichtung erscheint. Auch eine übergeordnete Erklärung zu einem Nachhaltigkeitsverständnis, CSR-Kernthemen und deren Umsetzung auf Unternehmensebene, die u.a. mit klaren Zielvorgaben verbunden wäre, wird hier derzeit nicht kommuniziert.

Im Falle von Vollmer Kaffee sind Nachhaltigkeit und CSR in der Vision und Mission des Unternehmens integriert und werden auch in der Selbstdarstellung des Unternehmens explizit als strategische Themen genannt:

„Corporate Social Responsibility (CSR) und Nachhaltigkeit sind eine Herzensangelegenheit von Vollmer und wichtiger Bestandteil der Unternehmensstrategie. Als Unternehmen haben wir eine besondere Verantwortung den Menschen und der Umwelt gegenüber. Das Bewusstsein hierfür und das konsequente Handeln in diesem Bewusstsein wird CSR genannt. Dabei geht es nicht um eine einmalige Spende, sondern die nachhaltige Integration sozialer, ökonomischer und ökologischer Belange in die Firmenstruktur und die gesamte Wertschöpfungskette" (Privatrösterei Vollmer Kaffee GmbH & Co.KG, 2010, S.1.). Der Einsatz für Fairen Handel und biologischen Kaffeeanbau wird unmittelbar zu den Basiswerten der unternehmerischen Strategie – Premiumqualität, Individualität, Partnerschaft – in Beziehung gesetzt und damit begründet: Kaffee ist ein äußerst empfindliches und wertvolles Gut. (…) Die Motivation der Menschen, die diese Arbeit erbringen – und somit auch die Qualität des Kaffees – ist untrennbar mit einer angemessenen Bezahlung ihrer Anstrengungen verbunden. Dasselbe gilt für eine gesunde Umwelt. Auch sie ist unabdingbare Voraussetzung für einen Kaffee von Spitzenqualität. Für Vollmer Kaffee ist darum die Beachtung folgender Prinzipien in den Ursprungsländern essenziell (Privatrösterei Vollmer Kaffee GmbH & Co. KG, 2010, S.1.):

- Förderung sozialer Projekte in den Anbauländern

- striktes Verbot von Kinderarbeit

- Preisaufschlag für kontrolliert ökologische Ernte

- Förderung umweltschonender Maßnahmen

- Vorfinanzierung der Ernte

- stabiler Mindestpreis für Rohkaffee.

Sowohl bezüglich Fairem Handel als auch bei anderen CSR-Maßnahmen, z.B. CO_2-Einsparungen, fehlen jedoch bislang messbare und überprüfbare Kernindikatoren sowie quantitative Ziele, die die strategische Integration und Umsetzung belegen.

Freiwilligkeit der Maßnahmen
Alle genannten CSR-Aktivitäten der beiden Röstunternehmen erfolgen freiwillig. Bisher gibt es keinerlei gesetzliche Vorgaben oder Richtlinien, die das Angebot nachhaltiger Produkte, höhere Energieeffizienz im Röstvorgang o.ä. bedingen würden. Da der Großteil der Mitbewerber innerhalb der deutschen und internationalen Kaffeebranche heute Fairtrade und Bio-Kaffees anbietet, kann man von einem hohen Marktdruck sprechen, der evtl. den Freiwilligkeitsgrad einschränken könnte. Dies betrifft aber die vorliegenden Unternehmen aufgrund ihrer Pionierrolle in den 90er Jahren und ihrem daraus resultierenden Erfahrungs- und Glaubwürdigkeitsvorsprung im Fairen Handel kaum. Der Erfolg beider Unternehmen durch diese freiwilligen CSR-Maßnahmen äußert sich sowohl in der Erschließung neuer Kundenkreise, Absatzwachstum als auch in einer Schärfung des unternehmerischen Profils und einer nachhaltigen Imageverbesserung gegenüber Mitbewerbern, die zuletzt durch externe Auszeichnungen noch potenziert wird.

Kontinuität in Entwicklung und Umsetzung
Das Kriterium der Kontinuität lässt sich bezüglich des Engagements für Fairen Handel sowohl bei Vollmer Kaffee als auch bei J.J. Darboven als erfüllt betrachten, da es sich hier nicht um ein einmaliges soziales Projekt, sondern den Aufbau langfristiger, fair gestalteter

Lieferbeziehungen handelt und beide Unternehmen bereits seit den 90er Jahren fair gehandelte Produkte vertreiben. Zwar besteht seitens der Fairtrade-Organisationen keine Verpflichtung zu einer zeitlich determinierten Kooperation, jedoch liegt es anhand der Produkt- und Absatzkopplung nahe, dass ein nur kurzfristiges Engagement für das lizenzierte Unternehmen keine Vorteilssituation impliziert. Für die umfassende Einbindung des Fairen Handels ins Unternehmen sowie insbesondere für den Aufbau und erfolgreichen Vertrieb einer ethisch intendierten Marke ist eine langfristige und kontinuierliche Unterstützung notwendig. Die Interdependenz von Kontinuität und Win-Win-Situation wird hier besonders deutlich. Bezüglich einer weiteren kontinuierlichen Ausgestaltung von CSR in den hier betrachteten Beispielen sei auf Anmerkungen im Abschnitt „Institutionalisierung in der Organisation und Stringenz" verwiesen.

Angemessene CSR-Kommunikation

Bezüglich einer angemessenen Kommunikation der CSR-Maßnahmen lassen sich für die betrachteten Unternehmen folgende Beobachtungen schildern:

- Interne Information und Einbeziehung der Mitarbeiter: Bei Vollmer Kaffee wurde mit Beginn einer verstärkten CSR-Ausrichtung 2009 ein Großteil der Mitarbeiter in mehrstufigen Trainings zu Themen wie CSR, Nachhaltigkeit und Fairer Handel geschult. Ziel der Schulungsmaßnahme war es, Abkürzungen und Begrifflichkeiten (CSR, CC etc.) zu erklären, zu verstehen und in ihrem (Arbeits-)alltag umzusetzen (u.a. durch vertrieblichen Fokus auf nachhaltige Produkte, nachhaltigen Einkauf etc.). Des Weiteren sollte der Bezug des Unternehmens zu diesem Thema, die praktische Ausgestaltung und insbesondere die Systematik von Fairem Handel in Abgrenzung zu anderen Zertifizierungen analysiert werden. Im Folgenden wurde die CSR-Schulung essenzieller Bestandteil des Einarbeitungsprozesses neuer Mitarbeiter. Im Rahmen der Schulungen war festzustellen, dass insbesondere der Bezug der CSR-Maßnahmen zum eigenen Handeln (und mögliche individuelle Chancen daraus wie z.B. im vertrieblichen Erfolg nachhaltiger Produkte) häufig unklar war bzw. es eine anfängliche Skepsis gegenüber diesen Themen zu überwinden galt, die nur langfristig abgebaut werden konnte. Dabei wurde zum einen auf den vermeintlichen Mehraufwand der neuen Thematik verwiesen als auch auf andere Themen oder Herausforderungen im unmittelbaren Geschäftsgeschehen, die demgegenüber Priorität hätten. Die Markeneinführung des fair gehandelten Café Intención von Darboven ging ebenfalls mit weitgehenden Schulungsaktivitäten für Mitarbeiter einher. Auch hier zeigte sich jedoch, dass ein Großteil der Mitarbeiter, v.a. mit vertrieblicher Tätigkeit zwar grundsätzlich die Idee des Fairen Handels und den Bezug zur Unternehmensführung kannte und zumeist befürwortete, es aber zu Beginn als schwierig empfand, diese in Kundengesprächen angemessen zu vermitteln.

- Integration von CSR-Maßnahmen in die Unternehmensaußendarstellung und Produktwerbung: Bei beiden Unternehmen lässt sich eine Vielzahl kreativer Werbemaßnahmen nennen. Während bei J.J. Darboven die Ausgestaltung und Bewerbung der fair gehandelten Marke Café Intención und dessen positive Wirkungsweise in den Anbauländern im Mittelpunkt steht (u.a. anhand eines Filmbeitrags und einer temporär geschalteten eigenen Produkt- und Themen-Website), legte Vollmer Kaffee viel Wert auf umfassende Marketingmaßnahmen, die auf eine ganzheitliche Kommunikation und Erläuterung von Fairem Handel, Nachhaltigkeit und CSR und den Bezug des Unternehmens hierzu abzielten. So wurde beispielsweise eine Reise zu Fairtrade-Produzenten in Lateinamerika durch tägliche Blogberichte mit ausführlichen, kritischen Analysen und Bildmaterial begleitet sowie ein CSR-Glossar auf der Internetseite angelegt, um Begrifflichkeiten dieses relativ neuen Gebiets für Kunden, Interessenten und Mitarbeiter zu erklären. Dies entspricht dem generellen Ansatz des Unternehmens, sich v.a. durch Qualität und Kompetenzvermittlung abzugrenzen.

■ Eine Integration der CSR-Kommunikation in die gesamte Unternehmenskommunikation erfolgt in beiden Unternehmen. Anhand der Pressearchive beispielsweise lassen sich viele Beiträge zum jeweiligen Fairtrade-Engagement, aber auch zu anderen sozialen oder ökologischen Unternehmensaktivitäten finden. Beide Unternehmen verzichten jedoch bisher auf die Veröffentlichung eines resümierten separaten Berichts[8] oder konkreter quantitativer Indikatoren ihrer CSR-Maßnahmen, welche die Glaubwürdigkeit bei ihren Stakeholdern sowie intern die Selbstverpflichtung und Motivation der Mitarbeiter deutlich erhöhen würde. Wie hoch die erzielte Fairtrade-Prämie für die Kaffeebauern war, welche Projekte hierdurch im Geschäftsjahr unterstützt werden konnten und welche Ziele im kommenden diesbezüglich anvisiert werden, bleibt ungenannt und somit auch ungenutztes Kommunikationspotenzial der Fairtrade-Unterstützung. Auch der Beitrag zum Umweltschutz o.ä. wird nicht gemessen und nicht kommuniziert (s.o.).

■ Die Motivation für die Unterstützung Fairen Handels und weiterer CSR-Maßnahmen wird bei Vollmer klar kommuniziert: „Unser Ziel ist es, durch das Angebot eines nachhaltigen Produktkonzepts Ihnen und uns als Röster auch zukünftig hohe Qualität zu garantieren, ökologische Anbaumethoden zu fördern sowie Gewissheit bei den Produktionsmethoden im Ursprung zu verschaffen. Mit Ihnen gemeinsam möchten wir Verantwortung in unserem Kerngeschäft übernehmen und Produzenten in den Ursprungsländern eine nachhaltige Zukunft ermöglichen. Dabei geht es nicht um Zuschüsse, sondern partnerschaftliche Geschäftsbeziehungen, von denen beiden Seiten profitieren, eine sogenannte „Win-Win-Situation" (Privatrösterei Vollmer Kaffee GmbH & Co. KG, www.vollmer-kaffee.de). Hierdurch wird die Glaubwürdigkeit des Unternehmens und seines Engagements erhöht. Die Erfahrung hat gezeigt, dass diese Kommunikation in Kundengesprächen möglicher Kritik gegenüber einem „sozialen Feigenblatt" und „Imagepolierung" erfolgreich vorbeugt. Bei J.J. Darboven lässt sich ein entsprechendes, so offen formuliertes Bekenntnis zu einem gegenseitigen Vorteil bzw. eigenem unternehmerischen Nutzen nicht belegen.

---

[8]   Seitens J.J. Darboven ist jedoch eine erweiterte Nachhaltigkeitskommunikation online geplant (Stand März 2011).

Insgesamt zeigt sich, dass beide Unternehmen eine angemessene Kommunikation ihrer CSR-Maßnahmen anstreben und bereits heute vielseitig umsetzen. Es fehlt jedoch eine deutlichere quantitative Ausrichtung sowie die langfristige Erarbeitung und Kommunikation aller CSR-relevanten Themen, Erfolge und Ziele in einem öffentlich zugänglichen Dokument. Ein solcher Nachhaltigkeits- oder CSR-Bericht würde jedoch vorab die Ausweitung der Themen und Maßnahmen sowie eine stärkere Einbeziehung der Mitarbeiter bedingen, sodass diese die Inhalte als real betrachten bzw. bestenfalls aktiv mit steuern.

Institutionalisierung in der Organisation und Stringenz
Zuletzt wurde für eine tragfähige CSR die entsprechende Institutionalisierung in den jeweiligen Unternehmen gefordert. Diesbezüglich lassen sich für den Fairen Handel die hier detailliert betrachteten Unternehmen als positive Beispiele nennen. Bei Vollmer wurde die CSR-Ausrichtung insbesondere durch die Schaffung der Position „Key Account Manager CSR" institutionalisiert. Durch so ermöglichte, institutionalisierte Mitarbeiter- und Kundenschulungen, PR-Maßnahmen, Aufbau von Partnerschaften zu Fairtrade-Produzenten sowie einschlägige Vertriebsaktivitäten konnte die Verankerung von CSR im Unternehmen insgesamt gestärkt werden. Eine wirklich ganzheitliche Herangehensweise an das Thema Nachhaltigkeit hätte jedoch eine noch stärkere Einbeziehung des CSR-Fachbereichs in alle Unternehmensbereiche und (ggf. Vorbereitung für) abteilungsübergreifende Entscheidungsprozesse zu Nachhaltigkeitsaspekten bedingt. Im Falle J.J. Darboven wurde eine einschlägige CSR-Position in der Vertriebsorganisation bereits nach kurzer Zeit im Zuge von personellen Veränderungen innerhalb der operativen Geschäftsführung wieder eingestellt. Die fortgeführten Fairtrade-Aktivitäten sind heute auf verschiedene Mitarbeiter, insbesondere in Vertrieb und Marketing bzw. Presse verteilt, werden jedoch auch von der Unternehmensspitze getragen und nach außen aktiv vertreten.

Fazit und Ausblick

Die hier vorgestellten Unternehmen geben positive Beispiele dafür, wie CSR auf der Basis eines operativen und greifbaren Produktansatzes natürlich und erfolgreich gewachsen ist. Beide fokussieren ihren Kernthemen entsprechend nachhaltige Kaffeekonzepte bzw. Fairtrade. Dies impliziert eine hohe Authentizität und Glaubwürdigkeit sowie eine effiziente Integration in den Geschäftsalltag, letztere insbesondere aufgrund der Nähe zum Kerngeschäft und des unmittelbaren Bezuges zu den größten gesellschaftlichen Herausforderungen ihrer Branche. Dies ermöglicht wiederum die Herbeiführung einer Win-Win-Situation, welche bestehende Netzwerkstrukturen aufgreift, diese proaktiv nutzt und gleichzeitig stärkt.

Dennoch wird das Potenzial dieser erfolgreichen Maßnahmen noch nicht voll ausgeschöpft und nicht ausreichend strategisch verankert. Die Erarbeitung quantitativer Kernindikatoren für das gezeigte und angestrebte soziale oder ökologische Engagement, die praktische Ausgestaltung einer übergeordneten Querschnittsfunktion CSR, ihrer organisatorischen Verankerung und damit verbundener Mitsprache- und Kompetenzregelungen gehören unabhängig des CSR-Commitments des Gesamtunternehmens zu den größten praktischen Herausforderungen. Optimierungspotenzial in der Institutionalisierung von CSR-Themen besteht bei beiden Unternehmen jedoch nicht nur in Schaffung oder Stärkung eines Fach-bzw. Kompetenzbereichs CSR, sondern auch in der Umsetzung neuer Nachhaltigkeits-themen in anderen Unternehmensbereichen. Insbesondere Mitarbeiter- oder Umweltthe-men werden bislang kaum adressiert. Entsprechend schien in beiden Fällen aus Sicht der Autorin die interne Überzeugungsarbeit, sich abteilungsübergreifend mit dem Thema Nachhaltigkeit ganzheitlich auseinanderzusetzen und auch auf individueller Basis im täglichen Arbeitsumfeld als Chance zu begreifen, diffizil. Eine Verbesserung diesbezüglich als auch in der Kommunikation und Messbarkeit ist für eine erfolgreiche Ausweitung der vorgestellten CSR-Maßnahmen und ihrer Wahrnehmung als ganzheitliche, tragfähige CSR-Strategie essenziell.

19 Managing strategic corporate citizenship at Novartis

Ingo Stolz, Michael Fürst, Dorje Mundle

Introduction

In corporations such as Novartis, new paradigms of corporate citizenship (CC) are being developed that may modify the way we will conceive and manage volunteerism and business-society relationships in the future. These paradigms constitute a valuable contribution to the discourse about CC, as they further introduce the teachings of CC management practice into a field that is still dominated by models that have been theoretically conceived, often detached from such practice. Therefore, the case-study-illustration of a pilot CC initiative of Novartis – the Entrepreneurial Leadership Program (ELP) – promises to shed light on what CC and volunteerism truly are made of in practice today, and realistically can become in the future.

The illustration of exemplary CC management practice is aligned with recent developments in the CC literature in at least two ways. First, such an illustration answers to the need for studying the paradigm of CC where it "lives", in the organizational setting of a corporation. Recent studies have begun to take into account various factors that influence CC practices in an organizational setting; for example the organizational culture (Howard-Grenville & Hoffman, 2003), structure (Appels, van Duin, & Hamann, 2006; Fenwick, 2007), strategy (Manga & Mirvis, 2005; Mirvis & Manga, 2007), and leadership styles (Fenwick, 2007; Hind, Wilson, & Lenssen, 2009; Kakabadse, Kakabadse, & Lee-Davis, 2009; Quinn & Dalton, 2009). This chapter equally accounts for the complex set of organizational factors that shape CC. Second, the aim of gaining a deeper understanding of CC from a practitioner perspective has been pursued with predominantly qualitative and deeply grounded studies (Appels, et al., 2006; Fenwick & Bierema, 2008; Howard-Grenville & Hoffman, 2003; Manga & Mirvis, 2005; Mirvis & Manga, 2007). Also this chapter is based on such a qualitative and grounded approach.

Four reasons exist for considering the grounded analysis of the Novartis ELP as a particularly good mean for the illustration of exemplary CC management practices. First, Novartis can be considered as a prominent and leading corporate stakeholder in the realms of corporate citizenship: the corporate citizenship efforts of Novartis have been acclaimed by rating institutions such as the Dow Jones Sustainability Index, the FTSE4GOOD Index (FTSE, 2006), the German Business Ethics Network (Aßländer, 2006) and Ethisphere (Ethisphere, 2007). Second, the ELP deliberately and consistently broadens the paradigm of corporate citizenship, by leaving behind a traditional and philanthropic volunteering model in order to create a model that is closely aligned with the overarching business strategy and social needs. Hereby, the portfolio of CC management practice becomes enriched, for example through the addition of social entrepreneurship models or new tools such as micro-financing. Third, the ELP roots in a concise management framework; as presented in the third section below. Therefore, the ELP exemplarily shows that such a program of strategic CC management builds on many years of previous work. Fourth, the ELP heavily focuses on strategies and methods of organization development and change in order to increase the ELP impact. Such strategies and methods have been identified as particularly important and impactful when shaping CC within an organizational setting (Stolz & McLean, 2009).

Therefore, the purpose of this chapter is to shed light on one particularly promising example of contemporary CC management. Hereby, the authors offer insights into the often not openly visible internal CC management practices of a large transnational corporation. The chapter will start with a detailed description of the ELP, which has been launched as a pilot in 2010 in order to be transitioned towards a cross-divisional roll-out in 2011. Then, management issues will be highlighted that need to be considered in order to launch such an initiative in a successful manner. In a next step, the degree to which the ELP achieved its' goals will be assessed. Ultimately, the conclusion will discuss the practical meaning of the volunteering idea in companies today, based on the findings presented in this chapter.

The Entrepreneurial Leadership Program

The ELP enables the pursuit of multiple interrelated goals. The following three ELP-goals are paramount and explicit: Novartis intends to help patients in need, while at the same identifying new business opportunities in emerging markets, and preparing Novartis leaders for global business challenges. More indirectly and implicitly, the ELP aims to make corporate citizenship ideas integral part of core business strategies and daily business practices, and to propose new models for conducting business in the global arena. The purpose of this section is to further highlight both explicit and implicit goals, and to explain the proceedings of the ELP that have been designed in order to achieve these goals.

The ELP starts out with a traditional philanthropic idea: To offer corporate resources in order to serve the common good. For the ELP pilot, this has concretely entailed the paid release of 18 senior Novartis managers for one month, so that they can serve full-time in two socially relevant projects. 12 managers were sent to Tanzania in order to collaboratively resolve supply-chain problems, so that an anti-malarial drug, which is manufactured and provided by Novartis for public sector use in Africa without profit (Novartis, 2011), truly reaches the patients in need. Six managers were sent to the Philippines in order to improve the local healthcare-infrastructure through innovative healthcare delivery models based on the concept of social entrepreneurship. The aspect of serving the common good through releasing top talents and leaders, and providing their expertise for "volunteering" work, has been modelled after the IBM Corporate Service Corps, in which IBM leaders were engaged in similar socially relevant projects.

As also derived from the IBM Corporate Service Corps model, the ELP has been deliberately designed as a leadership development program. With the addition of this leadership development dimension, the philanthropic roots still remain visible, but the program also becomes more strategic. Novartis leaders are supposed to be prepared through the ELP for situations, issues, and market needs that will become ever more relevant for doing business successfully in a global world, with ever more emerging market players. Hence, the

ELP has been accompanied by a learning curriculum that strengthens crucial leadership traits, such as intercultural skills, transformational leadership skills, innovation skills, and team skills. Beyond the four weeks in their project countries, the ELP participants were prepared through both workshop and virtual learning components, for a total of eight weeks before their release and four weeks after their return. Before their release, the participants identified the level of their particular leadership development needs in concert with their supervisors, received intercultural and global leadership training as well as project management skills for innovative and emerging market projects. Further, they were briefed on their country of deployment, their projects, and on the notion of strategic CC management. After their return, the participants received support in readjusting to the workplace and to the home environment, were offered networking opportunities in order to be able to transfer their new knowledge and skills to the organization, and enjoyed peer-coaching in the newly established ELP Alumni System. With this focus on developing leaders, the ELP is also comparable to the Ulysses program of PricewaterhouseCoopers, which equally intends to improve leadership traits in leaders through their engagement in socially relevant projects abroad.

The concurrent focus on a direct positive business impact, however, makes the ELP unique in character and different from volunteering programs. Arguably, the philanthropic motive also often entails a business imperative, by the eagerness to do good, to talk about it, and thus to improve the image of a company. Yet, the ELP intends to do well *by* doing good. The business imperative is directly linked to the goal of doing good, as the ELP proposes that doing good through serving patients that have so far been underserved is a possible cause for doing well; in a philanthropic framework, on the other hand, doing good would only be considered as a (indirect) consequence of doing well. In order to be able to do well through doing good, the projects had to be closely related with the core business of Novartis. In order to ensure this closeness, proposals for potential ELP projects were drafted by the Novartis business units themselves, because only they possess the deep knowledge of both business strategy and patient needs in the particular local market. These business units were motivated to draft such a proposal by the prospect of receiving a group of Novartis' top talents for one month "for free" to work on their initiative. The proposals were rated with the help of a continuum (**Abbildung 19.1**), which ensured that neither projects with purely business nor philanthropic relevance were selected. Rather, projects had to be located in the "middle" of the continuum in order to comply with the motive of creating a win-win situation by doing well through doing good. This means that projects were ranked quantitatively, according to the criteria listed in **Abbildung 19.1**. Ultimately, the projects in Tanzania and the Philippines were selected for the ELP pilot. The patient need in Tanzania has been identified as delivering drugs to Malaria patients. The business benefit resulted from the deep familiarization with supply-chains in countries such as Tanzania, which could potentially be used as channels for the distribution of other medication when made more efficient. The patient need in the Philippines was to improve the infrastructure for underserved patients, the business benefit to potentially reach a new customer base.

Beyond these three explicit goals of the ELP – serving patients, developing leaders, and identifying new business opportunities – the ELP also intends to have an impact within Novartis. Hereby, the ELP is used as a vehicle to show that CC does not any more encompass only philanthropic volunteering that occurs independently and detached from the core business. Rather, CC is established as a logic and native element of the core business strategy that can be used, for example, for leadership development or the identification of potential new business ventures. Thus, the ELP helps organizational stakeholders to get familiar with the notion that CC can function as an important component of doing business successfully in a global world. This familiarization is further strengthened by offering concrete business tools with which this rather abstract idea of doing well by doing good can be translated into concrete action. For example, the idea of social entrepreneurship has been introduced as being an important trend also for a globally operating corporation such as Novartis, and the concept of micro-lending was proposed to be a model to make this idea concretely relevant for Novartis and the healthcare sector.

Abbildung 19.1   Project Selection Tool

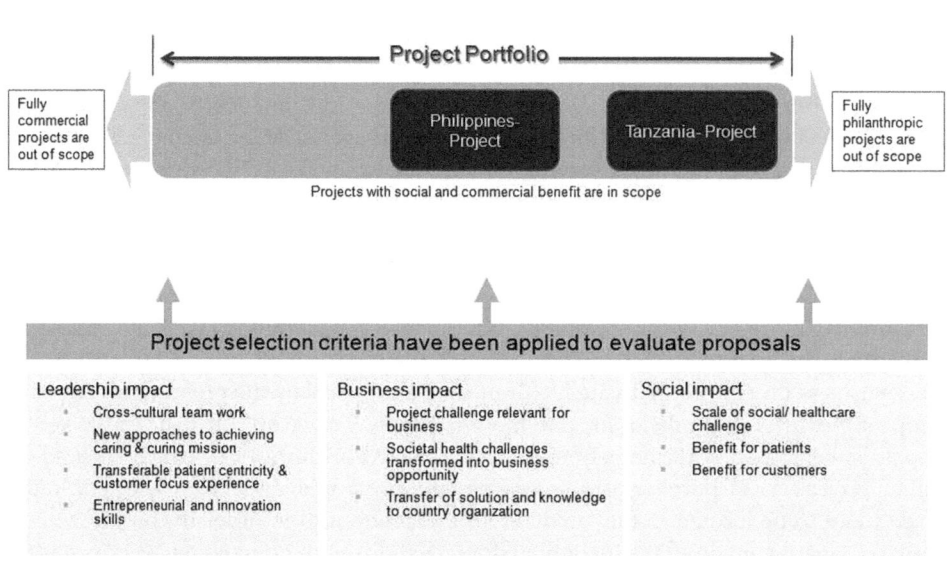

In the process of adoption and adaptation of specific social business models, Novartis leaders – in concert with different stakeholders such as local patients, doctors and pharmacies, and the local Novartis organization – refine the use of several social business models, and at the same time develop their skills and begin to identify the business possibilities affiliated with the business approach of social entrepreneurship. In summary, the ELP offers a framework with which multiple interrelated goals are pursued in order to enhance both the social and financial benefit of corporate business practices. In order to do so, the ELP had to abandon the limitations of traditional volunteering models in favour of creating a close alignment between core business strategies, daily business practices, and CC paradigms; because only when linked to strategies and practices, CC can become embedded over the long term within the organizational DNA.

Management Issues Associated with the ELP

A program such as the ELP does not arrive out of the blue, but rather depends on the management of a complex set of factors in order to be initiated, designed, implemented, and run successfully. This section intends to highlight the management issues associated with the ELP, structured according to the following four aspects: The foundations on which a program like the ELP can be built, the expertise required for designing such a program, the management strategies applied in order to get the program off the ground, and the management challenges during the implementation of the program.

The ELP has been built on three crucial foundations that already existed within Novartis before the initiation of the program: a supporting organizational culture, a structure within which CC work is organized, and the right selection of core personnel. First, the organizational culture of Novartis generally values CC goals, even if a traditional and philanthropic understanding might still be dominant in many areas of the organization. The very early affiliation with the United Nations Global Compact, the philanthropic work of the Novartis Foundation for Sustainable Development, and drug-access programs such as the Novartis Malaria Initiative are examples of the general value Novartis attributes to doing good. Second, in order to in a next step go beyond such purely philanthropic goals, CC work had to be structured and organized strategically in order to create the alignment of CC paradigms with core business strategies and business processes. Novartis has built the Integrity and Compliance Program "for developing and maintaining an effective program which supports management in establishing, promoting and enforcing integrity and responsible decision-making" (Novartis, 2008; for a description of the rationale, basic principles, design, and activities see Fürst, 2010, or Fürst & Schotter, 2012). Through this program (**Abbildung 19.2**), a conceptual framework and a supporting tool-kit have been established that could be used universally, i.e. not only for integrity and compliance issues such as behavior-based compliance in concert with the fitting objectives and incentives, but also for matters of strategic corporate citizenship such as promoted by the ELP. Therefore, it is important to underline that a program such as the ELP cannot stand monolithically by itself, but rather roots in a foundation that has been built over many years, so that the ELP can as a result become embedded within an overarching structure in order to align with the overall establishment, promotion and enforcement of specific CC objectives. Only based on the foundational clarity about objectives and enforcement mechanisms, a focused and targeted program can then be designed to promote CC. The ELP hereby goes about this promotion by targeting all three related components as listed in **Abbildung 19.2**: Training, leadership, and providing objectives and incentives. Third, the right personnel is needed for such strategic CC management. Therefore, a core CC team needs to combine the following key strength: theoretical rigor when designing an overarching CC structure; knowledge of Novartis business imperatives in order to be able to talk business with Novartis stakeholders; project management expertise to make things happen; and the willingness to go beyond a pre-defined mandate regarding CC work, in order to strategically broaden and raise the awareness for the new role that CC can play within Novartis. For example, the establishment of the ELP has been driven by the core CC team, without a formal initial mandate to specifically launch just this particular program for Novartis at this moment in time.

Abbildung 19.2   Novartis' Integrity and Compliance Program (Novartis, 2007)

Nevertheless, the expertise required for designing a program such as the ELP can very well go beyond the expertise contained in even the best CC team. Thus, it is vital that the CC team is able to engage stakeholders from outside the core team in order to gain access to the missing expertise. This has meant that the core Novartis CC team members needed to have the skill for stakeholder management: for motivating and integrating a diverse set of stakeholders for the common purpose of designing the ELP as a program that concisely fits into the overarching Integrity and Compliance Program structure. For example, the CC team engaged the Novartis Corporate Learning function, expert faculty from Harvard and Thunderbird, and the first author of this chapter in order to establish specific leadership development objectives and a learning curriculum that support the achievement of the ELP goals. As mentioned in the previous section, the CC team also had to engage local Novartis business units for proposing and designing fitting ELP projects abroad. Further, Novartis HR representatives were continuously involved in order to provide expertise and guarantee an alignment of the ELP with already existing Novartis HR processes. The core CC team would not have been able to master all these aspects of the ELP program alone, due to a lack of manpower and time, but also due to a lack of expertise regarding particular aspects of the overall ELP program. Therefore, the core CC team had to master the art of bringing diverse sources of expertise together for the overall benefit of the ELP. Naturally, bringing these diverse sources of expertise together did not always proceed without problems. For example, the team was not always clear in advance about the immense quantity of parallel work-streams affiliated with such a project, so that resources of time and manpower were not always appropriately allocated in advance. Obstacles like these had then to be overcome spontaneously and with some improvisation, and with behaviors such as listed in the next paragraph.

Despite the extensive work on foundations and design, a big obstacle still loomed ahead: to strategically manage the implementation of the program and to actually get it off the ground. This step includes specific objectives, actions, and behaviors on part of the core CC team, which all can be subsumed under the heading of "managing organizational change"; because ultimately, the ELP introduces new visions and new tools of how business can be conducted within the transnational context of Novartis. An organization at large might have to be convinced of the credibility and relevance of these new visions and tools, common processes of thinking and rationalizing might have to be changed, and assumptions deeply held of what a corporation does and is supposed to do might become challenged. This topic of managing organizational change in the realms of CC is quite complex and goes beyond the scope of this chapter – the following literature might be interesting to consult in this regard (Dunphy, Griffiths, & Benn, 2007; Foote & Ruona, 2008; Hatcher, 1997; Maon, Lindgreen, & Swaen, 2009; Mirvis & Googins, 2006; Stolz & McLean, 2009). Nevertheless, the specific objectives, actions, and behaviors of relevance for the core CC team when advancing the ELP should be named briefly. Objectives entailed: gaining the approval of senior management; raising sufficient funds; and involving stakeholders not only for recruiting missing expertise, but also to avoid possible obstruction of the ELP. Actions included the continuous communication of the program purpose both along and beyond established reporting lines; incessantly promoting the incentives inherent in the ELP design to various Novartis stakeholders; and rearranging the program design based on the compromises made along the way. Behaviors exhibited by the core CC team members encompassed the respect of organizational hierarchies, while strategically leveraging existing support for the ELP within the organization for overcoming resistance in other areas of the organization; speaking multiple "languages" in order to be able to appeal to different stakeholder groups; disposing of resilience and of a great conviction of the benefits of the ELP to overcome the set-backs that inevitably arise when dealing with organizational change; and not loosing focus within the abundance of activities by bringing together the decentralized work streams coherently into the core CC team. All these objectives, actions, and behaviors can only be pursued by a team based on a prevailing trust between team members, and based on a core consensus about the goals to be achieved as well as about the basic means through which they are supposed to be achieved.

The management issues affiliated with running the program once implemented are interestingly about ensuring sustainability of the project ideas: the social business models that have been generated through the ELP. To be more precise: the success of the ELP with regard to the projects can only be sustained if the organization is able to absorb the idea intellectually and financially. The first argument relates to the fact that an organization can be disrupted by an idea that does not fit with the organizational culture, because it does not fit with the value-set of the collective actor,[1] does provide disruptive social innovation, and therefore is not understandable. Therefore, the individual actors are too few to enable a huge organization to deal with and successfully manage such social innovations. This can lead to frustrations within certain parts of the management population, as the value is not perceived and recognized. Therefore, a very sensitive selection of projects is needed, so that the company is provided with the opportunity to generate innovative ideas that still are within the "zone of acceptance" (Barnard, 1968). The latter argument is referring to the fact that innovative ideas stay meaningless and without impact if a company does not invest into the implementation and roll-out of the project idea, which is especially a problem when the financial investment has to come from a country short of the right financial stamina, as often is the case for emerging markets.

Results of the ELP

The ELP pilot in 2010 has been evaluated in a detailed way through the application of various evaluation tools, in order to identify the strength and weaknesses of the pilot for the improvement of the design for the cross-divisional roll-out in 2011. Despite this detailed evaluation, the results still have to be considered preliminary, as many of the impacts of the ELP will only become visible over the long-term. Nevertheless, key findings of the evaluation are presented in this section.

The program goal of developing leaders is maybe easiest to evaluate in the short term since the end of the ELP pilot. The overall results are hereby very positive, showing that applying the volunteering idea for leadership development can indeed be very beneficial for a corporation if designed appropriately. Through the use of a customized survey tool that measured leadership skills of the ELP participants before and after the program, strong positive development could be detected specifically regarding participants' intercultural skills, innovation skills, and transformational leadership skills. The superiors of the ELP participants confirmed these positive developments when assessing their associates' leadership development in a separate survey after the return from the ELP. Superiors also confirmed the relevance of the ELP learning contents as most important and relevant for both their particular associate and the organization at large. Interviews with participants showed the appreciation for this particular learning format, which they considered as much more impactful than any form of classroom program, due to the fact that learning occurred while solving real problems in the real world. Also, the participants felt deeply emotionally involved, which also seemed to generate a greater learning impact. A critical aspect to consider, however, is the consequence of exposing employees to such a relatively intense (emotional) learning experience. Even though no participant suffered any harm to her/his personal health or safety, some participants reported about their struggle when

---

[1]   Regarding the interplay between values and perception mechanisms in the context of business ethics see Fürst (2005).

readjusting back home. After their deep experiences, some have begun to reconsider the meaning of things they have so far encountered without questioning, and even sometimes reformulated their purpose in life. This process entails a lot of positive potential, both for personal and professional resilience and motivation. However, this process also has the potential to lead to personal or professional disturbances if not resolved appropriately. As mentioned above, an effort was made to alleviate such possible personal or professional disturbances through the support the participants received after their return.

The remaining two program goals – the impact on patients and the impact on business – are more complex to evaluate than the goal of developing leaders. This complexity stems from the fact that the nature of the ELP projects varies greatly in scope, intervention type and implementation timeframe. This limits the applicability of any generic evaluation framework, and creates a need for generic criteria to be augmented by project-specific ones.

The impact on business is broadly evaluated based on the extent to which ELP projects are able to develop innovative social business models, partnerships or technology solutions that open up new opportunities to enter new market segments or expand presence in existing segments, typically focusing on key areas of unmet health needs (e.g. under-served regions and income bands). As project implementation occurs after the team has left the country, short-term evaluation focuses on proxies for impact including satisfaction and qualitative feedback from the Novartis project sponsor and external partners in the public, private or civil sectors. Longer-term indicators include the ability to attract – and the size of – investment from within the company to implement project proposals. Ultimately, impact metrics need to be defined and tailored for each project based on its scope, and indeed this is a task that is presented to the ELP participants to work on as part of the broader project.

The evaluation of impact on patients shares several parallels with that of impact on business. Regardless of whether the ELP project deliverable is an improved medicine supply chain to avoid stock outages of medicines, new business models to improve access to affordable healthcares services and medicines, or other intervention types, the common feature is that the benefit to patients will be realized after the ELP team has left the host country. Therefore, as with business impact, short-term evaluation focuses on proxies for impact including qualitative feedback from the Novartis project sponsor and external partners regarding the perceived potential of the project deliverables to benefit patients. Also per business impact, specific impact metrics need to be defined and tailored for each project based on its scope. These can refer to the number of patients reached; the scale of the disease burden experienced by the target population using standard measures[2]; the extent to which the disease burden addressed has not been adequately served by other healthcare sector stakeholders; and the socio-economic impact of improved healthcare.

---

[2]   e.g. DALYs (disability adjusted life years) and QALYs (quality adjusted life years).

Ultimately, the aim of the ELP is to deliver impact and value for the participants, the business and patients in a combined way that aligns societal health challenges with business priorities. This approach supports and aligns with the broader approach to CC being implemented within Novartis. Therefore, building a cohort of leaders in the company's talent pipeline who are experienced in the application of this new approach to CC management accelerates the company's ability to drive a new CC paradigm that augments and complements traditional philanthropic programs with sophisticated market-based solutions which maximise the social and business impact of CC engagement.

Conclusion

This chapter shed light on how the volunteering idea has been adapted and used by Novartis in order configure CC practices as more strategic. Strategic hereby has meant: first, to align CC paradigms with Novartis business strategies and business processes, thus making CC more embedded in and more relevant for the organization at large; second, offering innovative ideas and tools for conducting business and for generating win-win situations through doing well by doing good. Therefore, running CC strategically does not happen any more in a secluded office that has no connection with the core business. Rather, CC work becomes decentralized away from such a secluded office and enmeshed in various daily work-streams of the organization. The ELP has been introduced as an example of such a strategic decentralization of CC work. This program pursues socially relevant goals, and uses the traditional philanthropic volunteering idea as a stepping stone. However, the program also offers itself as a strategic tool, for preparing leaders for future challenges, and for identifying new business opportunities that will contribute to the continuous business success of Novartis.

One logical consequence of this strategic advancement of the volunteering concept is its' more focused application. In order to align this concept with organizational work-streams, it does not make sense any more to just volunteer for anything somebody might find helpful. Rather, it makes much more sense to offer corporate resources where the specific expertise of the corporation is the greatest. Novartis is a pharmaceutical company, and has most expertise when it comes to meeting patient needs. Therefore, the ELP zooms in on this particular aspect, and focuses the volunteering concept on making a positive difference in this particular realm. It would not make sense to include a project into the ELP design that would, for example, increase the fuel efficiency of cars. Other industries dispose of the main expertise and responsibility in this particular realm, and are challenged to find innovative solutions, similar to the way Novartis has set out to find innovative solutions for meeting patient needs.

On the other hand, the greater focus in how to apply the volunteering idea, and the aim to do so in a more strategic fashion, is a trigger for innovation. The emphasis on doing well by doing good in a specific area, combined with specific objectives, can rally creative forces and various threads of thought within an organization around a specific common purpose. The ELP has been created as a platform where such threads of thought and divergent intra-organizational expertise can come together in order to create a win-win situation.

Hence, the ELP teams were built in a way that a diversity of relevant Novartis functions were represented and pooled in order to resolve the challenge of a particular ELP project. As a result, the volunteering idea has become embedded within a framework that is so much more than philanthropic volunteering.

One could argue that the approach taken by Novartis even goes beyond volunteering, thus leaving the concept of volunteering behind altogether. In its essence, volunteering can be understood as working for a cause and/or for others, without the payment for time and services. Given that the explicit goal of the ELP is to do *well* by doing good, the work provided by the ELP participants might not be considered as volunteering, because a reverse remuneration is expected, even though indirectly. This argument could be used for disqualifying the program, from a purely philanthropic perspective. On the other hand, changing the volunteering idea by adding specific business incentives and objectives, one could also argue that only then does the volunteering idea become truly relevant, and thus sustainable, for corporations to support over the long term. This means that a business model-based approach to CC is attributed particular importance because its scalability and financial sustainability promises to greatly increase the potential positive social and business impact simultaneously.

This chapter and the Novartis ELP have given an indication of how volunteering and CC can look like in practice today and in the future. Other companies might develop and propose other innovative solutions in this realm. It was shown, however, that it does not suffice to come up with a creative idea. Rather, such a creative CC idea has to be built on existing foundations (and maybe these foundations have to be built in the first place), has to be strategically connected with the specific organizational context in a structured manner, and has to be driven by a committed and experienced team. It further was shown that successful CC work depends on expertise that might have to be recruited from outside the core CC team, and on the concise management of decentralized work-streams; specific objectives, actions, and behaviors have been listed regarding the management of the ELP.

Ultimately, this all sounds quite big, complex, and holistic. And indeed, it is. However, the reward of mastering this complexity could be honey-sweet. Because even though a program such as the ELP might not comply with the essence of traditional volunteering, as argued above, the impact of traditional philanthropic volunteering might be surpassed, by not only using corporate resources, but also by tapping into corporate expertise and corporate inventiveness for the purpose of positively contributing to the common good. With this reward possible, let's volunteer to continue to work under this premise.

Anhang

Nachhaltigkeitsrating der Unternehmensprofile

Inrate (Gina Spescha, Michael Diaz)

Die im Rahmen des Kapitels 12 dargestellten Studienergebnisse stammen aus den vier Großfirmen (*UBS, Citigroup Inc., Swisscom und General Electric Company*), in deren Tätigkeitsfeld CV-Aktivitäten nur einen Teil der CSR- bzw. Nachhaltigkeitsstrategien ausmachen. Um das jeweilige Unternehmen und dessen Nachhaltigkeitsmanagement kurz vorzustellen, wird dieses entlang eines unabhängigen Ratings, aufbauend auf den Daten der Ratingfirma Inrate, kurz vorgestellt. Entlang von sechs Themenbereichen sowie einem Branchenvergleich erhalten die Leser so einen umfassenderen Eindruck zu den Nachhaltigkeitsbemühungen des Unternehmens. Dies geschieht schließlich auch im Sinne der Transparenz und der Einbettung der präsentierten Erkenntnisse und Aussagen im größeren Gesamtzusammenhang der Nachhaltigkeitsbemühungen (und deren unabhängigen Bewertung) des Unternehmens.

Rating in der Praxis

Zur Erfassung einschlägiger Nachhaltigkeitskriterien entwickeln Ratinginstitutionen Erhebungssysteme, d.h. Messkonzepte und Bewertungsverfahren, welche auf Paradigmen der Nachhaltigkeit oder der Corporate Social Responsibility (CSR) ausgerichtet sind. Das Verfahren schließt mehrere Arbeitsschritte ein. Zum einen werden relevante Informationen über das Unternehmen erfasst. Dabei wird einerseits auf öffentlich zugängliche Unternehmensquellen – beispielsweise Geschäfts- und Nachhaltigkeitsberichte –, andererseits auf direkte schriftliche und mündliche Anfragen sowie Rückmeldungen der Unternehmen zurückgegriffen. Darüber hinaus werden Informationen aus Datenbanken, den Medien, dem Internet sowie Recherchen der NGO berücksichtigt. In einem nächsten Schritt werden diese Informationen ausgewertet, verarbeitet und quantifiziert. Anschließend werden die Informationen zu einer Gesamtaussage über den Beitrag eines Unternehmens zu einer nachhaltigen Entwicklung aggregiert. Das Ergebnis der Unternehmensbewertung ist in der Regel ein mehrseitiges Unternehmensprofil, welches neben der Bewertung (in Form einer Skala) auch eine Beschreibung der Unternehmensaktivitäten in verschiedenen sozialen und ökologischen Bereichen sowie einen Vergleich mit seinen Wettbewerbern beinhaltet.

Inrate

Die Firma Inrate gehört zu den größten unabhängigen Ratingagenturen für Nachhaltigkeitsuntersuchungen von Unternehmen im deutschsprachigen Raum. Inrate analysiert, inwieweit die von Unternehmen implementierten Richtlinien und Maßnahmen auf die Umwelt und Gesellschaft wirken sowie positive Effekte erzielen. Dabei wird von Inrate der gesamte Lebenszyklus von Produkten und Dienstleistungen berücksichtigt. Zur Nachhaltigkeitsbewertung gehört zum einen das sogenannte Positivrating. Die Beurteilung der Positivkriterien setzt sich aus einer Produktbewertung und einer Bewertung von Managementsystemen und Prozessen von Unternehmen zusammen. Dabei werden sechs Themenbereiche unterschieden:

- Berichterstattung

- Ethik

- Arbeitsbedingungen

- Umwelt

- Gesellschaft

- Governance

Innerhalb dieses *Positivratings* wird das Produkt eines Unternehmens hinsichtlich seiner Wirkung auf Umwelt und Gesellschaft umfassend bewertet. Dabei werden den Unternehmen je nach Tätigkeitsfeld standardisierte Aktivitäten zugeordnet. Ein weiterer Teil der Analyse bilden die *Ausschlusskriterien*, die im Allgemeinen die Themen Alkohol, Tabak, Glücksspiel, Pornographie, Rüstung, Kernenergie und Gentechnologie sowie kontroverse Geschäftsgebaren beinhalten.

Die folgenden Unternehmensratings beginnen mit einem Vergleich des bewerteten Unternehmens mit sogenannten Peers (Branchenvergleich) sowie einem Fazit aus der Gesamtbewertung. Danach folgt in gegebener Kürze das vertiefte Rating zu den oben genannten Themenbereichen.

UBS

Abbildung A.1   Sustainability Evaluation UBS

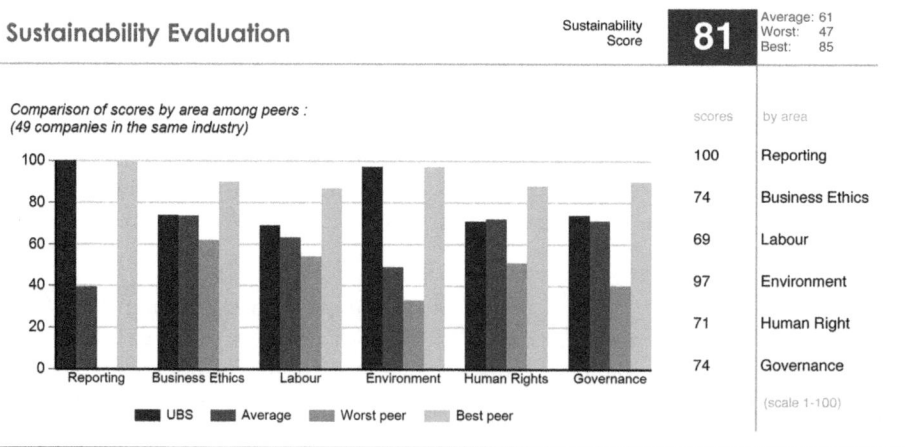

Fazit
Die UBS verfügt über vorbildliche unternehmensethische Leitlinien und eine Berichterstattung von hoher Qualität. Kreditvergaben werden systematisch in mehreren Schritten bezüglich ihrer Umweltrisiken geprüft. Dennoch wird der Großbank vorgeworfen, in die

Finanzierung verhältnismäßig vieler sozial oder ökologisch schädlicher Projekte involviert zu sein.

Ratingergebnisse

Berichterstattung

Die UBS veröffentlicht jährlich einen Nachhaltigkeitsbericht, der unabhängig verifiziert wird. Der Bericht deckt unter anderem die Themenbereiche Umwelt, Menschenrechte, Geschäftsethik und die Verantwortung gegenüber den Mitarbeitenden ab. Die Berichterstattung orientiert sich an den GRI(Global Reporting Initiative)-Richtlinien und wird durch SGS extern geprüft.

Ethik

Das Unternehmen publiziert einen Verhaltenskodex (Code of Conduct), der auf der Internetseite öffentlich zugänglich ist. Die unternehmensethischen Leitlinien (Policies) definieren Verpflichtungen und Verbote im Zusammenhang mit Korruption und Bestechung, Insiderhandel, Wettbewerbsverstößen sowie Geldwäscherei. Dennoch gerät die UBS immer wieder in die Negativschlagzeilen und es wird der Großbank vorgeworfen, in Kontroversen zu Themen wie Insiderhandel, Geldwäscherei oder Steuerhinterziehung verwickelt zu sein. Dabei ist zu erwähnen, dass die Wahrscheinlichkeit für große Institutionen tendenziell höher ist, viele Kontroversen zu haben und die UBS hier keine Ausnahme darstellt.

Arbeitsbedingungen

Die UBS verfügt über eine Policy, die Diskriminierung verbietet. Zur Umsetzung dieser Leitlinie bietet das Unternehmen Arbeitsplätze für Menschen mit Behinderung an und setzt sich für Minderheiten ein. Junge Mütter profitieren von unternehmenseigenen Kindertagesstätten, die ihnen ermöglichen, ihren Beruf und Familie besser zu vereinbaren. Den Mitarbeitenden werden diverse Möglichkeiten zur Weiterbildung angeboten und sie werden regelmäßig zu ihrer Zufriedenheit befragt. Ein wichtiges Thema in der Branche betrifft die Verhinderung von Mobbing am Arbeitsplatz. Die UBS bietet innerhalb der unternehmensinternen Sozialberatung Workshops für Vorgesetzte an, die das Thema Mobbing und den Umgang mit allen Beteiligten behandeln.

Umwelt

Die UBS nimmt Stellung zum Problem des Klimawandels und verpflichtet sich im Verhaltenskodex zu einem verantwortungsvollen Umgang mit der Umwelt und veröffentlicht dazu eine ausführliche und vorbildliche Umwelt-Policy. Diese umfasst neben der stetigen Kontrolle der betrieblichen Umweltauswirkungen mit dem Ziel, sich kontinuierlich zu verbessern und den Ressourcenverbrauch zu reduzieren, auch die Übernahme der Verantwortung für Umwelteinwirkungen durch eigene Produkte. Dabei prüft die Bank im Rahmen ihrer Kreditvergabepraxis systematisch sektorspezifische Umwelteinflüsse und verfügt diesbezüglich über interne Leitlinien. Trotz partiell vorbildlicher Leitlinien und Maßnahmen sieht sich die UBS mit teils schwerwiegenden Vorwürfen konfrontiert. Die UBS wird beispielsweise für die Finanzierung von Kohlekonzernen kritisiert, die Mountain Top Removal (MTR) praktizieren. Dabei werden für den Abbau ganze Bergköpfe in den

Appalachen abgetragen. Verschiedene Kohlekonzerne sollen zwischen Januar 2008 und April 2010 rund 900 Millionen Dollar von der UBS erhalten haben, womit die UBS zu den größten Finanzierern weltweit zählen würde.

Gesellschaft und Menschenrechte

Das UBS Global Asset Management unterzeichnete die UN-Prinzipien für verantwortungsbewusste Investitionen (UNPRI). Damit verpflichtet sich die UBS, auch hinsichtlich sozialer Aspekte verantwortungsbewusst zu handeln. Auf der Internetseite berichtet die UBS darüber, wie sie die sechs Grundsätze implementiert. Von den Anlagegütern der UBS werden 1,2% gemäß SRI(Socially Responsible Investment)-Kriterien verwaltet. Im Bereich der Finanzierungen wird die UBS beschuldigt, sozial schädliche Projekte zu fördern. Ein Beispiel ist die finanzielle Unterstützung des Unternehmens „Barrick Gold", ein Goldminenbetreiber, der in Papua-Neuguinea operiert und bekannt ist für wiederholte Verletzungen der Menschenrechte.

Governance

Die detaillierte Entlohnung des CEO des Unternehmens ist im Jahresbericht nachzulesen. Bei den übrigen Führungskräften wird allerdings nur die Gesamtlohnsumme abgebildet, was von Inrate negativ beurteilt wird, da damit die Lohntransparenz nicht mehr gewährleistet ist. Der Verwaltungsrat besteht zu 91% aus unabhängigen Mitgliedern.

Citigroup Inc.

Abbildung A.2   Sustainability Evaluation Citigroup Inc.

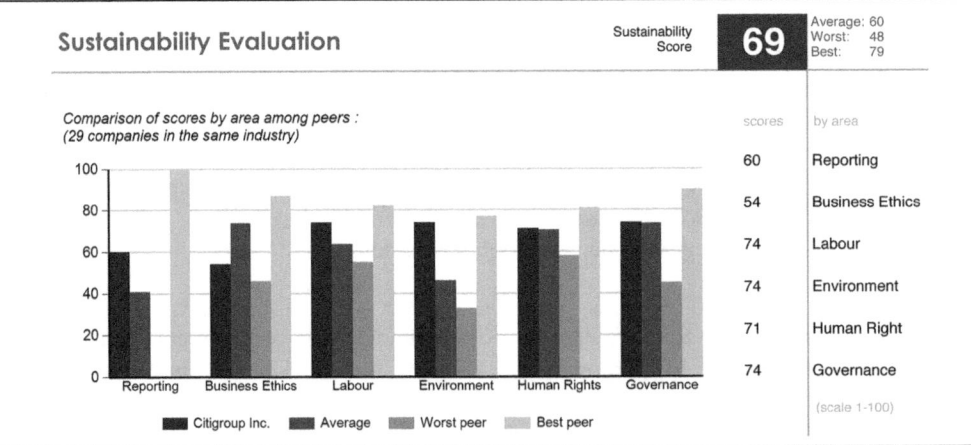

Fazit

Citigroup ist im sozialen Bereich im Umgang mit den Mitarbeitenden sehr stark. Im Umweltbereich besteht sowohl bei den Leitlinien als auch bei den dazugehörigen Maßnahmen Verbesserungsbedarf. Obwohl die Großbank die „Äquator-Prinzipien" unterzeichnet hat, wird sie kritisiert, in die Finanzierung zahlreicher kritischer Projekte involviert zu sein.

Ratingergebnisse

Berichterstattung

Citigroup veröffentlicht jährlich einen Nachhaltigkeitsbericht. Darin werden die Themenbereiche Geschäftsethik, Produktverantwortung, Arbeitsbedingungen und Menschenrechte sowie Umweltaspekte behandelt. Die Berichterstattung erfolgt nach GRI-Richtlinien. Es werden keine Hinweise auf eine externe Verifizierung gegeben.

Ethik

Das Unternehmen veröffentlicht einen Verhaltenskodex, dessen Policies die Verantwortung und Verpflichtung im Umgang mit Geldwäscherei, Interessenskonflikten, Insiderhandel, Wettbewerbsverstößen sowie Korruption und Bestechung definieren. Wie gegen die meisten großen Institutionen werden auch gegen die Citigroup Anschuldigungen und Anklagen im Bereich des Insiderhandels, der Steuerhinterziehung oder der Geldwäscherei erhoben.

Arbeitsbedingungen

Die Mitarbeitenden werden durch Gewerkschaften vertreten. Die Citigroup führt Programme zur Förderung der Vielfalt in der Belegschaft durch. Die Bank bietet Arbeitsplätze für Menschen mit einer Behinderung an und setzt sich für Minderheiten ein. Darüber hinaus profitieren die Mitarbeitenden von flexiblen Arbeitszeiten, Möglichkeit zur Teilzeitarbeit und Weiterbildungsprogrammen. Jungen Müttern kommen unternehmenseigene Kindertagesstätten zugute, die ihnen ermöglichen, ihren Beruf und Familie besser zu vereinbaren. Mitarbeitende werden regelmäßig zu ihrer Zufriedenheit am Arbeitsplatz befragt. Citigroup hat ein Programm und Schulungen eingeführt, um die Mitarbeitenden über Mobbing und Belästigungen aufzuklären und solchen Vorfällen vorzubeugen.

Umwelt

In ihrem Verhaltenskodex nimmt die Citigroup Stellung zum Problem des Klimawandels und verpflichtet sich zu einem verantwortungsvollen Umgang mit der Umwelt. Dies beinhaltet die stetige Kontrolle der unternehmerischen Umweltauswirkungen mit dem Ziel, sich kontinuierlich zu verbessern und den Ressourcenverbrauch zu reduzieren. Die Policy geht zwar auch auf die Umwelteinwirkungen der Produkte ein, jedoch ist diese sehr vage formuliert und die Kreditvergaben werden nur punktuell bezüglich ihrer Umwelteinwirkung geprüft. Citigroup gehört zu den Unterzeichnern der „Äquator-Prinzipien". Allerdings wird der Bank vorgeworfen, sich nicht an die Prinzipien zu halten, weil sie in die Finanzierung umweltschädlicher Projekte involviert ist, wie beispielsweise Kohlekraftwerke, Ölgewinnung aus Teersanden oder der Abholzung von Regenwäldern. Die Citigroup ist neben verschiedenen Finanzdienstleistern ebenfalls in Investitionen von Konzernen involviert, die Mountain Top Removal (MTR) zur Kohleförderung betreiben.

Gesellschaft und Menschenrechte

Citigroup wird beschuldigt, diverse sozialkritische Projekte durch ihre Investitionen zu fördern. Dazu gehört beispielsweise, dass die Citigroup weltweit als zweitgrößte Kreditgeberin für Firmen gilt, welche Streumunition produzieren. Die UN-Prinzipien zu verantwortungsbewussten Investitionen (UNPRI) wurden von der Citigroup nicht unterzeichnet.

Von den Anlagegütern der Citigroup wird ein verschwindend kleiner Anteil von 0,01% gemäß den SRI(Socially Responsible Investment)-Kriterien verwaltet. Das Unternehmen nimmt Stellung zu dem bestehenden Problem einer wachsenden Kluft zwischen Arm und Reich und vergibt Mikrokredite.

Governance

Die detaillierte Entlohnung des CEO des Unternehmens ist im Jahresbericht nachzulesen. Auch die Entlöhnung der übrigen Führungskräfte ist detailliert aufgelistet. Der Verwaltungsrat besteht zu 93% aus unabhängigen Mitgliedern.

Swisscom

Abbildung A.3 Sustainability Evaluation Swisscom

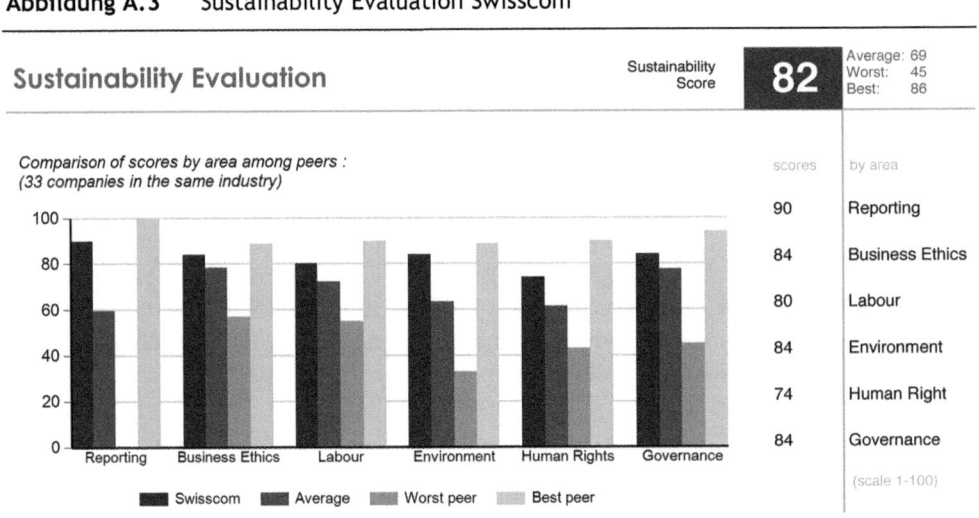

Fazit

Swisscom verfügt über vorbildliche betriebliche Leitlinien und Maßnahmen sowohl im Umwelt- als auch im Sozialbereich. Im Hinblick auf eine verlängerte Nutzungsdauer seiner Produkte ist das Unternehmen sehr innovativ. Als ehemaliger Staatsbetrieb wurde Swisscom wiederholt wettbewerbswidriger Praktiken beschuldigt.

Ratingergebnisse

Berichterstattung

Swisscom publiziert jährlich einen Nachhaltigkeitsbericht, der die folgenden Themenbereiche abdeckt: Umweltaspekte, Geschäftsethik, Produktverantwortung, Arbeitsbedingungen der Mitarbeiter sowie der Zulieferer. Die Berichterstattung orientiert sich an den GRI(Global Reporting Initiative)-Richtlinien und wird durch SGS extern geprüft.

Ethik

Das Unternehmen veröffentlicht einen Verhaltenskodex. Darin enthalten ist eine umfassende Policy zum Thema Korruption und Bestechung. Weitere Leitlinien betreffen den Umgang mit Themen wie Wettbewerbsverstößen und Interessenskonflikten. Bei allfälligen Verstößen stehen den Mitarbeitenden Möglichkeiten zur Verfügung, diese zu melden. Die Kunden werden regelmäßig zu ihrer Zufriedenheit befragt.

Arbeitsbedingungen

Swisscom publiziert nur wenige Informationen zu Leitlinien, die das Thema Arbeitsbedingungen der Mitarbeitenden beinhalten. Demgegenüber besitzt das Unternehmen eine ausführliche Policy, welche die Auswahl seiner Zulieferer betrifft. Diese behandelt unter anderem Themenbereiche wie Gesundheit und Sicherheit, Versammlungsfreiheit, Verbot von Diskriminierung, Verbot von Kinder- und Zwangsarbeit sowie Mindestexistenzlöhne. Die Einhaltung dieser Leitlinien wird seitens der Swisscom regelmäßig überprüft. Seinen eigenen Mitarbeitenden gewährt die Swisscom flexible Arbeitszeiten sowie die Möglichkeit zur Teilzeitarbeit. Darüber hinaus bietet das Unternehmen Arbeitsplätze für Menschen mit einer Behinderung an, die auf diese Weise integriert werden. Zusätzlich bietet das Unternehmen seinen Mitarbeitenden eine Reihe von Weiterbildungsprogrammen an. Swisscom führt für seine Mitarbeitenden Workshops zum Thema Mobbing oder Belästigung am Arbeitsplatz durch. Mitarbeitende werden regelmäßig zu ihrer Zufriedenheit am Arbeitsplatz befragt.

Umwelt

Das Unternehmen nimmt Stellung zum Problem des Klimawandels und verpflichtet sich im Verhaltenskodex zu einem verantwortungsvollen Umgang mit der Umwelt und veröffentlicht dazu eine Umwelt-Policy. Diese beinhaltet neben der stetigen Kontrolle der unternehmerischen Umweltauswirkungen auch eine Übernahme der Verantwortung für den Umwelteinfluss der Produkte. Um die Nutzungsdauer der Mobiltelefone zu verlängern, nimmt Swisscom alte funktionstüchtige Geräte zurück. Diese werden als Occasionsgeräte verkauft und der Erlös wird gespendet. Zusätzlich gibt es eine Policy, welche die Umwelteinflüsse bei der Beschaffung berücksichtigt, was bedeutet, dass die Zulieferer hinsichtlich ihrer Umweltperformance überprüft werden. Die unternehmenseigenen Umweltwirkungen (CO_2-Emissionen) werden mithilfe von Umweltkennzahlen abgebildet. Es bestehen Programme zur Reduzierung der betrieblichen Emissionen, welche auch quantitative Zielsetzungen beinhalten. Swisscom ist nach ISO 14001 zertifiziert.

Gesellschaft und Menschenrechte

Swisscom übernimmt Verantwortung für gesundheitliche Wirkungen durch eigene Produkte. Das Unternehmen erstellt monatlich eine Liste mit strahlungsarmen Mobiltelefonen und gibt Tipps zur Art der Nutzung, um die Immissionen möglichst tief zu halten. Das Unternehmen unterzeichnete den UN Global Compact. Die zehn Prinzipien beinhalten neben ökologischen auch soziale Aspekte. Swisscom nimmt Stellung zum Problem der wachsenden Kluft zwischen Arm und Reich und möchte den Zugang zur Telekommunikation auch für wirtschaftlich benachteiligte Menschen erleichtern. Das Unternehmen ist bemüht, im ständigen Dialog mit seinen Kunden und der Gesellschaft zu sein. Swisscom setzt sich dafür ein, dass alle Menschen an der Informationsgesellschaft teilhaben und unterstützt Schüler, Einsteiger und Menschen mit Behinderung. Im Nachhaltigkeitsbericht sind die Richtlinien veröffentlicht, welche das Unternehmen in Bezug auf seine philanthropischen Aktivitäten einhält.

Governance
Die detaillierte Entlöhnung des CEO des Unternehmens ist im Jahresbericht nachzulesen. Auch die Entlöhnung der übrigen Führungskräfte ist detailliert aufgelistet. Der Verwaltungsrat besteht zu 82% aus unabhängigen Mitgliedern.

General Electric Company (GE)

Abbildung A.4   Sustainability Evaluation General Electric Company

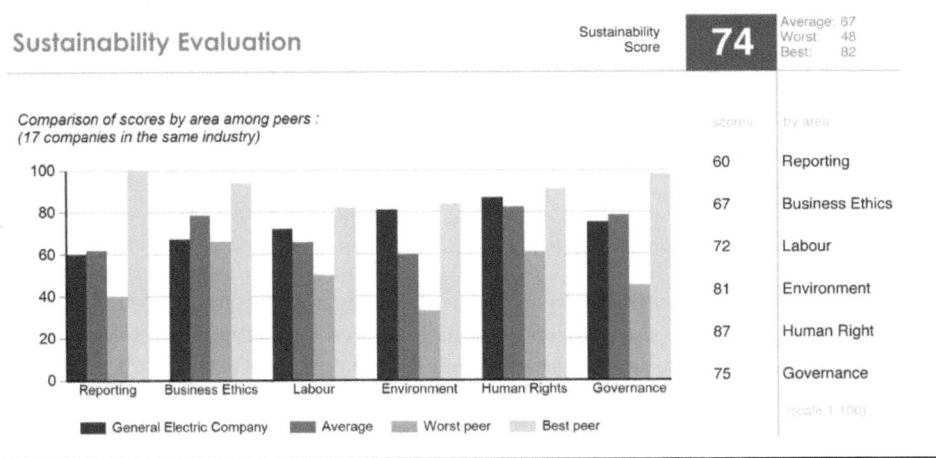

Fazit
GE verfügt über relevante unternehmensethische Leitlinien und Maßnahmen sowohl im Umwelt- als auch im Sozialbereich. Die Anforderungen an die Zulieferer bezüglich der Einhaltung von Sozial- und Umweltstandards sind hoch und die Unterstützung der Zulieferer durch GE bei deren Umsetzung vorbildlich. Das Unternehmen sieht sich dennoch mit einigen Vorwürfen bezüglich Korruption oder der Finanzierung von Kohlekonzernen, die MTR betreiben, konfrontiert.

Ratingergebnisse

Berichterstattung
GE publiziert jährlich einen „Citizenship"-Bericht, welcher die relevanten Themenbereiche, unter anderem Umwelt, Menschenrechte, Geschäftsethik sowie die Verantwortung gegenüber den Mitarbeitenden abdeckt. Die Berichterstattung orientiert sich an den GRI(Global Reporting Initiative)-Richtlinien, wird jedoch nicht extern verifiziert.

Ethik

Das Unternehmen veröffentlicht einen Verhaltenskodex. In einem ausführlichen Dokument, welches auf der Homepage von GE öffentlich zugänglich ist, definieren die unternehmensethischen Leitlinien (Policies) Verpflichtungen und Verbote im Zusammenhang mit Korruption und Bestechung sowie Insiderhandel. Weitere Leitlinien betreffen den Umgang mit Themen wie Wettbewerbsverstöße und Interessenskonflikte. Bei allfälligen Verstößen stehen den Mitarbeitenden verschiedene Möglichkeiten zur Verfügung, diese zu melden. Dennoch ist GE, wie die meisten großen Institutionen, nicht vor Anklagen und Anschuldigungen im Bereich der Bestechung oder der Korruption verschont geblieben. Beispielhaft hierfür kann die Tatsache aufgeführt werden, dass GE im Juli 2010 einwilligte, einen Vergleich von 23,5 Mio. US-Dollar zu bezahlen, um Korruptionsvorwürfe gegen vier Tochtergesellschaften im Irak beizulegen.

Arbeitsbedingungen

GE verfügt über eine Policy, die Diskriminierung verbietet. Zusätzlich besitzt das Unternehmen eine ausführliche Policy, welche die Auswahl seiner Zulieferer betrifft. Diese behandelt unter anderem Themenbereiche wie Gesundheit und Sicherheit, Versammlungsfreiheit, Verbot von Diskriminierung sowie ein Verbot von Kinder- und Zwangsarbeit. Die Einhaltung dieser Leitlinien wird seitens GE regelmäßig überprüft. Zusätzlich werden teilweise externe Audits durchgeführt. Den Mitarbeitenden werden diverse Möglichkeiten zur Weiterbildung angeboten und sie werden regelmäßig zu ihrer Zufriedenheit am Arbeitsplatz befragt. Zusätzlich wird ein Großteil der Mitarbeitenden durch Gewerkschaften vertreten.

Umwelt

Das Unternehmen nimmt Stellung zum Problem des Klimawandels und verpflichtet sich im Verhaltenskodex zu einem verantwortungsvollen Umgang mit der Umwelt. Dies beinhaltet neben der stetigen Kontrolle der unternehmerischen Umweltauswirkungen mit dem Ziel, die negativen Einflüsse zu reduzieren, auch eine Übernahme der Verantwortung für den Umwelteinfluss der Produkte. Zusätzlich werden die Umwelteinflüsse bei der Beschaffung berücksichtigt, was bedeutet, dass die Zulieferer hinsichtlich ihrer Umweltperformance überprüft, aber auch dabei unterstützt werden sich zu verbessern. Die unternehmenseigenen Umweltwirkungen (CO_2-Emissionen) werden mithilfe von Umweltkennzahlen abgebildet. Es bestehen Programme zur Reduzierung der betrieblichen Emissionen, welche auch quantitative Zielsetzungen beinhalten. Trotz der Leitlinien und Maßnahmen wird GE mit Vorwürfen konfrontiert, umweltschädliche Projekte zu unterstützen. GE Capital beispielsweise ist neben anderen Institutionen ebenfalls in Investitionen von Konzernen involviert, die Mountain Top Removal (MTR) zur Kohleförderung betreiben.

Gesellschaft und Menschenrechte

Das Unternehmen unterzeichnete den UN Global Compact. Die zehn Prinzipien beinhalten neben ökologischen auch soziale Aspekte. GE ist bemüht, im ständigen Dialog mit seinen Kunden und der Gesellschaft zu sein, und engagiert sich in verschiedenen Multi-Stakeholder-Dialogen. Ein Fokus liegt auf dem Themenbereich „Konfliktmineralien". GE ist dabei ein Due-Diligence-Programm und damit Leitlinien zu entwickeln, welche das

Risiko minimieren, dass Konfliktmineralien aus der Demokratischen Republik Kongo und den benachbarten Territorien in die Beschaffungskette von GE gelangen. Darüber hinaus sind auf der Homepage die Richtlinien veröffentlicht, welche das Unternehmen in Bezug auf seine philanthropischen Aktivitäten einhält.

Governance

Die detaillierte Entlöhnung des CEO des Unternehmens ist im Jahresbericht nachzulesen. Auch die Entlöhnung der übrigen Führungskräfte ist detailliert aufgelistet. Der Verwaltungsrat besteht zu 87,5% aus unabhängigen Mitgliedern.

Verzeichnis der Autorinnen und Autoren

Angela Cho

Wissenschaftliche Mitarbeiterin der Abteilung Sozialpsychologie und Methodenlehre am Psychologischen Institut der Albert-Ludwigs-Universität Freiburg, Deutschland. *Werdegang:* Nach ihrem Studium der Psychologie mit Nebenfach Mathematik ging sie für ihre Diplomarbeit an die ETH Zürich in die Arbeitsgruppe von Prof. Wehner. Neben dem Studium war sie unter anderem als Erster Vorstand der studentischen Unternehmensberatung TriRhena Consulting e.V. in Freiburg tätig, welche auch Pro-bono-Projekte unterhält. *Forschungsschwerpunkte:* Ihr derzeitiger Forschungsschwerpunkt ist im Bereich Missing Data angesiedelt. Des Weiteren ist sie als Gastdozentin an der Universität Basel und als statistische (Unternehmens-)Beraterin tätig. *Adresse:* Angela Cho, Abteilung für Sozialpsychologie und Methodenlehre, Albert-Ludwigs-Universität Freiburg, Engelbergerstr. 41, 79106 Freiburg, Deutschland, angela.cho@psychologie.uni-freiburg.de

Mariana Christen Jakob

Dozentin und Projektleiterin an der Hochschule Luzern Soziale Arbeit (CC Social Management) und Geschäftsleiterin Social Entrepreneurship Foundation SEF-Swiss GmbH. *Werdegang:* Studium der Geschichte, Ethnologie und Sozial- und Wirtschaftsgeschichte an der Universität Zürich (Lizenziat 1991), Master of Business Administration Universität St. Gallen HSG (2002). Koordinatorin für Weiterbildung an der Universität Zürich, Projektleitung für die Aus- und Weiterbildung von Schulleitungen im Kanton Zürich, Pädagogische Hochschule Zürich. Prorektorin Hochschule Luzern Soziale Arbeit (2002-2008), seit 2008 Dozentin und Projektleitung. *Forschungsschwerpunkte:* Corporate Social Responsibility, Corporate Partnership, ISO 26000, Soziale Wirkungsforschung, Soziale Innovationen, Social Entrepreneurship. *Adresse:* Mariana Christen Jakob, Hochschule Luzern Soziale Arbeit, Werftestraße 1, CH-6002 Luzern, mariana.christen@hslu.ch.

Michael Diaz

Stv. Geschäftsleiter bei Inrate. *Werdegang:* Studium der Wirtschaftswissenschaften an der Universität Zürich. 1999-2002 bei der Credit Suisse tätig, u.a. Unterstützung bei der Umsetzung des Code of Conduct der Credit Suisse Group. Anschließend Wechsel zu Care Group. Leitung des ökonomischen Researchs sowie Aufbau des Portfolio-Managements für den ersten nachhaltigen Dachfonds der Schweiz. 2007 Abschluss des Masterstudiums Advanced Studies in Applied Ethics. Von 2004 bis 2008 bei Inrate/INFRAS im Bereich betriebliche Nachhaltigkeitsanalysen tätig, seit 2007 als Leiter des Teams. Ab Januar 2009 Geschäftleiter der Inrate AG. Nach der Fusion mit Centre Info bis 2011 stv. Geschäftsleiter der Inrate. Mitglied des Deutschen Netzwerks Wirtschaftsethik, des European Business Ethics Networks, des Vereins für ethisch orientierte Investoren sowie des Anlageausschusses der Care Group.

Tony Ettlin

Selbstständiger Berater für Personal- und Organisationsentwicklung. *Werdegang*: Luftverkehrslehre und 13 Jahre berufliche Tätigkeit in verschiedenen Sparten bei der Swissair (Flughafen, Auslandsvertretungen, Ausbildung, Marketing), Studium an der Hochschule für Angewandte Psychologie Zürich (damals IAP), 1986 Abschluss in Betriebs- und Organisationspsychologie, seit 1987 berufliche Tätigkeit als selbstständiger Berater. *Haupttätigkeitsgebiete:* Veränderungsprozesse in Unternehmen, Managemententwicklung, Teamentwicklung, Coaching von Führungskräften, freiwilliges Engagement in Non-Profit-Organisationen und sozialen Projekten. Gründer des Forums für Organisationsentwicklung Schweiz. Seit 1992 Mitglied der Projektgruppe und später der Kommission Seiten-Wechsel der Schweizerischen Gemeinnützigen Gesellschaft SGG. *Adresse:* Tony Ettlin, Personal- und Organisationsentwicklung, Lättenstraße 105, 8142 Uitikon-Waldegg, Schweiz. oe@ettlin.info.

Michael Fürst

Manager, Corporate Citizenship, Novartis AG. Michael has more than 10 years of experience in Integrity and Compliance and Corporate Citizenship in an academic as well as in a business environment. Since 2005, he is working for Novartis AG which is consistently named as an industry leader in the Dow Jones Sustainability Index. Michael had responsibilities for the development and management of a behavioral-based integrity management program. In addition to this, he is responsible for a variety of different Corporate Citizenship projects from a strategic and operational perspective. Over the last years his work has focused on social business initiatives that are aligned with the strategic priorities of Novartis and with the needs of underserved patient communities. Michael is publishing regularly about integrity management and Corporate Citizenship and was awarded with the German Max Weber Price for Business Ethics for his scientific work in 2006. *Address*: michael.fuerst@novartis.com.

Gian-Claudio Gentile

Dozent und Projektleiter an der Hochschule Luzern Soziale Arbeit. *Werdegang:* Studium der Soziologie, Betriebswirtschaft und Sozialpsychologie an der Universität Zürich (Diplom 2004). Wissenschaftlicher Mitarbeiter und Doktorand in der Forschungsgruppe Psychologie der Arbeit in Organisation und Gesellschaft (PdA) von Prof. Dr. Theo Wehner an der ETH Zürich (Promotion 2009). Seit Februar 2011 angestellt als Dozent und Projektleiter an der Hochschule Luzern Soziale Arbeit. *Forschungsschwerpunkte:* Corporate Volunteering, Freigemeinnützige Arbeit, Corporate Social Responsibility, Betriebliches Gesundheitsmanagement, Organisationstheorien und Qualitative Methoden. *Adresse:* Gian-Claudio Gentile, Hochschule Luzern Soziale Arbeit, Werftestraße 1, CH-6002 Luzern, gian-claudio.gentile@hslu.ch.

Stefan T. Güntert

Oberassistent in der Forschungsgruppe „Psychologie der Arbeit in Organisation und Gesellschaft" am Zentrum für Organisations- und Arbeitswissenschaften der ETH Zürich. *Werdegang:* Studium der Psychologie an der Universität Freiburg i. Brsg. Wissenschaftlicher Mitarbeiter und Doktorand bei Prof. Dr. Theo Wehner (Promotion 2008). 2010-2011: Forschungsstipendium an der University of Rochester in Rochester (NY), USA. *Forschungsschwerpunkte:* Freigemeinnützige Tätigkeit, Organizational Citizenship Behavior, Arbeitsgestaltung, Selbstbestimmungstheorie. *Adresse:* Stefan T. Güntert, Zentrum für Organisations- und Arbeitswissenschaften (ZOA, ETH Zürich, Kreuzplatz 5, CH-8032 Zürich, sguentert@ethz.ch.

Patrick Jiranek

Wissenschaftlicher Mitarbeiter und Doktorand am Zentrum für Organisations- und Arbeitswissenschaften an der ETH Zürich in der Forschungsgruppe Psychologie der Arbeit in Organisation und Gesellschaft. *Werdegang:* Studium der Psychologie an der Katholischen Universität Eichstätt-Ingolstadt (Diplom 2009). *Forschungsschwerpunkte:* Freigemeinnützige Tätigkeit sowie Soziale und Organisationale Gerechtigkeit. *Adresse:* Patrick Jiranek, Zentrum für Organisations- und Arbeitswissenschaften (ZOA), Forschungsgruppe: „Psychologie der Arbeit in Organisation und Gesellschaft" (PdA), Kreuzplatz 5, CH-8032 Zürich, pjiranek@ethz.ch.

Christian Lorenz

Mitarbeiter in der Forschungsgruppe „Psychologie der Arbeit in Organisation und Gesellschaft" (PdA) am Zentrum für Organisations- und Arbeitswissenschaften der ETH Zürich; Coach; Psychologischer Psychotherapeut in Ausbildung. *Werdegang:* Studium der Psychologie an den Universitäten Göttingen, Konstanz und der ETH Zürich (Diplom 2007). Wissenschaftlicher Mitarbeiter und Doktorand in der Forschungsgruppe Psychologie der Arbeit in Organisation und Gesellschaft (PdA) von Prof. Dr. Theo Wehner an der ETH Zürich (Promotion 2010). 2008-2010 Ausbildung zum Coach (DBVC). Seit 2010 in Ausbildung zum Psychologischen Psychotherapeuten (Verhaltenstherapie). *Forschungsschwerpunkte:* Corporate Volunteering und Corporate Social Responsibility, Freigemeinnützige Arbeit, Erholungsprozesse. *Adresse:* Christian Lorenz, Psychologie der Arbeit in Organisation und Gesellschaft, ETH Zürich, Kreuzplatz 5, CH-8032 Zürich, christianlorenz@ethz.ch.

Dorje Mundle

Dorje took on his current role in 2008, working at the nexus between public policy concerns and business interests to generate value through responsible business. This entails a particular focus on driving business innovation to meet the needs of under-served patients in developed and developing countries. Prior to joining Novartis, he managed Corporate Citizenship and CSR issues for 12 years in companies including Shell, Pricewaterhouse-Coopers and, most recently, Novo Nordisk. Dorje is from the UK, where he completed his undergraduate studies at the University of Reading before taking a Masters degree at Imperial College, London.

Gerd Placke

Senior Project Manager der Bertelsmann Stiftung. Dort seit 2005 im Programm „Gesellschaftliche Verantwortung von Unternehmen" tätig. *Werdegang:* Studium der Geschichte und Philosophie für das Lehramt am Gymnasium an der Universität Osnabrück. Promotion zum Dr. phil. 1994. 20 Jahre Berufserfahrung in Non-Profit-Organisationen als Erwachsenenpädagoge, Projektmanager und Geschäftsführer. *Arbeitsschwerpunkte:* Gesellschaftliche Verantwortung von Unternehmen im Mittelstand, Zivilgesellschaftliches Unternehmensengagement, Bürgerschaftliches Engagement, Kooperationsmanagement. Bis Ende 2010 im Programm verantwortlich für die bundesweite Verbreitung der „Marktplatz-Methode" (www.gute-geschaefte.org). Seit Januar 2011 Projektleiter von „Unternehmen für die Region" (www.unternehmen-fuer-die-region.de). Adresse: Dr. Gerd Placke, Bertelsmann Stiftung – Programm „Gesellschaftliche Verantwortung von Unternehmen", Carl-Bertelsmann-Straße 256, 33311 D-Gütersloh, gerd.placke@bertelsmann-stiftung.de.

Jan Christopher Pries

Projektleiter bei der Managementberatung nextpractice GmbH und Doktorand an der Psychologischen Fakultät der Universität Bremen. *Werdegang:* Studium der Psychologie (Diplom) und der Philosophie (Magister) an der Universität Bremen und der Universidad de Salamanca. Stipendiat der Studienstiftung des deutschen Volkes und des Bundes deutscher Psychologen. Fortbildung zum systemischen Organisationsberater. *Schwerpunktthemen:* Diffusion von Innovation, Repertory Grid Methode, Corporate Social Responsibility. *Adresse:* JPries@Uni-Bremen.de.

Olga Samuel

Wissenschaftliche Mitarbeiterin und Projektleiterin am Institute for Competitiveness and Communication der Fachhochschule Nordwestschweiz (FHNW). *Werdegang:* Volks- und Betriebswirtschaftsstudium an der Universität Basel (Abschluss MSc in Business and Economics 2006). Industry and Competitor Analyst bei einer Großbank (bis 2008), wissenschaftliche Mitarbeiterin und Doktorandin in der Forschungsgruppe Psychologie der Arbeit in Organisation und Gesellschaft (PdA) sowie wissenschaftliche Mitarbeiterin am Institut für Non-Profit- und Public Management an der FHNW. *Schwerpunkte:* Strategische Dienstleistungsberatung, Forschung (Corporate Volunteering, CSR, Wissens- und Technologietransfer). *Adresse:* Olga Samuel, FHNW, Riggenbachstraße 16, CH-4600 Olten, olga.samuel@fhnw.ch.

Axel Schilling

Leiter des Instituts für Non-Profit- und Public Management an der Hochschule für Wirtschaft der Fachhochschule Nordwestschweiz. *Werdegang:* Studium der Psychologie mit dem Schwerpunkt „Arbeit und Organisation" an der Universität Bremen, der ETH Zürich und der Universität Bern. Wissenschaftlicher Mitarbeiter am Institut für Arbeitspsychologie der ETH Zürich, Dozent für Führung und Organisation und Leiter des Instituts für Management-Entwicklung an der Fachhochschule beider Basel. *Forschungsschwerpunkte:* Menschliche Kommunikation in rechnergestützten Produktionssystemen, Älterwerden im

Unternehmen und Corporate Volunteering. *Aktuelle Schwerpunkte:* Freiwilligen-Management und gemeinütziges Engagement von KMU. *Adresse:* Prof. Dr. Axel Schilling, Institut für Non-Profit- und Public Management, Hochschule für Wirtschaft FHNW, Peter Merian-Straße 86, Postfach, CH-4002 Basel, axel.schilling@fhnw.ch.

Gina Spescha

Wissenschaftliche Mitarbeiterin bei dem Forschungs- und Beratungsunternehmen INFRAS AG, Zürich. *Werdegang:* Studium der Geographie, Politikwissenschaften und Raum- und Landschaftsentwicklung an der Universität Zürich und der ETH Zürich (MSc in 2010). Seit 2011 wissenschaftliche Mitarbeiterin bei INFRAS. *Schwerpunktthemen:* Nachhaltigkeitsanalysen und Methoden zur Beurteilung einer nachhaltigen Unternehmensentwicklung, nachhaltige Finanzanlagen sowie nachhaltiger Konsum. *Adresse:* Gina Spescha, INFRAS AG, Binzstraße 23, Postfach, 8045 Zürich, gina.spescha@infras.ch.

Ingo Stolz

Ingo is the founder and head of SGOCI, a consulting firm specializing in international organization development and global corporate citizenship. *Education:* PhD (May 2012) in Organizational Leadership, Policy, and Development (University of Minnesota); Professional Graduate Certificate in Human Resource Development (University of Minnesota); Magister Artium in Political Science and German Philology (Albert-Ludwigs University Freiburg); Master of Arts in Germanic Languages and Literatures (The Ohio State University); Vordiplom in Political Science (Free University Berlin). *Occupation:* Founding Director (SGOCI); Organization Development Consultant (Tschantré AG – Switzerland; College of Heihe – China); Managing Director (Netzwerk FernosT – Russia/China); Research Assistant (University of Minnesota); Associate Lecturer (Amur State University – Russia); Assistant Lecturer (Albert-Ludwigs-University Freiburg); Teaching Assistant (The Ohio State University). *Research:* International organization development; global corporate citizenship management. *Address:* Ingo Stolz, SGOCI, Hagentalerstraße 26, 4055 Basel, ingo.stolz@sgoci.com.

Annika Straßburger

Beraterin für Nachhaltigkeit bei PwC. *Werdegang:* Sprachen, Wirtschafts- und Kulturraumstudien an der Universität Passau/Universidad del Salvador, Buenos Aires (Diplom 2007). Key Account Managerin und Leiterin des Bereichs Corporate Social Responsibility in Unternehmen der Kaffeeindustrie (J.J. Darboven GmbH & Co. KG; Privatrösterei Vollmer Kaffee GmbH & Co. KG, 2008-2010). Seit 2011 bei PwC Sustainability Services. *Schwerpunktthemen und -bereiche:* Supply Chain Governance, Corporate Citizenship, Nachhaltigkeitsberichterstattung, -strategie und -management; Kompetenzteam Mittelstand und Familienunternehmen, *Adresse:* Annika Straßburger, PricewaterhouseCoopers AG Wirtschaftsprüfungsgesellschaft, Bernhard-Wicki-Straße 8, 80636 München, annika.strass-burger@de.pwc.com.

Susan van Schie

Mitarbeiterin in der Forschungsgruppe „Psychologie der Arbeit in Organisation und Gesellschaft" (PdA) am Zentrum für Organisations- und Arbeitswissenschaften der ETH
Zürich. *Werdegang:* Studium der Psychologie, Psychopathologie und Politikwissenschaft an
der Universtität Zürich (Lizenziat 2009). Seit 2009 wissenschaftliche Mitarbeiterin und
Doktorandin in der Forschungsgruppe Psychologie der Arbeit in Organisation und Gesellschaft (PdA) von Prof. Dr. Theo Wehner an der ETH Zürich. *Forschungsschwerpunkte:* Freigemeinnützige Arbeit, Arbeitsgestaltung und -motivation, Miliztätigkeiten, Corporate
Volunteering. *Adresse:* Susan van Schie, Psychologie der Arbeit in Organisation und Gesellschaft, ETH Zürich, Kreuzplatz 5, CH-8032 Zürich, svanschie@ethz.ch.

Theo Wehner

Inhaber der Professur für Arbeits- und Organisationspsychologie und Leiter des Zentrums
für Organisations- und Arbeitswissenschaften an der ETH Zürich. *Werdegang:* Studium der
Psychologie, Soziologie und Philosophie. Promotion und Habilitation (1986) in Bremen.
Forschungsschwerpunkte: Fragen zur „Entstehung des Neuen" (Kreativität und Innovation),
der „Wahrheit des Irrtums" (Fehlerfreundlichkeit und Sicherheit) und zum „Verhältnis
von Erfahrung und Wissen" (Kooperation und Austausch). Einen aktuellen Schwerpunkt
bilden Forschungsprojekte zur freigemeinnützigen Tätigkeit (Volunteering) und zum freigemeinnützigen Engagement von Unternehmen (Corporate Volunteering). *Adresse:* Prof.
Dr. Theo Wehner, Zentrum für Organisations- und Arbeitswissenschaften (ZOA), Forschungsgruppe: „Psychologie der Arbeit in Organisation und Gesellschaft" (PdA), Kreuzplatz 5, CH-8032 Zürich, twehner@ethz.ch.

Literaturverzeichnis

Ackermann, G.; Nadai, E. (2002). *Corporate Volunteering – Vermittlung von gemeinnützigen Einsätzen für Unternehmen*. Schlußbericht unveröffentlicht, Caritas Schweiz, Zürich.

ACN/Fondaca (2006). *Not Alone. A research on partnerships between private companies and citizens' organizations in Europe. Finale Report*. Brussels: European Commission.

Allen, K. (2003). The social case for corporate volunteering. *Australian Journal on Volunteering, 8*, 58.

Alvesson, M.; Bridgman, T.; Willmott, H. (2009). *The Oxford handbook of critical management studies*. New York: Oxford University Press.

Ammann, H.; Bachmann, R.; Schaller, R. (2004). *Unternehmen unterstützen Freiwilligkeit* (1. Aufl.). Zürich: Seismo.

Angermann, A.; Sittermann, B. (2010). *Bürgerschaftliches Engagement in den Mitgliedstaaten der Europäischen Union – Auswertung und Zusammenfassung aktueller Studien: Arbeitspapier Nr. 5 der Beobachtungsstelle für gesellschaftliche Entwicklungen in Europa*. Verfügbar unter http://www.beobachtungsstelle-gesellschaftspolitik.eu [29.06.11].

Antal, A. B.; Dierkes, M.; Oppen, M. (2007). Zur Zukunft der Wirtschaft in der Gesellschaft. In J. Kocka (Hrsg.), *Zukunftsfähigkeit Deutschlands. Sozialwissenschaftliche Essays* (S. 267-290). Berlin: edition sigma.

Appels, C.; van Duin, L.; Hamann, R. (2006). Institutionalising corporate citizenship: The case of Barloworld and its employee value creation process. *Development Southern Africa, 23*, 241-250. doi: 10.1080/03768350600707546

Arendt, H. (2001). *Vita activa oder vom tätigen Leben* (12. Aufl.). München: Piper.

Aßländer, M. (2006). Prize for business ethics 2006 awarded to Novartis AG. *Forum Wirtschaftsethik, 14*, 4-7.

Austin, J. E. (2000). *The collaboration challenge. How nonprofits and businesses suceed through strategic alliances*. Massachusetts: Jossey-Bass Publishers.

Backhaus, K.; Erichson, B.; Plinke, W.; Weiber, R. (2008). *Multivariate Analysemethoden: Eine anwendungsorientierte Einführung*. Berlin: Springer.

Badelt, C. (2004). Freiwilligkeit aus der Sicht der Ökonomie. In: H. Amman (Hrsg.), *Freiwilligkeit zwischen liberaler und sozialer Demokratie*. Zürich: Seismo.

Baecker, D. (2008). Kontroversen als das Programm der nächsten Gesellschaft. In Bundesministerium für Umwelt, Naturschutz und Reaktorsicherheit (Hrsg.), *Die Dritte industrielle Revolution – Aufbruch in ein ökologisches Jahrhundert: Dimensionen und Herausforderungen des industriellen und gesellschaftlichen Wandels* (S. 125-128). Berlin: BMU.

Barnard, C. (1968). *The functions of the executive*. Cambridge: Harvard University Press.

Basil, D.; Runte, M.; Basil, M.; Usher, J. (2011). Company support for employee volunteerism: Does size matter? *Journal of Business Research, 64*, 61-66.

Basil, D. Z.; Runté, M. S.; Easwaramoorthy, M.; Barr, C. (2009). Company Support for Employee Volunteering: A National Survey of Companies in Canada. *Journal of Business Ethics, 85*, 387-398.

Bathelt, H.; Glückler, J. (2003). *Wirtschaftsgeographie. Ökonomische Beziehungen in räumlicher Perspektive.* Stuttgart: Eugen Ulmer Verlag.

Beck, U. (1999). *Schöne neue Arbeitswelt Vision: Weltbürgergesellschaft.* Frankfurt/Main: Campus-Verlag.

Beck, U.; Beck-Gernsheim, E. (1994). *Riskante Freiheiten. Individualisierung in modernen Gesellschaften.* Frankfurt/Main: Suhrkamp.

Beher, K.; Liebig, R.; Rauschenbach, T. (2000). *Strukturwandel des Ehrenamts: Gemeinwohlorientierung im Modernisierungsprozess.* München: Juventa.

Benevol (2007). *Standards für Freiwilligenarbeit.* Verfügbar unter http://www.benevol.ch/index.php?id=262 [02.12.10]

Berger, U.; Bernhard-Mehlich, I. (1999). Die Verhaltenswissenschaftliche Entscheidungstheorie. In A. Kieser (Hrsg.), *Organisationstheorie* (S. 133-168). Stuttgart: Kohlhammer.

Berger, I. E.; Cunningham, P. H.; Drumwright, M. E. (1999). Social Alliances: Company/Nonprofit Collaboration. *Social Marketing Quarterly, 3,* 49-53.

Bertelsmann Stiftung (2006). *Die gesellschaftliche Verantwortung von Unternehmen. Detailauswertung. Dokumentation der Ergebnisse einer Unternehmensbefragung der Bertelsmann Stiftung.* Gütersloh: Bertelsmann Stiftung.

Bertelsmann Stiftung (2008). *Gute Geschäfte. Marktplatz für Unternehmen und Gemeinnützige.* Gütersloh: Bertelsmann Stiftung.

Bertelsmann Stiftung (2009). *Gute Geschäfte. Markt für Unternehmen und Gemeinnützige.* Verfügbar unter http://www.gute-geschaefte.org [24.10.09]

Bierhoff, H. W. (1990). *Psychologie hilfreichen Verhaltens.* Stuttgart: Kohlhammer.

Bierhoff, H. W.; Schülken, T. (2001). Ehrenamtliches Engagement. In H.-W. Bierhoff; D. Fetchenhauer (Hrsg.), *Solidarität. Konflikt, Umwelt und Dritte Welt* (S. 183-204). Opladen: Leske + Budrich.

Bierhoff, H. W.; Schülken, T.; Hoof, M. (2007). Skalen der Einstellungsstruktur ehrenamtlicher Helfer (SEEH). *Zeitschrift für Personalpsychologie, 6,* 12-27.

Boccalandro, B. (2010). *Ein Angebot oder ein Angriff? Wie der Non-Profit-Sektor auf das zunehmende soziale Engagement von Unternehmen reagieren kann.* Berlin: CCCD.

Boezeman, E.; Ellemers, N. (2007). Volunteering for charity: Pride, respect, and the commitment of volunteers. *Journal of Applied Psychology, 92,* 771-785.

Booth, J. E.; Park, K. W.; Glomb, T. M. (2009). Employer-supported volunteering benefits: Gift exchange among employers, employees, and volunteer organizations. *Human Resource Management, 48,* 227-249.

Borman, W. C.; Motowidlo, S. J. (1993). Expanding the criterion domain to include elements of contextual performance. In N. Schmitt, W. C. Borman (Eds.), *Personnel selection in organizations* (pp. 71-98). San Francisco: Jossey-Bass.

Bornstein, D. (2005). *Die Welt verändern. Social Entrepreneurs und die Kraft neuer Ideen.* Stuttgart: Klett-Cotta Verlag.

Braun, S.; Kukuk, M. (2007). *Kommentierter Datenbericht zum Forschungsprojekt: Corporate Citizenship – Gesellschaftliches Engagement von Wirtschaftsunternehmen in Deutschland.* Arbeitspapier des Forschungszentrums für Bürgerschaftliches Engagement. Universität Paderborn, Paderborn.

Brønn, P. S.; Vidaver-Cohen, D. (2009). Corporate motives for social initiative: Legitimacy, sustainability, or the bottom line? *Journal of Business Ethics, 87*, 91-109.

Bude, H. (2001). Gerechtigkeit als Respekt. Sozialmoralische Folgen von Ungerechtigkeit durch Exklusion. *Berliner Debatte Initial 12*, 28-37.

Bürgisser, M. (2003). Corporate Volunteering: *Gemeinnütziges Engagement von Unternehmen und ihren Angestellten.* Zürich: Kaufmännischer Verband Schweiz.

Burke, L.; Logsdon, J. M.; Mitchell, W.; Reiner, M.; Vogel, D. (1986). Corporate community involvement in the San Francisco bay area. *California Management Review, 28*, 122-141.

Burton, B. K.; Goldsby, M. G. (2009). The moral floor: A philosophical examination of the connection between ethics and business. *Journal of Business Ethics, 91*, 145-154.

Calton, J. M.; Payne, S. L. (2003). Coping with paradox: Multistakeholder learning dialogue as a pluralist sensemaking process for addressing messy problems. *Business Society, 42*, 7-42.

Campbell, J. L. (2006). Institutional analysis and the paradox of corporate social responsibility. *American Behavioral Scientist, 49*, 925-938.

Carroll, A. B. (1991). The pyramid of corporate social responsibility: Toward. *Business Horizons, 34*, 39.

Carroll, A. B. (1999). Corporate social responsibility: Evolution of a definitional construct. Bla*The Academy of Management Review, 4*, 497-505.

Compliance and Ethics Leadership Council (CELC) (2009). *The current state of corporate integrety.* Verfügbar unter https://www.celc.executiveboard.com [27.02.2012]

Chapple, W.; Moon, J. (2005). Corporate social responsibility (CSR) in Asia: A seven-country study of CSR web site reporting. *Business Society, 44*, 415-441.

Christen Jakob, M.; Von Passavant, C. (2009). *CSR – Corporate Social Responsibility: Impulse für kleinere und mittlere Unternehmen.* Zürich: Huber.

Clary, E.G.; Snyder, M. (1999). The motivations to volunteer: Theoretical and practical considerations. *Current Directions in Psychological Science, 8*, 156-159.

Clary, E. G.; Snyder, M. (2002). Community involvement: Opportunities and challenges in socializing adults to participate in society. *Journal of Social Issues, 58*, 581-591.

Clary, E. G.; Snyder, M.; Ridge, R. (1992). Volunteers' motivations: A functional strategy for the recruitment, placement, and retention of volunteers. *Nonprofit Management and Leadership, 2*, 333-350.

Clary, E. G.; Snyder, M.; Ridge, R. D.; Copeland, J.; Stukas, A. A.; Haugen, J.; Miene, P. (1998). Understanding and assessing the motivations of volunteers: A functional approach. *Journal of Personality and Social Psychology, 74*, 1516-1530.

Curtis, J. E.; Baer, D. E.; Grabb, E. G. (2001). Nations of joiners: Explaining voluntary association membership in democratic societies. *American Sociological Review, 66*, 783-805.

Dailey, R. C. (1986). Understanding organizational commitment for volunteers: Empirical and managerial implications. *Nonprofit and Voluntary Sector Quarterly, 15*, 19-31.

Darigan K. H.; Post, J. E. (2009). Corporate citizenship in China: CSR challenges in the 'Harmonious Society'. *Journal of Corporate Citizenship, 35*, 39-53.

Davis, K. (1973). The case for and against business assumption of social responsibilities. *The Academy of Management Journal, 16*, 312-322.

De Bakker, F. G. A.; Groenewegen, P.; de Hond, F. (2005). A bibliometric analysis of 30 years of research on theory on corporate social responsibility and corporate social performance. *Business and Society Review, 44*, 283-317.

De Gilder, D.; Schuyt, T. N. M.; Breedijk, M. (2005). Effects of an employee volunteering program on the work force: The ABN-AMRO case. *Journal of Business Ethics, 61*, 143-152.

Deci, E. L.; Koestner, R.; Ryan, R. M. (1999). A meta-analytic review of experiments examining the effects of extrinsic rewards on intrinsic motivation. *Psychological Bulletin, 125*, 627-668.

Deci, E. L.; Ryan, R. M. (2000). The "What" and "Why" of goal pursuits: Human needs and the self-determination of behavior. *Psychological Inquiry, 11*, 227-268.

Deci, E. L.; Ryan, R. M. (2002). *Handbook of self-determination research*. Rochester, NY: University of Rochester Press.

Deitmer, L.; Davoine, E.; Floren, H.; Heinemann, L.; Hofmaier, B.; James, C.; Manske, F.; Ursic, D.; Turner, L. (2003). *Final report: Improving the European Knowledge Base through formative and participative Evaluation of Science-Industry Liaisons and Public-Private Partnerships (ppp) in R&D*. Verfügbar unter www. itb. uni-bremen. de/ projekte/covoseco/index European Governance of Innovation.

Denison, D. R. (1996). What is the difference between organizational culture and organizational climate? A native's point of view on a decade of paradigm wars. *Academy of Management Review, 21*, 619–654.

Dresewski, F.; Lang, R. (2005). Corporate Citizenship: Über den Nutzen von Sozialen Kooperationen für Unternehmen, gemeinnützige Organisationen und das Gemeinwesen. In S. Reimer; R. Graf Strachwitz (Hrsg.), *Corporate Citizenship. Diskussionsbeiträge* (S. 94-103). Berlin: Maecenata Verlag

Drews, M.; Hadem, K.; Schrader, U. (2009). Philantropie in Deutschland. Neue Wege zur Förderung gesellschaftlichen Engagements. *Soziale Arbeit Spezial*, 7-11.

Drexler, B.; Endres, E. (2007). „Learning on the Job – of Another". Wissenskooperationen zwischen sozialen Organisationen und Wirtschaftsunternehmen. *Wirtschaftspsychologie, 9*, 23-30.

Dunphy, D. C.; Griffiths, A.; Benn, S. (2007). *Organizational change for corporate sustainability: A guide for leaders and change agents of the future* (2nd ed.). New York: Routledge.

Ebinger, F. (2007). Dialog zwischen Unternehmen und NGOs auf dem Weg zu einer nachhaltigen Zusammenarbeit. *Umweltwirtschaftsforum, 15*, 1-2.

Edward, P.; Willmott, H. (2008). Structures, identities and politics: bringing corporate citizenship into the corporation. In A. G. Scherer; G. Palazzo (Eds.), *Handbook of research on global corporate citizenship* (pp. 405-429). Cheltenham: Edward Elgar.

Eigenstetter, M.; Trimpop, R. (2009). Ethisches Klima in Unternehmen: Ansätze und Messinstrumente. Themenheft Demokratie und Partizipation in Organisationen. *Wirtschaftspsychologie, 11*, 63-70.

Endres, E.; Wehner, T. (2004). Grenzgänger – ein neuer Managementtypus. *profile. Internationale Zeitschrift für Veränderung, Lernen, Dialog, 7*, 52-61.

Enquete-Kommission (2002). *Bürgerschaftliches Engagement: auf dem Weg in eine zukunftsfähige Bürgergesellschaft.* Verfügbar unter http://dipbt.bundestag.de/dip21/btd/14/089-/1408900.pdf

Erikson, E. H. (1973). *Identität und Lebenszyklus.* Frankfurt: Suhrkamp Verlag.

ETH Zürich (2012). *CorVo Schweiz.* Verfügbar unter www.corvo-schweiz.ch

Ethisphere. (2007). *2007 world's most ethical companies: Ranking.* Vefügbar unter http://ethisphere.com/2007-worlds-most-ethical-companies/

Europäische Kommission (2001). *Grünbuch: Europäische Rahmenbedingungen für die soziale Verantwortung von Unternehmen in der EU (CSR).* Brüssel: Europäische Kommission.

Europäische Kommission (2004). *Verantwortliche Unternehmertätigkeit. Eine Sammlung von „good practice" – Fallbeispielen aus kleinen und mittleren Unternehmen in ganz Europa.* Brüssel: Europäische Kommnision.

Europäische Kommission (2007). *Gesellschaftliches Engagement in kleinen und mittelständischen Unternehmen in Deutschland – aktueller Stand und zukünftige Entwicklung.* Brüssel: Europäische Kommnision.

Europäische Kommission (2009). *Vorschlag für eine Entscheidung des Rates über das Europäische Jahr der Freiwilligkeit (2011).* Brüssel: Europäische Kommnision.

Farago, P. (2007). *Freiwilliges Engagement in der Schweiz.* Zürich: Seismo.

Fassin, Y. (2008). SMEs and the fallacy of formalizing CSR. *Business Ethics: A European Review, 17,* 364-378.

Fehren, O. (2006). Gemeinwesenarbeit als intermediäre Instanz: emanzipatorisch oder herrschaftsstabilisierend. *Neue Praxis, 6,* 575-595.

Fenwick, T. (2007). Developing organizational practices of ecological sustainability: A learning perspective. *Leadership and Organization Development Journal, 28,* 632-645. doi: 10.1108/01437730710823888

Fenwick, T.; Bierema, L. (2008). Corporate social responsibility: Issues for human resource development professionals. *International Journal of Training and Development, 12,* 24-35.

Field, A. (2009). *Discovering Statistics Using SPSS.* London: Sage Publications.

Fischer, R. (2007). *Regionales Corporate Citizenship. Gesellschaftlich engagierte Unternehmen in der Metropolregion Frankfurt-Rhein-Main.* Frankfurt am Main: Selbstverlag „Rhein-Mainische Forschung" des Instituts für Humangeographie der Johann Wolfgang Goethe-Universität.

Fisher, R.; Ury, W.; Patton, B. M. (1991). *Das Harvard-Konzept: sachgerecht verhandeln – erfolgreich verhandeln.* Frankfurt am Main: Campus.

Fischges, W. (2008). CSR bei der Münchener Rück. Mit Leidenschaft „Partnerschaften auf Augenhöhe etablieren". *Zeitschrift für Führung + Organisation, 6,* 376-380.

Flick, U.; von Kardoff, E.; Steinke, I. (Hg) (2005). *Qualitiative Forschung. Ein Handbuch.* Hamburg: Rowohlt Verlag.

Foote, M. F.; Ruona, W. E. A. (2008). Institutionalizing ethics: A synthesis of frameworks and the implications for HRD. *Human Resource Development Review, 7,* 292-308. doi: 10.1177/1534484308321844

Frankl, V. E. (1972). *Der Mensch auf der Suche nach Sinn.* Stuttgart: Ernst Klett Verlag.

Frankl, V. E. (2000). *Das Leiden am sinnlosen Leben. Psychotherapie für heute.* Freiburg: Herder.

Friedman, M. (1970, September 13). The social responsibility of business is to increase its profits. *New York Times Magazine*, pp. 122-126.

Freeman, R. E.; Liedtka, J. (1991). Corporate social responsibility: A critical approach. *Business Horizons, 34,* 92-98.

Frese, M.; Fay, D.; Hilburger, T.; Leng, K.; Tag, A. (1997). The concept of personal initiative: Operationalization, reliability and validity in two german samples. *Journal of Occupational and Organizational Psychology, 70,* 139-161.

FTSE. (2006). *FTSE4Good index series.* Retrieved from http://www.ftse.com/Indices/ FTSE4Good_Index_Series/Downloads/F4G_5Year_Review.pdf [27.01.2008]

Furrer, B.; Weiss, S. T.; Seidler, A. (2006). *Swiss CSR Monitor 2006: Die gesellschaftliche Verantwortung von Unternehmen in der Wahrnehmung der Schweizer Bevölkerung. Mit einem Schwerpunkt zu Banken und Pensionskassen.* Winterthur: Institut für Nachhaltige Entwicklung.

Fürst, M. (2005): *Risiko-Governance. Die Wahrnehmung und Steuerung moralökonomischer Risiken.* Marburg: Metropolis.

Fürst, M. (2010): Grundprinzipien und Gestaltung eines nachhaltigen Integritätsmanagements. In: J. Wieland; S. Grüninger; R. Steinmeyer (Hrsg.), *Handbuch compliance management.* Berlin: Erich Schmidt Verlag.

Fürst, M.; Schotter, A. (2012): Strategic integrity management as a dynamic capability. In: T. Wilkinson et al. (Eds.), *Strategic Management of the 21st century.* (in print). Santa Barbara: Praeger.

Galaskiewicz, J. (1997). An urban grants economy revisited: Corporate charitable contributions in the Twin Cities, 1979-81, 1987-89. *Administrative Science Quarterly, 42,* 445-471.

Galaskiewicz, J.; Burt, R. (1991). Interorganizational contagion in corporate philathropy. *Administrative Science Quarterly, 36,* 88–105.

Galindo-Kuhn, R.; Guzley, R. M. (2001). The volunteer satisfaction index: Construct definition, measurement, development, and validation. *Journal of Social Service Research, 28,* 45-68.

Gaskin, K.; Smith, J. D.; Paulwitz, I. (1996). *Ein neues bürgerschaftliches Europa: Eine Untersuchung zur Verbreitung und Rolle von Volunteering in zehn Ländern.* Freiburg im Breisgau: Lambertus.

Gensicke, T. (2010). *Monitor Engagement. Freiwilliges Engagement in Deutschland 1999-2004-2009.* Berlin: Bundesministerium für Familie, Senioren, Frauen und Jugend.

Gensicke, T.; Geiss, S. (2010). *Hauptbericht des Freiwilligensurveys 2009: Zivilgesellschaft, soziales Kapital und freiwilliges Engagement in Deutschland 1999-2004-2009.* Berlin: Bundesministerium für Familie, Senioren, Frauen und Jugend.

Gentile, G.-C. (2009). *Corporate Volunteering als Ausdruck gesellschaftlicher Verantwortung durch Unternehmen. Eine explorative Untersuchung zur Ausgestaltung von Corporate Volunteering aus organisationspsychologischer/-soziologischer Perspektive.* Nicht veröffentlichte Dissertation, Eidgenössische Technische Hochschule Zürich (ETHZ), Zürich.

Gentile, G.-C.; Böhm, R.; Hoffmann, C. (2007). Auf dem Weg zum Corporate Citizen – eine Bestandsaufnahme anleitender Texte. *Wirtschaftspsychologie, 9*, 58-64.

Gentile, G-C.; Lorenz, C.; Wehner, T. (2011). Introduction: A humanistic stance towards CV – taking a critical perspective on the role of business in society. *International Journal of Business Environment, 4*, 107-120.

Gentile, G.-C.; Lorenz, C.; Wehner, T. (2009). *Corporate Volunteering in der Schweiz: Beweggründe, Art und Ausmaß, regionale Vergleiche.* 6. Tagung der Fachgruppe Arbeits- und Organisationspsychologie der Deutschen Gesellschaft für Psychologie. Wien.

Gentile, G.-C.; Wehner, T. (Gasthrsg.), (2007a). Bürgerschaftliches Engagement von und in Unternehmen. *Wirtschaftspsychologie, 9*, 2007.

Gentile, G.-C.; Wehner, T. (2007b). Bürgerschaftliches Engagement von und in Unternehmen. *Wirtschaftspsychologie, 9*, 3-6.

Geulen, D. (1982). Soziales Handeln und Perspektivenübernahme. In D. Geulen (Hrsg.), *Perspektivenübernahme und soziales Handeln* (S. 24-72). Frankfurt/Main: Suhrkamp.

GHK (2010). *Study on Volunteering in the European Union – Executive Summary DE.* Verfügbar unter http://ec.europa.eu/citizenship/pdf/doc1020_en.pdf [29.06.11]

Gioia, D. A. (1999). Response: Practicability, paradigms, and problems in stakeholder theorizing. *The Academy of Management Review, 24*, 228-232.

Glasl, F.; Kalcher, T.; Piber, H. (Hrsg.) (2005). *Professionelle Prozessberatung.* Bern: Paul Haupt Verlag.

Glombitza, A. (2005). *Corporate Social Responsibility in der Unternehmenskommunikation.* Berlin: polisphere Verlag.

Gmür, M.; Helmig, B.; Lichtsteiner, H. (2010). *Der Dritte Sektor der Schweiz: Länderstudie zum Johns Hopkins Comparative Nonprofit Sector Project (CNP).* Bern: Haupt Verlag AG.

Graafland, J.; van de Ven, B. (2006). Strategic and moral motivation for corporate social responsibility. *Journal of Corporate Citizenship, 22*, 111-123.

Greening D. W.; Turban D. B. (2000). Corporate social performance as a competitive advantage in attracting a quality workforce. *Business and Society, 39*, 254-280.

Grewe, W.; Löffler, J. (2006). CSR aus Wirtschaftsprüfersicht. In K. Gazdar; A. Habisch; K. R. Kirchhoff; S. Vaseghi (Hrsg.), *Erfolgsfaktor Verantwortung. Corporate Social Responsibility professionell managen* (S. 3-11). Berlin: Springer Verlag.

Guirguis-Younger, M.; Kelley, M. L.; Mckee, M. (2005). Professionalization of hospice volunteer practices: What are the implications? *Palliative and Supportive Care, 3*, 143–144.

Güntert, S. T. (2007). *Freiwilligenarbeit als Tätigsein in Organisationen arbeits- und organisationspsychologische Studien zu Freiwilligen- und Miliztätigkeiten diskutiert vor dem Hintergrund tätigkeitstheoretischer Überlegungen.* Nicht veröffentlichte Dissertation, Eidgenössische Technische Hochschule Zürich (ETHZ), Zürich.

Güntert, S.; Gentile, G.-C.; Wehner, T. (2007). Kein Corporate Volunteering ohne die individuelle Bereitschaft zum Volunteering: Freigemeinnütziges Engagement, was ist das? *Wirtschaftspsychologie, 9*, 76-85.

Güntert, S. T.; Wehner, T. (eingereicht). Predicting volunteer satisfaction and commitment: The joint impact of motivation and work and organizational characteristics. *Non-Profit and Voluntary Sector Quarterly.*

Haas, A. (2010). Ohne Wahlfreiheit keine Topleistung. Ein integrierter Life-Balance-Ansatz am Beispiel KPMG. *Persorama, 2,* 21-24.

Habisch, A. (2006a). Die Corporate-Citizenship-Herausforderung, Gesellschaftliches Engagement als Managementaufgabe. In K. Gazdar; A. Habisch; K. R. Kirchhoff; S. Vaseghi (Hrsg.), *Erfolgsfaktor Verantwortung. Corporate Social Responsibility professionell managen* (S. 35-49). Berlin: Springer Verlag.

Habisch, A. (2006b). Gesellschaftliches Engagement als Win-Win-Szenario. In K. Gazdar; A. Habisch; K. R. Kirchhoff; S. Vaseghi (Hrsg.), *Erfolgsfaktor Verantwortung: Corporate Social Responsibility professionell managen* (S. 81-97). Berlin: Springer.

Habisch, A. (2008). Unternehmensgeist in der Bürgergesellschaft. Zur Innovationsfunktion von Corporate Citizenship. In H. Backhaus-Maul; C. Biedermann; S. Nährlich; J. Polterauer (Hrsg.), *Corporate Citizenship in Deutschland* (S. 106-120). Wiesbaden: VS Verlag für Sozialwissenschaften.

Habisch, A.; Wildner, M.; Wenzel, F. (2008). Corporate Citizenship (CC) als Bestandteil der Unternehmensstrategie. In A. Habisch; M. Neureiter; R. Schmidpeter (Hrsg.), *Handbuch corporate citizenship. Corporate social responsibility für manager* (S. 3-43). Berlin: Springer.

Hackman, J. R.; Oldham, G. R. (1975). Development of the job diagnostic survey. *Journal of Applied Psychology, 60,* 159-170.

Hahn, T.; Scheermesser, M. (2006). Approaches to corporate sustainability among German companies. *Corporate Social Responsibility and Environmental Management, 13,* 150-165.

Halley, D. (1999). *Employee Community Involvement – Gemeinnütziges Arbeitnehmerengagement. Ein Leitfaden für Arbeitgeber, Arbeitnehmer und gemeinnützige Organisationen.* Köln: Fundus-Netz für Bürgerengagement.

Hämmig, O.; Bauer, G. (2009). Work-life imbalance and mental health among male and female employees in Switzerland. *International Journal of Public Health, 54,* 88-95.

Handy, C. (2002). What's a business for? *Harvard Business Review, 80,* 49-56.

Haski-Leventhal, D.; Meijs, L.; Hustinx, L. (2009). The Third-party Model: Enhancing Volunteering through Governments, Corporations and Educational Institutes. *Journal of Social Policy, 39,* 139-158.

Hatcher, T. (1997). Improving corporate social performance: A strategic planning approach. *Performance Improvement, 36,* 23-27.

Hemingway, C.; Maclagan, P. (2004). Managers' Personal Values as Drivers of Corporate Social Responsibility. *Journal of Business Ethics, 50,* 33-44.

Herzig, C. (2006). Corporate volunteering in germany: survey and empirical evidence. *International Journal of Business Environment, 1,* 51-69.

Heuberger, F. (2009). *Topmanagement in gesellschaftlicher Verantwortung. Wie Wirtschaftsführer in Deutschland gesellschaftliche Verantwortung wahrnehmen. Ergebnisse einer qualitativen Studie.* Berlin: CCCD.

Hind, P.; Wilson, A.; Lenssen, G. (2009). Developing leaders for sustainable business. *Corporate Governance, 9,* 7-20. doi: 10.1108/14720700910936029

Högger, R. (2008). *Corporate Citizenship bei Geberit*. Verfügbar unter http://www.ksdz.ch/fileadmin/Geberit_Referat_Corporate_Citizenship_sozialengagiert_20080828_01.pdf [22.10.2009]

Holtkamp, L.; Bogumil, J.; Kißler, L. (2006). *Kooperative Demokratie. Das politische Potenzial von Bürgerengagement*. Frankfurt: Campus.

Hoof, M.; Schnell, T. (2009). Sinn-volles Engagement. Zur Sinnfindung im Kontext der Freiwilligenarbeit. *Wege zum Menschen, 61*, 405-422.

Howard-Grenville, J. A.; Hoffman, A. J. (2003). The importance of cultural framing to the success of social initiatives in business. *Academy of Management Executive, 17*, 70-86.

Hustinx, L.; Handy, F.; Cnaan, R. A.; Brudney, J. L.; Pessi, A. B.; Yamauchi, N. (2010). Social and Cultural Origins of Motivations to Volunteer: A Comparison of University Students in Six Countries. *International Sociology, 25*, 349-382.

Jakob, G. (2010). Infrastrukturen und Anlaufstellen zur Engagementförderung in den Kommunen. In T. Olk; A. Klein; B. Hartnuß (Hrsg.), *Engagementpolitik. Die Entwicklung der Zivilgesellschaft als politische Aufgabe* (S. 233-259).

Jakob, G.; Janning, H. (2007). Freiwilligenagenturen als Mittler zwischen Unternehmen und Non-Profit-Organisationen. *Wirtschaftspsychologie, 9*, 14-22.

Jakob, G.; Janning, H.; Placke, G. (2008). Brückenbauer für neue soziale Kooperationen zwischen Unternehmen und gemeinnützigen Organisationen. Zur intermediären Rolle von Mittlerorganisationen. In Bertelsmann Stiftung (Hrsg.), *Grenzgänger, Pfadfinder, Arrangeure* (S. 23-45). Gütersloh: Bertelsmann Stiftung.

Jenkins, H. (2004). A Critique of Convebtional CSR Theory: An SME Perspective. *Journal of General Management, 29*, 37-57.

Jensen, M. C. (2002). Value maximization, stakeholder theory, and the corporate objective function. *Business Ethics Quarterly, 12*, 235-256.

J.J. Darboven GmbH & Co. KG (2004). *J.J. Darboven Hamburg*. Hamburg: J.J. Darboven GmbH & Co. KG.

J.J. Darboven GmbH & Co. KG (2012). *J.J. Darboven*. Verfügbar unter www.darboven.com [10.02.12].

Jonker, J.; de Witte, M. (2006). *Management Models for Corporate Social Responsibility*. Heidelberg: Springer Verlag.

Kakabadse, N. K.; Kakabadse, A. P.; Lee-Davis, L. (2009). CSR leaders road map. *Corporate Governance, 9*, 50-57. doi: 10.1108/14720700910936056

Kakabadse, N. K.; Rozuel, C.; Lee-Davies, L. (2005). Corporate social responsibility and stakeholder approach. a conceptual review. *Business Governance and Ethics, 1*, 277-302.

Kaptein, M.; van Dalen, J. (2000). The Empirical Assessment of Corporate Ethics. A Case Study. *Journal of Business Ethics, 24*, 95–114.

Kelly, G. (1991). *Psychology of Personal Constructs: Volume Two: Clinical Diagnosis and Psychotherapy*: Routledge.

Kinds, H. (2008). Überblick über internationale Mittleragenturen, Mittlerstrukturen und Mittlernetzwerke. In Bertelsmann Stiftung (Hrsg.), *Grenzgänger, Pfadfinder, Arrangeure* (S. 133-147). Gütersloh: Bertelsmann Stiftung.

Kirchhoff, K. (2006). CSR als strategische Herausforderung. In K. Gazdar; A. Habisch; K. R. Kirchhoff; S. Vaseghi (Hrsg.), *Erfolgsfaktor Verantwortung. Corporate Social Responsibility professionell managen* (S. 13-24). Berlin.

Klein, S.; Siegmund, K. (2010). Partnerschaften zwischen Nichtregierungsorganisationen und Unternehmen. Eine Innenbetrachtung. In S. Klein; K. Siegmund (Hrsg.), *Partnerschaften von NGOs und Unternehmen. Chancen und Herausforderungen* (S. 13-18). Wiesbaden: VS Verlag.

Knellwolf, U. (2007). Lebenshäuser: *Vom Krankenasyl zum Sozialunternehmen – 150 Jahre Diakoniewerk Neumünster.* Zürich: NZZ Libro.

Kommission der Europäischen Gemeinschaft (2009). *„Vorschlag für eine Entscheidung des Rates über das Europäische Jahr der Freiwilligentätigkeit (2011)".* Verfügbar unter http://www.europarl.europa.eu/meetdocs/2009_2014/documents/com/com_com(2 009)0254_/com_com(2009)0254_de.pdf [24.10.2009]

Kraemer, K. (1995): Praxis. In Fuchs-Heinritz, W.; Lautmann, R.; Rammstedt, O.; Wienold, H. (Hrsg.), *Lexikon zur Soziologie.* Opladen: Westdeutscher Verlag.

Kromminga, P.; Lang, R. (2010). *Gemeinnützige Mittler als Katalysatoren für Unternehmensengagement.* Verfügbar unter http://www.b-b-e.de/fileadmin/inhalte/aktuelles/ 2010/01/nl1_kromminga_lang.pdf [12.07.2010]

Kubinger, K. (2003). On artificial results due to using factor analysis for dichotomous variables. *Psychology Science, 45,* 106-110.

Lang, R. (2007). Ein Freund, ein guter Freund … Soziale Organisationen und Unternehmen in Kooperationsprojekten. In E. Lenzen; J. Fengler (Hrsg.), *Berufsbild CSR-Manager* (S. 131-137). Münster: macondo.

Lang, S. (2010). Partnerschaften zwischen Unternehmen und zivilgesellschaftlichen Organisatoren. Erkundungsgänge im Grenzgebiet zwischen Wirtschaft und Zivilgesellschaft. In S. Klein; K. Siegmund (Hrsg.), *Partnerschaften von NGOs und Unternehmen. Chancen und Herausforderungen* (S. 19-42). Wiesbaden: Macondo Verlag.

Leisinger, K. M. (2004). Zur Umsetzung unternehmensethischer Ambitionen in der Praxis. In H. Ruh; K. M. Leisinger (Hrsg.), *Ethik im Management. Ethik und Erfolg verbünden sich* (S. 151-202). Zürich: Orell Füssli.

Leisinger, K. M.; Fürst, M. (2006). Novartis Stiftung in der Scharnierfunktion von unternehmerischen sowie gesellschaftlichen Interessen und Erwartungen. Verfügbar unter http://www.sozialengagiert.ch/cms/index.php?id=71&tx_ttnews [tt_news]=106&tx_ttnews[backPid]=71&cHash=9030a3fe25 [20.04.2010]

Lenssen, G.; Vorobey, V. (2005). Pan-European Approach. In Habisch, A. (Eds.), *Corporate social responsibility across Europe* (pp. 357-375). Berlin: Springer.

Leontjew, A. N. (1977). *Tätigkeit, Bewusstsein, Persönlichkeit.* Stuttgart: Klett.

Leontjew, A. N. (1982). *Tätigkeit, Bewußtsein, Persönlichkeit.* Köln: Pahl-Rugenstein.

Lepoutre, J.; Heene, A. (2006). Investigating the Impact of Firm Size on Small Business Responsibility: A Critical Review. *Journal of Business Ethics, 67,* 257-273.

Lewin K. (1920). Die Sozialisierung des Taylor-Systems. *Schriftenreihe Praktischer Sozialismus, 4,* 3-36.

Liebermann, S. (2009). Politische Vergemeinschaftung und Autonomie der Bürger. In M. Breuer; P. Mastronardi; B. Waxenberger (Hrsg.), *Markt, Mensch und Freiheit. Wirtschaftsethik in der Auseinandersetzung* (S. 151-172). Bern: Haupt Verlag.

Lorenz, C.; Gentile, G.-C.; Wehner, T. (Eds.) (2011a). Corporate volunteering: Conceptual embedment, empirical research, and future perspectives. *Special issue of the International Journal of Business Environment, 4.*

Lorenz, C.; Gentile, G.-C.; Wehner, T. (2011b). How, why, and to what end? Corporate volunteering as corporate social performance. *International Journal of Business Environment, 4,* 183-205

Lorenz, C.; Wehner, T. (2010). Werte im Wandel. Gesellschaftliches Engagement von Unternehmen. *io new management, 5,* 20-23.

Lukka, P. (2000). *Employee volunteering: A literature review.* London: The Institute of Volunteering Research.

Maak, T.; Ulrich, P. (2007). *Integre Unternehmensführung. Ethisches Orientierungswissen für die Wirtschaftspraxis.* Stuttgart: Schäffer-Poeschel Verlag.

Maaß, F.; Clemens, R. (2002). *Corporate Citizenship das Unternehmen als „guter Bürger".* Wiesbaden: Deutscher Universitäts-Verlag.

Manga, J. E.; Mirvis, P. (2005). *Integration: Critical link for corporate citizenship: Strategies and real cases from 8 companies.* Boston, MA: Boston College Center for Corporate Citizenship.

Maon, F.; Lindgreen, A.; Swaen, V. (2009). Designing and implementing corporate social responsibility: An integrative framework grounded in theory and practice. *Journal of Business Ethics, 87*(1), 71-89. doi: 10.1007/s10551-008-9804-2

Margolis, J. D.; Walsh, J. P. (2003). Misery loves companies: Rethinking social initiatives by business. *Administrative Science Quarterly, 48,* 268-305.

Martinez, C. V. (2003). Social Alliances for Fundraising: How Spanish Nonprofits Are Hedging the Risks. *Journal of Business Ethics, 47,* 209-222.

Mastronardi, P.; von Cranach, M. (2010). Einleitung. In P. Mastronardi; M. von Cranach (Hrsg.), *Lernen aus der Krise. Auf dem Weg zu einer Verfassung des Kapitalismus* (S. 1-12). Bern: Haupt Verlag.

Matten, D.; Crane, A. (2005). Corporate citizenship: Toward an extended theoretical conceptualization. *Academy of Management Review, 30,* 166-179.

Matten, D.; Crane, A.; Chapple, W. (2003). Behind the mask: Revealing the true face of corporate citizenship. *Journal of Business Ethics, 45,* 109-120.

Matten, D.; Moon, J. (2008). "Implicit" and "explicit" csr: A conceptual framework for a comparative understanding of corporate social responsibility. *Academy of Management Review, 33,* 404-424.

Merz-Benz, P.-U. (1991). Die begriffliche Architektonik von „Gemeinschaft und Gesellschaft". In L. Clausen; C. Schlüter (Hrsg.), *Hundert Jahre „Gemeinschaft und Gesellschaft". Ferdinand Tönnies in der internationalen Diskussion* (S. 31-64). Leverkusen: Leske und Budrich.

Mey, G.; Mruck, K. (2007). *Qualitative Interviews.* Skript Berliner Methodentreffen.

Michalski S.; Helmig, B. (2009). Zur Rolle des Konstrukts Identifikation zur Erklärung von Spendenbeziehungen: Eine qualitative Untersuchung. In H. Stauss (Hrsg.): *Aktuelle Forschungsfragen im Dienstleistungsmarketing* (S. 237-251). Wiesbaden: Gabler.

Mieg, H.; Näf, M. (2006). *Experteninterviews in den Umwelt und Planungswissenschaften. Eine Einführung und Anleitung.* Lengerich: Pabst Science Publishers.

Mieg, H. A.; Wehner, T. (2002). Freigemeinnützige Arbeit. Eine Analyse aus Sicht der Arbeits- und Organisationspsychologie. *Harburger Beiträge zur Psychologie und Soziologie der Arbeit, 33.* Technische Universität Hamburg-Harburg, Hamburg.

Mirvis, P. H.; Googins, B. K. (2006). *Stages of corporate citizenship: A developmental framework.* Chestnut Hill, MA: Boston College Center for Corporate Citizenship.

Mirvis, P. H.; Manga, J. (2007). *Integrating corporate citizenship: Leading from the middle.* In Boston College Center for Corporate Citizenship (Ed.). Boston, MA: Boston College Center for Corporate Citizenship.

Montada, L.; Kals, E. (2007). *Mediation. Ein Lehrbuch auf psychologischer Grundlage* (2. Aufl.). Weinheim: Beltz.

Moon, J.; Crane, A.; Matten, D. (2005). Can corporations be citizens? Corporate citizenship as a metaphor for business participation in society. *Business Ethics Quarterly, 15,* 429-453.

Mösken, G.; Dick, M.; Wehner, T. (2010). Wie freigemeinnützig tätige Personen unterschiedliche Arbeitsformen erleben und bewerten: Eine narrative Grid-Studie als Beitrag zur erweiterten Arbeitsforschung. *Arbeit – Zeitschrift für Arbeitsforschung, Arbeitsgestaltung und Arbeitspolitik, 19,* 37-52.

Murillo, D.; Lozano, J. (2006). SMEs and csr: An approach to csr in their own words. *Journal of Business Ethics, 67,* 227-240.

Muthuri, J. N.; Matten, D.; Moon, J. (2009). Employee volunteering and social capital: Contributions to corporate social responsibility. *British Journal of Management, 20,* 75-89.

Mutz, G. (2002). Pluralisierung und Entgrenzung in der Erwerbsarbeit, im Bürgerengagement und in der Eigenarbeit. *Arbeit, 11,* 21-32.

Nachhaltige Finanzierungsmodelle für Freiwilligenagenturen (2005). *Ein Projekt der Landes Ehrenamtsagentur in Kooperation mit dem Institut für Organisationskommunikation.* Frankfurt: Bagfa – Bundesarbeitsgemeinschaft der Freiwilligenagenturen e.V.

Nährlich, S.; Biedermann, C. (2008). Gemeinnützige Organisationen als Partner. In A. Habisch; R. Schmidpeter; M. Neureiter: *Handbuch Corporate Citizenship. Corporate Social Responsibility für Manager.* Springer.

Neufeind, M.; Jiranek, J.; Wehner, T. (2012). Freiwilliges Arbeitsengagement in Organisation und Gesellschaft: Für eine psychologische Differenzierung freiwilligen Tätigkeitseins. *Wirtschaftspsychologie, 14,* 5-19.

Nitsche, I.; Richter, P. (2003). *Tätigkeiten außerhalb der Erwerbsarbeit: Evaluation des TAURIS-Projektes.* Münster: Lit Verlag.

Novartis. (2007). *Integrity and compliance at Novartis.* Retrieved from http://www.novartis.com/downloads/corporate-responsibility/responsible-business-practices/Integrity_and_compliance.pdf [01.02.2012]

Novartis. (2008). *Integrity and compliance*. Retrieved from http://www.corporatecitizenship. novartis.com/business-conduct/business-practice/integrity-compliance.shtml [01.28.2011]

Novartis. (2011). *Coartem fact sheet: Bringing life-saving malaria treatments to those who need them the most*. Retrieved from http://www.coartem.com/press-resources/fact-sheets.html [17.03.2011]

Olk, T. (2009). *Engagementpolitik in Kommunen*. Verfügbar unter http://www.b-b-e.de/fileadmin/inhalte/aktuelles/2009/05/nl12_olk.pdf. [22.06.2010]

Organ, D. W. (1988). *Organizational Citizenship Behavior: The good soldier syndrome* Lexington, MA: Lexington Books.

Orlitzky, M.; Schmidt, F. L.; Rynes, S. L. (2003). Corporate social and financial performance: A meta-analysis. *Organization Studies, 24*, 403-441.

Ortmann, G. (2010). *Organisation und Moral. Die dunkle Seite*. Vellbrück.

Osterloh, M.; Frost, J. (2000). *Prozessmanagement als Kernkompetenz: wie Sie Business Reengineering strategisch nutzen können*. Wiesbaden: Gabler.

Osterloh, M.; Tiemann, R. (1995). Konzepte der Wirtschafts- und Unternehmensethik. *Die Unternehmung, 5*, 321-338.

Paine, L. S. (1994): Managing for Organizational Integrity. *Harvard Business Review, 72*, 106-117.

Palazzo, G.; Scherer, A. (2006). Corporate legitimacy as deliberation: A communicative framework. *Journal of Business Ethics, 66*, 71-88.

Paulwitz, I. (1999). Wem gebührt die Ehre? Ehrenamtliche Arbeit im Vergleich zu anderen europäischen Ländern – die Eurovol-Studie. In: E. Kistler; H.-H. Noll; E. Priller (Hrsg.), *Perspektiven gesellschaftlichen Zusammenhalts*. Ed. Stigma: Berlin.

Peloza, J.; Hassay, D. (2006). Intra-organizational volunteerism: Good soldiers, good deeds and good politics. *Journal of Business Ethics, 64*, 357-379.

Peloza, J.; Hudson, S.; Hassay, D. N. (2009). The marketing of employee volunteerism. *Journal of Business Ethics, 85*, 371-386.

Penner, L. A. (2002). Dispositional and organizational influences on sustained volunteerism: An interactionist perspective. *Journal of Social Issues, 58*, 447-467.

Perrini, F.; Minoja, M. (2008). Strategizing Corporate Social Responsibility: Evidence from a Intalien medium-sized, family-owned Company. *Business Ethics: A European Review, 17*, 47-63.

Peters, C.; Güntert, S. T.; Wehner T. (2008). Mehr Multidisziplinarität in der Freiwilligen-forschung: Beiträge der Arbeits- und Organisationspsychologie. In Bundesnetz-werk Bürgerschaftliches Engagement (Hrsg.), *Engagement und Erwerbsarbeit – Dokumentation der BBE-Fachtagung vom 8. und 9. November 2007 in Berlin* (S. 92-101). Dresden: alinea.

Peterson, D. K. (2004a). Benefits of participation in corporate volunteer programs: employees' perceptions. *Personnel Review, 33*, 615-627.

Peterson, D. K. (2004b). Recruitment strategies for encouraging participation in corporate volunteer programs. *Journal of Business Ethics, 49*, 371-386.

Piepel, K. (2000). Sozialsiegel und Verhaltenskodizes – eine Standortbestimmung. Aachen.

Pifczyk, A.; Kleinbeck, U. (2000). Zum Einfluss leistungs- und anschlussthematischer Variablen auf die Arbeitsmotivation und die Arbeitszufriedenheit in einem anschlussthematisch geprägten Arbeitsfeld. *Zeitschrift für Arbeits- und Organisationspsychologie, 2*, 57- 68.

Pinter, A. (2006). *Corporate Volunteering in der Personalarbeit: ein strategischer Ansatz zur Kombination von Unternehmensinteresse und Gemeinwohl?* Lüneburg: Centre for Sustainability Management.

Placke, G. (2010). „Gute Geschäfte" zwischen Unternehmen und Gemeinnützigen. Die Marktplatz-Methode als Ansatz zur Anbahnung von Kooperationen zwischen Wirtschaft, zivilgesellschaftlichen Organisationen und öffentlicher Hand im lokalen Umfeld. In Bertelsmann Stiftung (Hrsg.), *Gute Geschäfte. Marktplatz für Unternehmen und Gemeinnützige (Evaluation und wissenschaftliche Abhandlung).* Gütersloh: Bertelsmann Stiftung.

Podsakoff, P. M.; MacKenzie, S. B.; Paine, J. B.; Bachrach, D. G. (2000). Organizational citizenship behaviors: A critical review of the theoretical and empirical literature and suggestions for future research. *Journal of Management, 26*(3), 513-563.

Points of Light Foundation (2002). *Corporate volunteering overview.* Washington, D.C.: The Points of Light Foundation.

Pommerening, T. (2005). *Fair Trade Labelling, Strategie zur „Zivilisierung" des globalisierten Welthandels?* Ohne Verlag.

Poncelet, E. C. (2003). Resisting Corporate Citizenship: Business-NGO Relations in Multi-Stakeholder Environmental Partnerships. *Journal of Corporate Citizenship, 3*, 97-115.

Porter, M. E.; Kramer, M. R. (2002). The competitive advantage of corporate philanthropy. *Harvard Business Review, 80*, 56-69.

Preston, L. E.; Post, J. E. (1975). *Private Management and Public Policy. The Principle of Public Responsibility.* Englewood Cliffs, NJ: Prentice Hall.

Priddat, B. P. (2009). Social Entrepreneurship. In B. P. Priddat (Hrsg.), *Nonprofit-Wirtschaft. Zwischen Staat, Wirtschaft und Gesellschaft* (S. 231-244). Marburg: Metropolis.

Priddat, B. P. (2010). *Interview mit Professor Priddat. Kooperationsfähigkeit als Schlüsselressource,* Verfügbar unter www.gutegeschaefte.org/uploads/tx_jpdownloads/ InterviewProfPriddat_freigegeben.pdf [15.07.2011]

Pries, J. (2009). *Rhetorik und Realität des „Win-Win" in Corporate Volunteering Projekten. Eine Repertory Grid Studie.* Nicht veröffentlichte Diplomarbeit, Eidgenössische Technische Hochschule Zürich (ETHZ), Zürich.

Pries, J. C. (2011). Rhetorik und Realität des „Win-Win" in Corporate Volunteering Projekten. Eine RepertoryGrid Studie. In M. Dick; T. Wehner (Hrsg.), *Zürcher Beiträge zur Psychologie der Arbeit, 2*, 5-42.

Privatrösterei Vollmer Kaffee GmbH & Co. KG (2010). *So gut und wertvoll kann Kaffee sein.* Altenberge: Ohne Verlag.

Privatrösterei Vollmer Kaffee GmbH & Co. KG (2011). *Privatrösterei Vollmer Kaffee GmbH & Co. KG.* Verfügbar unter www.vollmer-kaffee.de [13.02.11]

Quinn, L.; Dalton, M. (2009). Leading for sustainability: Implementing the tasks of leadership. *Corporate Governance, 9*, 21-38. doi: 10.1108/14720700910936038

Quirk, D. (1998). *Corporate Volunteering: The Potential and the Way Forward*. Wellington Volunteer Centre, New Zealand.

Raeder, S.; Grote, G. (2005). Eigenverantwortung als Element eines neuen psychologischen Vertrages. *Gruppendynamik und Organisationsberatung, 2*, 207-219.

Rochlin, S.; Sapna, S.; Witter, K.; Jordan, S.; Taylor, C.; Williams, K.; Freyvogel, R.; Dyer, B. (2005). *The State of Corporate Citizenship in the U.S. Business perspectives in 2005*. Verfügbar unter http://www.bcccc.net/index.cfm?fuseaction=Home.actUserLogin &nodeID=1

Rousseau, D. M. (1995). *Psychological contracts in organizations understanding written and unwritten agreements*. Thousand Oaks: Sage.

Rüegg-Stürm, J. (2003). *Das neue St. Galler Management-Modell Grundkategorien einer integrierten Managementlehre der HSG-Ansatz* (2. Aufl.). Bern: Haupt.

Rubinstein, S. L. (1984). *Grundlagen der allgmeinen Psychologie*. Berlin: Verlag Volk und Wissen.

Runté, M.; Basil, D. (2011). Personal and corporate volunteerism: Employee Motivations. *International Journal of Business Environment, 4*, 133-145.

Saiia, D. H. (2001). Philanthropy and corporate citizenship: Strategic philanthropy is good corporate citizenship. *The Journal of Corporate Citizenship, 2*, 57-74.

Salamon, L. M.; Sokolowski, W. (2001). *Volunteering in cross-national perspective: Evidence from 24 countries*. Working Papers of the John Hopkins Comparative Nonprofit Sector Project, no. 40. Baltimore: The John Hopkins Center for Civil Society Studies.

Salamon, L. M.; Sokolowski, S. W.; List, R. (2004). *Global civil society. An overview*. Baltimore: Center for Civil Society Studies, Institute for Policy Studies, The Johns Hopkins University.

Schäfer, C. K. (2009). *Corporate Volunteering und professionelles Freiwilligenmanagement: Eine organisationssoziologische Betrachtung*. VS Verlag.

Schallberger, U. (2006). Die zwei Gesichter der Arbeit und ihre Rolle für das Wohlbefinden. Eine aktivierungstheoretische Interpretation. *Wirtschaftspsychologie, 8*, 96–102.

Scherer A. G.; Picot A. (2008). Unternehmensethik und Corporate Social Responsibility. Herausforderungen für die Betriebswirtschaftslehre. *Zeitschrift für betriebswirtschaftliche Forschung, Sonderheft, 58*, 1-25.

Scherer, A. G.; Palazzo, G. (2007). Toward a political concept of corporate responsibility: Bunsiness and society seen from a habermsian perspective. *Academy of Management Review, 32*, 1096-1120.

Schnell, T. (2009). The sources of meaning and meaning in life questionnaire (SoMe): Relations to demographics and well-being. *The Journal of Positive Psychology, 4*, 483-499.

Schöffmann, D. (Hrsg.). (2001). *Wenn alle gewinnen – bürgerschaftliches Engagement von Unternehmen*. Hamburg: Edition Körber-Stiftung.

Schreyögg, G. (2003). *Organisation Grundlagen moderner Organisationsgestaltung mit Fallstudien* (4. Aufl.). Wiesbaden: Gabler.

Schubert, R.; Littmann-Wernli, S.; Tingler, P. (2002). *Corporate Volunteering. Unternehmen entdecken die Freiwilligenarbeit.* Bern: Haupt.

Scott, R. W.; Davis, G. F. (2007). *Organizations and organizing: Rational, natural and open systems perspectives* (6th ed.). New Jersey: Prentice Hall.

Senghaas-Knobloch, E. (1999). Von der Arbeits- zur Tätigkeitsgesellschaft? Zu einer aktuellen Debatte. *Arbeit, 2,* 117-136.

Sennet, R. (2000). *Der flexible Mensch.* Berlin: btb.

Simmel, G. (1900). *Philosophie des Geldes.* Berlin: Duncker & Humblot Verlag.

Slater, D. J.; Dixon-Fowler, H. R. (2009). CEO international assignment experience and corporate social performance. *Journal of Business Ethics, 89,* 472-489.

Smith, D. M. (1981). Altruism, volunteers, and volunteerism. *Nonprofit and Voluntary Sector Quarterly, 10,* 21-36.

Smith, A. (1776). The Wealth of Nations. London: Dent.

Snyder, M.; Cantor, N. (1998). Understanding personality and social behavior. A functionalist strategy. In D. Gilbert; S. Fiske; G. Lindzey (Eds.), *The handbook of social psychology: Vol. 1* (pp. 635-679). New York: McGraw-Hill.

Solomon, R. C. (2008). Business ethics, corporate virtues and corporate citizenship. In A. G. Scherer; G. Palazzo (Eds.), *Handbook of research on global corporate citizenship* (pp. 116-136). Cheltenham: Edward Elgar.

Spence, L. J. (1999). Does size matter? The state of the art in small business ethics. *Business Ethics: A European Review, 8,* 163-174.

Spence, L. J.; Schmidpeter, R.; Habisch, A. (2003). Assessing Social Capital: Small and Medium Sized Enterprises in Germany and the U.K. *Journal of Business Ethics 47,* 17-29.

Spescha, G. (2010). *Corporate Citizenship. Eine Betrachtung der räumlichen Verteilung gesellschaftlichen Engagements von Unternehmen unter Berücksichtigung ihrer Zusammenarbeit mit Non-Profit-Organisationen.* Nicht veröffentlichte Masterarbeit, Eidgenössische Technische Hochschule Zürich (ETHZ), Zürich.

Steel, K. (1995). Managing corporate and employee volunteer programs. In T. D. Connors (Ed.), *The volunteer management handbook* (pp. 259-292). New York: John Wiley & Sons, Inc.

Steinmann, H.; Olbrich, Th. (1998). Business ethics in U.S.-Corporations. Results from an interview series. In P. Ulrich; J. Wieland (Hrsg.), *Unternehmensethik in der Praxis, St. Galler Beiträge zur Wirtschaftsethik* (S. 63-89). Bern: Haupt Verlag.

Stokes, G. (2002). Democracy and citizenship. In A. Carter; G. Stokes (Eds.), *Democratic theory today* (pp. 23-51). Cambridge: Polity Press.

Stolz, I.; McLean, G. N. (2009). Organizational skills for a corporate citizen: Policy analysis. *Human Resource Development Review, 8,* 174-196. doi: 10.1177/1534484309334099

Straßburger, A. (2008). *Kaffee ohne abzusahnen – Fairtrade als Instrument unternehmerischer Verantwortung.* Saarbrücken: Vdm Verlag Dr. Müller.

Stückelberger, C. (2001). *Ethischer Welthandel. Eine Übersicht.* Bern: Haupt Verlag.

Stukas, A. A.; Snyder, M.; Clary, E. G. (1999). The Effects of "Mandatory Volunteerism" on Intentions to Volunteer. *Psychological Science, 10,* 59-64.

Suchanek, A. (2005). „Moral als Managementaufgabe", in: M. Schmidt; T. Beschorner (Hrsg.), *Werte- und Reputationsmanagement, sfwu, Schriftenreihe für Wirtschafts- und Unternehmensethik. Bd. 11* (S. 63-82). München/Mering: Rainer Hampp Verlag.

Suchman, M. C. (1995). Managing legitimacy: Strategic and institutional approaches. *Academy of Management Review, 20,* 571-610.

Tempel, A.; Walgenbach, P. (2007). Global standardization of organizational forms and management practices? What new institutionalism and the business-systems approach can learn from each other. *Journal of Management Studies, 44,* 1-24.

The Brokering Guidebook (2005). *Navigating effective sustainable development partnerships.* London: The Partnering Initative.

Thibaut, J.; Walker, L. (1978). A theory of procedure. *California Law Review, 66,* 541-566.

Thielemann, U. (2005). Compliance und Integrity – Zwei Seiten ethisch integrierter Unternehmenssteuerung. Lektionen aus dem Compliance-Management einer Großbank. *Zeitschrift für Wirtschafts- und Unternehmensethik 6,* 31-45.

Thomas, K. W. (1992). Conflict and negotiation processes in organizations. In M. D. Dunnette; L. M. Hough (Hrsg.), *Handbook of industrial and organizational psychology* (S. 651-717). Palo Alto: Consulting Psychologists Press.

Tönnies, F. (1991). *Gemeinschaft und Gesellschaft. Grundbegriffe der reinen Soziologie* (8. Aufl.). Darmstadt: Wissenschaftliche Buchgesellschaft.

Tuffrey, M. (1998). *Involving European employees. How Europe's companies connect corporate citizenship with good human resource management.* London: Corporate Citizenship Co.

Tugendhat, E. (1984). *Probleme der Ethik.* Stuttgart: Reclam.

Tugendhat, E. (2003). *Egozentrizität und Mystik. Eine anthropologische Studie.* München: C. H. Beck.

Tyler, T. R. ; Caine, A. (1981). The influence of outcomes and procedures on satisfaction with formal leaders. *Journal of Personality and Social Psychology, 41,* 642-655

Ulich, E. (2005). *Arbeitspsychologie.* Stuttgart: Schäffer-Poeschel.

Ulrich, P. (2001). *Integrative Wirtschaftsethik. Grundlagen einer lebensdienlichen Ökonomie.* Bern: Haupt Verlag.

Ulrich, P. (2002). Republikanischer Liberalismus und Corporate Citizenship. Von der ökonomistischen Gemeinwohlfiktion zur republikanisch-ethischen Selbstbindung wirtschaftlicher Akteure. In H. Münkler; H. Bluhm (Hrsg.), *Gemeinwohl und Gemeinsinn. Zwischen Normativität und Faktizität* (S. 273-291). Berlin: Akademie Verlag.

Ulrich, P. (2009). Markt, Mensch und Freiheit. Eine integrative wirtschaftsethische Perspektive. In M. Breuer; P. Mastronardi; B. Waxenberger (Hrsg.), *Markt, Mensch und Freiheit. Wirtschaftsethik in der Auseinandersetzung* (S. 215-258). Bern: Haupt Verlag.

Van der Voort, J. M.; Glac, K.; Meijs, L. C. P. M. (2009). "Managing" corporate community involvement. *Journal of Business Ethics, 90,* 311-329.

Veleva, V.; Connolly, P.; Googins, B. K.; Mirvis, P.; Pinney, C.; Ryu, K.; Dyer, B. (2007). *"Time to get real. Closing the gap between rhetoric and reality".* Verfügbar unter http://www.bcccc.net/index.cfm?fuseaction=Home.actUserLogin&nodeID=1 [15.01.2009]

Vogel, D. J. (2005). Is there a market for virtue? The business case for corporate social responsibility. *California Management Review, 47*, 19-45.

Vollmer, A. (2005). *Konflikt: eine Struktur- und Prozessqualität in der interorganisationalen Kooperation. Entwicklung eines arbeitspsychologischen Ansatzes und empirische Darlegung am Beispiel Virtuelle Fabrik.* Nicht veröffentlichte Dissertation, Universität Zürich.

Von Schnurbein, G.; Bethmann, S. (2010). *Philanthropie in der Schweiz.* Basel: Centre for Philanthropy Studies (CEPS).

Voß, G.; Pongratz, H. J. (1998). Der Arbeitskraftunternehmer. Eine neue Grundform der „Ware Arbeitskraft"? *Kölner Zeitschrift für Soziologie und Sozialpsychologie, 50*, 131-158.

Vyakarnam, S.; Bailey, A.; Myers, A.; Burnett, D. (1997). Towards an understanding of ethical behaviour in small firms. *Journal of Business Ethics, 16*, 1625-1636.

Weber, W. G.; Höge, T. (2009). Demokratie im Unternehmen. Terra incognita der Organisationspsychologie? Themenheft Demokratie und Partizipation in Organisationen. *Wirtschaftspsychologie, 11*, 3-8.

Weber, W.G.; Ostendorp, C.; Wehner, T. (2003). Soziale Handlungsorientierung und soziale Kompetenzen in interorganisationalen Netzwerken. *Zeitschrift für Arbeitswissenschaften, 57*, 198–213.

Wehner, T.; Gentile, G.-C. (2007). Soziale Handlungsorientierungen von freigemeinnützig engagierten Unternehmern. *Wirtschaftspsychologie, 9*, 40-47.

Wehner, T.; Gentile, G.-C.; Güntert, S. T. (2007). Bürgersinn. In K. Moser (Hrsg.), *Wirtschaftspsychologie* (S. 337-355). Heidelberg: Springer.

Wehner, T.; Lorenz, C.; Gentile, G.-C. (2008). Corporate Volunteering – Von Potentialen und Herausforderungen des hohen C's der unternehmerischen Verantwortung. *Zeitschrift für Führung + Organisation, 77*, 352-359.

Wehner, T.; Mieg, H.; Güntert, S. (2006). Frei-gemeinnützige Arbeit. In S. Mühlpfordt; P. Richter (Hrsg.), *Ehrenamt und Erwerbsarbeit* (S. 19-39). München: Hampp.

Wesche J. S.; Muck, P. M. (2010). Freiwilliges Arbeitsengagement. Bestandsaufnahme und Perspektiven für eine theoretische Integration. *Psychologische Rundschau, 61*, 81-100.

Welford, R. (2005). Corporate social responsibility in europe, north america and asia. *Journal of Corporate Citizenship, 17*, 33-52.

Wichelhaus, P. (2007). *Corporate Volunteering.* Saarbrücken: VDM Verlag Dr. Müller.

Wild, C. (1993). *Corporate volunteer programs: Benefits to business (Report / the conference board).* New York: Conference Board

Wilson, J. (2000). Volunteering. *Annual Review of Sociology, 26*, 215-240.

Wilson, J.; Musick, M. (1997). Who cares? Toward an integrated theory of volunteer work. *American Sociological Review, 62*, 694–713.

Windsor, D. (2001). Corporate Citizenship. Evolution and Interpretation. In J. Andriof; M. McIntosh (Eds.), *Perspectives on Corporate Citizenship* (pp. 39-52). Sheffield: Greenleaf Publishing.

Windsor, D. (2006). Corporate social responsibility: Three key approaches. *Journal of Management Studies, 43*, 93-114.

Wood, D. J. (1991). Corporate social performance revisited. *Academy of Management Review, 16*, 691-718.

Wood, D. J.; Logsdon, J. M. (2001). Theorising business citizenship. In J. Andriof; M. McIntosh (Eds.), *Perspectives on corporate citizenship* (pp. 83-103). Sheffield: Greenleaf Publishing.

Zappalà, G. (2004). Corporate citizenship and human resource management: A new tool or a missed opportunity? *Asia Pacific Journal of Human Resources, 42*, 185-201.

Zappalà, G.; Cronin, C. (2003). The contours of corporate community involvement in Australia's top companies. *Journal of Corporate Citizenship, 12*, 59-73.

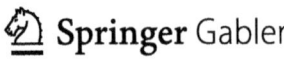

Schweizerische Gesellschaft für Organisation und Management ↗

Daniel F. Oriesek / Jan Oliver Schwarz

Business Wargaming

Unternehmenswert schaffen und schützen
2009.
ISBN 978-3-8349-1879-6

Margit Osterloh / Jetta Frost

Prozessmanagement als Kernkompetenz

Wie Sie Business Reengineering strategisch nutzen können
5., überarb. Aufl. 2006.
ISBN 978-3-8349-0232-0

Margit Osterloh / Antoinette Weibel

Investition Vertrauen

Prozesse der Vertrauensentwicklung in Organisationen
2006. ISBN 978-3-409-12665-6

Sebastian Raisch / Gilbert Probst / Peter Gomez

Wege zum Wachstum

Wie Sie nachhaltigen Unternehmens-erfolg erzielen
2., überarb. Aufl. 2010.
ISBN 978-3-8349-1810-9

Boris Ricken / David Seidl

Unsichtbare Netzwerke

Wie sich die soziale Netzwerkanalyse für Unternehmen nutzen lässt
2010. ISBN 978-3-8349-2233-5

Gerhard Schewe / Stefan Becker

Innovationen für den Mittelstand

Ein prozessorientierter Leitfaden für KMU
2009. ISBN 978-3-8349-1237-4

Norbert Thom / Adrian Ritz

Public Management

Innovative Konzepte zur Führung im öffentlichen Sektor
4., akt. Aufl. 2008.
ISBN 978-3-8349-0730-1

Norbert Thom / Andreas P. Wenger

Die optimale Organisationsform

Grundlagen und Handlungsanleitung
2010. ISBN 978-3-8349-2015-7

Eberhard Ulich / Marc Wülser

Gesundheitsmanagement in Unternehmen

Arbeitspsychologische Perspektiven
4., überarb. u. erw. Aufl. 2010.
ISBN 978-3-8349-2545-9

Hans A. Wüthrich / Dirk Osmetz / Stefan Kaduk

Musterbrecher

Führung neu leben
3., überarb. u. erw. Aufl. 2009.
ISBN 978-3-8349-1031-8

Rolf Wunderer

„Der gestiefelte Kater" als Unternehmer

Lehren aus Management und Märchen
2008. ISBN 978-3-8349-0772-1

Rolf Wunderer / Sabina von Arx

Personalmanagement als Wertschöpfungs-Center

Unternehmerische Organisations-konzepte für interne Dienstleister
3., akt. Aufl. 2002.
ISBN 978-3-409-38966-2

Stand: Januar 2012. Änderungen vorbehalten.
Erhältlich im Buchhandel oder beim Verlag.

 **Springer** Gabler

Abraham-Lincoln-Straße 46 . D-65189 Wiesbaden
Tel. +49 (0)6221 / 3 45 - 4301 . springer-gabler.de

Printed by Printforce, the Netherlands